智慧預測性維護

敏,李玲,鄢鋒 著

智 慧 製 造

目　　錄

第1章

緒論

行動網際網路、大數據和人工智慧等新一代資訊技術與製造過程深度融合，推動了製造業管理體系、生產方式、產業形態和商業模式的深刻變革，驅動了傳統製造向智慧製造的轉型升級。在設備維護領域，傳統基於可靠性的預防性維護策略逐漸轉變為大數據驅動的智慧預測性維護策略。智慧預測性維護通過建模分析與設備維護、維修和營運有關的數據資訊，實現面向設備運維網路的故障預測、壽命預計、維護最佳化與決策等智慧服務。本章主要介紹智慧預測性維護、維護策略、發展趨勢及本書的內容安排。

1.1 引言

1.1.1 基於大數據的預測性分析與決策

在智慧製造模式下，知識成為服務型製造運作的基礎，數據分析和探勘是產生知識的主要途徑，數據成為企業核心資產。製造系統中問題的發生和解決的過程會產生大量數據，通過對這些數據的分析和探勘可以了解問題產生的過程、造成的影響和解決的方式[1]［圖 1.1(a)］，這些資訊被抽象化建模後轉化成知識，再利用知識去認識、解決和避免問題，核心是從以往依靠人的經驗，轉向依靠探勘數據中隱形的線索，使得製造知識能夠被更加高效和自發地產生、利用和傳承，為製造系統的智慧化發展帶來了難得的歷史機遇。

然而，傳統數據分析方法已經無法滿足海量級別營運維護資訊的分析處理需要，給有效利用這些數據帶來了困難。當企業開始使用大數據時會發現，把大數據分析作為一個完全獨立的功能是行不通的，數據的強大和處理的可擴展性將最終推動企業的數據分析方法從描述性分析（總結與描述過去已經發生的）向預測性分析（預測未來將發生的事情）和規範性分析（決定採取何種行為促使未來事件發生）轉變，並將數據分析內嵌在企業的業務流程之中，直接基於大數據預測演算法制定規劃和決策並導致行為發生。

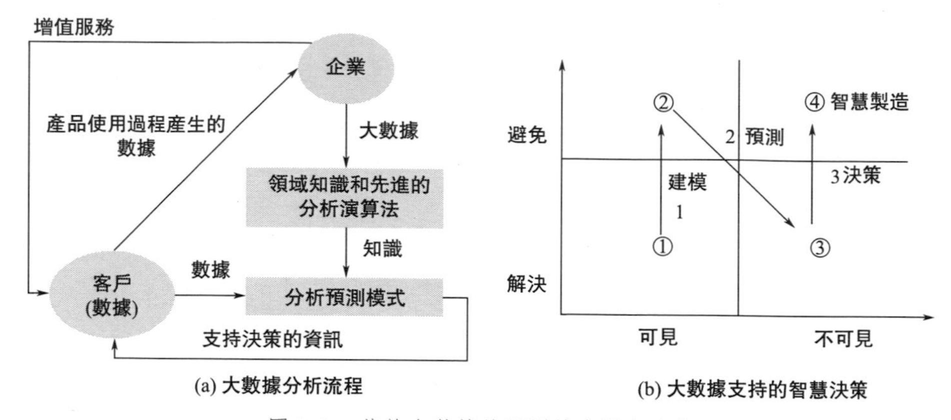

圖 1.1　基於大數據的預測性分析與決策

基於大數據的預測性分析可以加速產品創新、生產系統品質的預測性管理、產品健康管理及預測性維護、能源管理、環保與安全、供應鏈最佳化、產品精準營銷、智慧裝備和生產系統的自省性和重構能力[1]，其實現方式可以從以下 3 個方面體現［圖 1.1(b)］。

① 建模：把問題變成數據，通過數據建模把經驗變成可持續的價值。

② 預測：把數據（如時域信號的統計特徵、波形信號的頻域特徵、能量譜特徵以及特定工況下的信號讀數等）變成知識，分析可見問題，預測不可見問題。

③ 決策：把知識變成數據，驅動產品、工藝、生產、營運、決策創新。

1.1.2　設備的智慧預測性維護

在設備管理領域，為解決設備營運與維護過程的異地化、實時化和及時性問題，設備營運企業利用圖 1.2 所示物聯網或工業網際網路技術採集設備運行狀態數據（感知智慧化），並通過（行動）網際網路上傳至企業營運中心（或企業雲端）；系統軟體對設備實時狀態進行在線監測、控制，並經過數據分析進行維護需要預測和維護調度（設備智慧化）。在設備的狀態監測與預測過程中，企業逐漸形成了基於（行動）網際網路和設備維護、維修與營運 MRO（Maintenance Repair & Operation）數據環境（設備結構與性能、設備營運狀態、環境狀態、業務營運狀態、人員狀態、維護社交網路數據以及客戶回饋數據等大數據資訊）的智慧預測性維護服務平臺，提供遠端個性化的設備智慧維護、維修和營運服務，並體現出全球性（網際網路連接）、實時性（工業網際網路支持的狀態檢測）和及時性（行動終端調度）

等特性。

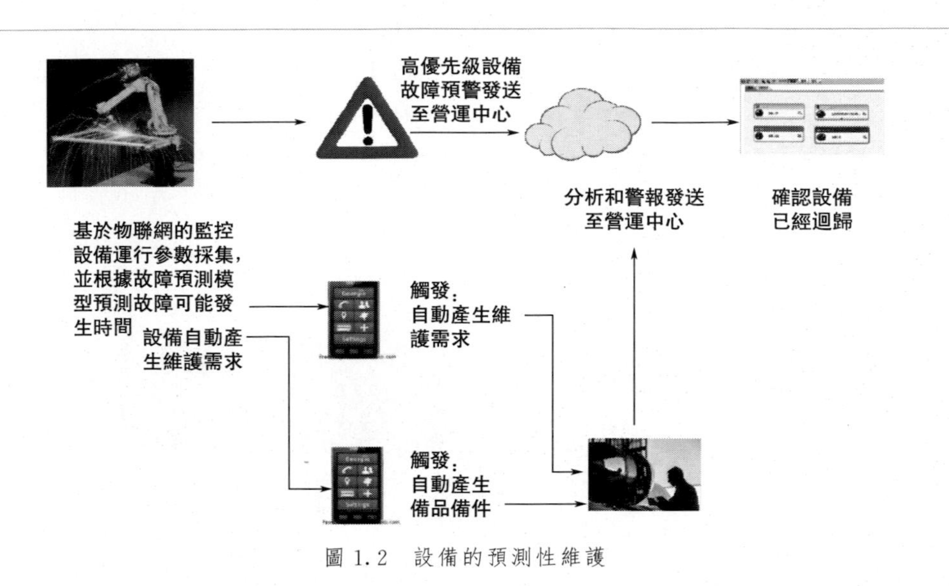

圖 1.2　設備的預測性維護

在智慧製造時代，通過對設備運行狀態、歷史維護資訊等數據資訊進行分析和探勘，可以了解設備故障產生的過程、造成的影響和解決的方式，這些資訊被抽象化建模後轉化成知識，再利用知識去預測故障和執行維護決策，實現了設備的自省和智慧化，使得設備全生命週期的知識能被高效和自發地產生和利用，也完成了設備維護策略從傳統的預防性維護（Preventive Maintenance，PM）策略向設備的智慧預測性維護（Intelligent Predictive Maintenance，IPdM）策略的轉變[2,3]。

丹麥維斯塔斯公司（世界風力發電工業中技術發展的領導者）在風機的機艙、輪轂、葉片、塔筒及地面控制箱內，安裝了感測器、儲存器、處理器以及監控和資料擷取（Supervisory Control and Data Acquisition，SCADA）等系統，通過智慧預測性維護技術，實現對風機運行的實時監控；公司還在風力發電渦輪中內置微型控制器，可以在每一次旋轉中控制扇葉的角度，從而最大限度地捕捉風能，還可以控制每一臺渦輪，在能效最大化的同時，減少對鄰近渦輪的影響；公司還對實時數據進行處理，預測風機部件可能產生的故障，以減少可能的風機不穩定現象，並使用不同的工具最佳化這些數據，達到風機性能的最佳化。

在航空公司不願花錢對發動機進行大型常規保養或檢修的前提下，美國通用電氣航空集團公司通過提供圖 1.3 所示的發動機健康監控、發動機維護排程/預先調度和航班排程管理等服務功能，推出了「向航空公司提供基於智慧預測性維護的航空發動機飛行使用時間服務」的服務創新模式，由公司承擔航空發動機的購買、維修、除錯、更新升級等服務，向航空公司租航空發動機、賣發動機的飛行使用時間，不需航空公司另外支付保養、維修費用。該模式已廣泛應用於波音 767 的 CF6-80 發動機、獵鷹 2000 噴氣式飛機的 CFE738 發動機、軍用 A-10 攻擊機的 TF34 發動機和 C-5 運輸機的 TF39 發動機等。

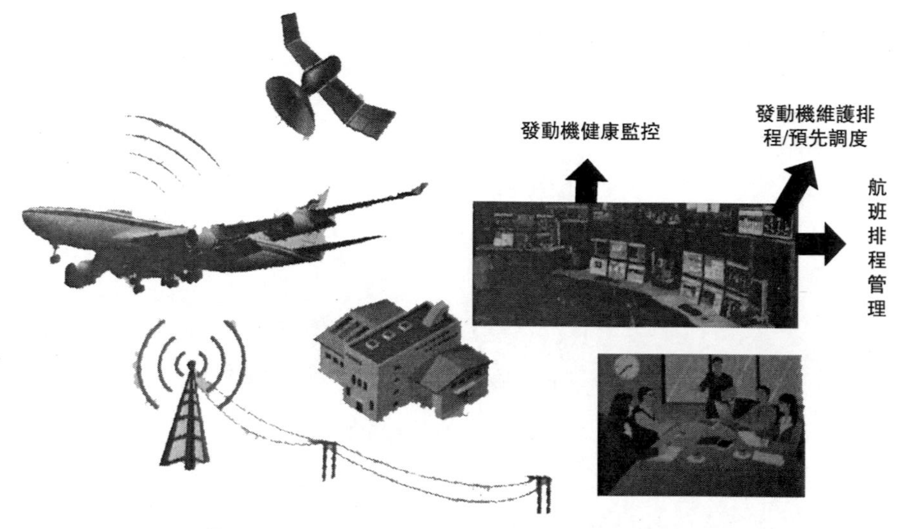

圖 1.3　通用電氣航空集團公司的維護服務平臺

設備運行工況的複雜性和設備多樣性問題是設備健康評估面臨的最大挑戰，自 2010 年開始，日本日產公司在工業機器人的健康管理方面引入圖 1.4 所示健康管理服務平臺，以避免由於故障造成的停產損失，主要策略方法由 4 個方面構成。第一，對於數量龐大的工業機器人，使用其控制器內的監控參數對其進行健康分析：根據每一個機械臂的動作循環提取固定的信號統計特徵，如 RMS、方差、極值、峰度值和特定位置的負載值等，並採用同類對比的方法消除由於工況多樣性造成的建模困難，通過直接對比相似設備在執行相似動作時信號特徵的相似程度找到離群點，作為判斷早期故障的依據（可提前 2 周確定故障）。第二，預測分析流程包括：關鍵部件選擇（如機械臂驅動馬達）、資料擷取（如負載、轉矩、位置、週期時間、機器人型號等參數）、信號處理與特徵提取、健康建模（如相似性聚類、定位等）、故障診斷。第三，聚類過程包括：根據設備型號和使用時間進行第 1 輪聚類，根據設備任務、環境和工況等進行第 2 輪聚類，聚類特徵可以選擇轉矩最大、最小和平均值等參數，形成機械臂虛擬社區（當機械臂執行相似動作時，其特徵分布十分相似），然後比較個體與集群的差異性判斷異常程度，相應的方法有 PCA-T2 模型（設備與集群的偏離程度，其分布符合 F 分布的特徵，可以按 90%～95%的信賴區間確定控制）、高斯混合模型、自組織映射圖、統計模式分析等。第四，每天生成健康報告，根據設備實時狀態進行維護計劃和生產計劃調度。

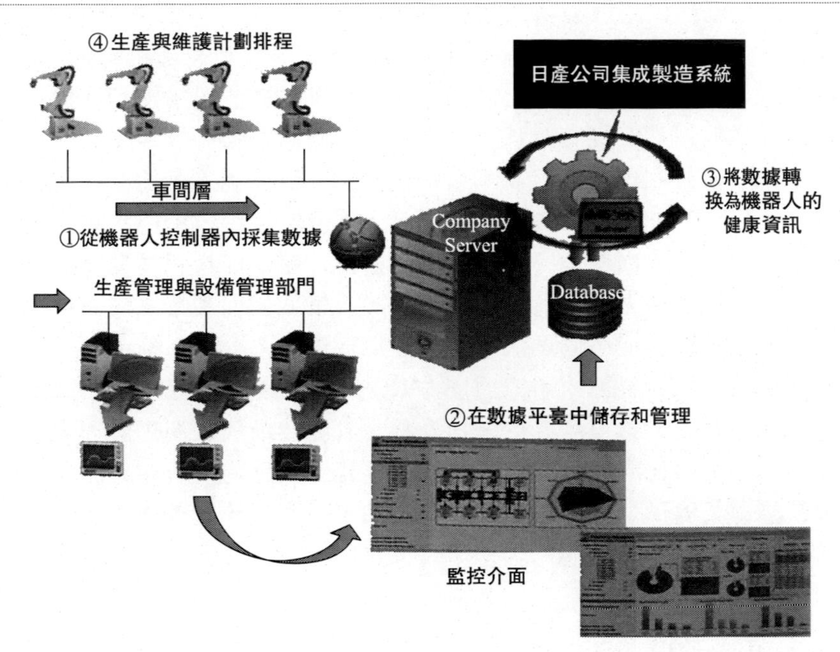

圖 1.4 日產公司的工業機器人健康管理服務平臺

中國三一重工股份有限公司從 2008 年開始也進行了物聯（採集、通訊、數據彙集到大數據平臺）的實踐，目前有 20 萬臺設備共 5000 多種參數連接在企業控制中心 ECC（Enterprise Control Center）系統，可以實時監控設備的運行數據，並進行故障警報、故障預測、配件預測、智慧服務、輔助研發和信用管理等內容。

1.1.3 面向設備營運網路的智慧預測性維護

隨著企業商業模式和價值鏈的演變，裝備使用商將內部裝備的營運和維護業務外包給專業的 MRO 技術服務公司，逐漸形成了涵蓋備件供應和維護商、裝備製造和維護商、裝備使用商、領域專家（來自企業內外部的整機及部件營運、維護、故障診斷和維修等領域的專家和學者）、雲端平臺提供商等多合作主體的 MRO（服務）網路[4]，這些網路包括 MRO 數據擷取網路、業務支持網路、社交網路、數據分析與支持網路等價值鏈網路。

基於（行動）網際網路和價值鏈網路，MRO 服務網路可以自動連接到雲端平臺搜尋合適的領域專家或解決方案處理問題，領域專家也將通過整合的預測模型、知識平臺和行動設備更有效地確定最佳的維護策略和維護服務。這些內容構成了以設備 IPdM 策略為基礎的面向設備 MRO 網路的智慧預測性維護（Smart Predictive Maintenance，SPdM）服務平臺。

由於 MRO 服務網路中裝備系統故障的高隨機性和維護需要的高不確定性，面對大範圍 MRO 網路環境中多個不確定性的合作主體和高隨機性的設備故障，如何可靠地擷取、建模和探勘來自產品狀態、環境狀態、設備運行狀態、人員狀態、業務營運數據、社交網路數據以及客戶產品回饋數據等裝備全生命週期中的異構數據資訊？如何利用上述資訊準確地預測設備故障和維護需要，制定合適的維護和最佳化策略？如何在有限服務資源下，充分利用網際網路環境下廣泛存在的共享服務資源，最大限度地響應網路維護需要，建立與客戶長期全面的合作關係？更進一步，如何通過網路實體系統將維護決策回饋回製造系統，實現誤差補償、調節和回饋控制？這些問題成為了智慧製造環境下 MRO 服務網路中各個參與主體的共同訴求，需要深入研究面向 MRO 網路環境的多源異構數據高品質擷取與處理理論與方法、數據驅動的裝備及部件故障診斷與預測理論和方法、面向智慧工廠的維護最佳化調度與決策、面向裝備營運網路的大規模維護服務預測與最佳化配置理論和模型、基於網路實體系統的運行過程控制等內容，構建面向設備 MRO 網路的 SPdM 理論體系、框架、方法和模型。

1.2 維護策略

設備維護策略是針對產品劣化情況而制定的維護方針，包括劣化評估依據、維護決策行動和計劃等內容[5,6]。設備的維護策略從早期（1952 年）的故障檢修（Corrective Maintenance，CM），歷經廣泛應用的時基性維護（Time-based Maintenance，TBM）、主動維護（Proactive Maintenance，PaM）和以可靠性為中心的維護（Reliability-centered Maintenance，RCM）等預防性維護（Proactive Maintenance，PM）策略，發展到以狀態維護（Condition-based Maintenance，CBM）和 CBM＋為代表的預測性維護（Predictive Maintenance，PdM）策略（PdM 也是一種基於狀態監測的預防性維護），形成了一套比較完整的維護任務預測、規劃、設計和管理的理論及方法體系。

隨著智慧製造時代的到來，（行動）網際網路、工業大數據、人工智慧、網路實體系統（Cyber Physical System，CPS）和物聯網等新一代資訊技術飛速發展，在預測性維護策略的基礎上，基於大數據分析和 CPS 技術的應用，誕生了面向設備的 IPdM 和面向設備 MRO 網路的 SPdM 等智慧預測性維護策略。

1.2.1 故障檢修

根據國標 GB/T 2900.99—2016《電工術語　可信性》定義：失效是指產品

終止/喪失完成規定功能能力的事件，故障是指產品不能執行規定功能的狀態。故障通常是產品本身失效後的狀態，也可能在失效前就存在。本書沒有嚴格區分失效和故障的概念，可以統稱為故障。

故障檢修（Corrective Maintenance，CM）是指辨識、隔離和維修故障，使故障設備、機器或系統能夠恢復到正常運行狀態時允許的誤差範圍內的維護任務[7]。歐洲 2017 年 Maintenance-Maintenance terminology 標準規範將其定義為：「在故障檢測執行後的，旨在恢復設備正常執行其預定的功能的維護活動［EN 13306－2017(E/F/D)］」。

故障檢修又稱事後維修（Break-down Maintenance），是以設備是否完好或是否能用為依據的維護，採用的是有故障才維護的故障檢修策略，即只在設備部分或全部故障後再恢復其原始狀態，也就是用壞後再修理，屬於非計劃性維護。故障檢修可細分為立即故障檢修（Immediate Corrective Maintenance）（故障後立即開始維護）和延遲故障檢修（Deferred Corrective Maintenance）（延遲到與給定的維護規則一致後開始維護）。

根據所維護設備營運狀態的恢復程度，CM 分為以下幾類[8]。

① 完美維修或完美維護（Perfect Repair/Maintenance） 使系統或系統的運行狀態恢復到如同全新狀態下的維護。也就是說，在完美維護下，一個修復系統具有與全新系統相同的生命週期分布函數和失效率函數。一般來說，用一個全新的系統或設備替換一個故障系統或設備是一個完美維修，對連桿斷裂的發動機進行徹底大修也是一個樣例。

② 最小維修或最小維護（Minimal Repair/Maintenance） 使系統恢復到故障發生時的故障率的一種維護動作。最小維修首先（1965 年）由 Barlow 和 Proshan 研究提出，經過最小維修或維護之後，系統運行狀態通常被稱為老舊運行狀態。在汽車上更換輪胎或更換發動機上損壞的風扇皮帶是最小維修的例子，因為汽車的總體故障率基本上沒有變化。

③ 不完美維修或維護（Imperfect Repair/Maintenance） 使系統恢復到非全新狀態但系統運行狀態確實變好的維護活動。通常不完美維護將系統運行狀態恢復到全新運行狀態和老舊運行狀態之間。不完美維護是一個常用的維護活動，包括兩個極端的情況：最小維護和完美維護。發動機調校就是不完美維護的例子：發動機調校可能不會使發動機像全新的一樣運行，但它的性能確實會大大改善。

④ 較壞維修或維護（Worse Repair/Maintenance） 使系統故障率或實際使用壽命增加但系統沒有發生崩潰的維護活動，修復系統的運行狀況比發生故障之前更糟糕。

⑤ 最壞維修或維護（Worst Repair/Maintenance） 非故意使系統或者設備發生故障或崩潰的維護活動。

1.2.2 預防性維護

預防性維護是為使設備或系統保持在令人滿意的運行狀態，在發生重大故障之前，根據生產計劃和維護經驗，按規定的時間或週期間隔地進行停機測試、檢查、解體、更換零部件，以預防損壞、繼發性毀壞以及生產損失。預防性維護早期又稱為定時維護，是以時間為依據的維護，包括時基性維護、主動維護和狀態維護等，是目前普遍採用的維護方式。

複雜設備系統的預防性維護決策流程如圖 1.5 所示。首先，利用系統結構和功能特徵辨識出系統的關鍵故障模式；其次，根據獲得的退化或者失效數據樣本，選取合適的剩餘壽命預測方法；再次，利用預測的剩餘壽命分布構建每個故障模式的預防性維護和事後維修成本函數；最後，利用最佳化演算法實現成本率最小化的維護決策，進而獲得最佳的預防性維護方案。

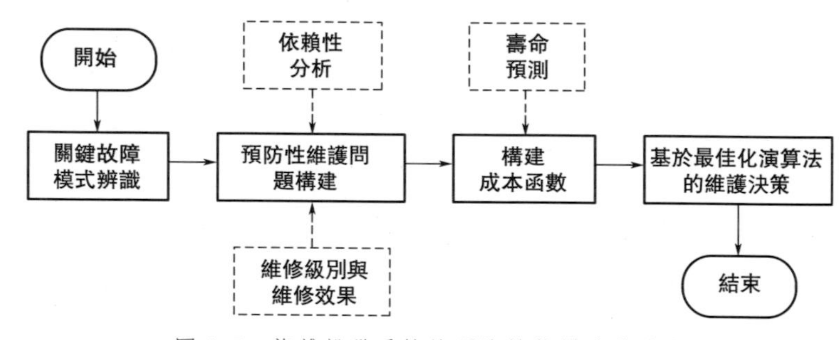

圖 1.5 複雜設備系統的預防性維護決策流程

1.2.3 狀態維護

狀態監測通過監測機械的狀態參數（如振動、溫度等）變化，來辨識一個正在產生的故障。狀態監測技術可分為狀態檢測技術（探測潛在故障的影響，如振動特性變化、溫度變化、潤滑油顆粒以及化學效應等）、產品品質檢測技術（設備製造出來的產品有缺陷常與設備本身的缺陷有直接關係）、主要參數檢測技術（如設備的速度、流速、壓力、功率、電流等）和基於人類感官的檢查技術（如看、聽、摸和聞）等。狀態監測通常用於一些旋轉設備、輔助系統和其他機械，如壓縮機、泵、電動機、內燃機、壓力機等。一些靜態設備，如蒸汽鍋爐、管道和熱交換器等，則常採用非破壞性實驗技術和適用性評估進行定期檢查。

狀態維護是一種基於狀態監測技術的預防性維護策略，試圖在正確的時間維護正確的設備。狀態維護基於這樣一種事實：大量故障不會瞬間發生，實際上故障要發展一段時間。如果發現這種故障過程正在發展，就可以採取措施預防故障或避免嚴重的後果。在故障發展過程中，可以探測到故障正在發生或將要發生，該點稱為潛在故障點 P，如圖 1.6 所示。潛在故障是一種可辨認的實際狀態，能顯示功能故障將要發生或正在發生，例如，顯示軸承臨近故障的振動、顯示金屬疲勞的裂紋、顯示齒輪臨近故障的齒輪箱潤滑油中的顆粒、輪胎胎紋過度磨損等。

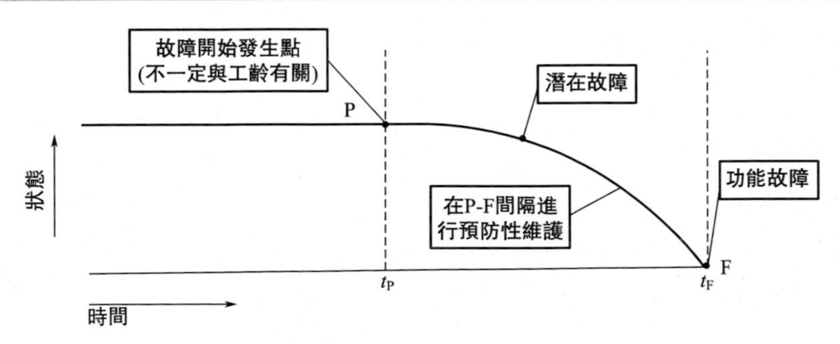

圖 1.6 設備性能的 P-F 曲線

設備性能存在一個由開始劣化並進入潛在故障期的漸變過程，從潛在故障到功能故障的間隔期為 P-F 間隔。圖 1.6 所示的 P-F 曲線揭示了故障開始、劣化到故障可被探測到潛在故障點 P 的一般過程，如果未探測到也未糾正，則性能繼續變壞，直到到達設備的功能故障點（F）。如果在 P 點和 F 點之間探測到潛在故障，那麼可以預防功能性故障或避免故障後果。狀態維護就是檢查設備的潛在故障，以便採取措施預防故障或避免功能故障的後果。

狀態維護的檢查頻度必須遠遠小於 P-F 間隔（故障可探測的潛在故障點到故障發展成為功能故障點之間所需的時間），否則就可能完全漏掉故障。大多數功能故障出現之前，有不止一個（常有幾個不同）的潛在故障，每個潛在故障都有一個不同的 P-F 間隔。例如，軸承功能故障之前，通過振動分析檢查出振動特性（P-F 間隔 1～9 個月），通過油質分析檢測磨粒（P-F 間隔 1～6 個月），可聽見噪音（P-F 間隔 1～4 周），發熱（手摸）（P-F 間隔 1～5 天）等。

如圖 1.7 所示，狀態維護技術包括數據擷取、特徵提取、故障檢測、故障診斷和故障預測等內容。數據擷取可能涉及各種類型的數據資訊，如振動、溫度、壓力、速度、電壓或電流、應力/應變/衝擊、位置、顆粒計數/組成等。特徵提取運算包括快速傅立葉變換、小波變換、自適應分時頻析、數據過濾/平滑、溫度/壓力比、能效等。故障檢測演算法提醒用戶設備存在的潛在問題或未知失效。故障診斷演算法用於隔離、辨識特定組件或子系統的故障。故障預測演算法基於歷史和當前的營運概況猜想設備的可用使用壽命 RUL 或失效機率。監督式推理演算法協調相互衝突的資訊並提供以下維護建議：檢查間隔、維修、備件訂購、設備停機等。

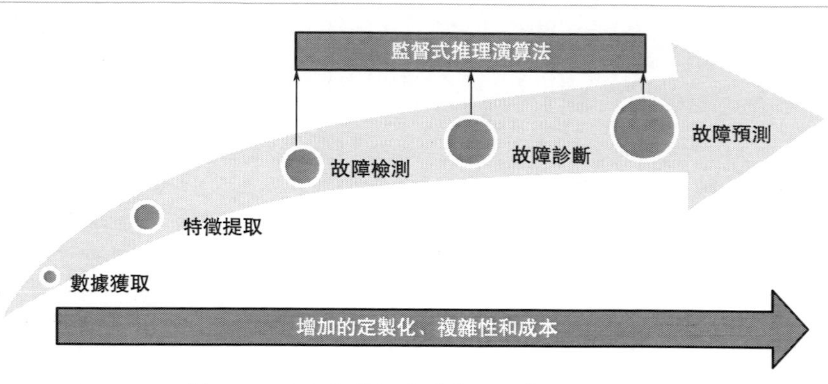

圖 1.7 面向複雜設備系統的狀態維護技術

如圖 1.8 所示，狀態維護比時基性維護和主動維護等預防性維護以及故障檢修在以下方面具有一些優勢[9]：

① 系統可靠性高，維護成本低；

② 維護操作次數的降低減小了人為錯誤的影響。

狀態維護的缺點是：

① 較高的安裝成本；

② 不可預測的維護週期導致了成本分配不均；

③ 需要維護和檢查的部件數量多（包括狀態維護系統自身的安裝）。

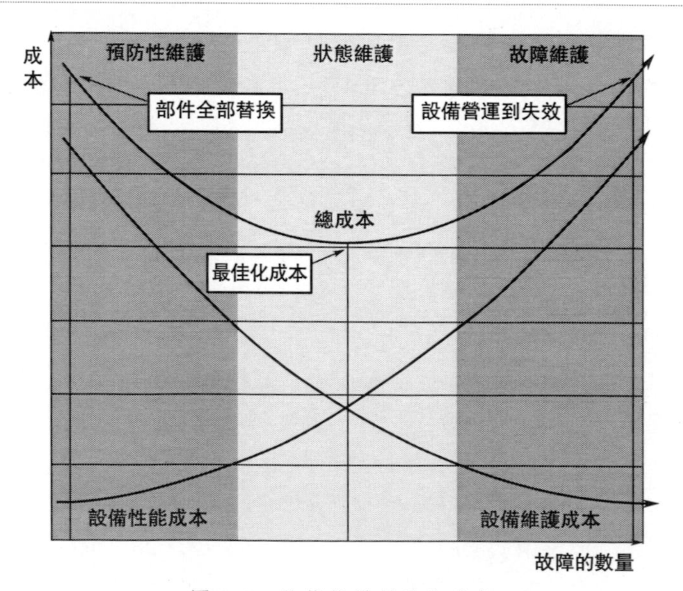

圖 1.8 狀態維護最佳化成本

1.2.4 預測性維護

預測性維護（PdM）是一種在 CBM 的基礎上發展而來的預防性維護。當機器或設備運行時，對它的主要（或需要）部件或部位進行週期性或連續性（在線）的狀態監測和故障預測，來判定設備所處的狀態，以此預測設備狀態未來的發展趨勢，並且依據設備的狀態發展趨勢和可能的故障模式，預先制定預測性維護計劃，確定機器應該維護的時間、內容、方式、方法、必須的技術服務和物資支持。

預測性維護集設備狀態監測、故障診斷、故障（狀態）預測、維護決策支持和維護活動於一體，是一種預防性維護方式。預測性維護有狹義和廣義兩種概念。狹義的概念立足於「狀態監測（狀態維護）」，強調的是「故障診斷」，是指不定期或連續地對設備進行狀態監測，根據其結果，查明裝備有無狀態異常或故障趨勢，再適時地安排維護任務。狹義的預測性維護不固定維護週期，僅僅通過監測和診斷到的結果來適時地安排維護計劃，強調的是監測、診斷和維護三位一體的過程，這種思想廣泛適用於流程工業和大規模生產方式。廣義的預測性維護將狀態監測、故障診斷、狀態預測和維護決策合併在一起，狀態監測和故障診斷是基礎，狀態預測是重點，維護決策給出最終的維護活動要求。廣義的概念是一個系統過程，將維護管理納入了預測性維護範疇，考慮整個維護過程以及與維護活動相關的內容。

預測性維護是在一個預定的時間點執行維護任務，這個時間點設定在一個閾值內設備失去性能之前，並且維護活動是最具成本效益的時候。發展到現在，預測性維護基本上形成了如圖 1.9 所示的技術體系。當前階段，除了預防性維護的技術以外，以可靠性為中心的維護（RCM）更強調使用預測性維護 PdM 技術。

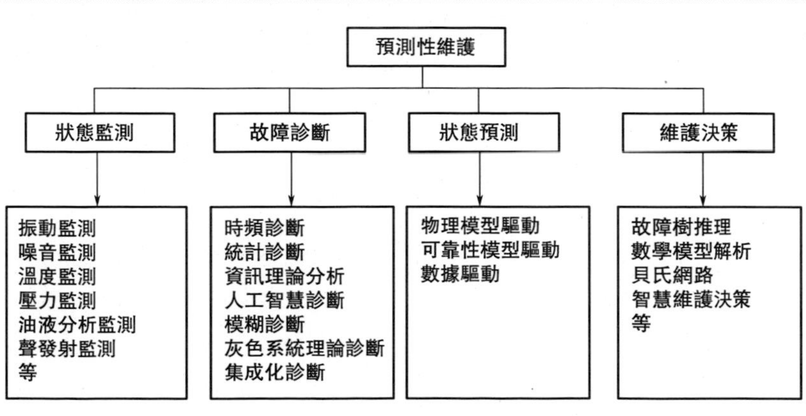

圖 1.9 預測性維護技術體系

(1) 狀態監測技術

狀態監測技術發展到現在，在各工程領域都形成了各自的監測方法，狀態監測的方法依據狀態檢測手段的不同而分成許多種，常用的包括：振動監測法、噪音監測法、溫度監測法、壓力監測法、油液分析監測法、聲發射監測法等。

(2) 故障診斷技術

故障診斷在連續生產系統中有著非常重要的意義。按照診斷的方法原理，故障診斷可分為時頻診斷法、統計診斷法、資訊理論分析法及其他人工智慧診斷法(專家系統診斷、人工人工類神經網路診斷等)、模糊診斷法、灰色系統理論診斷法以及整合化診斷法（如模糊專家系統故障診斷、人工類神經網路專家系統故障診斷、模糊人工類神經網路診斷等)。

(3) 狀態預測技術

狀態預測就是根據裝備的運行資訊，評估部件當前狀態並預計未來的狀態。常用的方法有累計損傷模型預測、隨機退化模型預測、時序模型預測、灰色模型預測、粒子濾波預測和人工類神經網路預測等。從狀態預測方法的分類而言，對於故障預測的開發一般有物理模型驅動、可靠性模型驅動和數據驅動三種基本途徑。在實際應用中，也可將三種途徑綜合在一起，形成一種基於資訊融合模型的故障分析與預測方法，並能夠進行數位資訊和符號資訊的混合性故障預測，對於實現預測性維護更為有效。

(4) 維護決策技術

維護決策是從人員、資源、時間、費用、效益等多方面、多角度出發，根據狀態監測、故障診斷和狀態預測的結果，結合生產計劃和備件庫存進行維護的可行性分析，制定出維護計劃，確定維護保障資源，給出維護活動的時間、地點、人員和內容等。維護決策的制定方法一般有故障樹推理法、數學模型解析法、貝氏網路法（適用於表達和分析不確定和機率性事物）和智慧維修決策法等。

1.2.5 智慧預測性維護

行動網際網路、大數據、人工智慧、物聯網、雲端運算等新一代資訊技術推動了智慧製造技術的快速發展。在通過智慧製造技術構建的技術體系中，智慧工廠通過網路實體系統（Cyber Physical System，CPS）監控物理物件和流程，創建物理世界的虛擬副本，並進行分散的控制和決策。CPS 通過物聯網（Internet of Things，IoT）實時地與人或者其他 CPS 系統進行交流與合作，價值鏈的參與者則通過大數據分析和服務網際網路（Internet of Services，IoS）提供並利用組織內部或跨組織的服務。在智慧工廠中，CPS 系統是一個綜合運算、網路和物理環境的多維複雜系統，通過 3C 技術的有機融合與深度合作，實現大型工程系統的實時感知、動態控制和資訊服務。

智慧預測性維護在預測性維護的基礎上，由 CPS 產生的設備狀態數據通過 IoT 傳輸到雲端儲存伺服器，通過大數據分析技術實現感測信號的預處理、特徵提取、故障診斷、故障預測等功能；然後，根據故障診斷和預測的結果進行維護性能指標評估和維護最佳化決策；最後，根據最佳化決策的結果通過 CPS 系統實現製造系統的錯誤修正、補償和控制。與預測性維護相比，智慧預測性維護技術主要通過 CPS、IoT、IoS 和大數據分析技術實現。

面向智慧工廠或工廠的設備智慧預測性維護問題，Lee 等人提出了基於 5C 的智慧預測性維護 IPdM 框架[2]，Wang 等人提出了基於 CPS 的智慧預測性維護 IPdM 框架[3]。隨著（行動）網際網路、大數據和人工智慧的深入應用，設備 MRO 運維服務從單一智慧工廠或工廠延伸到備件供應和維護商、裝備製造和維護商、裝備使用商、領域專家、雲端平臺提供商等 MRO 網路的多合作主體，面向設備 MRO 營運網路的智慧預測性維護 SPdM 成了未來智慧製造領域的一個重點研究方向和內容。

1.2.6 維護策略的選擇方法

設備維護策略的選擇與故障發生的頻率和故障影響相關[10]，其選擇方法如圖 1.10 所示。

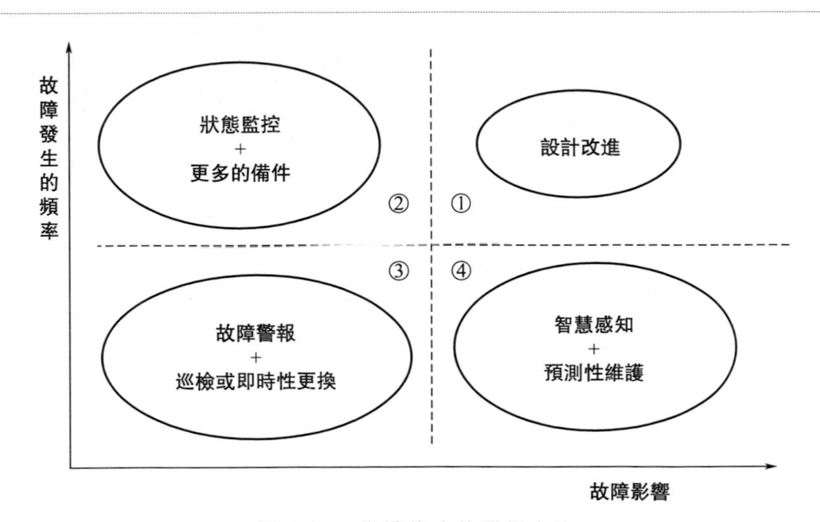

圖 1.10 維護策略的選擇方法

① 完善的設備及系統不應該有很高的故障發生率和故障影響。

② 高故障率、小影響，選擇 CBM 策略，採集具有預警的信號即可，準備好更換備件。

③ 低故障率、低影響，採用巡檢、及時性更換或預防性更換，不需監控和資料擷取。

④ 故障發生的影響較大，可能造成較長的停機時間和較高的維護費用，需要進行詳細的失效模式和影響分析，決定資料擷取物件和維護策略，進行相應的預測性維護和風險管理。

1.3 發展趨勢

隨著資訊、機械、自動化、系統工程和管理等學科的發展，特別是以行動網際網路、大數據、人工智慧、物聯網、雲端運算等新一代資訊技術推動了智慧製造技術的快速發展，先進製造、自動化、電腦、管理科學等領域的研究機構與學者從各自角度出發，圍遶著裝備故障預測及其運維最佳化進行了大量的研究和探索，取得了一系列重要研究成果，呈現出了大數據支持的複雜數據處理、故障預測的整合與並行化、營運維護網路化、生產維護庫存聯合最佳化決策等方面的研究發展趨勢，特別是在以下幾個方面。

① 更加重視網際網路環境下設備營運維護數據的融合問題。在網際網路與大數據支持環境下，設備營運維護過程出現了全生命週期的業務營運數據、各種感測器實時狀態數據、維護網路的專家動態互動知識以及環境因素資訊，如何高品質地擷取和利用這些設備生命週期中的多源異構大數據及其相關的融合分析方法得到了眾多研究機構和學者的關注。

② 更加強調基於大數據分析的大規模故障預測問題。傳統基於物理模型的預測、數據驅動的預測、模型驅動的預測、基於資訊融合的預測等大部分都針對單一企業單一設備的健康狀況和故障狀態進行預測，難以滿足複雜裝備網路化營運中故障預測的全部任務要求。在網際網路和大數據環境下，需要綜合考慮來自 MRO 運行網路中同類設備、類似零部件的歷史及狀態資訊，將多種故障預測方法有效地融合與整合，以大數據分析為基礎，增強大規模在線機器學習能力，提高預測系統的實時性、智慧性、運算效率以及預測性能，遠端並行化實時地預測裝備營運網路中大規模的故障狀態和維護需要。

③ 更加重視基於價值網路的設備營運維護活動最佳化、調度與決策問題。面向不確定性的維護需要，在全球化合作網路中，聯合規劃和最佳化設備生產營運、維護和庫存活動，最佳化可共享的網路服務資源，實時地調度和決策維護服務。

1.4 本書內容安排

本書的章節和內容安排如圖 1.11 所示。

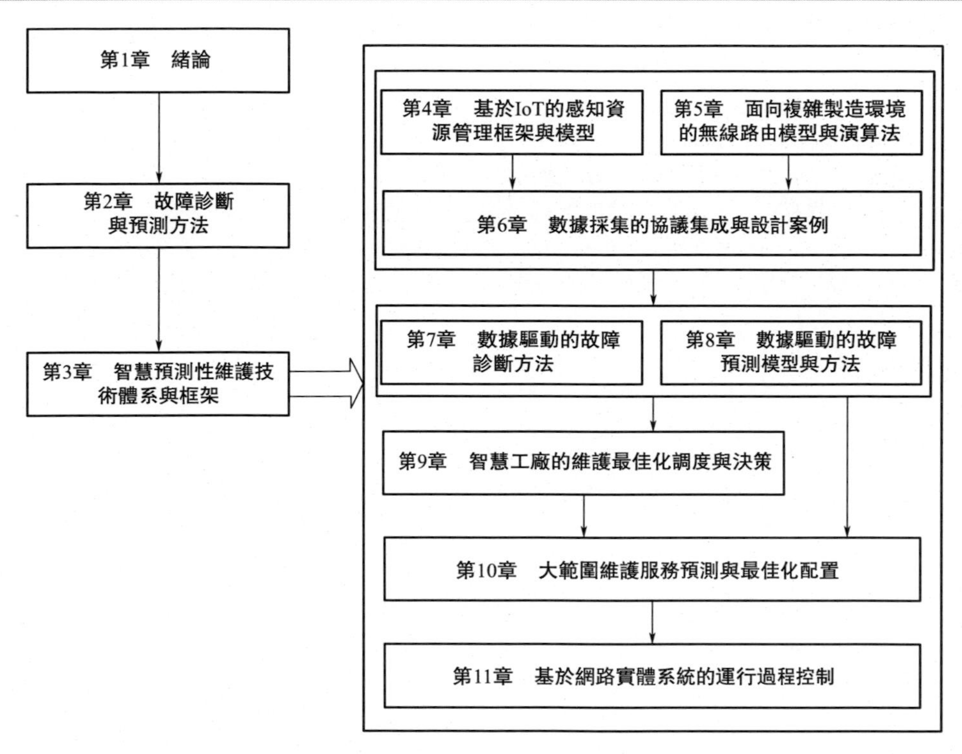

圖 1.11 本書的章節和內容安排

第 1 章緒論主要介紹智慧製造模式下的設備智慧預測性維護問題、設備維護策略及模型的基本概念，以及發展趨勢；第 2 章討論故障診斷與預測方法；第 3 章介紹智慧預測性維護技術體系與框架；第 4 章給出基於 IoT 的感知資源管理框架與模型；第 5 章討論面向複雜製造環境的無線路由模型與演算法；第 6 章討論資料擷取的協定整合與設計案例；第 7 章研究數據驅動的故障診斷框架與方法；第 8 章研究數據驅動的故障預測模型與方法；第 9、10 章結合維護決策問題，分別討論面向智慧工廠的維護最佳化調度與決策方法、面向 SPdM 網路的大規模維護服務預測與最佳化配置方法；第 11 章探討基於網路實體系統的運行過程控制方法。

參考文獻

[1] 李杰，倪軍，王安正．從大數據到智能製造．上海：上海交通大學出版社，2016.

[2] LEE J，ARDAKANI H D，Yang S，et al. Industrial big data analytics and cyber-physical systems for future maintenance & service innovation. 4th International Conference on Through-life Engineering Services（Procedia CIRP）. Cranfield，England，2015.

[3] WANG K，DAI G，GUO L. Intelligent predictive maintenance（IPdM）for elevator service through CPS，IOT & S and data mining. Proceedings of the 6th International Workshop of Advanced Manufacturing and Automation. Univ Manchester，England，2016.

[4] LI L，LIU M，SHEN W，et al. An improved stochastic programming model for supply chain planning of MRO spare parts. Applied Mathematical Modelling，2017，47（7）：189-207.

[5] 莫布雷．以可靠性為中心的維修．石磊，谷寧昌，譯．北京：機械工業出版社，1995.

[6] NOWLAN F S，HEAP H. Reliability-centered maintenance. Springfield Virginia：National Technical Information Service，1978.

[7] MOROW L C. Maintenance engineering hand book. New York：Mc Graw Hill，1952.

[8] PHAM H，WANG H. Imperfect maintenance. European Journal of Operational Research，94（1996）：425-438.

[9] TOMS L A，TOMS A M. Machinery oil analysis-methods & benefits：a guide for maintenance managers，supervisors & technicians. 3rd ed. Boca Raton：CRC Press，2008.

[10] 李杰．工業大數據：工業 4.0 時代的工業轉型與價值創造．邱伯華，等譯．北京：機械工業出版社，2015.

第2章

故障診斷與預測方法

本章首先討論故障診斷與預測方法的一般分類，然後依次介紹基於物理模型、可靠性模型、數據驅動、融合模型驅動的故障預測方法，最後結合設備的失效樣本和退化歷史數據，討論故障預測方法的選擇。

2.1 故障診斷與預測方法的一般分類

設備系統由若干零件、部件、子系統組成，故障模式（即故障現象）可以描述零部件、子系統甚至整個設備系統的狀態，且具有更明確的壽命定義，而每個零部件可能具有圖 2.1 所示的若干個故障模式，這些故障模式具有截然不同的故障機理和故障率。

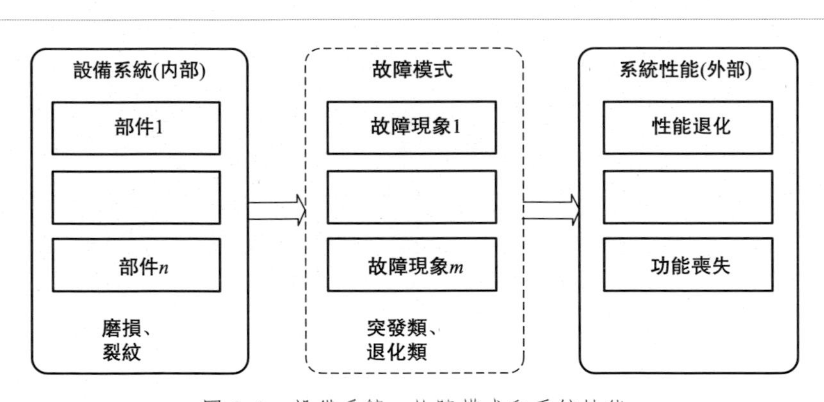

圖 2.1 設備系統、故障模式和系統性能

對於複雜設備系統而言，在使用過程中機械類零部件之間不斷發生磨損、老化、疲勞等退化類故障，逐漸表現為系統某些關鍵性能的下降，有時這些退化類故障很難被監測，也很難評價部件退化對系統整體功能和性能的影響，非機械類零部件也可能發生斷路、短路、衝擊等突發類故障，導致系統功能的瞬時喪失。因此，可以將系統關鍵故障模式分為圖 2.2 所示的退化類故障模式集合 D 和突發類故障模式集合 F[1]。

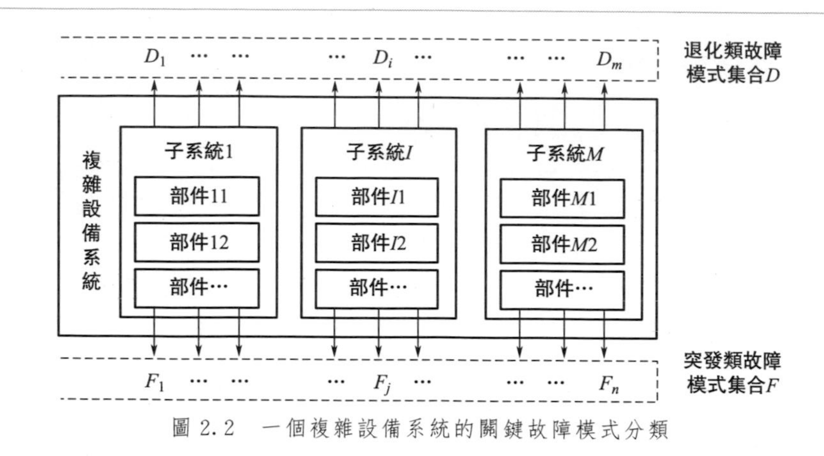

圖 2.2　一個複雜設備系統的關鍵故障模式分類

根據圖 1.6 所示的設備性能 P-F 曲線，退化類故障模式往往具有明顯的可檢測退化過程，直到達到規定的故障閾值，如性能退化、磨損、裂紋等，這類故障模式在退化超過閾值後一般不會導致系統功能喪失，系統仍可帶病運行；突發類故障模式往往不具有明顯退化過程或者退化過程不可檢測，通常瞬間發生且導致系統功能喪失。

2.1.1　故障診斷方法

當故障發生時，故障診斷進行故障檢測、隔離和辨識等，故障檢測是檢測系統中是否出現故障，故障隔離是定位故障的部件、子系統、系統，故障辨識是辨識已發生的故障模式[2]。也就是說，故障診斷就是利用設備在運行或相對靜態條件下的狀態資訊，例如振動、聲音、影像、溫度以及磨損、碎屑等參數，結合診斷物件的歷史狀況，通過處理和分析來定量辨識機械設備及其零件、部件的實時技術狀態或故障現象，並預知有關異常、故障和預測其未來技術狀態。

不管是退化類或突發類故障，故障診斷的一般步驟和方法如下[3]。

(1) 採集和掌握有關的數據和資料

① 採集的數據類型分為三類。

a. 數值數據：收集的數據是單個值，如油分析數據、溫度、壓力和溼度等。

b. 波形數據：在特定時域採集的數據為時間序列，通常稱為時間波形，如振動數據和聲學數據是波形數據。

c. 多維數據：採集的數據是多維的，最常見的多維數據是影像數據，如紅外熱圖、X 射線影像、視覺影像等。

② 採集和掌握的相關數據和資料。

a. 機器結構性能資料：包括機器的工作原理；生產過程中的地位和作用；

重要的動態參數，如驅動功率、流量、壓力、轉速變化範圍、電流、電壓、溫度等；機器結構組成和參數，如軸承形式、密封結構、聯軸器結構、齒輪齒數、葉片數、共振頻率、臨界轉速等。

b. 操作運行情況：包括負荷及其變化情況、潤滑情況、啓動和停機情況、工藝參數變化情況等。

c. 機器周圍環境的影響：包括溫度、溼度、與其他機器的關聯、地基沉降、電壓波動等因素對機器性能的影響。

d. 故障與維修情況：包括上次大修時間，大修時做過哪些調整，運轉以來發生故障及對故障處理情況的記錄和檔案，機器的薄弱環節及預計容易發生故障的類型和部位，同型號、同工作條件下其他機器的故障情況等。

(2) 振動信號採集

包括儀器配置、參數設置和輔助測試等。

(3) 故障分析和診斷

注意信號的發展和變化，在時域、頻域和時頻域等領域，分析振動信號的頻率成分、振動信號的方向性和幅值穩定性、各頻率成分的相位、邊分頻析、波形變化分析、軸心軌跡分析和全息譜分析等，在此基礎上，通過基於解析模型、基於信號處理（波形和多維數據的數據處理又稱為信號處理）和基於知識等診斷方法進行故障診斷。

對於傳統的診斷方法，如果可以建立較準確的監測物件的數學模型，如狀態猜想、參數猜想、一致性檢驗等，首選選擇基於解析模型的方法，這個方法的缺點是樣本的品質和容量、模型本身局限、噪音的存在以及系統複雜性、準確性較差。當可以得到被控物件的輸入輸出信號，但很難建立解析數學模型時，可採用基於信號處理的方法，如幅域分析、頻域分析、小波分析、自適應分時頻析等，該方法常與其他方法結合，用於監測數據的預處理。當很難建立被控物件的數學模型時，可採用基於知識的方法，包括專家系統、人工類神經網路、模糊演算法、基因演算法、粗集合、人工免疫演算法、故障樹、支持向量機等故障診斷方法。

隨著行動網際網路、大數據和人工智慧等新一代資訊技術的發展，基於深度學習等新一代數據驅動的故障診斷方法受到工業界和學術界越來越多的關注[4～6]，詳細內容見第 7 章。

(4) 常見機械故障辨識及實例

① 不平衡，如離心壓縮機不平衡、壓縮機不平衡等。

② 不對中，如壓縮機對中不良、電機與發電機對中故障等。

③ 機械鬆動，如電機不平衡及支承鬆動、發電機組汽輪機支承鬆動等。

④ 轉子或軸裂紋。
⑤ 滾動軸承損傷、損壞。
⑥ 滑動軸承故障。
⑦ 齒輪箱故障。
⑧ 傳動皮帶故障。
⑨ 葉輪、葉片和旋翼斷裂。
⑩ 電機故障。
⑪ 共振故障等。

2.1.2 故障預測方法

故障預測用於確定故障是否即將發生，並猜想故障發生的速度和可能性。診斷是事後分析，預測是事前分析。在實現零停機性能方面，預測比診斷更有效。當預測失敗而發生故障時，需要進行故障診斷[2]。

目前，有兩種主流的故障預測類型：①根據當前設備狀況和過去營運情況，預測在發生故障（一個或多個故障）之前設備還剩多少時間，即預測設備的剩餘使用壽命；②在某些情況下，特別是當一個故障或失效是災難性的，例如核電站，根據當前設備狀況和過去營運情況，預測設備在未來某個時間（例如下一個檢查間隔）發生故障或失效的可能性，即預測未來某個時間段內的故障機率。實際上，在任何情況下，設備在下一次檢查（或狀態監測）間隔之前沒有發生故障的機率都可以作為維護人員判斷檢查間隔是否合適的一個很好的參考。在故障預測的文獻中，大多數的論文只討論第一種類型的預測，只有少數論文涉及第二種類型的故障預測。

在預防性維護和預測性維護的技術體系中，故障預測是實現物件系統性能退化狀態和剩餘壽命預測的核心方法，不同研究機構和組織的分類方法不盡一致，最具典型的分類方法來自哈爾濱工業大學彭喜元教授，將故障預測方法分為 4 類：基於物理模型的故障預測方法、基於可靠性模型的故障預測方法、數據驅動的故障預測方法和融合模型驅動的故障預測方法[7]。本書結合行動網際網路、大數據和人工智慧等新一代資訊技術的發展和應用，在上述故障預測分類方法的基礎上，將當前基於大數據分析（如機器學習、深度學習等）的故障預測方法歸入數據驅動的預測方法之中，形成了圖 2.3 所示的故障預測分類方法。

(1) 基於物理模型的故障預測方法

基於物理模型的故障預測方法是將狀態監測數據和設備特定的機械動力學特徵有效地結合來對剩餘使用壽命和狀態進行預測，常見模型包括失效物理模型、疲勞壽命模型、裂縫擴展模型、累計損傷擴展模型、隨機損傷傳播模型、裂紋診斷與預測方法等。RCMII 決斷圖中故障模式影響分析和專家系統中基於故障樹的推理也都是基於上述物理模型及專家經驗而進行維護決策的。

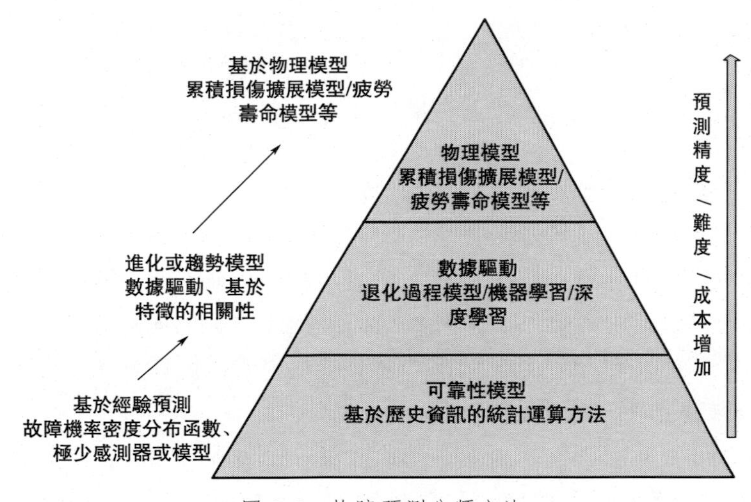

圖 2.3 故障預測分類方法

基於物理模型的預測方法大多應用於飛行器、旋轉機構等機械、電氣系統中，或集中於材料、結構、機械部件等系統底層基礎性單位或部件。對於複雜系統或過程，由於故障模式或失效機理相對複雜，其故障預測的模型化相對滯後。而且，基於物理模型的預測方法常用數學模型來描述設備的衰退行為，進而通過數學模型預測設備健康狀態和剩餘壽命，方法假設可操作數據和數學模型都是可得到的，然而，有時各種模型很難描述一個設備衰退的趨勢與詳細的建模過程，需要對設備進行停機處理，但這在設備的生產運轉過程中是不允許的。

(2) 基於可靠性模型的故障預測方法

基於可靠性模型的故障預測方法根據歷史測試數據概論密度分布函數和壽命分布函數，運算產品的可靠度函數[8]。1950 年代初，開始了基於指數分布的壽命實驗，許多軍事標準（如美國軍標 MIL-HDBK217）與工業標準都是基於指數分布的假設制定的。1960 年代後，韋伯分布與極值分布受到重視，用以描述老化、磨損等現象，如疲勞失效、真空管失效和軸承失效等；後來，伽馬分布、對數正態與截尾正態分布用於擬合壽命時間及修理時間，大量的離散壽命分布也被使用，如 0-1 分布被用於描述開關、繼電器等成敗型元件的性狀，二項分布被用於描述幾個獨立分布的成敗型元件的性狀，其他還有幾何分布、負二項分布、帕松分布和離散韋伯分布等。

在基於可靠性模型的方法中，系統的可靠性指標分為不可修系統和可修系統。不可修系統通過串聯、並聯、串並聯、並串聯、K-out of n(F)、冷儲備、熱儲備、線性環修等過程進行建模；可修系統可以採用馬爾可夫型可修模型、更新過程模型、馬爾可夫更新型可修模型進行描述。然而，上述經典統計理論的框架都沒有提及和考慮產品的實驗環境、實驗方式等統計問題的背景資訊等先驗資訊。

1985 年，隨著貝氏分析方法的出現[9]，將貝氏推斷引入可靠性模型的分析過程形成了貝氏方法。貝氏方法將先驗資訊作為統計分析的重要資訊來源，綜合考慮當前的可靠性實驗數據資訊和先驗資訊，得到參數的後驗分布，基於後驗分布對問題進行評估和檢驗，可以提高預測精度。

基於可靠性模型方法的維護策略一般選用：①總費用最小的定時更換策略；②考慮可用度的維修策略。基於可靠性模型的故障預測方法是基於零部件歷史失效數據的概論密度分布函數和壽命分布函數，因此，又可稱為基於失效的可靠性模型預測。然而，該模型並不注重設備失效過程中的性能狀態演化。

(3) 數據驅動的故障預測方法

數據驅動的故障預測方法通過物件系統的狀態監測，從歷史數據中認識物件系統的健康/非健康行為，將原始監測數據轉化為相關資訊和行為模型，以此判斷未來物件系統可能發生故障的機率、猜想系統失效或到達壽命閾值的時刻。數據驅動的方法根據模型的不同可以分為基於退化過程模型的方法、基於機器學習的方法和基於深度學習的方法。

基於退化過程模型的方法常用數學模型來描述設備的衰退行為，並預測設備健康狀態和剩餘壽命，方法假定可操作數據和數學模型都是可得到的，比如經驗模型方法（如貝氏方法、D-S 證據理論、模糊邏輯、迴歸模型、自迴歸模型、高斯過程迴歸、時間序列模型等）、統計濾波方法（擴展卡爾曼濾波、粒子濾波）、馬爾可夫模型/隱馬爾可夫模型/隱式半馬爾可夫模型、隨機過程模型（帕松過程、伽馬過程、維納過程、逆高斯過程等）、灰色模型等。

與基於失效的可靠性模型對應，基於退化過程模型的預測模型通過選擇與產品壽命和可靠性高度相關的物理變量，採用預測性維護策略，通過定量的數學模型描述其隨時間的變化規律，來刻畫產品或設備的失效過程[10]。建模過程如下：①失效機理分析；②退化量確定（物理的，如頻率、振型、特徵資訊、影像、光譜、色譜、鐵含量等；結構的，如剛度、阻尼、裂紋、尺寸、結構參數等；數學的，如各種統計量、特徵值和特徵向量）；③退化實驗設計與分析；④退化數據收集與處理（預處理，如剔除異常數據/平滑/特徵辨識；特徵提取）；⑤退化模型確定；⑥退化過程模型辨識；⑦失效閾值確定；⑧運算失效機率；⑨運算壽命分布。然而，這類方法的辨識和訓練過程耗時較長，也無法考慮相應的運行環境、歷史狀態、退化特性等複雜因素，常用於離線健康預測，不適合設備在線的健康預測。

基於機器學習的方法不需要故障演化過程或壽命退化過程的精確解析模型，

直接對物件系統的各類可用數據進行分析，通過各種數據處理與分析方法（如多元統計方法、聚類分析、頻譜分析、小波分析等），探勘物件系統數據中隱含的健康狀態或退化特徵資訊，對設備的失效時刻進行預測，獲得設備的健康狀態和剩餘壽命。基於機器學習的方法研究和應用較為廣泛的方法主要集中在運算智慧、機器學習、統計信號處理等模型和演算法，分為數據準備、數據處理、特徵工程、建模、仿真等過程。這類方法具有兩個比較大的缺陷，即非常慢的收斂性以及容易陷入局部最佳解，由於數據驅動的原因，這些模型具有很高的運算複雜性，容易造成運算爆炸問題。

基於深度學習的方法解決了機器學習中特徵的自動提取問題。機器學習起源於 1970 年代到 1980 年代的模式辨識和資料探勘演算法[11]，決策樹、啓發式和二類判別分析等演算法的出現誕生了初級的智慧程式。1990 年代初誕生了機器學習的概念，主要是從樣本中進行學習的智慧程式，包括（非）監督的訓練、特徵提取、建模演算法、預測和分類等步驟。隨著深度學習演算法的出現，形成了統一的大數據預測分析框架，並產生了 3 種不同的分析策略：深度學習通過對數據的學習提高演算法準確性；寬度學習通過模型結構的擴散提高了演算法效率（可達 1000 倍）；混合學習策略平衡了學習演算法的準確性和效率，可以實現數據和模型結構的自適應學習過程。

（4）融合模型驅動的故障預測方法

資訊融合是電腦科學、數學、智慧演算法以及管理領域等多學科的綜合交叉，表示在面對同一監測物件時，各種感測器的監測資訊以及監測資訊的處理方法可以被綜合應用，從而獲得設備的全面監測資訊。隨著設備複雜性的提高，對設備性能要求逐步增加，對感測器的數量和種類要求也在增加，基於資訊融合的方法得到了越來越多的關注。

資訊融合方法利用了電腦智慧與快速的運算能力，消除了數據資訊間的差異，有利於數據處理品質的提高，也彌補了不同方法存在的不足，如多感測器融合（感測數據處理層面）、數據融合（數據特徵層面）、決策融合（模型層面不同數據驅動方法的融合、數據驅動和物理模型的融合、模型驅動與數據驅動方法的融合等）。來自設備 MRO 營運網路中多感測器的監測資訊，具有多樣性、複雜性、資訊容量大的特性，對於這類資訊的處理不同於單個感測器資訊的處理，模型和數據的融合及並行化需藉助大數據分析方法進行研究。

2.2 基於物理模型的故障預測方法

基於物理模型的故障預測方法一般從物件系統內部工作機理出發，建立能夠反映系統在給定負載、工作和環境條件下性能退化物理規律的數學模型，來預測系統退化發展趨勢，能夠深入物件系統的本質，獲得較為精確的預測結果。然而，在大多數實際應用場合中，從系統內部工作機理出發建立系統的性能退化物理模型需要大量的專家知識，特別是當退化過程複雜、退化機理尚不完全清楚時，構建有效的物理模型往往無法實現。

基於物理模型的故障預測方法與物件的物理、電氣等屬性密切相關，不同的物件部件或單位，其物理模型差異較大。常見基於物理模型的方法包括失效物理模型、疲勞壽命模型、裂縫擴展模型、累計損傷擴展模型、隨機損傷傳播模型、裂紋診斷與預測方法等，比較成熟的物理模型的物件包括機械材料或旋轉機械部件、鋰離子電池、大功率電子電子組件、電子機械傳統裝置等。

基於物理模型的故障預測方法不需要採集那麼多的數據就可以把系統的故障邏輯表示出來，但需要專家的支持來進行模型的構建和表達，也可能丟失一些非線性和相互關聯的關係，其建模的一般流程如圖 2.4 所示。基於物理模型的故障預測方法利用物理模型來預計系統在給定負載和使用條件下的退化率，需要利用具體物件專業領域的知識進行物理的建模；由於故障機理明確，預測的精確度較高；考慮到預測模型的複雜性，一般只在特定的元件級、部件級故障預測中應用；對於複雜的機電系統很難建立和抽象物理模型。

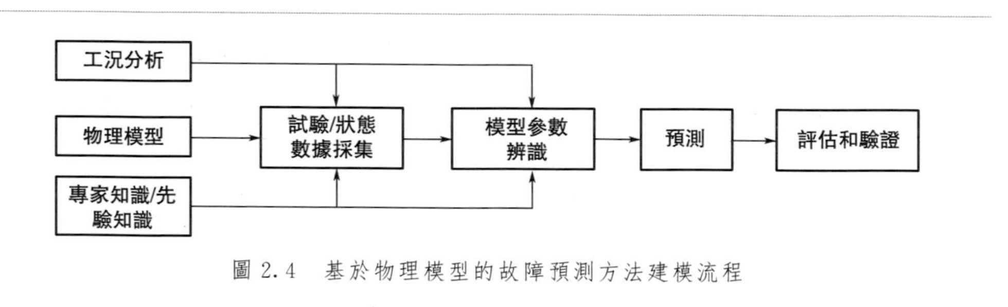

圖 2.4　基於物理模型的故障預測方法建模流程

2.3　基於可靠性模型的故障預測方法

當設備系統的感測器數目較少或難以獲得系統的物理模型時，在擁有大量歷史失效數據的基礎上，採用統計可靠性方法可以實現設備系統的故障預測。通過可靠性實驗或相同類型產品使用過程中的故障數據擬合產品壽命分布，可以求得設備系統使用過程中的平均剩餘壽命。如早期基於韋伯分布、二項分布、指數分布等的可靠性分析，以及 1980 年代中後期基於後驗分布機率的貝氏方法等。基於可靠性方法使用範圍較廣，尤其適用於零批次多、數量大的商用產品，但精確度較低。

對於一般產品，可以通過對包含了失效故障的歷史數據進行統計分析。最為經典的可靠性增長模型——杜安模型是 J. T. Duane 於 1962 年提出的，以圖 2.5 所示的方式給出所度量的可靠性參數發生的變化，也能得出可靠性參數的數字猜想，另外還有美國陸軍器材設備分析機構提出的 AMSAA 方法。

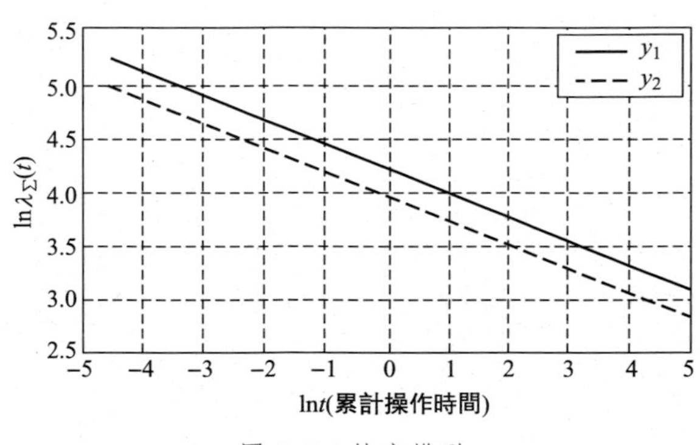

圖 2.5　杜安模型

杜安模型假設可修產品的累積實驗時間為 t，在開發期 $(0,\ t)$ 內產品累積失效次數為 $N(t)$。產品的累積失效率 $\lambda_\Sigma(t)$ 定義為累積失效次數 $N(t)$ 與累積實驗時間 t 之比，即：

$$\lambda_\Sigma(t)=\frac{N(t)}{t} \tag{2.1}$$

杜安模型指出，在產品研製過程中，只要對暴露的系統性失效不斷地進行糾正和改進，使之不再發生，那麼累積失效率 $\lambda_\Sigma(t)$ 與累積實驗時間 t 的關係可以用雙對數坐標紙上的一條直線來近似描述，數學表示式為：

$$\ln\lambda_\Sigma(t)=\ln\lambda_\mathrm{I}-\alpha\ln t \tag{2.2}$$

即：

$$\lambda_\Sigma(t)=\lambda_\mathrm{I}t^{-\alpha} \tag{2.3}$$

式中，$\lambda_\Sigma(t)$ 為 t 時刻觀察到的累積失效率；λ_I 為猜想的初始失效率，即在 $t=1$ 時的失效率，也稱為尺度參數，其幾何意義是杜安曲線在雙對數坐標紙縱軸上的截距；α 為猜想的可靠性增長率，其幾何意義是杜安曲線在雙對數坐標紙上的斜率。

表示累積失效率平穩下降的趨勢由式(2.1) 得到：

$$N(t)=\lambda_\Sigma(t)t=\lambda_\mathrm{I}t^{1-\alpha} \tag{2.4}$$

由式(2.4) 可求出瞬時失效率與累積失效率之間的關係：

$$\lambda(t)=\frac{\mathrm{d}N(t)}{\mathrm{d}t}=(1-\alpha)\lambda_\mathrm{I}t^{-\alpha}=(1-\alpha)\lambda_\Sigma(t) \tag{2.5}$$

這樣，瞬時失效率的猜想值為：

$$\hat{\lambda}(t)=(1-\alpha)\hat{\lambda}_{I}t^{-\alpha}。 \tag{2.6}$$

因此，平均故障間隔時間 MTBF 的累積值 $\theta_{\Sigma}(t)$ 和瞬時值 $\theta(t)$ 可用下式求解：

$$\theta_{\Sigma}(t)=\frac{1}{\lambda_{\Sigma}(t)}=t^{\alpha}/\lambda_{I} \tag{2.7}$$

$$\theta(t)=\frac{1}{\lambda(t)}=t^{\alpha}/(1-\alpha)\lambda_{I} \tag{2.8}$$

基於對歷史數據的統計分析，在擷取一定統計樣本的前提下，一般可以猜想失效率或者故障率，來預測結果的準確度和精確度。最為典型的基於機率的預測方法是圖 2.6 所示的韋伯分布函數（又稱浴盆曲線），該曲線是設備在運行壽命時間內故障發展的規律，表現為故障率變化的三個階段，並對應故障分布的三種基本類型，即初始故障期為故障遞減型、偶發故障期為故障恆定型、劣化故障期為故障遞增型。

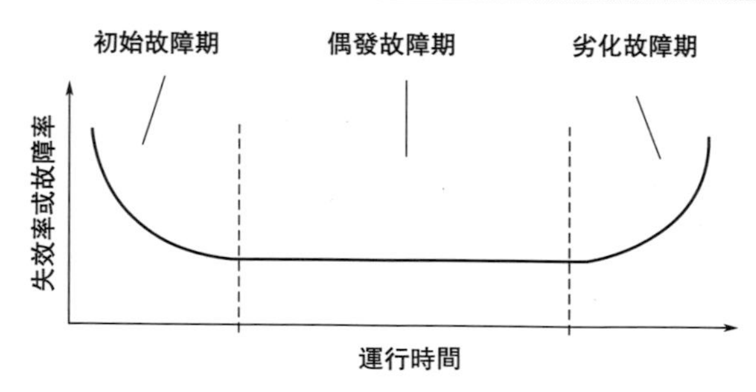

圖 2.6 韋伯分布函數

第一階段為初始故障期，也稱為早期故障期，是指新設備（或大修好的設備）的安裝除錯過程至移交生產試用階段。由於設計、製造中的缺陷，零部件加工品質以及操作工人尚未全部熟練掌握等原因，致使這一階段故障較多，問題充分暴露。隨著除錯、排除故障的進行，設備運轉逐漸正常，故障率逐步下降。

第二階段是偶發故障期。這時設備各運動件已進入正常磨損階段，操作工人已逐步掌握了設備的性能、原理和調整的特點，故障明顯減少，設備進入正常運行階段。在這一階段所發生的故障，一般是由於設備維護不當、使用不當、工作條件（負荷、溫度、環境等）劣化等原因，或者由於材料缺陷、控制失靈、結構不合理等設計、製造上存在的問題所致。

第三階段是劣化故障期，也稱耗損故障期。設備隨著使用時間延長，各部分機件因磨損、腐蝕、疲勞、材料老化等逐漸加劇而失效，致使設備故障增多，生產效能下降，為排除故障所需時間和排除故障的難度都逐漸增加，維修費用上升。這時應採取不同形式的檢修或進行技術改造，才能恢復生產效能。如果繼續使用，就可能造成事故。

採用韋伯分布描述物件元件的壽命分布特性，按照歷史數據樣本初始化獲得一定的分布參數模型，然後再根據實際使用和操作過程中狀態數據的變化（環境條件、負載條件等），動態猜想韋布林壽命分布參數變化，以此預測物件元件的剩餘使用壽命 RUL 及其機率分布函數 PDF。

自 1960 年代提出了以可靠性為中心的維護理論以來，對於複雜設備故障，除了浴盆曲線故障模型外，還有圖 2.7 所示的其他五種故障模型[10]。其中，故障機率呈穩定或緩慢上升的三種類型［如圖 2.7(d)～(f) 所示］占了故障總機率的 89%，其餘的占 11%。

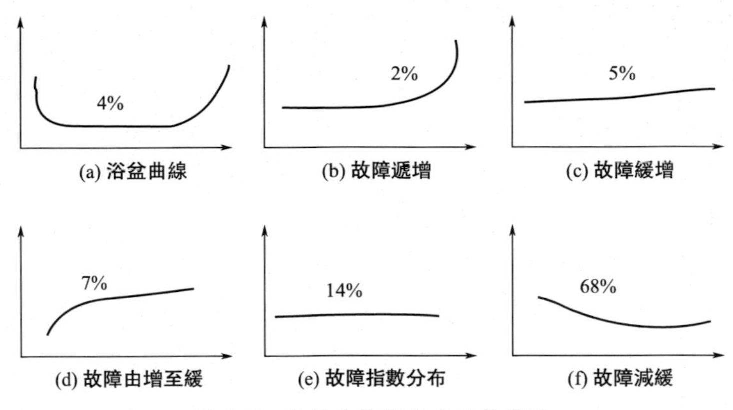

圖 2.7　常見的故障分布函數模型

然而，基於可靠性模型的故障預測方法是建立在大量樣本可靠性實驗基礎上的，對於類似於航天器、飛機等複雜昂貴的設備和系統並不適用。尤其是針對個體樣本的健康狀態評估，這種方法無法考慮諸多複雜因素，如運行環境、歷史狀態、退化特性等，預報的虛警率較高。

2.4　數據驅動的故障預測方法

數據驅動的故障預測基本前提是已知產品在各種故障狀態下的特徵值，在檢測到故障徵兆的情況下，將產品實際運行狀態的特徵值與已知的故障狀態特徵值進行分析和比較，以判別當前的健康度，再通過與已知的故障發展規律相對應的特徵值進行對比來推斷未來的健康狀態，或預測其剩餘壽命。數據驅動的故障預測過程包括圖 2.8 所示的資料擷取、數據儲存、數據分析和數據應用等。數據驅動的故障預測方法則根據模型的不同分為基於退化過程模型的方法、基於機器學習的方法和基於深度學習的方法等。

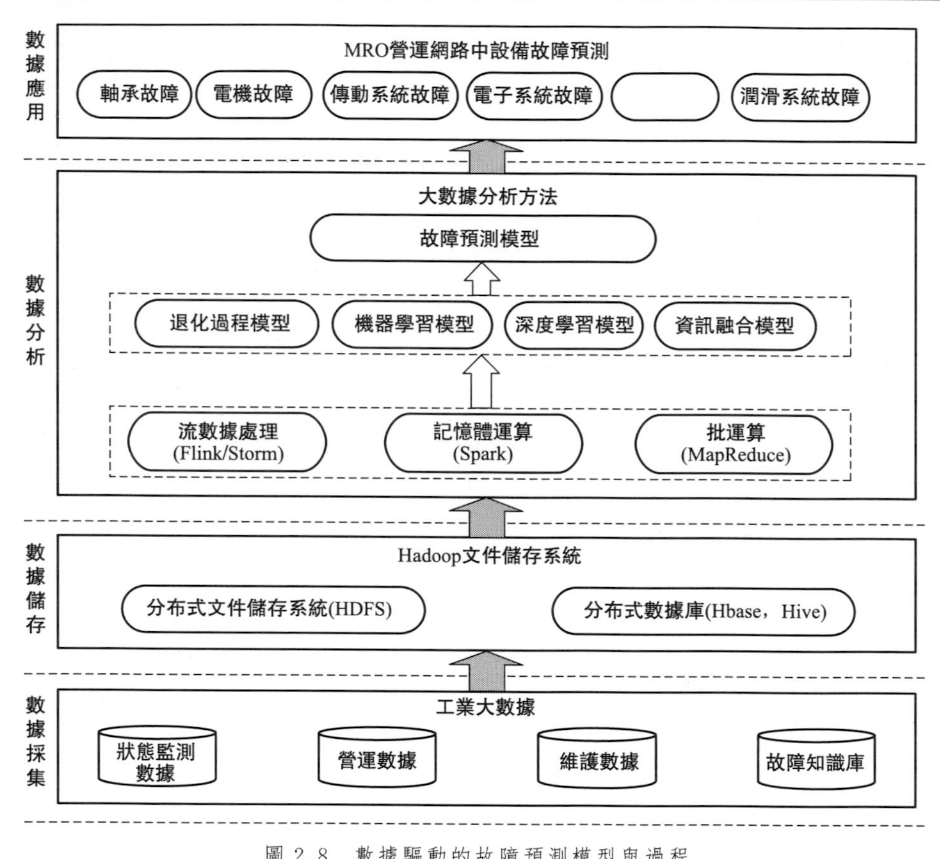

圖 2.8 數據驅動的故障預測模型與過程

2.4.1 基於退化過程模型的方法

基於退化過程模型的故障預測方法常用退化過程的數學模型來描述設備的衰退狀態或退化機理，進而通過退化模型預測設備健康狀態和剩餘壽命。退化模型可以採用經驗模型、統計濾波、馬爾可夫鏈模型、隨機過程模型和灰色模型等方法進行描述和建模。

離散時間的馬爾可夫過程又稱為馬爾可夫鏈，具有有限或可數的狀態空間，經常被用來描述退化過程。在利用離散時間的馬爾可夫鏈進行建模時，設備系統的退化狀態被劃分為有限的狀態，在指定所有狀態之間的機率轉移矩陣之後，這些模型可以用來運算任何狀態下的故障率分布。馬爾可夫鏈模型適用於那些退化狀態不能精確測量而必須採用粗略狀態分類的部件。隱馬爾可夫模型、隱式半馬爾可夫模型（隱馬爾可夫模型的擴展）等是馬爾可夫鏈模型的變種。Wang[12]通過考慮影響狀態維護決策的備件可用性和機組劣化狀態，為具有相同部件的退化系統構建了一種基於狀態的備件替換和供應策略。

近幾十年來，感測技術的快速發展使得退化程度的精確在線測量成為可能。在這種情況下，退化狀態被認為是連續的而非離散的。連續時間的馬爾可夫過程（隨機過程模型）具有獨立的增量，如帶有漂移的布朗運動（也稱為高斯或維納過程）、複合帕松過程和伽馬過程等隨機過程，常用來表徵零部件的退化過程[13]。在這些隨機過程模型中，維納過程、伽馬過程、逆高斯過程以及它們的變體由於具有很好的數學特性和清晰的物理解釋[14]，這些模型具有獨立的退化增量，吸引了大量研究和關注。帶有漂移的布朗運動是一種具有獨立、實值增量和正態分布的隨機過程，複合帕松過程是一個服從帕松過程且具有獨立同分布的隨機過程，伽馬過程是具有獨立且服從相同參數伽馬分布的單調遞增的隨機過程。與複合帕松過程一樣，伽馬過程是一個遞增過程。而複合帕松過程在有限時間區間內有一定數量的遞增，伽馬過程在有限時間間隔內有無限數量的遞增，前者適用於模擬散點衝擊造成的損傷，後者適用於描述連續使用逐漸造成的損傷。

基於維納和伽馬過程退化模型的狀態維護策略得到了廣泛研究[15,16]。然而，由於維納過程並不總是單調的，無法對一些退化過程如裂紋增長和磨損過程等進行有效建模。對於這種具備單調下降性質的過程，可以利用伽馬過程和逆高斯過程對樣本路徑施加單調約束進行建模。伽馬過程適合在一段時間內以微小增量的順序逐步累積的損傷，如磨損、疲勞、腐蝕、裂紋擴展、侵蝕、消耗、蠕變、膨脹等[17~19]。

逆高斯過程由 Wang 和 Xu[20]引入可靠性工程，Ye[21]做了進一步研究。由於使用方式和環境的差異，來自同一群體部件的退化特性往往不同。許多文獻研究了經常存在於實際系統中導致不同退化模式異質性的退化模型[22-24]。一般來說，考慮異質性主要有兩種方法。第一種是使用隨機效應模型，第二種是對模型參數中的一個或一些參數施加先驗分布。這兩種方法的實質是相同的，也就是說，有些參數是零部件特異的而其餘的是全體共享的參數。當收集到更多的退化觀測值時，可以更精確地評估零部件特定的參數，並能更好地表徵退化過程。儘管異質性得到了廣泛關注並應用於建模過程，由於退化過程變得非平穩和具有年齡依賴性，難以找到最佳的狀態維護策略，而逆高斯隨機過程模型可以較好地改進這些問題。

其他基於退化過程的模型，如經驗統計模型、統計濾波和灰色模型等方法在文獻［6］和一些具體演算法的文獻中進行了論述，在此不一一詳述。

2.4.2 基於機器學習的方法

隨著物聯網及其應用技術的興起，資料擷取和處理技術已經足夠成熟，可以批量或實時地生成、傳輸、儲存和分析各種數據，基於機器學習的方法越來越受到工業界的關注。

(1) 機器學習的方式

機器學習是一門涉及機率論、統計學、逼近論、凸分析、演算法複雜度理論等多領域的交叉學科，研究電腦怎樣模擬或實現人類的學習行為，以擷取新的知識或技能，重新組織已有的知識結構使之不斷改善自身的性能，是使電腦更智慧的根本途徑，其應用遍及人工智慧的各個領域。機器學習流程如圖 2.9 所示，根據輸入數據（訓練集）的不同，機器學習的方式主要可以分成監督學習和無監督學習兩種。

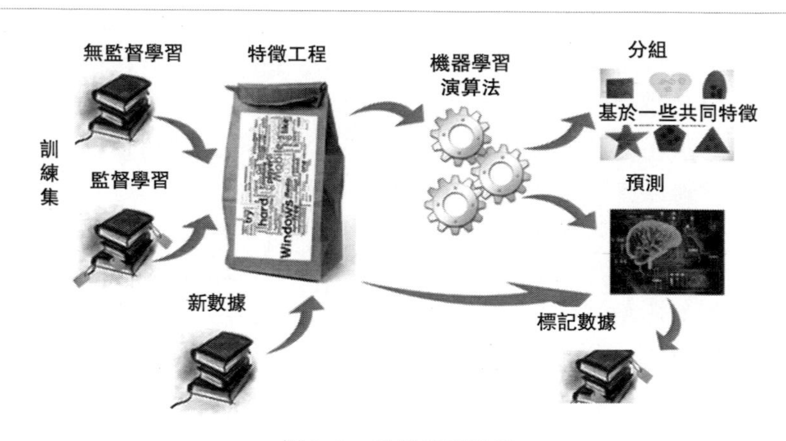

圖 2.9 機器學習流程

① 監督學習 監督學習是指從有標記的訓練數據中推導出預測函數，有標記的訓練數據是指每個訓練實例都包括輸入和期望的輸出，主要應用於分類和迴歸問題的預測。監督學習從給定的訓練數據集中學習出一個函數，當新的數據到來時，可以根據這個函數預測結果。監督學習的訓練集要求包括輸入和輸出，也可以說是特徵和目標。訓練集中的目標由人標註，標註為連續數值的問題（如溫度）被稱為迴歸，標註為離散值的問題（如影像類別）被稱為分類。

監督學習的輸入數據被稱為訓練數據，每組訓練數據有一個明確的標識或結果，如對防垃圾郵件系統中的垃圾郵件、非垃圾郵件，對手寫數字辨識中的 1、2、3、4 等，建立預測模型的時候，監督學習建立一個學習過程，將預測結果與訓練數據的實際結果進行比較，不斷地調整預測模型，直到模型的預測結果達到一個預期的準確率。

分類是在已有數據的基礎上學會一個分類函數或構造出一個分類模型，即分類器，能夠把資料庫中的數據記錄映射到給定類別中的某一類，進而用於數據預測。分類器是對樣本進行分類方法的統稱，包含決策樹、邏輯迴歸、單純貝氏、人工類神經網路等演算法。

迴歸分析是確定兩種或兩種以上變量間相互依賴的定量關係的一種統計分析方法，是應用極其廣泛的數據分析方法，可用於預測和控制等問題。迴歸分析按照涉及變量的多少，可分為一元迴歸分析和多元迴歸分析；按自變量和因變量之間的關係類型，可分為線性迴歸分析和非線性迴歸分析。一元線性迴歸分析只包括一個自變量和一個因變量，且二者的關係可用一條直線近似表示；多元線性迴歸分析包括兩個或兩個以上的自變量且因變量和自變量之間是線性關係。

② 無監督學習　無監督學習的目的在於從樣本數據中得到樣本的內在結構或者特徵之間的關聯。發現相似樣本的問題稱為聚類，希望分析樣本在數據空間中分布的問題稱為密度猜想，旨在尋找一個更簡潔數據表達的問題被稱為數據維度縮減，發現特徵之間關聯關係的問題被稱為關聯規則探勘。

聚類分析指將物理或抽象物件的集合分組為由類似的物件組成的多個類的分析過程，其目標是在相似的基礎上收集數據來分類。聚類源於數學、統計學、電腦科學、生物學和經濟學等多個學科。傳統的統計聚類分析方法包括系統聚類法、分解法、加入法、動態聚類法、有序樣品聚類、有重疊聚類和模糊聚類等，採用 k-均值、k-中心點等演算法的聚類分析工具已被加入許多著名的統計分析軟體包中，如 SPSS、SAS 等。

從機器學習的角度講，叢集相當於隱藏模式。聚類是搜尋叢集的無監督學習過程。與分類不同，無監督學習不依賴預先定義的類或帶類標記的訓練實例，需要由聚類學習演算法自動確定標記，而分類學習的實例或數據物件有類別標記。聚類是觀察式學習，而不是範例式學習。

聚類分析是一種探索性的分析，在分類的過程中，不必事先給出一個分類的標準，聚類分析能夠從樣本數據出發，自動進行分類。聚類分析所使用方法的不同，常常會得到不同的結論。不同研究者對於同一組數據進行聚類分析，所得到的聚類數未必一致。

數據維度縮減是將高維數據化為低維度數據的操作，維度縮減方法可分為線性維度縮減和非線性維度縮減。線性維度縮減包括主成分分析 PCA、獨立成分分析 ICA、線性判別分析 LDA、邏輯框架分析 LFA、局部保持投影 LPP。非線性維度縮減又分為基於核函數和基於特徵值的方法，基於核函數的方法包括核主成分分析 KPCA、核獨立成分分析 KICA、核判別分析 KDA，基於特徵值的方法包括等距特徵映射 ISOMAP、局部線性嵌入 LLE、拉普拉斯特徵映射 LE、局部切空間排列 LTSA、最大方差展開 MVU 等。

關聯規則最初是針對購物籃分析問題提出的。假設分店經理想更多地了解顧客的購物習慣，特別是想知道哪些商品顧客可能會在一次購物時同時購買。為回答該問題，可以進行購物籃分析。該過程通過發現顧客放入購物籃中的不同商品之間的關聯，分析顧客的購物習慣。這種關聯的發現可以幫助零售商了解哪些商品頻繁地被顧客同時購買，從而幫助他們制定更好的營銷策略。

1993 年，Agrawal 等人首先提出關聯規則概念，同時給出了相應的探勘演算法，但是演算法性能較差。1994 年，他們建立了項目集格空間理論，並提出了著名的 Apriori 演算法，至今 Apriori 演算法仍然作為關聯規則探勘的經典演算法被廣泛討論。

③ 其他的機器學習方式　有關機器學習方式，還有一些從上述兩種學習方式中演化而來的半監督學習、強化學習、轉移學習和自我學習等。

半監督學習介於監督學習和無監督學習之間，輸入數據部分被標識，預測時模型首先需要學習數據的內在結構以便合理地組織數據。演算法主要包括一些常用監督學習演算法的延伸，這些演算法首先試圖對未標識數據進行建模，再對標識的數據進行預測，如圖論推理或拉普拉斯支持向量機等。

強化學習又稱再勵學習、評價學習或增強學習，是從動物學習、參數擾動自適應控制等理論發展而來的，用於描述和解決代理人（Agent）在與環境的互動過程中通過學習策略以達成回報最大化或實現特定目標的問題，在智慧控制機器人及分析預測等領域有許多應用。其原理是：如果 Agent 的某個行為策略導致環境正的獎賞（強化信號），那麼 Agent 以後產生這個行為策略的趨勢會加強，Agent 的目標是在每個離散狀態發現最佳策略以使期望的折扣獎賞和最大。

轉移學習可以從現有數據中轉移知識，幫助將來的學習。機器學習假設訓練數據與測試數據服從相同的數據分布，然而許多情況下，這種同分布假設並不滿足。通常可能發生的情況是訓練數據過期，即好不容易標定的數據要被丟棄，而另外有一大堆新數據要重新標定。轉移學習的目的是將從一個環境中學到的知識用來幫助新環境中的學習任務，當前只有少量新的標記數據，但有大量舊的已標記數據（甚至其他類別的有效數據），可以通過挑選這些舊數據中的有效數據，加入當前的訓練數據中，訓練新的模型。

自我學習首先通過未標註的自然影像提取一組特徵，這樣任何一個標註和未標註的影像都可以用這組特徵表示出來，由於每一個標註後的樣本都被表示成了這些特徵（捕捉了影像高層結構），可以將表示後的標註樣本訓練成一個分類器進行分類。

自我學習和半監督學習一樣，當前手頭上只有少量訓練樣本（小樣本），但是周圍手頭上還有大量無標註樣本（無標籤）。舉一個經典分離大象和犀牛的例子：監督學習是指手頭有大量大象和犀牛的已標記樣本，接下來訓練分類器進行分類；轉移學習是指手頭上有大量羊的樣本和馬的樣本（大異種樣本），少量的大象和犀牛樣本（小樣本），接下來就要從羊和馬的樣本中選出有效的樣本分別加入大象和犀牛的標記樣本（弱標籤）中，然後用監督學習的方法訓練分類器；如果手上僅有少量大象和犀牛的已標記樣本（小樣本弱標籤），另外有一堆大象和犀牛的沒有標記的數據（數據中要麼是大象要麼是犀牛，沒有其他物種），半監督學習就是利用這些樣本訓練分類器，實現分類；無監督學習是從無標籤樣本中得到數據的內在結構或特徵關聯；自我學習是手上僅有少量大象和犀牛的已標記樣本（小樣本弱標籤），另外有一大堆自然影像（自然影像就是有大象和犀牛的圖片在內的各種物種的圖片）。

（2）機器學習的常用演算法

根據演算法的功能和形式的類似性，可以把演算法分類，比如說基於樹的演算法、基於人工類神經網路的演算法等。然而，機器學習的範圍非常大，有些演算法很難明確歸類。而對於有些分類來說，同一分類的演算法可以針對不同類型的問題。

① 迴歸演算法　迴歸演算法（圖 2.10）是試圖採用對誤差的衡量來探索變量之間關係的一類演算法，是統計機器學習的工具。在機器學習領域，迴歸有時候是指一類問題，有時候是指一類演算法。常見的迴歸演算法包括普通最小平方法、邏輯迴歸、逐步式迴歸、多元自適應迴歸樣條以及局部猜想散布圖平滑法。

② 基於實例的演算法　基於實例的演算法（圖 2.11）常常用來對決策問題建立模型，先選取一批樣本數據，然後根據某些近似性把新數據與樣本數據進行比較，來尋找最佳的匹配。基於實例的演算法常常也被稱為基於記憶的學習。常見的基於實例的演算法包括 k-近鄰法、學習矢量量化、自組織映射演算法等。

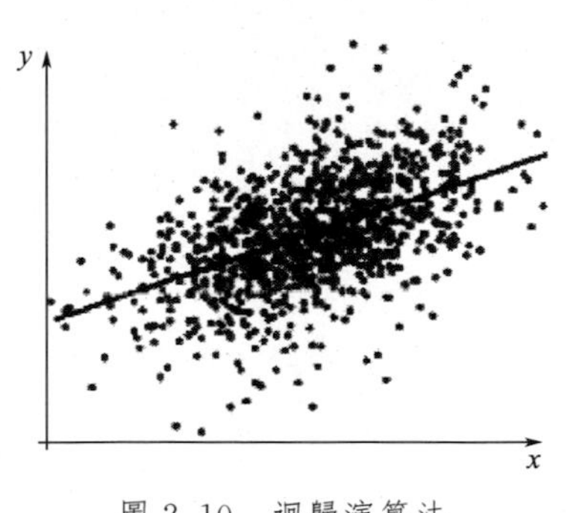

圖 2.10　迴歸演算法

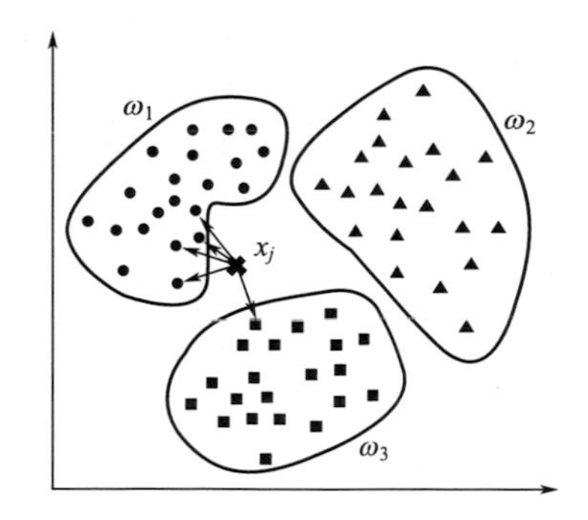

圖 2.11　基於實例的演算法

③ 正則化演算法　正則化演算法（圖 2.12）是線性迴歸演算法的延伸，解決了迴歸演算法中許多輸入特性容易過度擬合的問題。正則化方法通過增加人為懲罰模型係數來防止過擬合，對演算法進行調整。常見的正則化演算法包括脊迴

歸、最小絕對收縮和選擇算子迴歸、彈性網路等。

④ 決策樹演算法　決策樹演算法（圖 2.13）根據數據的屬性採用樹狀結構建立決策模型，用來解決分類和迴歸問題（解決了線性迴歸不能輕易表示特徵的非線性關係問題）。常見的決策樹演算法包括分類及迴歸樹、ID3、C4.5、卡方自動偵察法、單層決策樹、隨機森林、多元自適應迴歸樣條以及梯度提升機等。

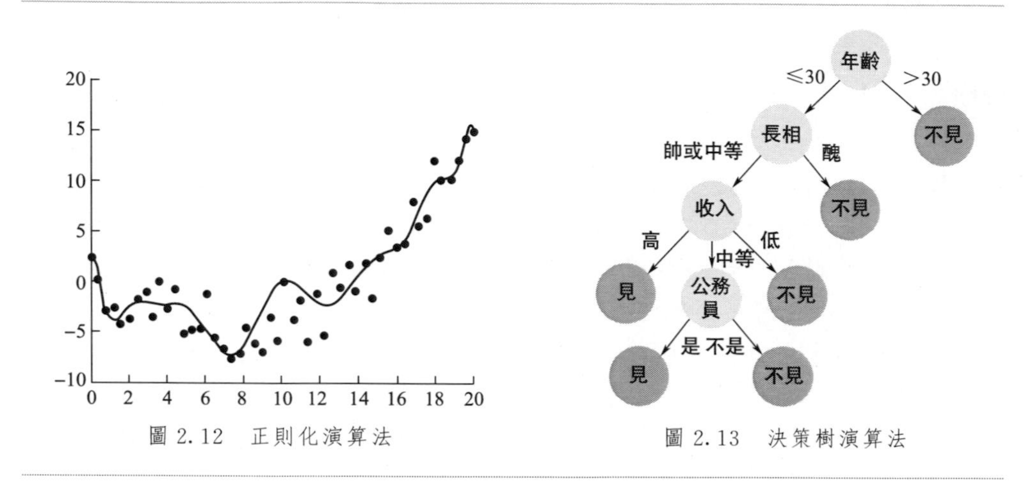

圖 2.12　正則化演算法

圖 2.13　決策樹演算法

⑤ 貝氏演算法　貝氏演算法（圖 2.14）是基於貝氏定理的一類演算法，主要用來解決分類和迴歸問題。常見的貝氏演算法包括單純貝氏演算以及貝氏信賴網路。

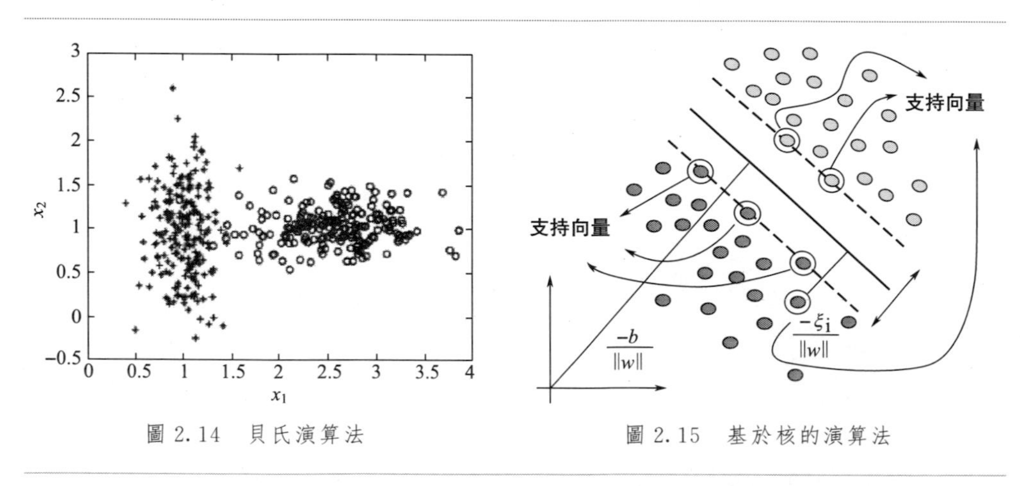

圖 2.14　貝氏演算法

圖 2.15　基於核的演算法

⑥ 基於核的演算法　基於核的演算法（圖 2.15）把輸入數據映射到一個高階向量空間，使一些分類或者迴歸問題能夠更容易解決。常見的基於核的演算法包括支持向量機、徑向基底函數和線性判別分析等。

⑦ 聚類演算法　聚類就像迴歸一樣，有時候人們描述的是一類問題，有時候描述的是一類演算法。聚類演算法通常按照中心點或者分層的方式對輸入數據進行歸併，試圖找到數據的內在結構，以便按照最大的共同點將數據進行歸類（圖 2.16）。常見的聚類演算法包括 k-均值演算法以及期望最大化演算法。

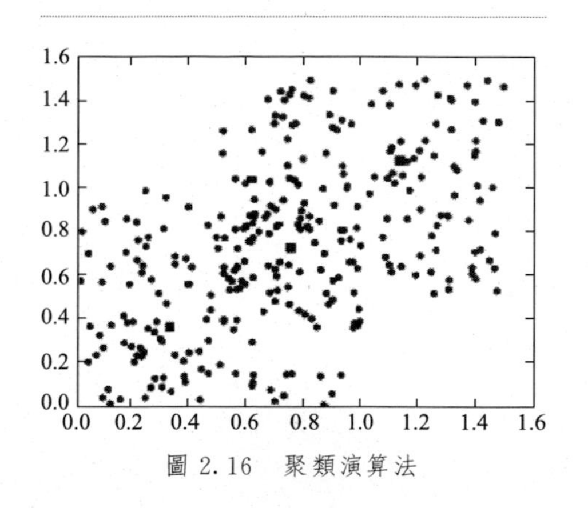

圖 2.16　聚類演算法

⑧ 關聯規則演算法　關聯規則演算法通過尋找最能夠解釋數據變量之間關係的規則，來找出大量多元數據集中有用的關聯規則（圖 2.17）。常見的關聯演算法包括 Apriori 演算法和 Eclat 演算法等。

⑨ 多層人工人工類神經網路演算法　多層人工人工類神經網路演算法（圖 2.18）模擬生物人工類神經網路，是一類模式匹配演算法，通常用於解決分類和迴歸問題。多層人工人工類神經網路演算法是機器學習的一個龐大的分支，有幾百種不同的演算法，深度學習也是其中的一類。重要的多層人工人工類神經網路演算法包括感知器人工類神經網路、反向傳遞、Hopfield 網路、自組織映射、學習矢量量化等。

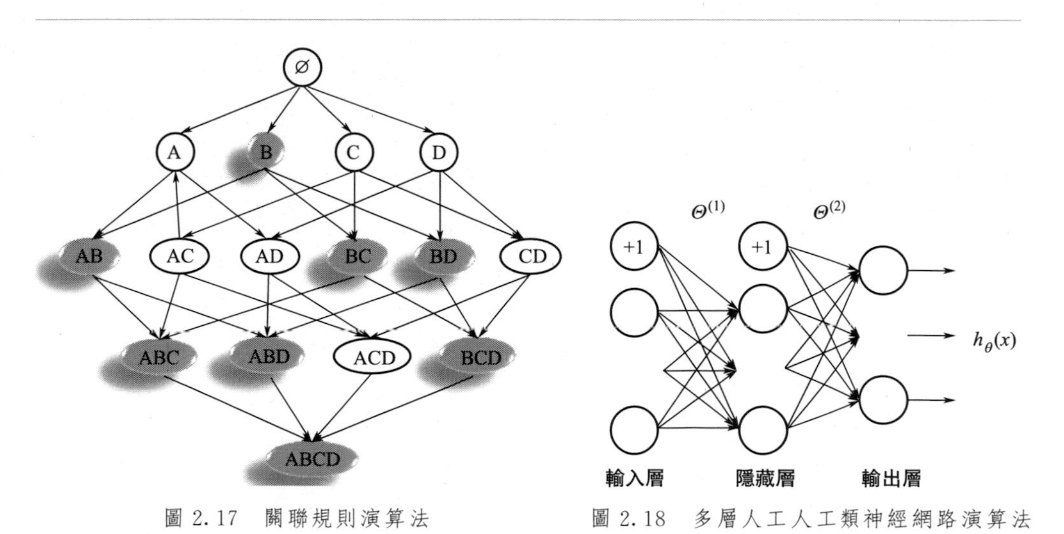

圖 2.17　關聯規則演算法　　圖 2.18　多層人工人工類神經網路演算法

⑩ 深度學習演算法　深度學習演算法是對多層人工人工類神經網路演算法的發展，近期贏得了很多關注。在運算能力變得日益廉價的今天，深度學習試圖

建立大得多也複雜得多的人工類神經網路。很多深度學習的演算法是半監督式學習演算法，用來處理存在少量未標識數據的大數據集。常見的深度學習演算法包括受限玻爾茲曼機、深度信賴網路、卷積網路（圖 2.19）、堆疊式自動編碼器等。

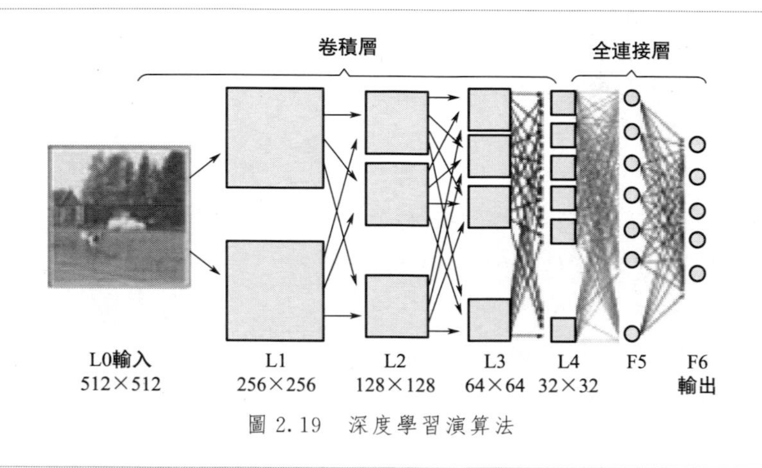

圖 2.19　深度學習演算法

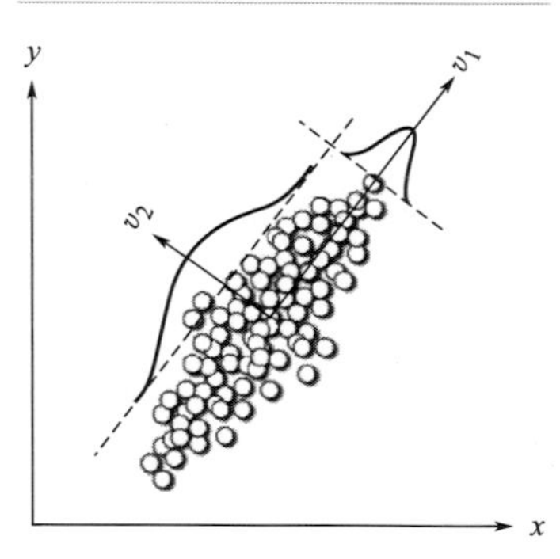

圖 2.20　維度縮減演算法

⑪ 維度縮減演算法　像聚類演算法一樣，維度縮減試圖通過分析數據的內在結構（圖 2.20），以非監督學習的方式利用較少的資訊來歸納或者解釋數據。這類演算法可以用於高維數據的視覺化或者用來簡化數據以便監督式學習使用。常見演算法包括主成分分析、偏最小二乘迴歸、Sammon 映射、多維尺度、投影追蹤等。

⑫ 整合學習演算法　監督學習的目標是學習出一個穩定的且在各個方面表現都較好的模型，但實際情況往往不理想，有時只能得到多個有偏好的模型（在某些方面表現比較好的弱監督模型）。整合學習使用圖 2.21 所示的多個弱分類器，如決策樹、人工類神經網路、貝氏分類器、k-近鄰等，構成一個強分類器，然後把結果整合起來進行整體預測。在這種情況下，即便某一個弱分類器得到了錯誤的預測，其他弱分類器也可以將錯誤糾正回來，其難點在於究竟整合哪些獨立的較弱的學習模型以及如何把學習結果整合起來。

常用的整合學習演算法包括 Boosting、Bootstrapped Aggregation (Bagging)、AdaBoost、堆疊泛化、梯度提升機等。其中，Bagging 使用複雜的基模型，試圖通過減少複雜模型的過度擬合來平滑模型的預測，Boosting 使用簡單的基模型，試圖通過提高簡單模型預測的靈活性來提高模型的總體複雜性。當基模型是決策樹時，Bagging 和 Boosting 對應的整合學習演算法分別是隨機森林和提升樹。

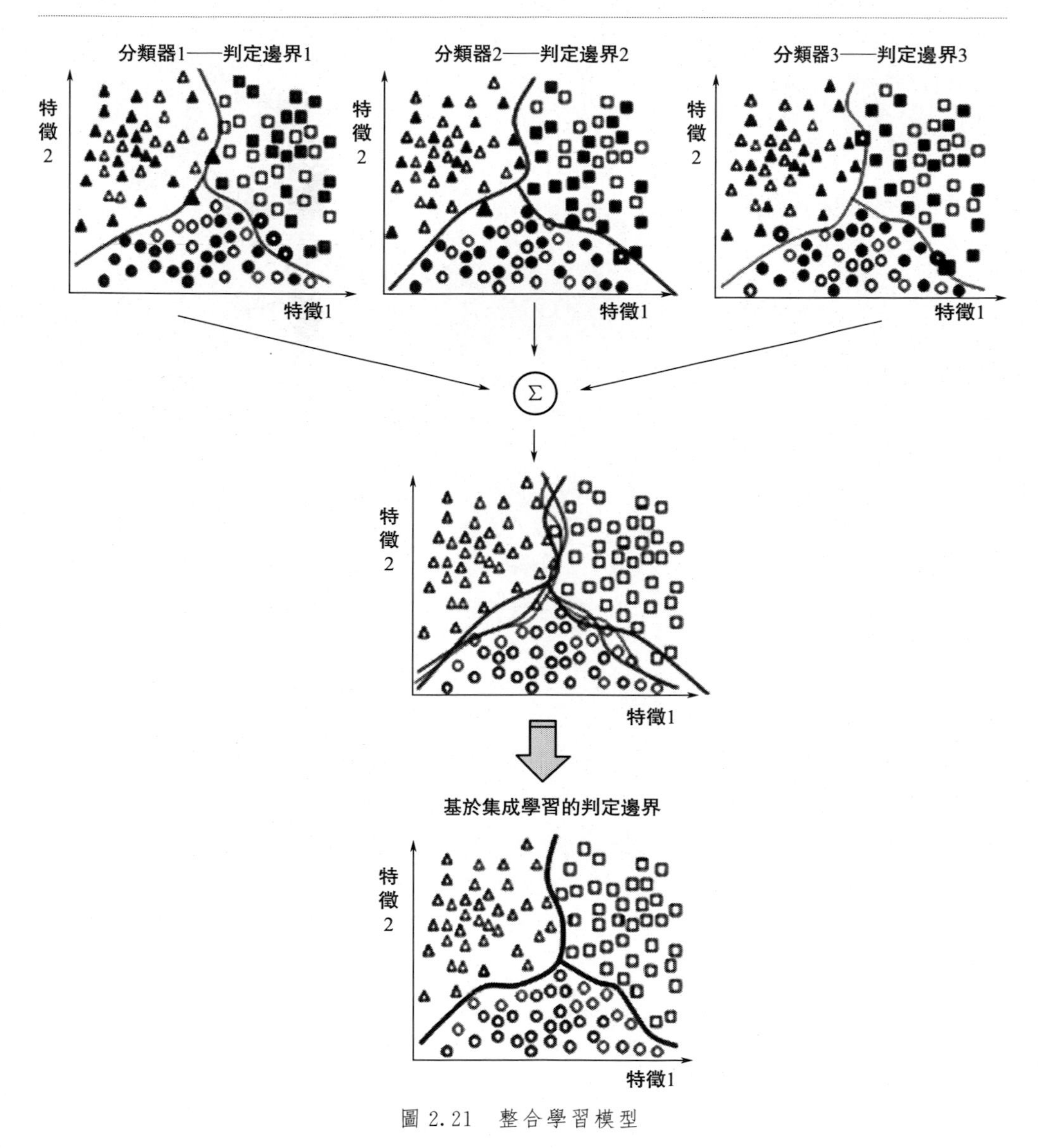

圖 2.21　整合學習模型

整合學習在各個規模的數據集上都有很好的策略。對於大數據集，可以劃分成多個小數據集，學習多個模型進行組合；對於小數據集，可以利用 Bootstrap 方法進行抽樣，得到多個數據集，分別訓練多個模型再進行組合。

(3) 基於機器學習的故障預測

基於機器學習的故障預測與決策流程如圖 2.22 所示，包括數據準備、數據處理、特徵工程、預測建模、訓練、仿真與測試、維護決策等步驟[25]。

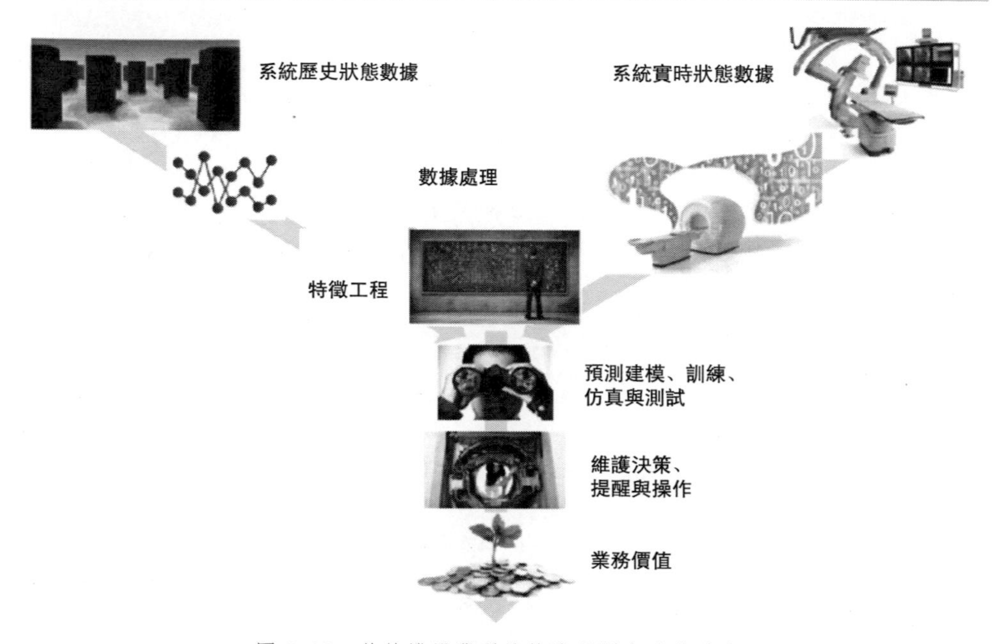

圖 2.22　基於機器學習的故障預測與決策流程

① 數據準備　預測性維護問題的常見資料元素可以總結如下。

a. 故障歷史：設備內部零件或部件的故障歷史記錄，如航班延誤日期、飛行器部件故障日期和類型、ATM 取款交易故障、列車門故障、電梯門故障、製動盤更換日期、風機故障日期和斷路器命令故障等。

b. 維護歷史：設備的錯誤代碼、維護活動或組件更換的維修維護歷史記錄，如航班錯誤記錄、ATM 交易錯誤記錄、列車維護記錄和斷路器維護記錄。

c. 設備狀態和使用情況：從感測器採集的機器操作狀態數據，如飛行路線和時間、從飛行器發動機採集的感測器數據、自動櫃員機的感測器讀數、火車事件資料、來自風力渦輪機的感測器讀數、電梯和互聯的汽車實時數據等。

d. 設備特徵：描述機器發動機大小、製造商和型號、位置的特徵資訊，如斷路器技術規格、地理位置、汽車規格描述（如品牌、型號、發動機尺寸、生產設備）等。

e. 操作者特徵：操作者的特徵，如性別、過去經驗等。

通常情況下，故障歷史包含在維護歷史中（例如以特殊錯誤代碼或部件的訂購日期的形式存在)。在這些情況下，可以從維護數據中提取數據。另外，不同的業務領域可能含有影響故障模式的各種其他數據源，沒有詳盡列出，應該在建立預測模型時通過諮詢相應領域專家來標識。

給定上述數據源，在預測維護中觀察到的兩個主要數據類型是臨時數據和靜態數據。故障歷史記錄、機器條件、修復歷史記錄、使用歷史記錄幾乎總是帶有指示每個數據的收集時間的時間戳。機器特性和操作員特性通常是靜態的，通常描述機器的技術規格或操作員的屬性。這些特性有可能隨時間改變，並且如果這樣，應當被視為加有時間戳的數據源。

② 數據處理　在進入任何類型的特性工程或標籤工程之前，需要先按照創建功能所需的形式來準備數據。最終目標是為每個設備或資產在每個時間單位生成一個數據記錄，並將其特徵和標籤輸入到機器學習演算法中。為了準備乾淨的最終數據集，應該採取一些預處理步驟。第一步是將數據收集的持續時間劃分為時間單位，其中每個記錄屬於資產的時間單位。數據收集也可以劃分為諸如操作的其他單位，為了簡單起見，選擇使用時間作為單位。

時間的測量單位可以是秒、分、小時、天、月、季度、週期等，選擇的依據取決於數據準備過程的效率，或者依據設備從一個時間單位到另一個時間單位的狀態變化，或者特定領域的其他因素。換句話說，在許多情況下，從一個單位到另一個單位，數據可能不會顯示任何差異，時間單位可以不必與資料擷取的頻率相同。例如，如果每 10s 收集一次溫度值，則在整個分析過程中將會增加案例的數量，而不會提供其他任何附加資訊，較好的策略可以選擇一個小時為時間單位。

③ 特徵工程　特徵工程是將原始數據轉化為特徵，更好地表示預測模型處理的實際問題，提升對於未知數據的準確性。特徵工程是用目標問題所在的特定領域知識或者自動化的方法來構造、提取、刪減或者組合變化得到特徵，其內容如圖 2.23 所示。

原始特徵或數據，如人體的各種生理指標（以描述健康狀況）、數位影像中每點的灰階值（以描述影像內容）是直接測量獲得的，往往不用於機器學習中，主要有以下幾個原因。

• 原始數據不能反映物件的本質特徵。

• 高維原始數據不利於分類器設計：運算量大，如對於一幅像素為 1024×768 的灰階影像，灰階級為 256 級，直接表示需要 786432B，進行訓練辨識所需的空間、時間和運算量都無法接受；冗餘，原始數據空間中，大量的數據都是相關性強的冗餘特徵；樣本分布稀疏，對於有限訓練樣本而言，在高維的原始數據空間中分布十分稀疏。

• 如果將數量過多的測量值不做分析，直接用於分類特徵，不但耗時，而且會影響分類效果，產生維數災難的問題。

針對以上原始特徵或數據的特性和不足，為了設計出更好的分類器，通常需要對原始數據的測量值集合進行分析，經過變換和選擇處理，組成有效的辨識特徵，處理方式包括：

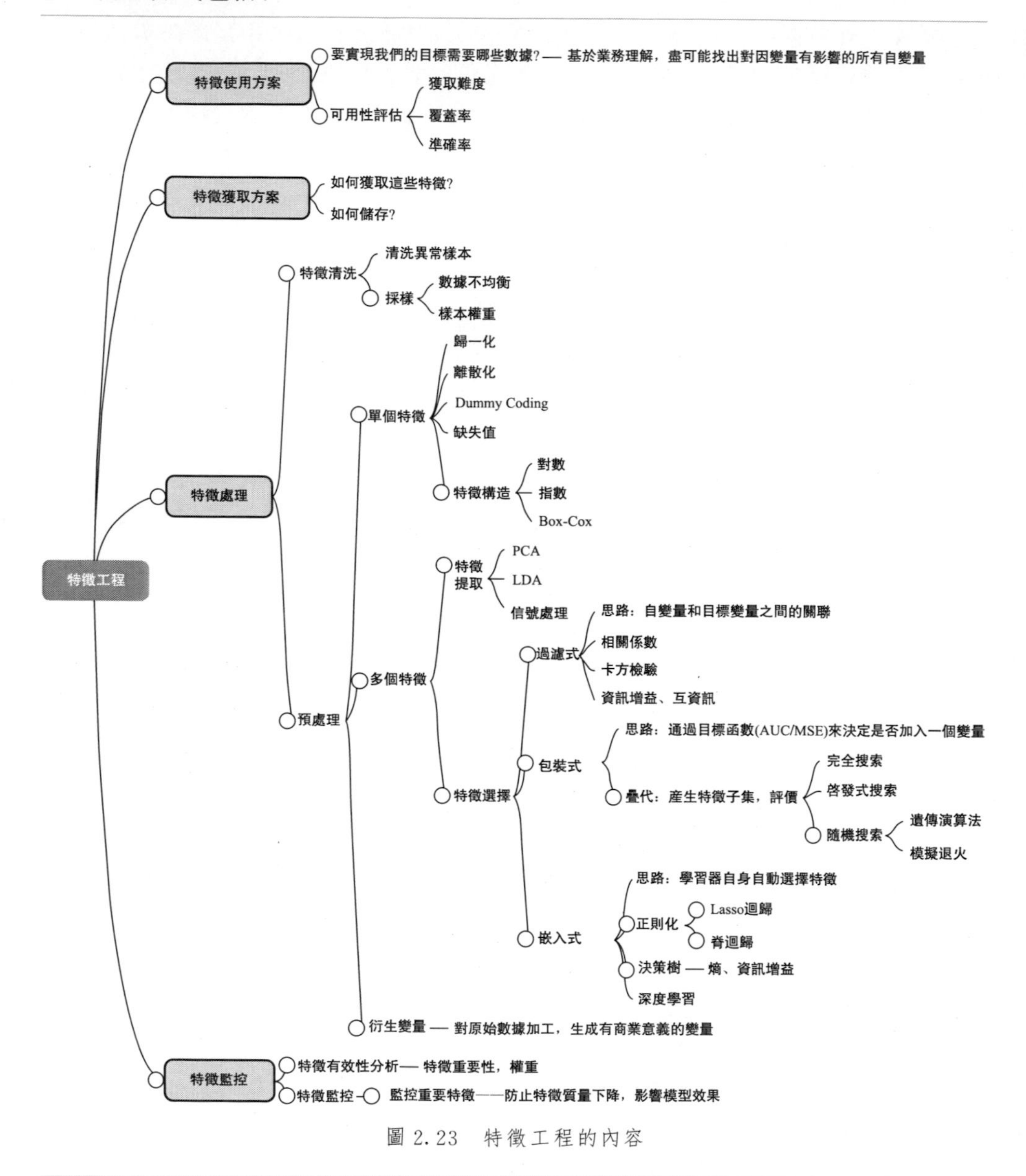

圖 2.23 特徵工程的內容

• 在保證一定分類精度的前提下，減少特徵維數，進行維度縮減處理，使分類器實現快速、準確、高效的分類；

• 去掉模稜兩可、不利於分類的特徵，使提供的特徵具有更好的可分性，分類器容易判別；

• 提供的特徵不應重複，去掉相關性強但是沒有增加更多分類資訊的特徵。

因此，特徵工程的目的是發現重要特徵，分為特徵構造、特徵提取和特徵選擇三方面。

特徵構造一般是通過對原有的特徵進行四則運算構造新特徵。例如，原來的特徵是 x_1 和 x_2，那麼 x_1+x_2 就是一個新特徵，或者當 x_1 大於某個數 c 的時候，就產生一個新的變量 x_3，並且 $x_3=1$，當 x_1 小於 c 的時候，$x_3=0$，可以按照這種方法構造出很多特徵。

原始特徵的數量可能很大，需要通過變換（映射）把高維特徵空間降到低維空間，這些二次特徵一般是原始特徵的某種組合。特徵提取就是將 n 個特徵 $\{x_1, x_2, \cdots, x_n\}$ 通過某種變換，產生 m 個特徵 $\{y_1, y_2, \cdots, y_m\}$ $(m<n)$ 作為新的分類特徵（或稱為二次特徵）。例如主成分分析 PCA、因子分析、線性判別分析 LDA 都可以對原始數據進行特徵提取，主成分分析對原始數據進行維度縮減後的每個主成分就代表一個新的特徵，因子分析可以把潛在變量後面的潛在因子找出來。卷積人工類神經網路的卷積層也是一個特徵提取過程，一張圖片經過卷積的不斷掃描，就會把原始圖片裡面的部分特徵逐步提取出來。實際上，主成分分析本身就是初始變量的線性組合，其本質也屬於特徵構造，但是，一般的特徵構造是指簡單的四則運算。

特徵選擇是從 n 個度量值集合 $\{x_1, x_2, \cdots, x_n\}$ 中，按某一準則選出供分類用的子集 C_n^m，作為維度縮減（m 維，$m<n$）的分類特徵，組合數目很大，需要一些演算法去避免窮盡搜尋。常用的特徵選擇方法有過濾式、包裝式、嵌入式。

過濾式特徵選擇是通過評估每個特徵和結果的相關性來對特徵進行篩選，留下相關性最強的幾個特徵。核心思想是：先對數據集進行特徵選擇，然後再進行模型的訓練。過濾式特徵選擇的優點是思路簡單，往往通過皮爾森相關係數法、卡方檢驗法、互資訊法等方法運算相關性，然後保留相關性最強的 N 個特徵，就可以交給模型訓練；缺點是沒有考慮到特徵與特徵之間的相關性，從而導致模型最後的訓練效果沒那麼好。

包裝式特徵選擇是把最終要使用的機器學習模型、評測性能的指標（如均方根誤差 MSE、AUC 等）作為特徵選擇的重要依據，每次採用完全搜尋（如動態規劃、分枝界定）、啓發式搜尋（如 A 演算法、A* 演算法）或隨機搜尋（如基因演算法、模擬退火、禁忌搜尋、爬山搜尋）等演算法去選擇若干特徵，或是排除若干特徵。通常包裝式特徵選擇要比過濾式特徵選擇的效果更好，但由於訓練過程時間久，系統開銷也更大。最典型的包裝式演算法為遞迴特徵刪除演算法，其原理是使用一個基模型（如隨機森林、邏輯迴歸等）進行多輪訓練，每輪訓練結束後，消除若干權值係數較低的特徵，再基於新的特徵集進行新一輪訓練。

嵌入式特徵選擇是根據機器學習的演算法、模型來分析特徵的重要性，從而選擇最重要的 N 個特徵。與包裝式特徵選擇最大的不同是，嵌入式特徵選擇是將特徵選擇過程與模型的訓練過程結合為一體，這樣就可以快速地找到最佳的特徵集合，更加高效、快捷。常用的嵌入式特徵選擇方法有基於正則化（如脊迴歸、Lasso 迴歸）的特徵選擇法和基於決策樹模型的特徵選擇法。其中，Lasso 迴歸是一種正則化方法，在迴歸當中主要是控制迴歸係數，不能太大，不僅可以約束係數，而且可以在模型最佳的時候把不重要的係數約束為 0，直接做到了特徵選擇或者變量選擇，非常適用於高維數據分析；脊迴歸與 Lasso 迴歸最大的區別在於脊迴歸引入了 L2 範數懲罰項，Lasso 迴歸引入了 L1 範數懲罰項，Lasso 迴歸能夠使得損失函數中的許多係數變成 0，這點要優於脊迴歸（所有係數均存在），Lasso 迴歸運算量將遠遠小於脊迴歸。決策樹模型可解釋性強，是按照 x 的值對 y 進行了劃分，劃分好壞的依據是純度，在一個劃分割裡，純度高，就說明劃分得好，也就說明了這個劃分變量選擇得好；隨機森林、Bagging、Boosting、Gradient Booting、XGBoost 等演算法都有特徵選擇的功能，人工類神經網路、支持向量機、深度學習等也都有特徵選擇的功能。

特徵工程是構建預測性維護機器學習演算法和數據標籤工程的基礎，如何選擇合適的演算法將很大程度上取決於採集的數據和對應的業務問題。下面結合一個案例，討論如何應用帶有時間戳的數據源構造滯後特徵，以及利用靜態數據源構造靜態特徵等特徵構造的功能。

a. 滯後特徵。如前所述，在預測維護中，歷史數據通常帶有指示每個數據的收集時間的時間戳。有許多方法從帶有時間戳的數據中創建特徵。由於特性工程被認為是預測建模中極具創意的領域，可能還有許多其他方法來創建特徵。在這裡，提供一些通用技術。

• 滾動聚合特徵。對於設備的每個記錄，選擇大小為「W」的滾動視窗，它是要運算歷史聚合的時間單位的數目。然後，使用該記錄日期之前的 W 週期來運算滾動聚合特性。一些滾動聚合的範例可以是滾動計數、平均值、標準偏差、基於標準偏差的離群值、CUSUM 度量、視窗的最小值和最大值，還可以在異常數據中用檢測異常演算法來擷取趨勢變化、峰值和水平變化。

如圖 2.24 所示，用藍線表示記錄每個單位時間內每個資產的感測器值，在 t_1 和 t_2 處將記錄的滾動平均特性運算標記為 $W=3$（分別用橙色和綠色分組來指示）。以飛行器部件故障為例，可以使用過去一週、過去三天和最後一天的感測器測量創建數據的滾動均值、標準偏差和求和特徵。對於 ATM 故障，原始感測器值、滾動均值、中值、取值範圍、標準偏差、超過三個標準差的離群值數量、消費的上限和下限等都可以作為預測特徵。對於航班延誤預測，使用來自上週的錯誤代碼計數來創建特性。對於列車門故障，使用最後一天的事件計數、前兩週的事件計數和前十五天的事件計數的方差來創建滯後特性。相同的計數用於維護相關的事件。通過選擇一個極大 W（例如年），可以查看資產的整個歷史，如技術所有維護記錄、故障等。這種方法用於計數最近三年中的斷路器故障。同樣對於列車故障計數所有維護事件，以創建擷取長期維護效果的功能。

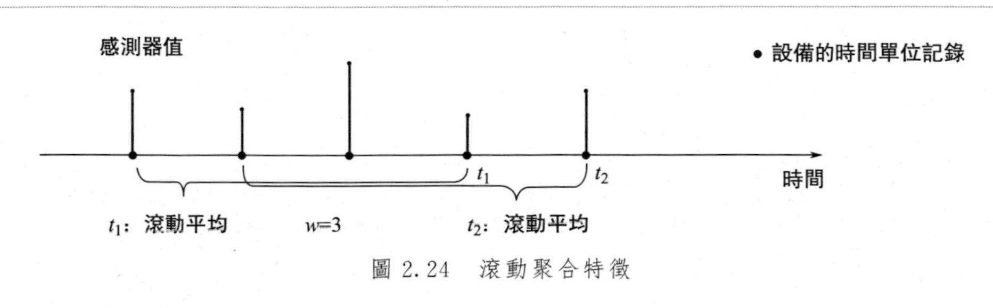

圖 2.24　滾動聚合特徵

• 翻滾聚合特徵。對於設備的每個標記記錄，選擇大小為「W_{-k}」的視窗，k 是創建滯後特徵大小「W」的數量或視窗。k 可以挑選為大數位以擷取長期下降模式，或小數位以擷取短期效應。使用 k 翻轉視窗 $W_{-k}, W_{-(k-1)}, \cdots, W_{-2}$，$W_{-1}$ 創建聚合特性（圖 2.25）。

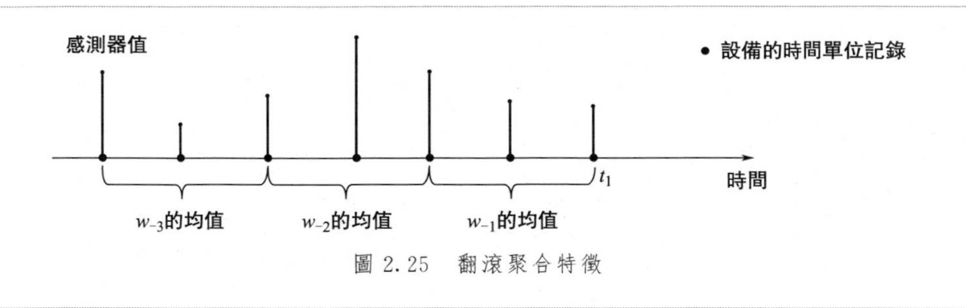

圖 2.25　翻滾聚合特徵

以風力渦輪機為例，為每個使用頂部和底部離群值的前三個月數據，使用 $W=1$ 和 $k=3$ 個月創建滯後特徵。

b. 靜態特徵。靜態特徵是設備的技術規範，如製造日期、型號、位置等。雖然滯後特性主要是數位，但靜態特性通常在模型中成為類別變量，如斷路器所用的電壓、電流和功率規格，以及變壓器類型、電源等。對於煞車盤故障，輪胎類型（例如它們是合金或鋼）被用作一些靜態特性。

通過上述特徵工程形成表 2.1 所示的特徵表，其中時間單位為天。

表 2.1　靜態特徵

設備 ID	記錄時間	特徵列	標籤

續表

設備 ID	記錄時間	特徵列	標籤
1	Day 1		
1	Day 2		
…	…		
2	Day 1		
2	Day 2		
…	…		

④ 預測建模、訓練、仿真與測試　設備在運行過程中會積累大量故障數據，通過對這些故障大數據進行深度探勘和分析，人們可以提取出有價值的知識與規則，將這些知識與規則應用於設備的故障預測過程，有助於設備的穩定高效運行。根據設備的狀態數據、環境運行數據（來自點檢、狀態檢測的數據），構建故障預測模型，預測給出設備及核心部件的可用壽命及其功能損失率，進而給出預測性的維護需要及計劃。

在故障預測建模過程中，每一條設備狀態數據都記錄了設備運行狀態，這樣就可以按照狀態參數的相似性進行聚類分析，隨後就可以對不同聚類中的設備進行橫向和縱向的比較（表 2.2）。橫向的比較是指在相同時間和相同運行條件下的狀態參數比較，這樣可以了解同一個集群內設備的差異性，並迅速判斷哪一個設備處於異常運行狀態；另一個維度是縱向的比較，即設備在時間軸上的相互比較，對於同一個設備根據其當前狀態與歷史狀態的差異量化其狀態衰退，判斷是否即將發生故障；對於同類設備在相同運行環境下的縱向比較，可以通過一個設備與另一個設備歷史狀態的相似性判斷其所處的生命週期，預測是否發生故障。

表 2.2　基於機器學習的數據建模方法

比較物件	比較維度	建模目的
自身	時間軸縱向	通過監督學習進行設備健康衰退預測和差異評估
集群	時間軸橫向	通過非監督學習進行差異性比較和異常檢測
集群	時間軸縱向	通過監督學習預測設備所處的生命週期階段及剩餘使用壽命

⑤ 維護決策　根據預測結果和維護需要響應時間，結合備件庫存策略（連續性和週期性庫存訂購策略），在考慮生產計劃的產出率和訂單延誤成本的條件下，對預測性維護需要（來自預測性維護需要及計劃）、確定性維護需要（來自預防性維護計劃）和不確定性需要（來自隨機故障）進行決策，給出企業內生產、維護與備件庫存的決策策略。

2.4.3 基於深度學習的方法

隨著大數據和新一代人工智慧的快速發展，故障預測方法的研究面臨著大數據自動學習和處理問題。深度學習以監督、半監督或無監督方式，從原始數據和深度非線性網路中自動學習信號特徵，一些深度學習模型，如疊加自動編碼器 SAE、深度信賴網路 DBN 等已被應用於故障預測領域。

卷積人工類神經網路 CNN 在處理影像和音訊數據方面具有強大的數據處理能力，已經被廣泛應用到自然語言處理、影像辨識、音訊辨識等領域，並在一些故障診斷和預測的任務中也取得了較好的效果。CNN 模型不適合直接用於分析原始時域信號，需要利用小波變換、EMD（經驗模態分解）等分時頻析方法將原始振動、聲發射等非平穩信號轉換為影像數據。分時頻析儘管完全保留了故障特徵，但演算法複雜耗時，可以採用一些低複雜度方法來提高轉換效率，如連續小波變換（Continuous Wavelet Transform，CWT）等。

2.5 融合模型驅動的故障預測方法

融合模型驅動的故障預測方法的總體思路是起不同類型方法的各自優勢，彌補不同方法存在的不足，如不同數據驅動方法的組合和融合、數據驅動和物理模型方法融合，可有效提高故障預測的總體性能。

2.5.1 資訊融合技術

資訊融合起初被稱為數據融合，起源於 1973 年美國國防部資助開發的聲吶信號處理系統。1980 年代，為了滿足軍事領域中作戰的需要，多感測器數據融合 MSDF 技術應運而生。在 1990 年代，隨著電腦技術的廣泛發展，具有更廣義化概念的資訊融合被提出來，應用領域也從軍事迅速擴展到了民用，主要包括機器人和智慧儀器系統、智慧製造系統、戰場任務與無人駕駛飛機、航天應用、目標檢測與追蹤、影像分析與理解、慣性導航、模式辨識等領域。

(1) 資訊融合模型

人們提出了多種資訊融合模型，共同點是在資訊融合過程中進行多級處理。現有融合模型大致可以分為兩大類：①功能型模型，主要根據節點順序構建；②資料型模型，主要根據數據提取加以構建。在 1980 年代，比較典型的功能型模型主要有 UK 情報環、Boyd 控制迴路（OODA 環）；典型的資料型模型則有 JDL 模型，1990 年代又發展了瀑布模型和 Dasarathy 模型。1999 年 Mark Bedworth 綜合幾種模型，提出了一種混合模型。

UK 情報環把資訊處理作為一個環狀結構來描述，包括 4 個階段：①採集，包括感測器和人薪資訊源等的初始情報數據；②整理，關聯並集合相關情報報告，在此階段會進行一些數據合併和壓縮處理，並將得到的結果進行簡單打包，以便在下一階段使用；③評估，在該階段融合併分析情報數據，同分時析者還直接給情報採集分派任務；④分發，在該階段軍事指揮官把融合情報發送給用戶，以便決策行動，包括下一步採集工作。該模型的優點是可以對處理過程和情報收集策略不斷回顧，隨時加以修正，缺點是應用範圍有限。

1984 年，美國國防部成立了數據融合聯合指揮實驗室，提出了 JDL 模型，經過逐步改進和推廣使用，該模型已成為美國國防資訊融合系統的一種實際標準。JDL 模型把數據融合分為 3 級：第 1 級處理為目標最佳化、定位和辨識目標；第 2 級處理為態勢評估，根據第 1 級處理提供的資訊構建態勢圖；第 3 級處理為威脅評估，根據可能採取的行動來解釋第 2 級處理結果，並分析採取各種行動的優缺點。其中，過程最佳化是一個反覆過程，可以稱為第 4 級，它在整個融合過程中監控系統性能，辨識增加潛在的資訊源，以及感測器的最佳部署。其他的輔助支持系統還包括數據管理系統、儲存與檢索、預處理數據和人機界面等。

Boyd 控制迴路，即 OODA 環（觀測、定向、決策、執行環），由 John Richard Boyd 提出，最初應用於軍事指揮處理，現在已經大量應用於資訊融合。Boyd 控制迴路使得問題的回饋疊代特性十分明顯，包括 4 個處理階段：①觀測，擷取目標資訊，相當於 JDL 的第 1 級和情報環的採集階段；②定向，確定方向，相當於 JDL 的第 2 級和第 3 級，以及情報環的採集和整理階段；③決策，制定反應計劃，相當於 JDL 的第 4 級過程最佳化和情報環的分發行為，還有諸如後勤管理和計劃編制等；④行動，執行計劃，和上述模型都不相同的是，只有該環節在實用中考慮了決策效能問題。OODA 環的優點是它使各個階段構成了一個閉環，表明了數據融合的循環性。可以看出，隨著融合階段不斷遞進，傳遞到下一級融合階段的數據量不斷減少。OODA 模型不足之處在於決策和執行階段對 OODA 環的其他階段的影響能力欠缺，並且各個階段也是順序執行的。

擴展 OODA 模型是加拿大的洛克希德馬丁公司開發的一種資訊融合系統結構，該結構已經在加拿大哈利法克斯導彈護衛艦上使用。該模型綜合了上述各種模型的優點，同時又給併發和可能相互影響的資訊融合過程提供了一種機理。

瀑布模型是一個項目開發架構，開發過程是通過設計一系列階段順序展開的，從系統需要分析開始直到產品發布和維護，每個階段都會產生循環回饋，因此，如果有資訊未被覆蓋或者發現了問題，那麼最好「返回」上一個階段並進行適當的修改，項目開發進程從一個階段「流動」到下一個階段，這也是瀑布模型名稱的由來。

Dasarathy 模型則包括表 2.3 所示的 5 個融合級別。

表 2.3 Dasarathy 模型的 5 個融合級別

輸入	輸出	描述
數據	數據	數據層融合
數據	特徵	特徵選擇和特徵提取
特徵	特徵	特徵層融合
特徵	決策	模式辨識和模式處理
決策	決策	決策層融合

綜上所述，瀑布模型對底層功能做了明確區分，JDL 模型對中層功能劃分清楚，而 Boyd 控制迴路則詳細解釋了高層處理。情報環涵蓋了所有處理級別，但是並沒有詳細描述。Dasarathy 模型是根據融合任務或功能加以構建，可以有效地描述各級融合行為。

混合模型綜合了情報環的循環特性和 Boyd 控制迴路的回饋疊代特性，同時應用了瀑布模型中的定義，每個定義又都與 JDL 和 Dasarathy 模型的每個級別相連繫，在混合模型中可以很清楚地看到回饋。該模型保留了 Boyd 控制迴路結構，從而明確了資訊融合處理中的循環特性，模型中觀測、定向、決策、執行環 4 個主要處理任務的描述取得了較好的重現精度。

(2) 資訊融合的層次

資訊融合的定義可以概括為把分布在不同位置的多個同類或不同類感測器所提供的局部數據資源加以綜合（來自同一檢測源信號的數據資訊），採用電腦技術對其進行分析，消除多感測器資訊之間可能存在的冗餘和矛盾，加以互補，降低其不確實性，獲得被測物件的一致性解釋與描述，從而提高系統決策、規劃、反應的快速性和正確性，使系統獲得更充分的資訊。資訊融合在不同層次上出現，包括數據層融合、特徵層融合、決策層融合。

① 數據層融合　數據層融合是使來自多個來源的資訊結合起來形成統一的影像的一種技術[26]。數據固有的缺陷是數據融合系統最根本的挑戰性問題，因此大部分的研究工作都集中在解決這個問題上。有許多數學理論可以用來表示數據的不完美性，如機率論、模糊集合理論、可能性理論、粗集合理論、D-S 證據理論（Dempster-Shafer Evidence Theory，DSET）、模糊 D-S 證據理論和隨機有

限集理論等，這些方法中的大多數能夠表示不完美數據的某些特定方面，例如，機率論表示數據的不確定性，模糊集合理論可以表示數據的模糊性，證據理論可以表示不確定性以及模糊數據。圖 2.26 概述了上述處理數據缺陷的數學理論，橫軸介紹了數據不完美性的各個方面。

針對感測器採集的數據，根據感測器類型進行同類數據的融合。數據層融合要處理的數據都是在相同類別的感測器下採集，所以數據融合不能處理異構數據。

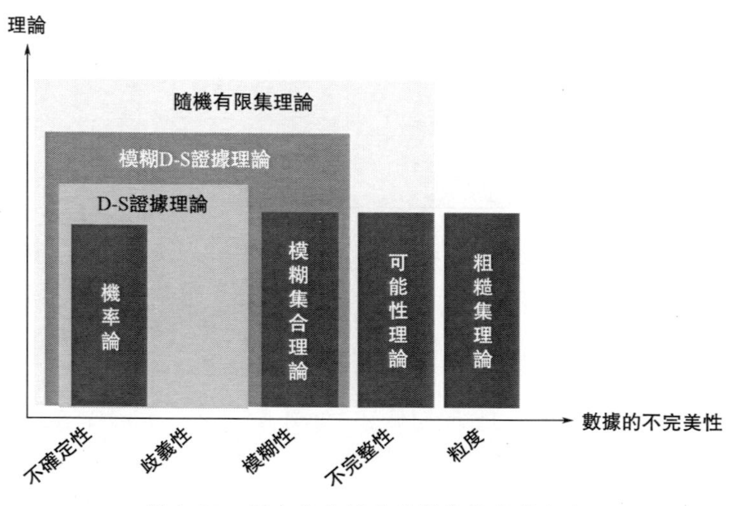

圖 2.26 不完美數據及其對應的處理方法

② 特徵層融合 特徵層融合是提取所採集數據包含的特徵向量，用來體現所監測物理量的屬性，這是面向監測物件特徵的融合。如在影像數據的融合中，可以採用邊沿特徵資訊代替全部數據資訊。

③ 決策層融合 決策層融合是指根據特徵層融合所得到的數據特徵，進行一定的判別、分類以及簡單的邏輯運算，根據應用需要進行較高級的決策，是高級的融合。決策層融合是面向應用的融合。比如在森林火災的監測監控系統中，通過對於溫度、溼度和風力等數據特徵的融合，可以斷定森林的乾燥程度及發生火災的可能性等。這樣，需要發送的數據就不是溫度和溼度的值以及風力的大小，而只是發送發生火災的可能性及危害程度等。

決策層融合執行從多個輸入到較少數量輸出的數據縮減映射。決策層融合通常不會假設任何本機數據處理器輸出的參數統計模型[27]。決策層融合方法的目標是將所使用的一組模型的結果合成單一的共識，三種一般的決策層融合方法有線性意見庫、對數意見庫、投票或排名方法。

決策層融合通常基於數據融合領域中積累的知識來做出決定。這些技術旨在對檢測到的目標產生的事件和活動做出高層次的推斷。這些技術通常使用符號資訊，融合過程需要合理解釋不確定性和約束條件。這些方法屬於 JDL 數據融合模型的第 2 級和第 4 級，如貝氏方法、D-S 證據理論、語義方法等。

在感測網路的具體數據融合實踐中，可以根據應用的特點來選擇融合方式。

(3) 資訊融合的演算法

多感測器資訊融合的常用方法基本上可概括為隨機和人工智慧兩大類，隨機類方法有加權平均法、卡爾曼濾波法、貝氏猜想法、D-S 證據推理、生產規則等，而人工智慧類則有模糊邏輯理論、人工類神經網路、粗集合理論、專家系統等。

加權平均法是信號級融合方法最簡單、最直觀的方法。該方法將一組感測器提供的冗餘資訊進行加權平均，結果作為融合值，是一種直接對數據源進行操作的方法。

卡爾曼濾波法主要用於融合低層次實時動態多感測器冗餘數據。該方法用測量模型的統計特性遞推，決定統計意義下的最佳融合和數據猜想。如果系統具有線性動力學模型，且系統與感測器的誤差符合高斯白噪音模型，則卡爾曼濾波法將為融合數據提供唯一統計意義下的最佳猜想。卡爾曼濾波法的遞推特性使系統處理不需要大量的數據儲存和運算。採用單一卡爾曼濾波器對多感測器組合系統進行數據統計時，存在很多嚴重問題：在組合資訊大量冗餘情況下，運算量將以濾波器維數的三次方劇增，實時性不能滿足；感測器子系統的增加使故障隨之增加，在某一系統出現故障而沒有來得及被檢測出時，故障會汙染整個系統，可靠性降低。

貝氏猜想法是融合靜態環境中多感測器高層資訊的常用方法，使感測器資訊依據機率原則進行組合。測量不確定性以條件機率表示，當感測器組的觀測坐標一致時，可以直接對感測器的數據進行融合，但大多數情況下，感測器測量數據要以間接方式採用貝氏猜想進行數據融合。多貝氏猜想將每一個感測器作為一個貝氏猜想，將各個單獨物體的關聯機率分布合成一個聯合的後驗機率分布函數，通過使用聯合分布函數的似然函數為最小，提供多感測器資訊的最終融合值，融合資訊與環境的一個先驗模型提供整個環境的一個特徵描述。

D-S 證據推理是貝氏猜想的擴充，其 3 個基本要點是：基本機率賦值函數、信任函數和似然函數。D-S 證據推理的結構是自上而下的，分三級。第 1 級為目標合成，其作用是把來自獨立感測器的觀測結果合成為一個整體輸出結果。第 2 級為推斷，其作用是獲得感測器的觀測結果並進行推斷，將感測器觀測結果擴展成目標報告。這種推理的基礎是：一定的感測器報告以某種可信度在邏輯上會產生可信的某些目標報告。第 3 級為更新，各種感測器一般都存在隨機誤差，所以，在時間上充分獨立地來自同一感測器的一組連續報告比任何單一報告可靠。因此，在推理和多感測器合成之前，要先組合（更新）感測器的觀測數據。

生產規則採用符號表示目標特徵和相應感測器資訊之間的連繫，與每一個規則相連繫的信賴因子表示它的不確定性程度。當在同一個邏輯推理過程中，2 個或多個規則形成一個聯合規則時，可以產生融合。應用生產規則進行融合的主要問題是每個規則的信賴因子的定義與系統中其他規則的信賴因子相關，如果系統中引入新的感測器，需要加入附加規則。

模糊邏輯是多值邏輯，通過指定一個 0～1 之間的實數表示真實度，相當於隱含算子的前提，允許將多個感測器資訊融合過程中的不確定性直接表示在推理過程中。如果採用某種系統化的方法對融合過程中的不確定性進行推理建模，則可以產生一致性模糊推理。與機率統計方法相比，邏輯推理存在許多優點，它在一定程度上克服了機率論所面臨的問題，對資訊的表示和處理更加接近人類的思維方式，一般比較適合於在高層次上的應用（如決策），但是，邏輯推理本身還不夠成熟和系統化。此外，由於邏輯推理對資訊的描述存在很大的主觀因素，所以，資訊的表示和處理缺乏客觀性。模糊邏輯理論對於數據融合的實際價值在於它外延到模糊邏輯，模糊邏輯是一種多值邏輯，隸屬度可視為一個數據真值的不精確表示。在 MSDF（多感測器數據融合）過程中，存在的不確定性可以直接用模糊邏輯表示，然後，使用多值邏輯推理，根據模糊集合理論的各種演算對各種命題進行合併，進而實現數據融合。

人工類神經網路具有很強的容錯性以及自學習、自組織及自適應能力，能夠模擬複雜的非線性映射。人工類神經網路的這些特性和強大的非線性處理能力，恰好滿足了多感測器數據融合技術處理的要求。在多感測器系統中，各資訊源所提供的環境資訊都具有一定程度的不確定性，對這些不確定資訊的融合過程實際上是一個不確定性推理過程。人工類神經網路根據當前系統所接受的樣本相似性確定分類標準，這種確定方法主要表現在網路的權值分布上，同時，可以採用人工類神經網路特定的學習演算法來擷取知識，得到不確定性推理機制。利用人工類神經網路的信號處理能力和自動推理功能，即實現了多感測器數據融合。

常用數據融合方法如表 2.4 所示，通常使用的方法依具體應用而定，由於各種方法之間的互補性，常將 2 種或 2 種以上的方法組合進行多感測器數據融合。

表 2.4　常用的數據融合方法

融合方法	運行環境	資訊類型	資訊表示	不確定性	融合技術	適用範圍
加權平均	動態	冗餘	原始讀數值		加權平均	低層數據融合
卡爾曼濾波	動態	冗餘	機率分布	高斯噪音	系統模型濾波	低層數據融合

續表

融合方法	運行環境	資訊類型	資訊表示	不確定性	融合技術	適用範圍
貝氏猜想	靜態	冗餘	機率分布	高斯噪音	貝氏猜想	高層數據融合
統計決策理論	靜態	冗餘	機率分布	高斯噪音	極值決策	高層數據融合
D-S 證據推理	靜態	冗餘互補	命題		邏輯推理	高層數據融合
模糊邏輯	靜態	冗餘互補	命題	隸屬度	邏輯推理	高層數據融合
人工類神經網路	動/靜態	冗餘互補	神經元輸入	學習誤差	神經元網路	低/高層
生產規則	動/靜態	冗餘互補	命題	信賴因子	邏輯推理	高層數據融合

(4) 當前存在的問題

資訊融合技術在海內外雖經多年研究取得了不少成果，也已經成功地應用於多個領域，但目前仍未形成一套完整的理論體系和有效的融合演算法。絕大部分都是針對特定的問題、特定的領域來研究，也就是說現有研究都是根據問題的種類、特定的物件、特定的層次建立自己的融合模型和推理規則，有的在此基礎上形成所謂的最佳方案。但多感測器數據融合系統的設計帶有一定盲目性，有必要建立一套完整的方法論體系來指導數據融合系統的設計。不足之處如下。

① 未形成基本的理論框架和廣義融合演算法。目前，絕大多數的融合研究都是針對特定的應用領域的特定問題開展的（分散式混合結構），即根據問題的種類，各自建立直觀的融合準則，形成「最佳」融合方案，未形成完整的理論框架和融合模型，使得融合系統的設計具有一定的盲目性。統一的數據融合理論必然是以感測器信號和數據處理理論、C3I 系統情報處理理論和指揮決策理論等在工程實踐基礎上的，研究上一層次融合機理的再創造過程。難點在於在大量隨機與不確定問題中的融合準則的確定，這些不確定性反映在測量不精確、不完整、不可靠、模糊，甚至資訊衝突中。

② 關聯的二義性。關聯的二義性是數據融合的主要障礙。在進行融合處理前，必須對來自多感測器的觀測結果進行關聯，保證所融合的資訊是來自同一觀測目標或事件，以保證融合資訊的一致性。感測器測量的不精確性和干擾都是引起關聯二義性的因素。如何降低關聯二義性是數據融合研究領域急待解決的問題。

③ 融合系統的容錯性或穩健性沒有得到很好的解決。

④ 對數據融合的具體方法的研究尚處於初步階段。

⑤ 數據融合系統的設計還存在許多實際問題，如感測器測量誤差模式的建立、複雜動態環境下的系統實時響應等。

2.5.2 融合建模的思路和方法

實際應用中，故障預測融合方法的實現方式多種多樣，下面列舉一些建模思路和方法：

① 基於數據驅動進行物理模型的動態參數辨識；

② 基於數據驅動構建數學模型作為退化建模和可用壽命預測的物理模型；

③ 數據驅動的特徵提取、退化模式匹配與模型方法結合；

④ 模型方法作為數據驅動方法的初始條件或輔助模型學習和訓練；

⑤ 元件級、部件級、子系統級、系統級、集群級、工廠級、營運網路級等可以採取不同特性的預測演算法或模型，向更高一級擴展時，低層級的方法或模型可以與高層級的演算法或模型融合；

⑥ 多種預測方法結果的直接決策層融合或組合。

2.5.3 一種多分類器融合模型

模式辨識和分類是決策層融合最重要的應用領域之一。多分類器系統通常是解決困難模式辨識任務的實用且有效的解決方案，可以稱為分類器融合、決策組合、專家混合、分類器集合、共識集合、動態分類器選擇、混合方法等。

分類數據融合是一個涉及多個領域的多學科領域，難以建立清晰嚴密的分類。所採用的方法和技術可以根據以下標準劃分[27]：①關注由 Durrant-Whyte 提出的輸入數據源之間的關係，這些關係可以定義為互補、冗餘或合作數據；②根據 Dasarathy 提出的輸入/輸出數據類型及其性質；③所採用數據的抽象級別原始測量、信號和特徵或決策；④根據 JDL 定義的不同數據融合等級。

將分類器合併到冗餘集合中的主要目的是提高其泛化能力。集合內部的固有冗餘也可以防止單個分類器的失敗。可能期望分類器在某些輸入上失敗的原因是基於它們只在有限的數據集上進行了訓練，根據訓練數據猜想目標函數，除非函數是簡單的，或者訓練集是數據的完美代表，數據規律可以實現完美的泛化，否則猜想和期望目標會不同。

在集合中組合分類器的方法一旦創建了一組分類器，就必須找到一個合併輸出的有效方法。當前已經提出了多種方案來組合多個分類器。大多數票是迄今為止最流行的方法，其他投票計劃包括最小值、最大值、中值、平均值和產品方案。加權平均法試圖評估所使用的各種分類器的最佳權重。行為知識空間（Behaviour Knowledge Space，BKS）在輸入空間的某個區域選擇最好的分類器，並根據其輸出決策。其他與分類相結合的方法包括基於等級的方法，例如波達計數、貝氏方法、D-S 證據理論、模糊理論、機率方案，並結合人工類神經網路。

可以將組合器視為一種方案來為分類器分配有價值的權重。

圖 2.27 給出了一種實現基於馬爾可夫預測模型、單純貝氏訓練模型和人工類神經網路預測模型的多分類器融合預測模型。貝氏分類模型的關鍵就是求出每個故障類機率以及該故障類下各特徵屬性的條件機率，分類訓練問題就轉化為統計樣本中各故障類的計數及該類下各故障特徵屬性的計數。單純貝氏訓練模型基於彈性分散式數據集編程模型的單純貝氏（Resilient Distributed Datasets based Naive Bayes Model，RDD-NB）演算法實現，人工類神經網路預測模型通過反向傳播人工類神經網路（Resilient Distributed Datasets based Back Propagation Neural Network，RDD-BPNN）演算法實現。

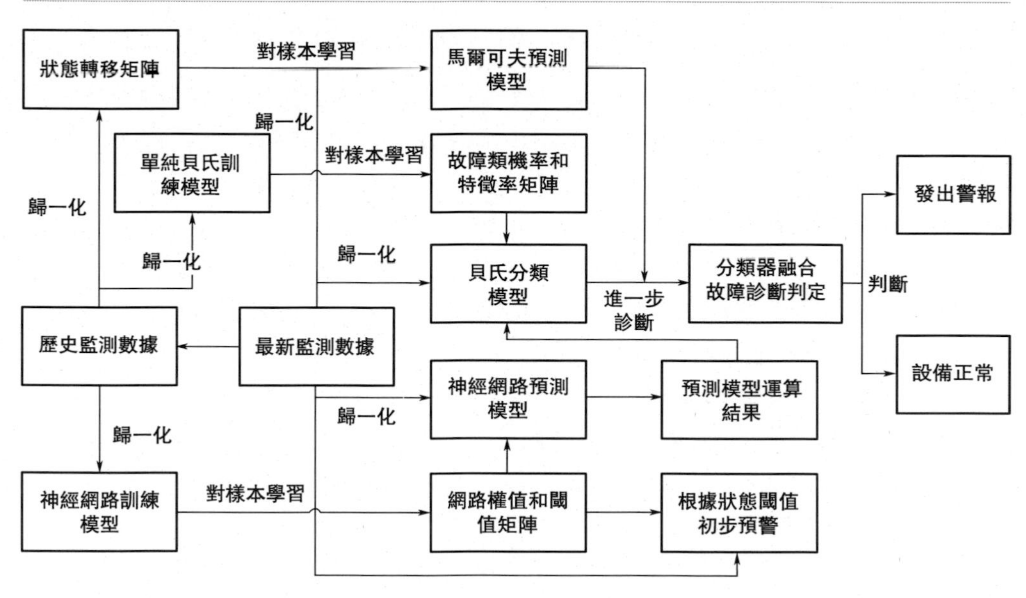

圖 2.27 基於馬爾可夫預測模型、單純貝氏訓練模型和人工類神經網路預測模型的多分類器融合預測模型

貝氏定理是一條關於隨機事件 A 和 B 條件機率的定理（假設事件 A 和事件 B 不相關），它的表達形式為：

$$P(A/B)=\frac{P(B/A)P(A)}{P(B)}$$

式中，$P(A)$ 為事件 A 的先驗機率；$P(B)$ 為事件 B 的先驗機率；$P(A/B)$ 為當事件 B 發生後事件 A 再發生的條件機率；$P(B/A)$ 為當事件 A 發生後，事件 B 再發生的條件機率。知道了貝氏定理，採用單純貝氏對設備故障數據進行分類。

設 $x=\{a_1,a_2,\cdots,a_n\}$ 是一條待診斷的故障記錄，a_i 是一個故障特徵屬性。已

知故障類別集合 $C=\{c_1, c_2, \cdots, c_n\}$，$c_i$ 是一個故障類。x 屬於各故障類的機率分別為 $P(c_1|x), P(c_2|x), \cdots, P(c_m|x)$，取其中最大值為 x 所屬故障類，則：

$$P(c_k|x)=\max\{P(c_1|x), P(c_2|x), \cdots, P(c_m|x)\}$$

則 x 的故障類別是 c_k。如果特徵屬性是條件獨立的，那麼根據貝氏定理可知：

$$P(c_k|x)=\frac{P(x|c_k)P(c_k)}{P(x)}$$

對於某個 x，$P(x)$ 是固定的，$P(x|c_k)P(c_k)$ 是最大的那個 k 即為 x 所屬的故障類別。因此有：

$$P(x|c_k)P(c_k)=P(c_k)\prod_{i=1}^{n}P(a_i|c_k)$$

BP 人工類神經網路是目前研究和應用最廣泛和最成熟的人工類神經網路，項目通過設計三層人工類神經網路模型，實現 BP 人工類神經網路演算法的並行化設計。定義誤差 $E_{\mathrm{p}}=0.5\sum(T_{\mathrm{p}i}-Y_{\mathrm{p}i})^2$，其中 $Y_{\mathrm{p}i}$ 為輸出節點的運算輸出，$T_{\mathrm{p}i}$ 為對應的真實輸出，啟動函數為 Sigmoid 函數，權值修正為：

$$\Delta W_{i,j}(n+1)=h\,\varphi_i Y_j+\alpha\Delta W_{i,j}(n)$$

式中，h 為學習因子；φ_i 為輸出節點 i 的運算誤差；Y_j 為輸出節點 j 的運算輸出；α 為動量因子。設置時間視窗為 3，下一時刻的故障特徵值作為輸出屬性。

演算法的並行化學習步驟概括如下。

① 隨機生成各個節點間的連接初始權值與隱含層和輸出層節點的閾值，根據多次實驗本書設置在（−2,2）之間。設定訓練次數和誤差閾值。

② 重複下面兩個過程直至收斂或者到了最大訓練次數。

a. 正向學習過程：針對每個樣例從輸入層開始正向學習，運算隱含層的輸入和輸出，求得輸出層的實際輸出。通過與期望輸出比較計算出誤差和總誤差，若總誤差滿足要求，則跳出循環，否則進行下一步。

b. 反向傳播誤差過程：根據上一步得到的誤差來運算並調整權值和偏壓矩陣的值。

2.6 基於失效樣本的故障預測方法選擇

根據機械設備的失效樣本和退化歷史數據，故障預測可總結為圖 2.28 所示的方法。

在有足夠失效樣本的情況下，韋伯分布、杜安模型以及貝氏統計等基於失效的可靠性模型是常用的剩餘壽命和故障預測方法；在有一定量同類設備的退化樣本時，可以考慮基於各種隨機過程模型、經驗模型、統計濾波、馬爾可夫鏈、灰色模型等退化過程模型，或基於人工類神經網路（Artificial Neural Network，ANN）、支持向量機（Support Vector Machine，SVM）等機器學習方法；對於長壽命受工況影響較大的複雜機械設備，可能無法獲得足量的失效和退化樣本，可以嘗試自迴歸行動平均模型（Autoregressive moving average Model，ARMA）、指數平滑（Exponential Smoothing，ES）、相關向量機（Relevance Vector Machine，RVM）和深度學習等小樣本建模工具。也就是說，可以根據所能獲得的失效和退化樣本，選擇適當的建模分析方法，就可以預測產品的剩餘使用壽命或壽命分布情況。

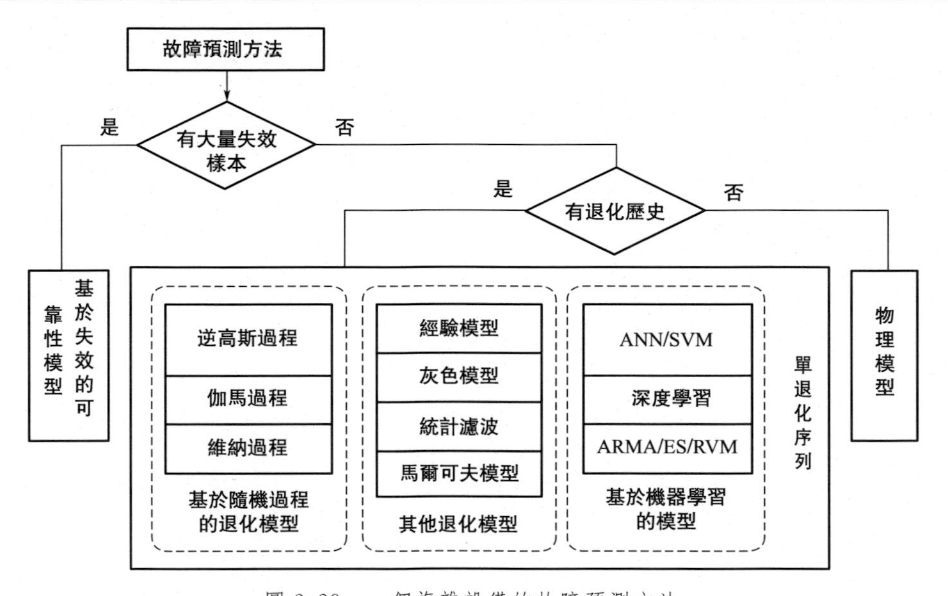

圖 2.28　一個複雜設備的故障預測方法

參考文獻

[1] 王遠航，鄧超，胡湘洪，等．基於多故障模式的複雜機械設備預防性維修決策．計算機集成製造系統，2015，21（9）：2504-2514.

[2] JARDINE A, LIN D, BANJEVIC D. A review on machinery diagnostics and prognostics implementing condition-based maintenance. Mechanical Systems and Signal Processing, 2006, 20: 1483-1510.

[3] 牛明忠，王保華，王桂亮．設備故障的震動識別方法與實例．北京：冶金工業出版社，1995.

[4] CAI B, ZHAO Y, LIU H, et al. A data-driven fault diagnosis methodology in three-phase inverters for PMSM drive systems. IEEE Transactions on Power Electronics, 2016, 32 (7): 5590-5600.

[5] WEN L, LI X, GAO L, et al. A new convolutional neural network based data-driven fault diagnosis method. IEEE Transactions on Industrial Electronics, 2018, 65 (7): 5990-5998.

[6] PANDYA D H, UPADHYAY S H, HARSHA S P. Fault diagnosis of rolling element bearing with intrinsic mode function of acoustic emission data using APF-KNN. Expert Systems with Applications, 2013, 40 (10): 4137-4145.

[7] 彭喜元，彭宇，劉大同．數據驅動的故障預測．哈爾濱：哈爾濱工業大學出版社，2016.

[8] 張志華．可靠性理論及工程應用．北京：科學出版社，2012.

[9] BERGER J O. Statisal decision theory and bayesion analysis. Berlin: Springer-verlag, 1985.

[10] 金光．基於退化的可靠性技術——模型、方法及應用．北京：國防工業出版社，2014.

[11] DAVID G S, RICHARD O D, PETER E H. Pattern classification. 2nd ed. New Jersey: Wiley Interscience, 2017.

[12] WANG L, CHU J, MAO W. An optimum condition-based replacement and spare provisioning policy based on Markov chains. Journal of Quality in Maintenance Engineering, 2008, 14 (4): 387-401.

[13] Ye Z S, Xie M. Stochastic modeling and analysis of degradation for highly reliable products. Applied Stochastic Models in Business and Industry. 2015, 31: 16-32.

[14] CHEN N, YE Z S, XIANG Y, et al. Condition-based maintenance using the inverse Gaussian degradation model. European Journal of Operational Research, 2015, 243 (1): 190-199.

[15] ELWANY A H, GEBRAEEL N Z, MAILLART L M. Structured replacement policies for components with complex degradation processes and dedicated sensors. Operations Research, 2011, 59, 684-695.

[16] GUO C, WANG W, GUO B, et al. A maintenance optimization model for mission-oriented systems based on wiener degradation. Reliability Engineering & System Safety, 2013, 111, 183-194.

[17] DIEULLE L, BERENGUER C, GRALL A, et al. Sequential condition-based maintenance scheduling for a deteriorating system. European Journal of Operational Research, 2003, 150, 451-461.

[18] GRALL A, BERENGUER C, DIEULLE L. A condition-based maintenance policy for stochastically deteriorating systems. Reliability Engineering & System Safety, 2002, 76, 167-180.

[19] LIAO H, ELSAYED E A, CHAN L Y. Maintenance of continuously monitored degrading systems. European Journal of Operational Research, 2006, 175, 821-835.

[20] WANG X, XU D. An inverse gaussian process model for degradation data. Technometrics, 2010, 52, 188-197.

[21] YE Z S, CHEN L, TANG L, et al. Accelerated degradation test planning using the inverse gaussian process. IEEE Transactions on Reliability, 2014, 63, 750-763.

[22] CHEN N, TSUI K L. Condition monitoring and residual life prediction using degradation signals: Revisited. IIE Transactions, 2013, 45, 939-952.

[23] LIAO H, TIAN Z A framework for predicting the remaining useful life of a single unit undertime-varying operating conditions. IIET ransactions, 2013, 45, 964-980.

[24] YE Z S, CHEN N, TSUI K L. A bayesian approach to condition monitoring with imperfect inspections. Quality & Reliability Engineering International, 2015, 31 (3) : 513-522.

[25] Azure AI guide for predictive maintenance. https: // docs. microsoft. com/en-us/azure/machine-learning/team-data-science-process/cortana-analytics-playbook-predictive-maintenance, 2018.

[26] KHALEGHI B, KHAMIS A, KARRAY F O, et al. Multisensor data fusion: a review of the state-of-the-art. Information Fusion, 2013, 14: 28-44.

[27] SINHA A, CHEN H, DANU D G, et al. Estimation and decision fusion: a survey. Neurocomputing, 2008, 71: 2650-2656.

第3章

智慧預測性維護技術體系與框架

在智慧製造模式下，製造企業擁有更為豐富的產品實時運行狀態、營運環境狀態、業務營運狀態、人員狀態以及社交網路數據等大數據資訊，通過對這些數據的分析和探勘可以了解裝備故障產生的過程、造成的影響和解決的方式，這些資訊被抽象化建模後轉化成知識，再利用知識去預測故障和執行智慧預測性維護，使得設備全生命週期的知識能被高效和自發地產生和利用。本章在討論智慧製造參考體系架構的基礎上，探討面向設備和設備營運網路的兩種智慧預測性維護策略，給出基於資料探勘的智慧預測性維護技術體系與框架。

3.1 智慧製造的參考體系架構

結合工業 4.0 參考架構 RAMI4.0[1]、工業網際網路參考架構 IIRA[2] 等各種智慧製造企業建模參考體系架構[3,4] 的優點，從生命週期、視圖、物理世界、虛擬世界四個維度建立智慧製造系統的參考架構（圖 3.1）對智慧製造的核心特徵和要素進行總結。

生命週期維度是由原型開發（研發/設計/使用/維護）、產品生產（生產/銷售/使用/維護）、回收（回收/再製造）等一系列相互連繫的價值創造活動組成的鏈式集合；視圖維度包括資源、物聯（整合/通訊）、資訊（數據/資訊/知識）、服務（功能/業務/組織/新業態）等四個層次；物理世界維度包括產品層、設備層、工作中心層、工廠（工廠）層、企業層和互聯世界層共六層，體現了裝備和工廠的互聯化和智慧化；虛擬世界維度與物理世界維度相對應，包括虛擬產品層、虛擬設備層、虛擬工作中心層、虛擬工廠（工廠）層、虛擬企業層和虛擬互聯世界層共六層，體現了裝備和工廠從物理世界向虛擬世界的映射，以及製造過程的虛擬化趨勢。

（1）生命週期維度

生命週期維度提供對系統生命週期的建模支持，由企業模型開發生命週期中的三個建模層次組成，與 RAMI4.0 的生命週期維度相類似，包括原型開發、產品生產、回收三部分。

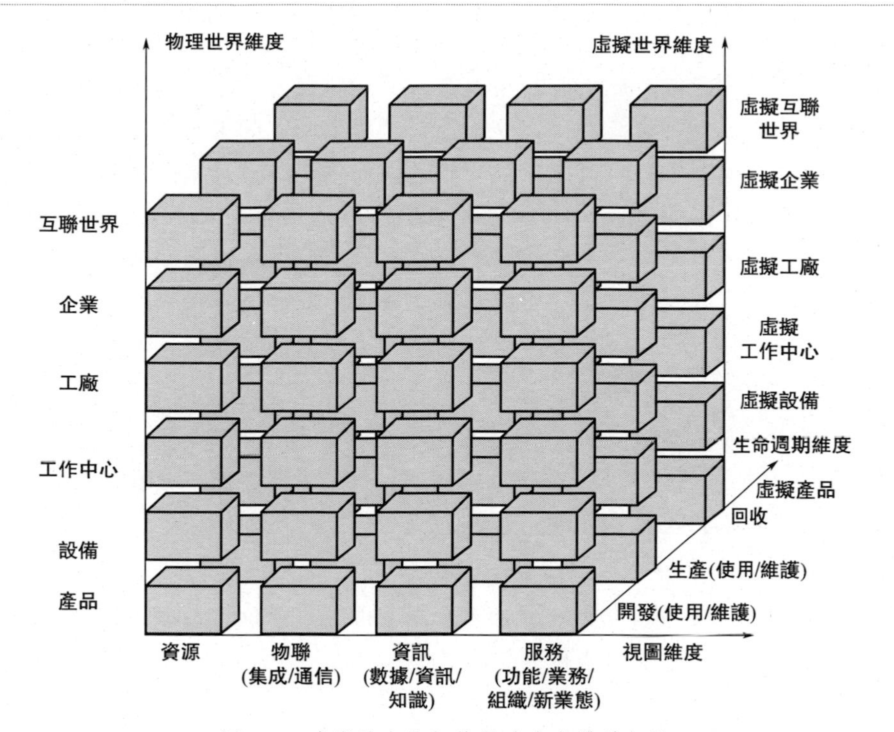

圖 3.1 虛實結合的智慧製造參考體系架構

原型開發採用 RAMI4.0 的方法，根據企業的目標，通過簡單明瞭的圖形系統描述企業原型產品從初始設計至定型，還包括各種測試和驗證。

產品生產兼顧原型開發層的需要定義和實現工具及用戶界面的可實現能力，設計二者的溝通方式與形式，進行產品的設計、仿真、製造等規模化和工業化生產，以及銷售、使用和維護服務，每個產品是原型的一個實例。

回收具體完成產品的報廢和回收再利用。

(2) 視圖維度

視圖維度是觀察和控制企業不同方面的視窗，由資源、物聯、資訊和服務四個視圖組成。

資源包括設計施工圖紙、產品工藝文件、原材料、製造設備、生產工廠和工廠等物理實體，也包括電力、燃氣等能源。此外，人員也可視為資源的一個組成部分。

物聯是指在通過 QR 碼、射頻辨識、軟體等資訊技術整合原材料、零部件、能源、設備等各種製造資源（由小到大實現從智慧裝備到智慧生產單位、智慧生產線、數位化工廠、智慧工廠，乃至智慧製造系統的整合）的基礎上，通過有線、無線等通訊技術，實現機器之間、機器與控制系統之間、企業之間的互聯互通。

資訊是指在物聯的基礎上，利用大數據、物聯網和雲端運算等新一代資訊技術，採集企業中的所有資訊，描述企業運作過程中使用的事務資訊結構，並在保障資訊安全的前提下，實現數據、資訊和知識的協同和共享。

服務通過功能、業務、組織和新興業態等試圖呈現企業的服務功能及其關係。功能描述企業所有功能和子功能，以及它們之間的全局關係與隸屬關係；業務映射和實現相關的業務流程；組織考慮企業組織方面的問題，描述各組織之間的對應關係和結構關係；新興業態包括個性化定製、遠端運維和工業雲端等服務型製造模式。

(3) 物理世界維度

RAMI4.0 參考體系架構的物理世界維度，包括產品層、設備層、工作中心層、工廠（工廠）層、企業層和互聯世界層共六個層次。

(4) 虛擬世界維度

虛擬世界維度與物理世界維度相對應，通過虛擬物件實現物理物件的數位化建模、智慧預測與適應性回饋控制。

3.2 面向設備的智慧預測性維護策略

隨著智慧製造概念的提出，網路實體系統（Cyber Physical System，CPS）（綜合運算、網路和物理環境的多維複雜系統）通過 3C（Computer、Communication、Control）技術的有機融合與深度合作，實現了大型工程系統的實時感知、動態控制和資訊服務。

在工業 4.0 的智慧工廠中，CPS 監控物理物件和流程，創建物理世界的虛擬副本，並進行分散的控制和決策。網路實體系統通過物聯網實時地與人和其他 CPS 系統進行交流與合作，價值鏈的參與者則通過大數據分析和服務網際網路提供並利用組織內部或跨組織的服務。

在預測性維護過程中，CPS 促進了大規模數據的系統轉化，可使智慧工廠中不可見的設備退化模式和低效率視覺化，並產生最佳決策，形成了基於 5C 的預測性維護模型和基於 CPS 的智慧預測性維護等模型。

3.2.1 基於 5C 的預測性維護模型

隨著資訊和通訊技術的飛速發展，先進的分析技術也被整合到製造、產品和服務過程中，許多行業正面臨著新的機遇，同時也面臨著維持它們競爭力和市場需要的挑戰。這種整合（當前稱為網路實體系統 CPS）正在將這個行業轉變為下一個層次：CPS 促進了大規模數據的系統化轉化，從而促使不可見的退化模式和低效率可見，並產生最佳決策。美國辛辛那提大學 Jay Lee 教授分析了工業大數據和 CPS 的發展趨勢，討論了圖 3.2 所示在生產過程中應用 CPS 的 5C 體系架構（智慧連接、數據轉換、資訊、認知、配置）以及在製造業全面整合 CPS 的必要步驟[5]，形成了圖 3.3 所示基於 5C 的預測性維護模型[6]。

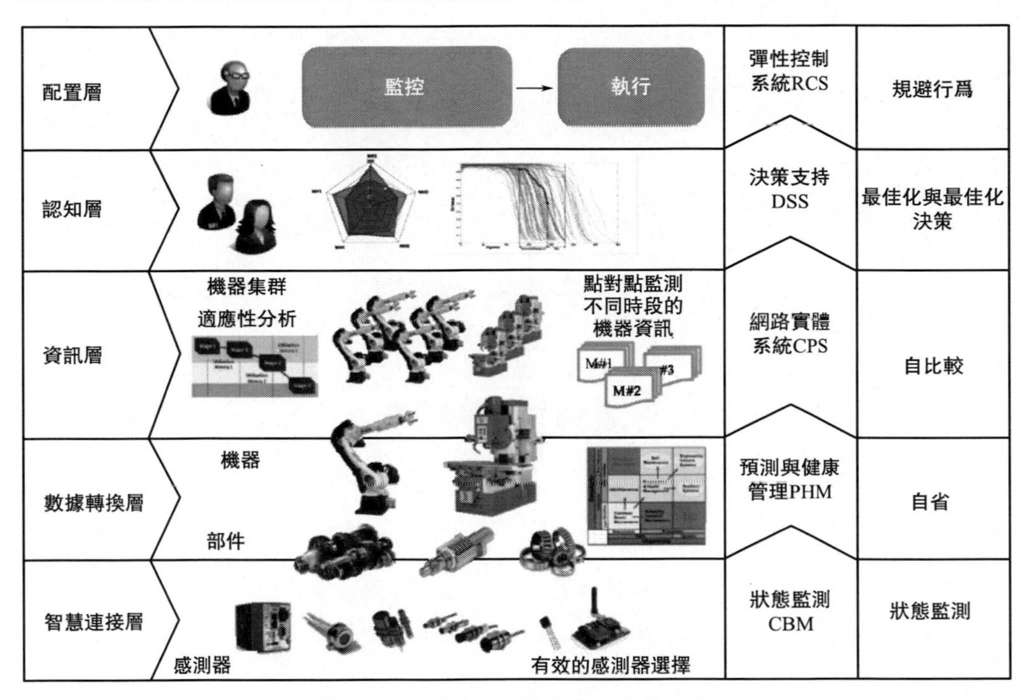

圖 3.2 基於 5C 的網路實體系統框架

(1) 智慧連接層

智慧連接層包括各種用於管理資料擷取系統、最佳化數據並將數據傳輸到中央伺服器的無縫非接觸式方法，在這一層選擇合適的感測器、數據源和傳輸協定對下一層的 CPS 性能以及通過系統發現的知識品質和準確性都產生重大影響。

(2) 數據轉換層

在數據轉換層，數據能夠被分析並轉化為有價值的知識，最近的研究廣泛關注於開發智慧演算法和資料探勘技術，這些演算法和技術可以應用於從機器和工藝數據到業務和企業管理數據等各種數據源。

(3) 資訊層

資訊層是 CPS 的中央資訊棧。資訊可以從每一個方面推送過來，編譯成一個資訊空間。

(4) 認知層

這一層會產生一個了解監控系統的全面知識，專家擷取知識的正確表示可以支持決策。

(5) 配置層

配置層是從資訊空間到物理空間的回饋，造成了監督控制作用，可使設備實現自配置和自適應。在這個階段可以作為彈性控制系統（Resilience Control System，RCS），利用正確的預防性決策進行控制和監控設備系統。

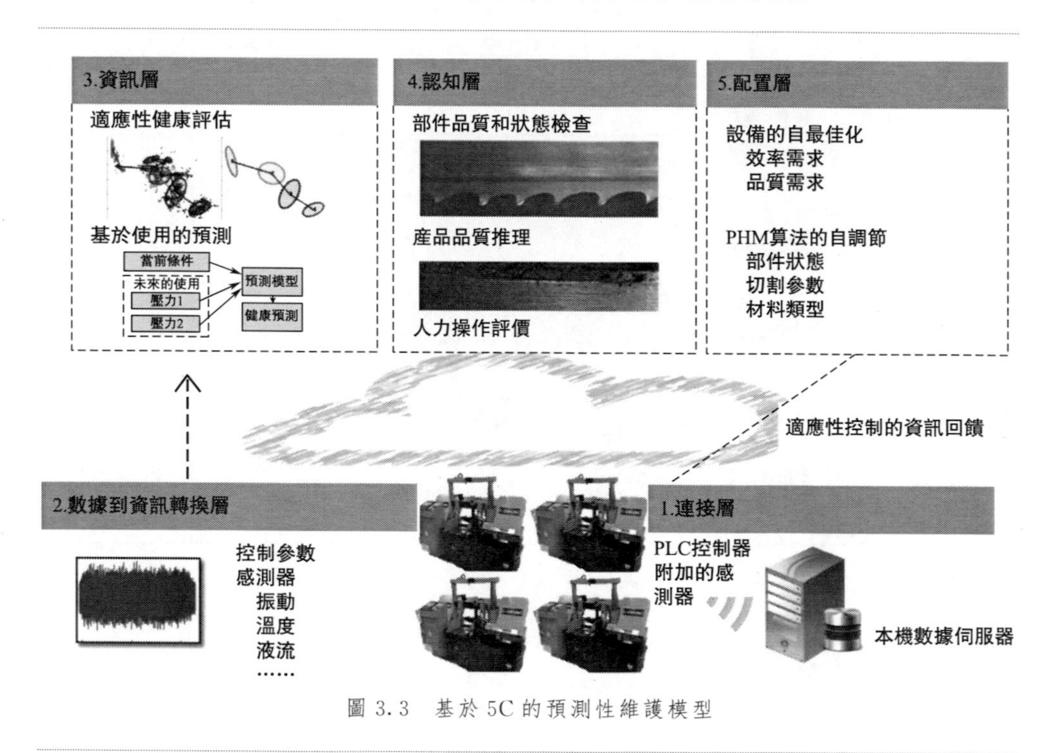

圖 3.3 基於 5C 的預測性維護模型

3.2.2 基於 CPS 的智慧預測性維護模型

工業 4.0 是價值鏈組織技術和概念的集合術語，基於無線射頻（Radio Frequency Identification，RFID）、網路實體系統、物聯網（Internet of Things，IoT）、服務網際網路（Internet of Services，IoS）和資料探勘（Data Mining，DM），

促進了智慧工廠願景的實現。在工業 4.0 的模組化和結構化智慧工廠中，CPS 監測物理物件和營運過程，創建物理世界的虛擬副本，並實現離散化過程控制和決策；網路實體系統通過物聯網能夠實時地與其他 CPS 系統和人類進行交流和合作；通過資料探勘和服務網際網路，價值鏈參與者可以在內部和跨組織提供和利用服務。挪威 Wang 等人給出一個工業 4.0 的定義，確定了一些實現的主要原則，並展示一種圖 3.4 所示的實現零缺陷製造（Zero-Defect Manufacturing，ZDM）的智慧預測維護模型與系統[7]。

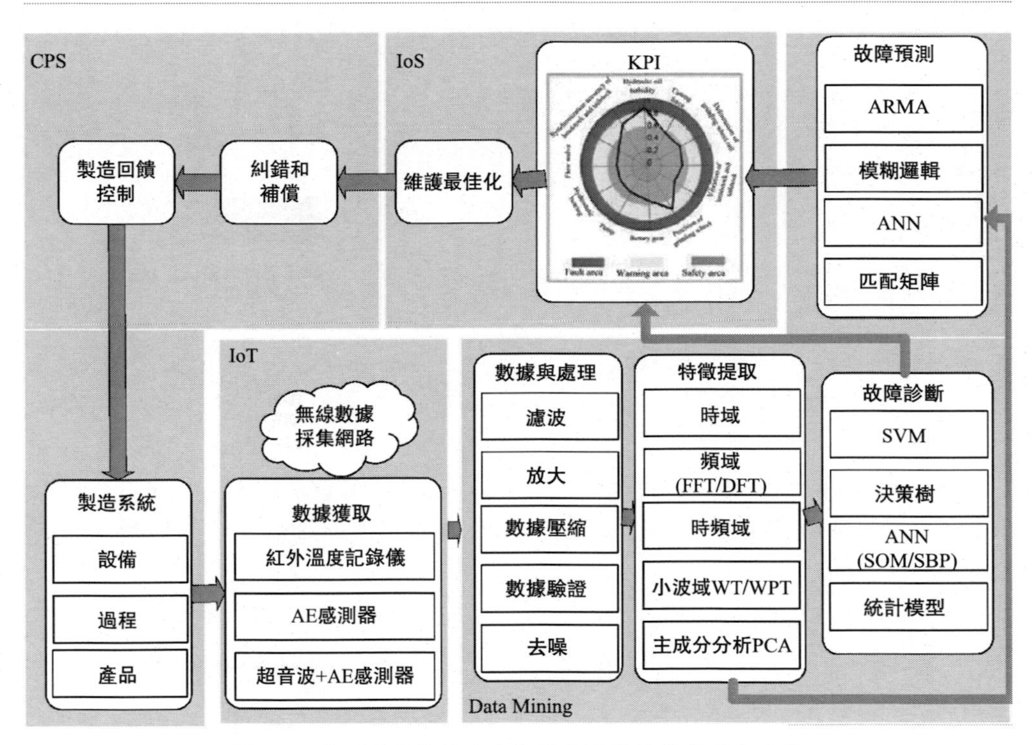

圖 3.4 實現零缺陷製造的智慧預測性維護模型與系統

IPdM 系統基於 CPS、IoT、IoS、運算智慧、資料探勘、群體智慧（Swarm Intelligence，SI）等許多關鍵技術，需要被研究和開發以適應行業需要。IPdM 中有 6 個主要模組：感測器和資料擷取，信號預處理和特徵提取，維護決策，關鍵績效指標（Key Performance Indicators，KPI），維護調度最佳化，誤差校正、補償與回饋控制。

(1) 感測器和資料擷取模組

這是實施設備診斷和預測 IPdM 維護策略的第一步。該模組的任務是選擇合適的感測器和最佳的感測器安裝策略。資料擷取過程將感測器信號變成設備狀態資訊，不同感測器用來收集不同數據，如溫度感測器、振動感測器、聲發射感測器等。

（2）信號預處理和特徵提取模組

通常來說，感測器信號的處理有兩個步驟。一個是信號處理，可以提高信號的特性和品質，相關的信號處理技術包括濾波、放大、數據壓縮、數據驗證和去噪等，這些技術可以提高訊噪比。另一個是特徵提取，提取能夠表徵偶然的失效或錯誤的信號特徵。一般而言，特徵可以從時域、頻域（快速傅立葉變換、離散傅立葉變換）和時頻域（小波變換、小波封包變換，或者經驗模態分解）等三個域進行提取。主成分分析（Principal Component Analysis，PCA）是通過正交變換將一組可能存在相關性的變量轉換為一組盡可能多地反映原來變量資訊的統計方法，實現特徵的維度縮減。

（3）維護決策模組

維護決策模組提供充足、高效的資訊輔助維護人員採取維護措施的決策。維護決策模組分為故障診斷和故障預測兩類，故障診斷［包括支持向量機、人工人工類神經網路（如自組織映射、綜合反向傳播等演算法）］的重點是檢測、隔離和辨識故障發生，故障預測（如自迴歸行動平均模型、ANN 等）試圖在發生錯誤或失效之前預測設備的剩餘使用壽命 RUL（Remaining Useful Life）。決策支持模型可分為四類：物理模型，統計模型，數據驅動模型，混合模型。由於 IPdM 策略主要依賴於反映設備狀況的信號和數據，數據驅動模型和混合模型將處於主導地位。

（4）關鍵績效指標模組

關鍵績效指標 KPI（Key Performance Indicators）圖也叫蜘蛛網圖或健康雷達圖，用於顯示部件的退化程度。每條雷達線顯示部件從 0（完美）到 1（損壞）的狀況。顏色則顯示了級別，如安全、警告、警報、故障和缺陷，可以視覺化地評估設備性能。

（5）維護調度最佳化模組

維護調度最佳化是一種 NP 問題（非確定性多項式問題），群體智慧演算法是一個很好解決這類問題的方法。IPdM 可以應用基因演算法（Genetic Algorithm，GA）、粒子群最佳化（Particle Swarm Optimization，PSO）、蟻群演算法和蜜蜂群演算法動態地尋找最佳的預測維護調度方案。

（6）誤差校正、補償與回饋控制模組

該模組將利用維護決策支持模組的結果進行誤差校正、補償和回饋控制。

3.3 面向設備營運網路的智慧預測性維護策略

基於 5C 的預測性維護模型和基於 CPS 的智慧預測性維護模型等從資料擷取與處理、故障診斷與預測、維護最佳化與決策、系統補償和控制等方面構建了面向設備系統的智慧預測性維護體系與方法框架，設備的故障預測與健康管理的研究主要側重在基於物理模型的設備健康預測、基於數據驅動的設備健康預測、基於模型驅動的設備健康預測、基於資訊融合的設備健康預測 4 個方面。這 4 種故障預測模型和預測性維護策略為單一企業或單一設備系統的預防性維護調度及最佳化理論奠定了基礎，大都創建了與研究背景相適用的理論模型。

由於新一代資訊技術和智慧製造合作網路的快速發展，這些研究既沒有考慮 MRO 維護服務的網路化特性、大範圍隨機性故障的不確定性和服務快速響應特性，也沒解決 MRO 網路環境中維護服務的計劃性與實時調度要求，更沒有考慮網路中各參與主體的合作特性。因此，需要解決面向設備營運網路的數據擷取與維護決策的理論和方法。

3.3.1 設備營運與維護網路

隨著商業模式和服務價值鏈的演變，設備使用商將設備的營運和維護業務外包給專業的 MRO（Maintenance Repair & Operation）技術服務公司，逐漸形成了涵蓋備件供應及其維護商、設備製造及其維護商、設備使用商、領域專家（來自企業內外部的整機及部件營運、維護、故障診斷和維修等領域的專家）、雲端平臺提供商等合作主體的 MRO 服務網路。

在 MRO 服務網路中，為解決設備營運與維護過程的異地化、實時化和及時性問題，設備營運企業通過採集設備運行數據，並上傳至企業數據中心（或企業雲端），系統軟體對設備實時在線監測、控制，並經過數據分析進行設備的預測性維護，形成了圖 3.5 所示基於（行動）網際網路的設備智慧預測性維護（Smart Predictive Maintenance，SPdM）網路（這些網路包括數據擷取網路、業務支持網路、社交網路、數據分析與支持網路）和相應的 MRO 大數據支援環境（包括產品狀態、設備狀態、環境狀態、業務營運狀態、人員狀態、社交網路數據以及客戶回饋數據），並體現出全球性（網際網路連接）、實時性（工業網際網路支持的狀態檢測）和及時性（行動終端調度）的特性，使得裝備全生命週期的知識能被高效和自發地產生和利用，SPdM 網路也可以基於網際網路和價值鏈網路自動連接到雲端平臺搜尋合適的領域專家處理問題，專家也能通過整合的知識平臺和行動設備更有效地確定最佳維護策略和服務。

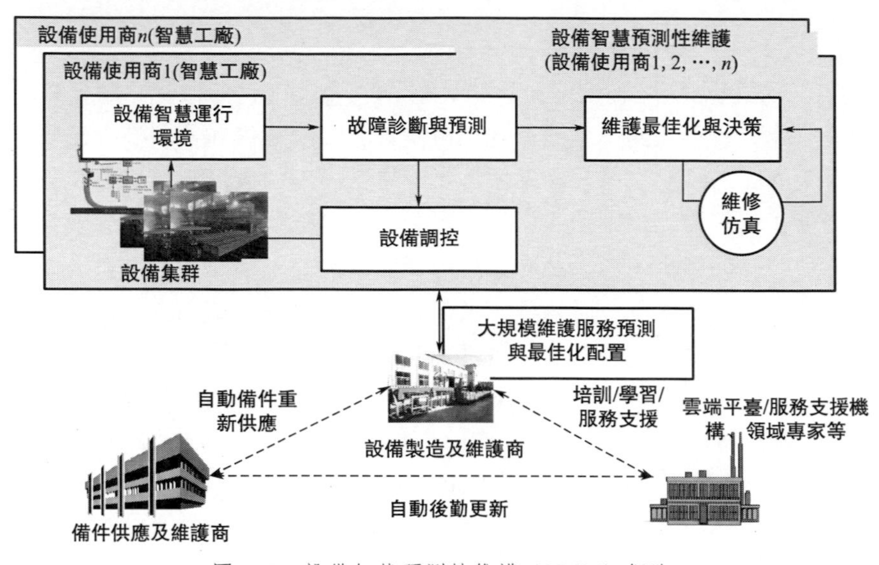

圖 3.5 設備智慧預測性維護（SPdM）網路

3.3.2 面向 SPdM 網路的數據擷取與維護決策

德國工業 4.0、美國工業網際網路和網路實體系統、中國製造 2025 驅動傳統製造業利用物聯網和大數據分析進行以知識為基礎的智慧化轉型，通過網路為客戶提供個性化的產品、服務和能力，打破了裝備維護領域傳統基於系統、子系統、部件高可靠性的保障要求，通過設備 SPdM 網路中 MRO 大數據驅動的智慧預測性維護理論，關聯與維護、維修和服務有關的資訊，實現設備的壽命累計和預計以及面向 MRO 網路的大範圍維護服務預測與最佳化配置。

在由備件供應和維護商、設備製造和維護商、設備使用商、領域專家、雲端平臺提供商等合作主體構成的 MRO 服務網路中，智慧預測性維護是一個高整合度、綜合化的系統，由圖 3.6 所示的設備在線健康評估、設備使用商的自主後勤保障及離線故障診斷與預測、設備營運商大規模維護服務預測與最佳化配置、網路實體系統介面（實現各功能多層次的互聯）等功能構成，同時包含了面向設備智慧預測性維護的內容。面向設備營運網路的智慧預測性維護主要集中在面向設備 SPdM 網路的多源異構數據高品質擷取與融合方法、大數據驅動的設備故障診斷與預測理論和方法、面向智慧工廠的維護最佳化與決策、面向 MRO 網路的大範圍維護服務預測與最佳化配置、基於網路實體系統 CPS 的運行過程控制等方面。

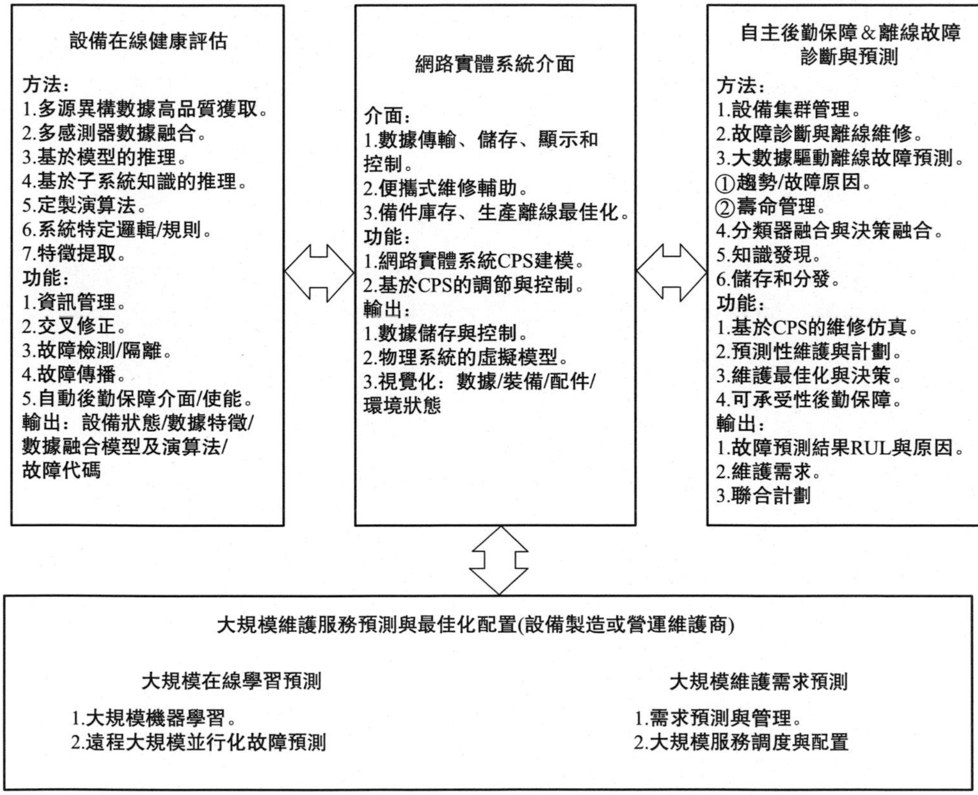

設備在線健康評估

方法：
1.多源異構數據高品質獲取。
2.多感測器數據融合。
3.基於模型的推理。
4.基於子系統知識的推理。
5.定製演算法。
6.系統特定邏輯/規則。
7.特徵提取。
功能：
1.資訊管理。
2.交叉修正。
3.故障檢測/隔離。
4.故障傳播。
5.自動後勤保障介面/使能。
輸出：設備狀態/數據特徵/數據融合模型及演算法/故障代碼

網路實體系統介面

介面：
1.數據傳輸、儲存、顯示和控制。
2.便攜式維修輔助。
3.備件庫存、生產離線最佳化。
功能：
1.網路實體系統CPS建模。
2.基於CPS的調節與控制。
輸出：
1.數據儲存與控制。
2.物理系統的虛擬模型。
3.視覺化：數據/裝備/配件/環境狀態

自主後勤保障＆離線故障診斷與預測

方法：
1.設備集群管理。
2.故障診斷與離線維修。
3.大數據驅動離線故障預測。
①趨勢/故障原因。
②壽命管理。
4.分類器融合與決策融合。
5.知識發現。
6.儲存和分發。
功能：
1.基於CPS的維修仿真。
2.預測性維護與計劃。
3.維護最佳化與決策。
4.可承受性後勤保障。
輸出：
1.故障預測結果RUL與原因。
2.維護需求。
3.聯合計劃

大規模維護服務預測與最佳化配置(設備製造或營運維護商)

大規模在線學習預測
1.大規模機器學習。
2.遠程大規模並行化故障預測

大規模維護需求預測
1.需求預測與管理。
2.大規模服務調度與配置

圖 3.6　面向設備 SPdM 網路的智慧預測性維護內容

(1) 面向設備營運網路的多源異構數據高品質擷取與融合方法

在裝備營運維護過程中，來自裝備及部件運行狀態、環境資訊、營運業務、維護社交網路以及客戶的產品及回饋等環境的數據量越來越龐大，逐漸形成了裝備營運維護的大數據應用環境。一般而言，設備運行數據以及維護記錄儲存在設備使用商的伺服器中，製造商甚至都無法接觸到屬於自己的設備相關數據，不利於開展針對生產設備的持續監督與全生命週期維護。那麼，如何高品質地擷取這些分布在各使用商處的數據資訊？如何從這些大數據環境中通過演算法搜尋隱藏於數據中有價值的關聯資訊，進而支持裝備及部件健康預測、需要預測以及服務最佳化決策建模？與傳統數據擷取和分析方法相比，大數據分析更加重視數據的數量，採用關聯數據分析代替了傳統的原因分析，並將原來模型驅動的應用變成了證據驅動的應用。在此情況下，需要研究面向 MRO 網路環境中的基於區塊鏈的大數據共享與擷取機制，以及多源異構數據處理分析、關聯關係分析、大數據聚類融合、實時流處理和並行化處理等 MRO 大數據分析方法，實現運行狀態數據、營運業務數據、社交維護網路互動數據以及客戶回饋資訊的融合與分類，支持設備故障預測與決策理論的建立。

（2）大數據驅動的設備故障診斷與預測理論和方法

由於影響設備健康狀況的因素具有層次複雜性、關係模糊性、動態變化隨機性和指標數據不確定性等，大量部件的劣化發展趨勢呈現出非平穩隨機過程，深度卷積人工類神經網路適合於非平穩非線性信號的自動特徵提取與故障分類，馬爾可夫預測模型適用於這類隨機波動性較大問題的預測，也能反映設備劣化過程微觀波動的規律。另外，各部件健康狀況的變化與時間間隔的長度也有關係，間隔越長，隨機性以及不確定性越弱，趨勢性越強，可以選擇人工類神經網路模型和貝氏模型對各部件健康參數進行趨勢預測。因此，結合設備健康狀況的行為特徵量、營運業務數據、社交維護網路動態互動數據以及客戶回饋數據等分類融合資訊，研究建立融合深度 CNN 模型、馬爾可夫模型和貝氏模型的多分類器融合模型從多個測度診斷和預測故障，並對未來部件健康狀態融合進行綜合評價。在此基礎上，通過對設備運行環境及故障類型等大數據進行深度探勘和分析，應用於集群設備的故障預測。

（3）面向智慧工廠的維護最佳化與決策

面向網路中由故障引起的不確定性維護需要，研究基於故障預測模型的單一企業設備生產維護與備件庫存聯合最佳化模型，給出單一企業內生產、維護與備件庫存的決策策略。

（4）面向 MRO 網路的大範圍維護服務預測與最佳化配置

面向網際網路環境中設備高不確定性的維護需要，從 MRO 網路內長期預測與最佳化區間內服務實時調度相結合的基於代理人維護服務協同最佳化調度，以及網際網路範圍內維護服務實時決策與調度三個方面，建立網際網路支持的面向 MRO 網路的大規模維護調度與最佳化決策的基礎理論，給出基於網際網路合作的設備維護商、備件供應商最佳化條件，以及各合作企業協商最大利潤的均衡策略，進而面向 MRO 維護網路中的註冊會員群體，結合維護任務需要、服務人員的地理位置和工作任務狀態等大數據資訊，進行任務實時最佳化與決策。

（5）基於網路實體系統 CPS 的運行過程控制

製造領域網路實體系統具有以下特徵：網路與製造設備高度整合，局部具有物理性，全局具有虛擬性；製造設備各組件都安裝感測器與執行機構，具有在線通訊、遠端控制與各組件間自主協調等功能；組件上安裝的感測器通過對設備狀態的感知和回饋，將控制決策作用於執行機構，形成基於事件驅動控制的閉環過程；通過感測器採集設備狀態資訊，最終形成從預測模型到調節控制的資訊數據傳輸模式，該模式融合各類資訊並提供精確而又全面的資訊；系統具有自學習、自適應、自主協同能力，高度自治，滿足實時堅固性。根據這些特徵，研究基於網路實體系統的設備運行控制方法，提出基於網路實體系統的設備運行控制框架，通過設備故障預測和維修仿真，實現營運過程的實時調節與控制；充分利用離線虛擬環境豐富的運算資源實施大數據分析方法，實現基於代理人的維護任務、備件庫存和生產計劃的協同聯合最佳化，實現期望成本最小的維護決策。

3.4 基於資料探勘的智慧預測性維護技術體系與框架

利用大數據、網際網路和人工智慧等新一代資訊技術構建如圖 3.7 所示的基於資料探勘的智慧預測性維護技術體系與框架，包括基於 IoT 的資料擷取、處理與分析方法、數據驅動的故障診斷與預測方法、面向智慧工廠的維護最佳化與決策、面向 SPdM 網路的大範圍維護服務預測與最佳化配置、基於網路實體系統 CPS 的運行過程控制等。

本書後面的重點研究內容包括：①在基於 IoT 的資料擷取、處理與分析方法部分，研究設備層基於 IoT 的感知資源管理框架與模型、面向複雜製造環境的 WSN 路由協定與模型以及相應的軟硬體協定整合方法等內容，支援設備狀態監測數據的採集與預處理；②在數據驅動的故障診斷與預測方法部分，研究各種非平穩非線性信號的特徵提取方法、數據驅動的設備故障診斷方法和模型、數據驅動的故障預測與健康管理（Prognostic and Health Management，PHM）理論和方法；③在面向智慧工廠的維護最佳化調度與決策方法部分，面向設備使用的智慧工廠，研究基於成本最佳的設備維護、備件庫存和生產過程的聯合最佳化調度與決策模型；④在面向 SPdM 網路的大範圍維護服務預測與最佳化配置方法部分，面向大範圍 MRO 網路，研究動態網路環境中不確定性服務需要管理及預測模型、基於改進隨機規劃的服務備件預測與管理、服務提供商選擇與評價、基於模糊隨機規劃和利潤共享模式的服務資源配置等內容，構建面向設備智慧預測性維護運行網路的大範圍智慧預測性維護服務預測與最佳化配置的理論和方法；⑤面向智慧製造裝備及系統，研究基於網路實體系統 CPS 的運行過程補償、系統調節和控制方法。

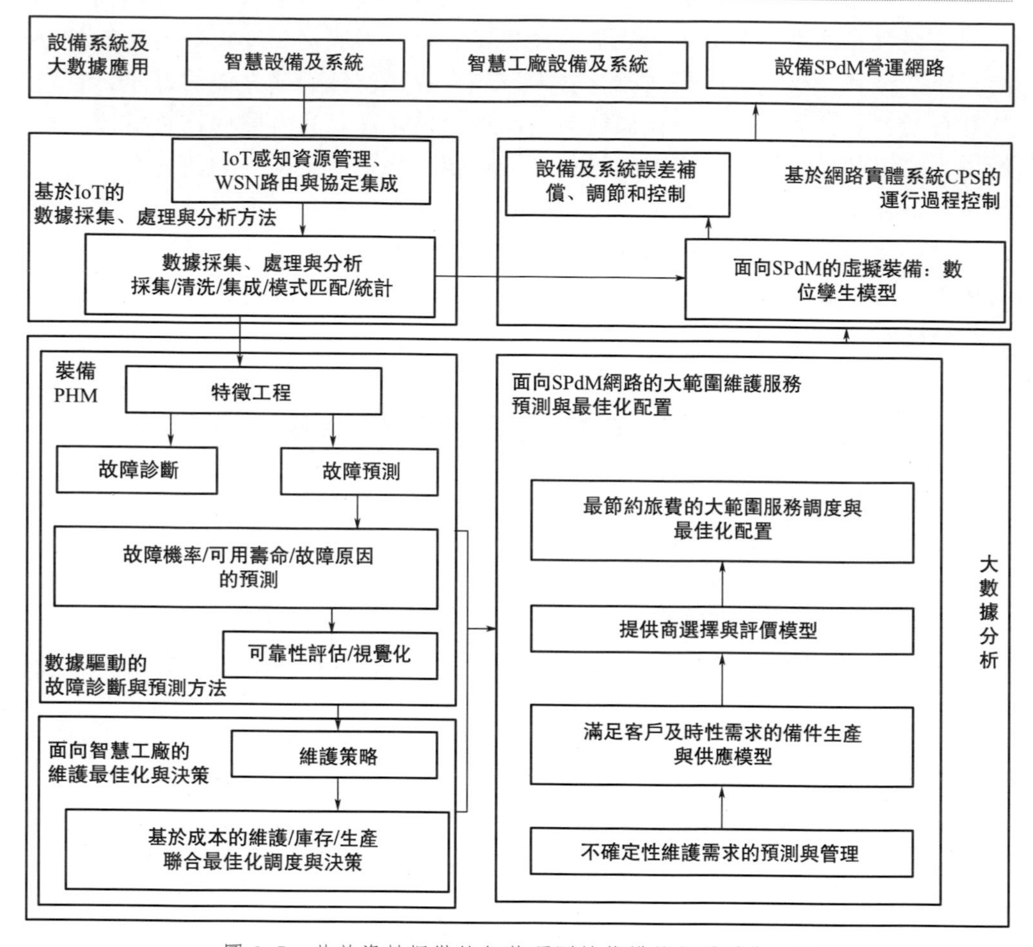

圖 3.7 基於資料探勘的智慧預測性維護技術體系與框架

參考文獻

[1] 工業 4.0 參考架構[EB/OL]. http: //www. innovation4. cn/library/r3738.

[2] 工業互聯網參考架構[EB/OL]. http: //www. innovation4. cn/library/r1797.

[3] 劉敏，嚴雋薇．智能製造理念、系統與建模方法．北京：清華大學出版社，2019.

[4] 美德日中四國工業互聯網參考架構對比[EB/OL] . http: //blog. sina. com. cn/s/

blog_654887a50102x338. html.

[5] LEE J, BAGHERI B, KAO H A. A cyber-physical systems architecture for industry 4. 0-based manufacturing systems. Manufacturing Letters, 2015, 3: 18-23.

[6] LEE J, ARDAKANI H D, YANG S, et al. Industrial big data analytics and cyber-physical systems for future maintenance & service innovation. 4th International Conference on Through-life Engineering Services (TESConf) (Procedia CIRP) . Cranfield, England, 2015.

[7] WANG K, DAI G, GUO Lanzhong. Intelligent predictive maintenance (IPdM) for elevator service through CPS, IOT & S and data mining. Proceedings of the 6th International Workshop of Advanced Manufacturing and Automation. Manchester, England, 2016.

第4章

基於IoT的感知資源管理框架與模型

智慧預測性維護框架中基於物聯網（IoT）的資料擷取與處理利用智慧感測器等感知技術，將獲得的關鍵零部件狀態和營運環境資訊傳送到設備控制中心，實現設備的全天候自動監控，有效地對設備的運行狀態和故障實施監測和預報[1,2]，為設備維護帶來極大便利，推動了設備狀態監測和狀態維護的進一步發展，提高了企業運作效率。本章主要討論基於 IoT 的感知資源管理框架、基於區塊鏈的 IoT 資源安全管理模型及數據共享模型。

4.1 基於 IoT 的感知資源模型及管理框架

隨著物聯網的發展，全面感知、多種數據傳輸、數據智慧處理等得到了充分發展。全面感知使用各種總線技術、ZigBee、RFID、攝影機、智慧感測器進行設備狀態參數的感知、測量等，多種數據傳輸通過 UDP、TCP/IP、HTTP 等手段實現資訊的互動和共享，數據智慧處理對跨行業部門的數據和資訊進行數據融合、解析處理，為設備監測實現智慧化。然而，智慧工廠的物聯網系統具有感測器以及終端設備種類多（包括溫度、壓力、轉速、加速度等感測器、Android 設備、RFID 標籤等），傳輸方式多樣化（包括 Zigbee、Bluetooth、GPRS/3G/4G/5G、FF/Lonworks/Profibus/CAN/HART 等 40 餘種現場總線，TCP/IP 等多種傳輸協定），數據異構而且數據規模大，數據難以與不同操作平臺、不同語言的系統相整合等特點。

為解決上述問題，需要突破傳統控制系統分層結構，針對工業需要，面向廣域測量與控制，系統地研究支持條碼、QR 碼、RFID、無線感測網路、無線區域網以及各種工業總線的 IoT 資源管理框架[3]，將感知設備管理、數據儲存存取、數據整合等功能從應用層分離出來，使上層應用可以更著眼於其本身的服務和功能，實現上層應用與感知層使用的資料擷取感知設備的低耦合，減少應用層的開發量以及降低系統開發的難度，從而實現數據的採集與處理。

在智慧預測性維護框架中，基於 IoT 的資料擷取與處理需要對感知層海量數據設備的中斷進行驗證，需要處理海量數據的服務互動、分散式網路部署；同時網路接入層需要支持多種接入方式，兼容不同終端能力的差異，要能夠支持行動性、多種部署環境及多應用平臺互動；應用層則需要實現多業務融合，封鎖底層感知終端差異，支持跨應用數據共享及基本業務功能的複用。因此，為滿足分散式異構網路環境，借鑑已有的一些物聯網仲介軟體模型，構建基於 IoT 的感知資源管理模型和框架，將業務功能模組封裝成服務，使得用戶可以利用這樣的一個框架封裝和發布資源服務，封鎖底層感知層數據的異構和為上層應用層提供統一的 Web 服務介面，以期望達到降低系統軟體開發難度和降低軟體耦合度等問題。

4.1.1 IoT 感知資源模型

對 IoT 資源體系進行建模，抽象出資源詮釋模型，分析資源層次及其關聯關係，給出實體資源、數據資源和方法資源等資源類別。

(1) 資源詮釋模型

在設備在線監測系統中，任何一個設備及零部件、感測器節點、智慧閘道和數據都能夠看成是一個資源。資源詮釋模型是通過定義設備監測過程中所涉及關鍵資源的邏輯關係和資源的具體屬性，從而描述主要資源構成和約束的模型。

IoT 感知資源管理的本質是在流程活動中，對承載業務資訊的資源模型的處理及變換操作，根據某種操作改變其屬性，並將相應的參數、訊息傳給其他活動的過程。為實現業務整合的目標，首先需要辨識現有分散的異構系統中的資源並對其進行封裝，將其註冊到資源整合平臺上並接受其統一管理，從而封鎖各系統間的數據差異，然後以 Web 服務的方式實現對資源的可交互運作。因此，需要制定一種統一的 IoT 感知資源建模方法。

詮釋模型（Meta Model）用來定義語義模型構造（Construct）和規則（Rule），通常稱為定義表達模型的語言。它描述了如何建立模型，模型的語義或模型之間如何繼承和可交互運作等資訊。詮釋模型的抽象程度比模型高，通用性和一致性好，建立資源詮釋模型是從更高抽象層次上分析和解決多應用環境下資源模型建立與應用問題。

資源詮釋模型（Resource Meta Model，RMM）定義：

$$RMM=<RP,OS,RM,CS,RS,MI>$$

其中，將 *RMM* 描述為屬性集合（Property Set，PS），*RP* 代表資源屬性（Resource Property），*OS* 代表操作集合（Operations Set），*RM* 代表規則模型（Rule Model），*CS* 代表約束集合（Constraint Set），*RS* 代表規則集合（Rule Set），*MI* 代表管理資訊（Management Information）及相互關係 R，其形式化定義如下。

定義 4.1 屬性集合 PS：

$$PS = set < p_1, p_2, \cdots, p_n >$$

其中，$p_i = set < PropName, DefaultValue, ValType, ConstrainExp, PropType >$；$PropName$ 表示屬性名稱；$DefaultValue$ 表示屬性的初始值；$ValType$ 表示屬性的類型，例如整型、字符型或時間型等；$ConstrainExp$ 表示該對屬性值的約束，例如數位型屬性值的取值範圍、字符型屬性值的格式等；$PropType$ 用於指定該屬性為靜態屬性或動態屬性。

例如，溫度感測器的溫度屬性可以表示為：

$$Sensor\_temperature = < Temperature, 78.00, Double, Range(0,100), Dynamic >$$

定義 4.2 資源屬性 RP 定義如下：

$$RP = < ResID, ResType, SProps, DProps >$$

其中，$SProps = \{p_i \mid p_i \in PS \hat{} PropType(p_i) = static\}$，$DProps = \{p_i \mid p_i \in PS \hat{} PropType(p_i) = Dynamic\}$。$ResID$ 表示資源實體的唯一標識。$ResType$ 表示資源的類別，是對一類具有特定靜態屬性資源的描述。樹形結構是一種非常有序並在縱向上易於管理的組織，因此，可以用樹狀層次化方式來組織資源類別，即採用嵌套定義的資源分類方法，構成資源分類樹。$SProps$ 表示資源的靜態屬性，這些屬性的值在資源物件創建後不會改變，例如設備的出廠日期。$DProps$ 表示資源的動態屬性，這些屬性用於描述資源物件的使用日曆、實時狀態和生命週期狀態等，如感測器在使用流程中的狀態（已創建、修改、刪除和查詢等）。動態屬性可以對資源在業務活動中的狀態進行描述，以便了解當前連續鑄造設備的運行狀態。

定義 4.3 操作集合 OS 的形式化定義如下：

$$OS = \{opi \mid opi = < oi, rpj >, rpj \in RP\}$$

其中，oi 是一個以資源物件屬性和狀態為參數的函數，可映射到具體屬性連繫的操作，例如感測器資源包含創建、刪除、修改、查詢等操作；rpj 表示與該操作相關的屬性。

定義 4.4 規則模型 RM 的形式化定義如下：

$$RM = \{CS, RS\}$$

其中，CS 為約束集合；RS 為規則集合。

定義 4.5 約束集合 CS 的形式化定義如下：

$$CS = \{ci \mid ci = f(si, sj), f \in Fc, si, sj \in Sn\}$$

其中，ci 表示資源狀態躍遷的一個函數映射，用來反映資源狀態之間的可達性，如從一個感測器閘道無法存取到其他閘道下的感測器數據。

定義 4.6 規則集合 RS 的形式化定義如下：

$$RS = \{ri \mid ri = f(si, sj, RS), f \in Fr, si, sj \in Sn\}$$

其中，ri 表示資源屬性到工作流狀態的一個函數映射，用來反映資源屬性變化引起的資源狀態躍遷。它包含一個初始狀態 si 和達到狀態 sj，以及在躍遷過程中涉及的資源屬性集合。將業務規則以資源為中心來組織，可以在過程整合時通過組合資源規則編排資源服務。

定義 4.7 管理資訊 MI 的形式化定義如下：

$$MI = \{SysInfo, PlatformInfo\}$$

其中，$SysInfo$ 表示資源所在系統的資訊；$PlatformInfo$ 表示資源在整合平臺中註冊資訊，主要用於確定資源物件服務表徵方法。

綜上所述，資源詮釋模型的 XML Schema 描述如下，資源模型可以使用符合該 Schema 的 XML 文件來進行描述，如圖 4.1 所示。

```xml
<?xml version="1.0" encoding="UTF-8"?>
<xs:schema xmlns:xs="http://www.w3.org/2001/XMLSchema" elementFormDefault="qualified" attributeFormDefault="
unqualified">
    <xs:element name="ResouceMetaModel" type="rmm">
        <xs:complexType name="state">
            <xs:sequence>
                <xs:element name="stateName" type="string"></xs:element>
            </xs:sequence>
        </xs:complexType>
        <xs:complexType name="propertySet">
        <xs:complexType name="resourceProperty">
        <xs:complexType name="propertySet">
        <xs:complexType name="activitySet">
        <xs:complexType name="ruleModle">
        <xs:complexType name="constraint">
        <xs:complexType name="rule">
            <xs:sequence>
                <xs:element name="fromState" type="state"/>
                <xs:element name="toState" type="state"/>
                <xs:element name="condition" type="ruleCondition"/>
            </xs:sequence>
        </xs:complexType>
        <xs:complexType name="resourceProperty">
        <xs:complexType name="ruleCondition">
        <xs:complexType name="conditionSet">
        <xs:complexType name="ruleSet">
        <xs:complexType name="managementInfo">
            <xs:complexType name="rmm">
            <xs:sequence>
                <xs:element name="RP" type="resourceProperty"/>
                <xs:element name="OS" type="operationSet" nillable="true"/>
                <xs:element name="RM" type="ruleModle" nillable="true"/>
                <xs:element name="MI" type="managementInfo"/>
                <xs:element name="RV" type="resourceView" nillable="true"/>
            </xs:sequence>
        </xs:complexType>
    </xs:element>
</xs:schema>
```

圖 4.1 資源詮釋模型 Schema 描述

(2) 資源層次分析模型

建立好資源的詮釋模型之後，需要進行總體資源層次分析，將設備、嵌入式閘道和感知數據看作資源，方便設備的管理與維護。根據設備在線監測系統的資源存取需要與資源管理需要，將資源層次定為圖 4.2 所示的三個層次：DataPoint（感測器及智慧終端數據）、Device（終端設備、感測器或點檢手持終端）、Gateway（智慧嵌入式閘道）。

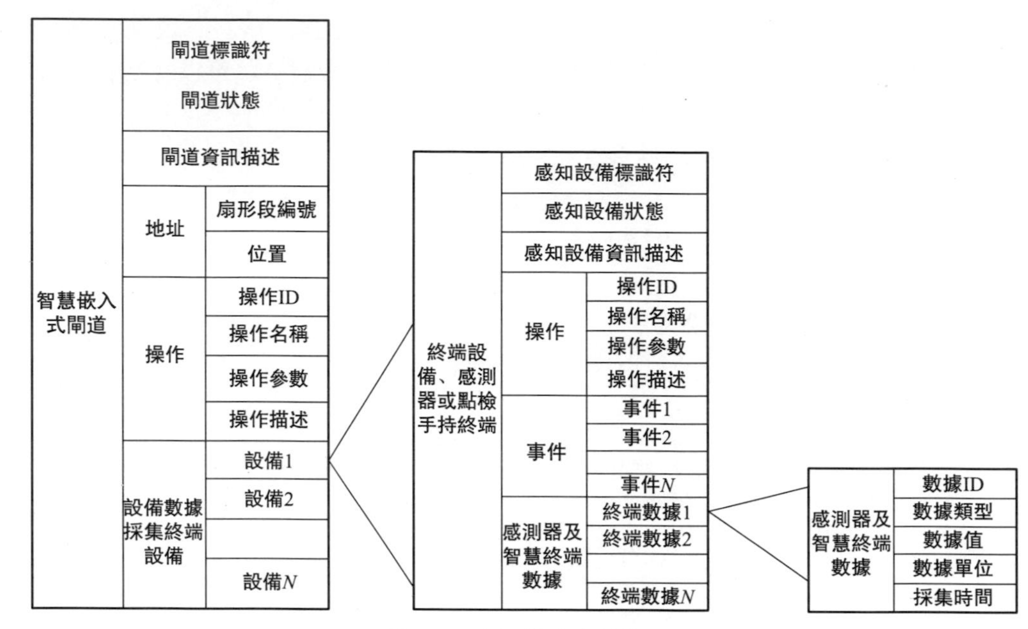

圖 4.2 資源層次分析模型

Gateway（智慧嵌入式閘道）節點負責配置閘道自身資訊以及管理下層的終端設備節點。閘道自身資訊包括閘道標識資訊、閘道狀態資訊、閘道描述資訊等。由於閘道所連接的終端設備各不相同，每種閘道節點下要配置相應的設備節點進行設備描述。系統中閘道節點通過閘道所在 IP 位址、通訊埠號以及設備 ID 進行區分。具體的資源描述資訊如表 4.1 所示。

表 4.1 閘道資源描述資訊

參數		描述	必要性
DeID		閘道設備標識符	是
Status		閘道狀態	是
Description		閘道資訊描述	否
Address	Seg_no	扇形段編號	是
	Position	位置	否
Operation	opID	操作 ID	是
	opName	操作名稱	否
	opPrameter	操作參數	否
	Description	操作描述	否

Device（終端設備、感測器或點檢手持終端）節點資源負責配置系統內終端設備資訊及管理終端設備能力。終端設備資訊包括設備標識資訊、設備狀態資訊、設備描述資訊等。由於每種終端設備所具備的數據能力及操控能力各不相同，每種設備節點需要配置相應的能力，同時對該節點進行能力描述。系統中設備通過系統描述資訊 Description 進行區分。具體的資源描述資訊如表 4.2 所示。

表 4.2 感知終端資源描述資訊

參數		描述	必要性
GWID		感知設備標識符	是
Status		感知設備狀態	是
Description		感知設備資訊描述	否
Operation	opID	操作 ID	是
	opName	操作名稱	否
	opPrameter	操作參數	否
	Description	操作描述	否
Event	EventID	事件 ID	是
	EventName	事件名稱	否
	EventPrameter	事件參數	否
	Description	事件描述	否
DataPoint	dataID	數據 ID	是
	dataType	數據類型	否
	dataValue	數據值	否
	unit	數據單位	否
	timeStamp	採集時間	否

DataPoint（感測器及智慧終端數據）：由於連續鑄造設備終端採集能力多種多樣，包括溫度、壓力、輥子轉速、框架位移和點檢資訊等類型，為了便於服務存取與擴展，需要將能力進行統一抽象。數據在系統中可以被抽象為一個數據資源，其主要屬性有數據標識符、數據類型、數據值、數據單位、採集時間等參數。

(3) 資源關聯關係

對設備在線監測系統中的資源進行關係圖分析，可以根據資源間的相互約束設計相應的統一資源標識符（Uniform Resource Identifier，URI）。總結下來，資源間的關係可以分為繼承關係、聚合關係、組合關係和關聯關係四種，表 4.3 闡述了資源物件 URI 的映射規則。

表 4.3　URI 映射規則

資源模型關係	映射規則	URI 實例
繼承	「:」表示繼承關係	/people:student
聚合	①「/」表示聚合關係 ②如果局部資源可以獨立存在,需要為它提供獨立的 URI	/device/{did}/data/{dataID} /device/did/data/{dataID}
組合	「/」用於表示組合關係	/mall/{id}/shop/{sid}
關聯	「—」用於表示關聯關係	/user—role/{id}

基於資源詮釋模型和資源關聯關係進行擴展，可以將設備的資源關係設計為一套具有繼承關係的資源模型體系，其結構為樹狀結構，將詮釋模型資源命名為 MetaModel，外層資源為 XML 標識。資源詮釋模型中包含了所有資源的基本屬性，其他資源可以從父資源模型中繼承，按照父資源的結構搭建其詮釋模型，在繼承框架的基礎上再進行資源種類的劃分，並根據資源種類對原有框架進行擴展。資源的關聯關係如圖 4.3 所示。

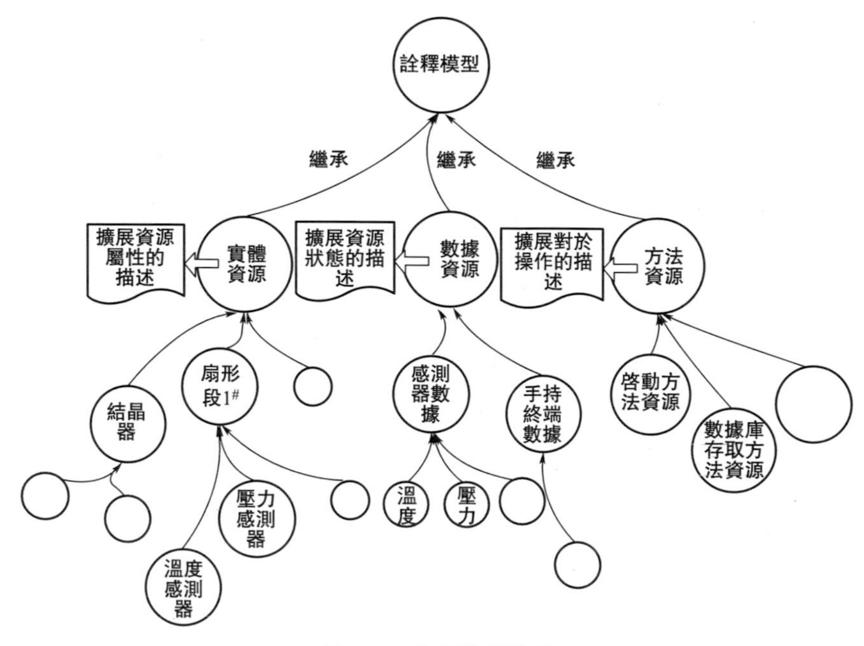

圖 4.3　資源關聯關係

① 實體資源　實體資源代表的是鋼鐵連續鑄造設備的組成設備以及安裝在各設備上的感知設備，實體資源著重的是對資源屬性的拓展。

② 數據資源　數據資源詮釋模型擴展了資源中的狀態範圍，主要用於表徵

連續鑄造設備運行時的溫度、壓力等狀態資訊。

③ 方法資源　在 REST 風格的架構中，規定了以 HTTP 標準方法對資源進行存取，好處在於可以對資源介面進行統一規範並增加了泛用性，但是對於某些需要進行多個步驟的操作則很難實現，因此需要方法資源來解決資源對於複雜操作支持低的問題。

4.1.2　基於 IoT 的感知資源管理框架

物聯網的分層架構如圖 4.4 所示，分為感知層、網路層和應用層三層。

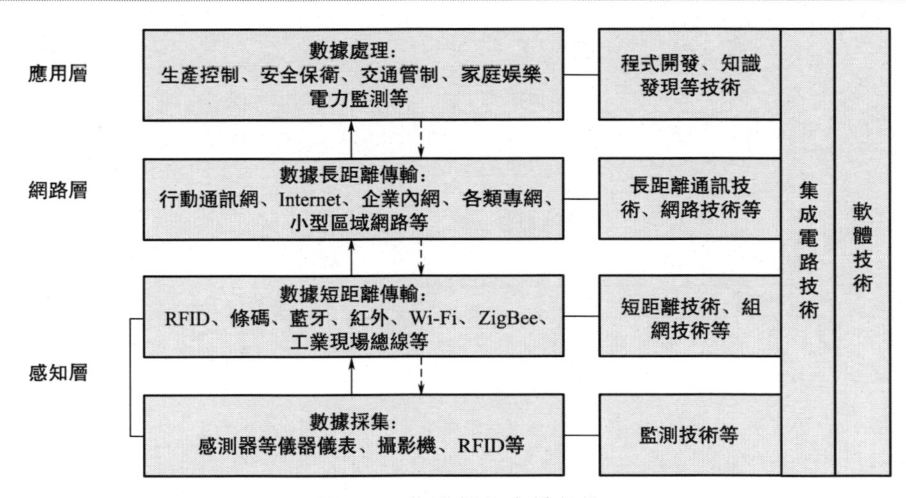

圖 4.4　物聯網的分層架構

感知層由各種感測設備組成，如 RFID 讀取器及電子標籤、溫溼度感測器、各種氣體濃度感測器、條碼辨識器、攝影機等設備，它構成了物聯網的基礎，其實現的功能就是辨識聯網的物品、採集各種監測資訊等。

網路層利用各種聯網技術負責把感知層擷取的各種資訊進行傳遞，它包括區域網、ZigBee 無線感測網、CAN 總線網路、網際網路技術等。目前該層已經比較成熟，在該層要做的就是結合物聯網的應用，對網路進行必要的改進和最佳化。

應用層是在通過網路層擷取感知層採集的各種數據的基礎上開發的各種智慧化應用，它面向不同的用戶，與不同行業相結合，是物聯網發展的根本目的。其實現的根本在於進行不同行業間的融合，對資訊資源的綜合開發利用，提出品質高、成本低的解決方案，提供有效資訊安全保障的同時還要運用商業模式進行有效的開發利用。

基於 IoT 的感知資源管理框架應該具有如下的特性。

• 支持異構系統的 Web 服務重構。將現有的業務分解後，可以將其封裝成資源服務並發布到框架中接受管理。

• 支持資源模型管理。可以在框架中基於資源詮釋模型定義各類資源模型，並接受平臺的統一管理。能夠以統一的視圖對各異構系統中的不同資源進行管理，實現異構系統間數據級資訊共享。

• 支持海量數據的處理。針對大數據量有完整的快取、處理機制，並且有針對實時資料庫的事務併發處理機制，保證數據的實時和準確性。

• 支持資源服務的註冊、發布和管理。支持異構系統間同步和異步互動，能保證訊息傳遞的安全性和可靠性。

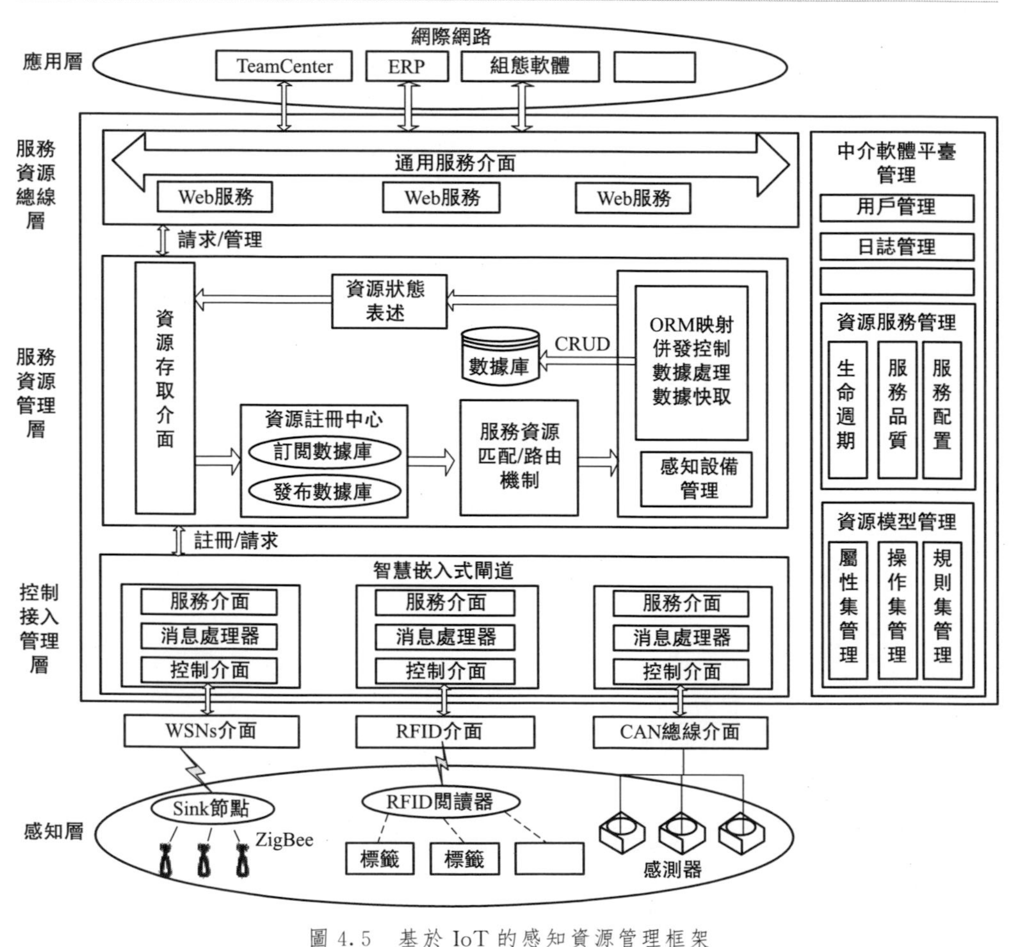

圖 4.5 基於 IoT 的感知資源管理框架

據上述框架需要，構建了圖 4.5 所示基於 IoT 的感知資源管理框架，分為控制接入管理層、服務資源管理層以及服務資源總線層。

(1) 服務資源總線層

服務資源總線層的主要功能是作為一個 C/S 或者 B/S 的資源發布平臺向上層應用暴露資源位址以及統一 REST 服務中定義的 GET、POST、DELETE、PUT 等介面，XML 抽象之後的感知數據或操作數據以 Web 服務形式向上層應用提供。

(2) 服務資源管理層

在該仲介軟體平臺中完成的主要功能有：服務的註冊與匹配，服務路由，對不同 XML 格式的服務資訊進行解析儲存，資料庫的 CRUD 操作，返回服務資源操作的結果即資源的狀態描述資訊。

服務資源管理層主要包含四個部分。

① 資源存取介面　資源存取介面需要處理來自控制接入管理層和上層應用的資源存取請求或者資源註冊請求。當資源存取允許並且存在時，需要返回正確的 HTTP 200 狀態響應代碼。當被存取的資源不存在時，需要返回 HTTP 404 資源沒找到狀態響應代碼。當遇到資源註冊請求時，需要對資源是否已經存在進行判斷，如果已經存在，則需要返回錯誤資訊，如果資源不存在時需創建該資源。

② 服務資源匹配/路由機制　服務資源匹配機制將按照特定的匹配演算法，存取資源註冊中心的資源註冊資訊，查找與服務資源請求者相匹配的服務資源提供者，對服務提供者和服務請求者進行實時動態匹配，當找到匹配資源時，由服務資源路由機制將請求導向該被請求存取的資源進行請求的處理。

③ 感知設備管理　連續鑄造設備在線監測系統的核心是利用物聯網中的感測技術、ZigBee 的 WSN 傳輸網路、有線的 CAN Bus 技術等進行數據的採集和傳輸。由於感知設備種類以及數量眾多，如何有效地組織和管理設備是系統中需要解決的問題。

④ 數據處理　系統中採集的數據量是比較大的，當系統的資料擷取頻率增高以及隨著系統的採集節點增加時會進一步導致數據量的增加，從而會影響系統的效率以及數據的準確性及實時性，如何有效地對數據進行快取、處理，以及最佳化資料庫存取的併發控制，需要做進一步的探討。

(3) 控制接入管理層

控制接入管理層主要對底層的感知網路進行抽象和接入管理，可分成三個模組：控制介面層、訊息處理器及服務介面。控制子層實現對所有活動網路的初始化並管理閘道中的數據接入。訊息處理器負責將訊息進行異構數據的 XML 標準化。服務介面負責調用服務資源管理層的介面，主要是設備的管理操作數據、感測器採集的感測數據以及點檢人員在現場採集的點檢資訊數據的推送。

4.1.3 基於 IoT 的資料擷取與處理框架

為了實現對設備的實時監控和有效的故障預測，數據處理非常重要，在線監測系統的數據具有以下特點。

• 異質性：數據由設備層的各種感測器採集，並通過物理層的不同傳輸協定傳輸。為了獲得完整、準確的感知，必須綜合利用這些異質數據擷取有用的資訊和提供資訊服務。

• 量大：系統中存在多種網路和大量感測器，會產生監測大數據。如何改進現有的技術和方法，或者提出新的技術和方法來有效地管理這些海量數據，對於進一步的數據整合、推理和決策是非常重要的。

• 不確定性：測量數據會隨著感測環境而改變，數據在傳輸過程中可能發生變化，需要刪除這些錯誤數據，提取準確的環境參數。因此，IoT 系統中的數據具有明顯的不確定性特徵，包括數據本身的不確定性、語義的不確定性和分析的不確定性等。

基於 IoT 的資料擷取與處理框架如圖 4.6 所示，共分為六層結構。

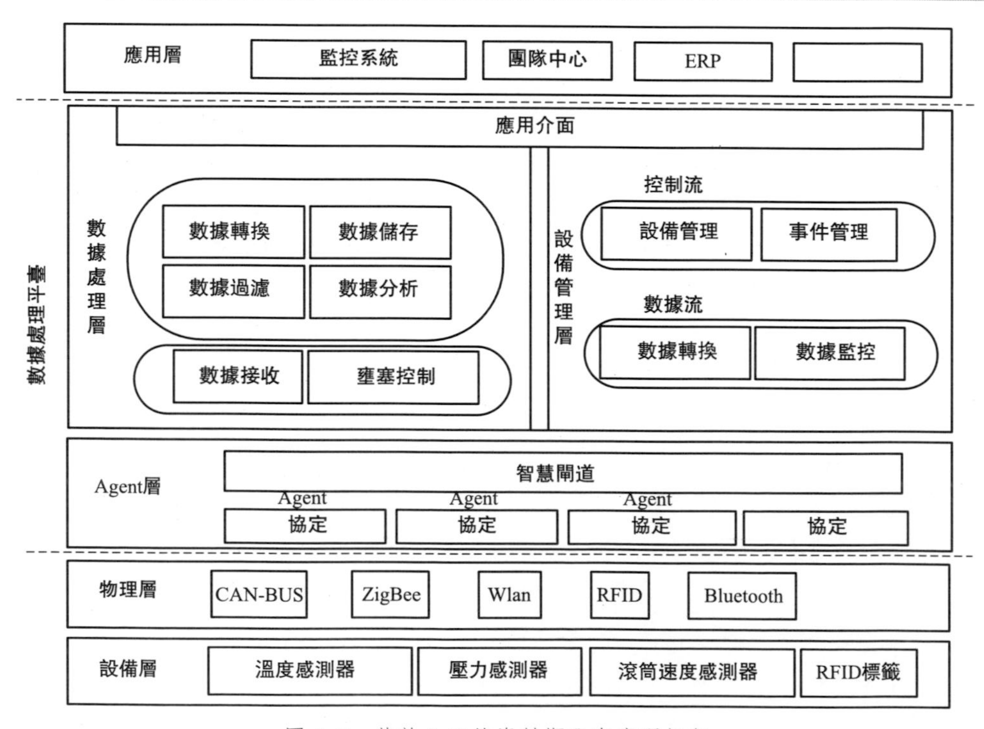

圖 4.6 基於 IoT 的資料擷取與處理框架

（1）設備層

設備由各種感測器和射頻辨識（RFID）標籤組成，這些標籤用於測量設備的參數（如溫度、壓力等）。設備層是系統的底層邏輯結構，實現了原始資料擷取和系統命令。

（2）物理層

由於不同的應用環境和不同的需要，物理層負責設備層與上層之間的通訊，包括不同的物理傳輸方法（如 ZigBee、RFID 等）和協定。

（3）Agent 層

Agent 層可以看作物理層與上層之間的一層協定轉換層。任何類型的設備所使用的物理通訊協定都被智慧閘道轉換為物理協定，該閘道具有代理層承載 Modbus/TCP 協定的能力。因此，將一個複雜的異構網路轉變成一個相對簡單的同構網路，代理層可看作是協定轉換的組成部分。

從物理層收集的數據由不同的協定組成，這將增加在線監測系統操作、管理和維護的難度。智慧閘道添加到系統中，可以將來自不同協定的數據轉換為基於 Modbus/TCP 協定的數據。Modbus/TCP 協定是基於 TCP/IP 的協定。應用層的應用程式可以通過智慧閘道發送的 Modbus 訊息與物理層和設備層的感測器節點進行通訊。Modbus/TCP 協定已經成為工業網路中使用的一種標準協定。

Modbus/TCP 協定規則是每個感測器節點和硬體設備必須有自己的位址，因此，系統可以通過包含在 Modbus 訊息中的位址來辨識訊息。如圖 4.7 所示，Modbus/TCP 數據幀包含 MBAP（包頭）、Function Code（功能碼）和 Data（數據區域）。

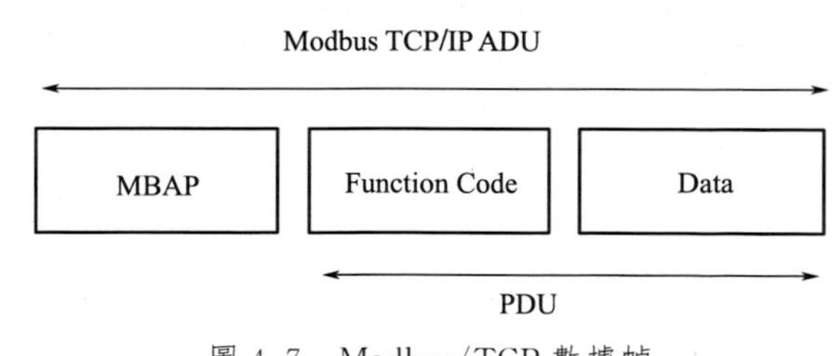

圖 4.7　Modbus/TCP 數據幀

MBAP（Modbus 應用協定，Modbus Application Protocol）代表數據幀的頭，可用於辨識應用數據單位。功能碼用於確定設備需要使用的性能，並說明數據是否處於正常響應狀態。數據區域用於儲存請求和響應參數。ADU 表示應用數據單位（Application Data Unit），PDU 表示簡單的協定數據單位（Protocol Data Unit）。

（4）數據處理層

數據處理層主要處理在線監測系統生成的海量數據。它的主要任務包括網路的壅塞控制、數據過濾、數據分析和數據轉換。

為了解決系統的海量數據，必須採用有效的數據處理方法。數據的處理流程如下。

① 壅塞控制　系統中大量數據容易造成壅塞，如果不採取有效演算法處理，將導致惡性循環，使壅塞更加嚴重。常採用隨機早期檢測（Random Early Detection，RED）演算法來控制壅塞。演算法通過監控路由器中數據分組排隊的長度，在快取被填滿之前，一旦發現壅塞，數據包就會以某種機率被丟棄，從而提高了網路吞吐量。RED 演算法由兩個部分組成，一個是監視平均隊列長度，另一個是判斷數據包是否應該丟棄。

平均隊列長度通過指數加權行動平均 EWMA（Exponentially Weighted Moving Average）運算：

$$Q_{avg}=(1-w_q)Q_{avg}+w_q q \tag{4.1}$$

式中，w_q 為權重；q 為通過抽樣來測量的隊列長度。

數據包丟棄機率：

$$P=\begin{cases}0, & Q_{avg}<Q_{min}\\ \dfrac{Q_{avg}-Q_{min}}{Q_{max}-Q_{min}}\times P_{max}, & Q_{min}\leqslant Q_{avg}<Q_{max}\\ 1, & Q_{max}\leqslant Q_{avg}\end{cases}$$

式中，Q_{min} 為最小閾值；Q_{max} 為最大閾值；P_{max} 為最大丟棄機率。

上式表明，當一個包到達隊列時，可以分為以下三種情況：

a. 如果平均隊列長度小於最小閾值，則數據包進入隊列；

b. 如果平均隊列長度在最大閾值和最小閾值範圍內，數據包是否被刪除則取決於機率 P；

c. 如果平均隊列長度大於最大閾值，則將直接丟棄數據包。

RED 演算法可以使平均隊列長度保持在較低的水平，提前丟棄數據包對短期突發數據流的吸收很有用。更重要的是，RED 演算法可以避免去尾演算法的全局同步問題。

② 數據過濾　從底層硬體收集的數據非常龐大，但只有一部分數據真正有意義。如果不過濾掉冗餘的數據，將帶來三個方面的負擔：增加網路頻寬的負擔，因為網路需要傳輸大量的數據；增加數據處理器的負擔，因為處理器需要處理大量的數據；增加數據儲存的負擔，因為資料庫需要儲存大量額外的數據。

為了過濾冗餘數據，在線監測系統的數據處理框架中引入兩種過濾器。

a. 重複數據過濾器。重複數據過濾器過濾掉從感測器和底層設備收集的許多重複數據，收集的數據可以描述為 3 個屬性的集合：NODE _ DATA＝{Node _ ID,Datavalue,Timestamp}。其中，NODE _ DATA 是從在線監測系統底層設備收集的數據結構，Node _ ID 是系統中感測器或設備的唯一標識，Data value 是感測器測量的值，時間戳（Timestamp）是數據的擷取時間。在數據過濾過程中，數據儲存在雜湊表中，並使用 Node _ ID 作為雜湊表的關鍵字。

定義一個時間間隔 $T_{interval}$，當得到一個新的節點數據時，檢查雜湊表中是否有相同的 Node _ ID。如果 Node _ ID 不存在，節點數據將被插入散列表中，節點數據將同時被輸出；如果存在一個相同的 Node _ ID，並且兩個節點數據的收集時間間隔小於定義的時間間隔值，將把它看作是一個重複的節點數據，重複的數據應該被過濾掉，節點數據的時間戳將同時更新；如果存在一個相同的 Node _ ID 和兩個節點數據的時間間隔大於定義的時間間隔，新節點的數據被認為是一個有效的新節點數據，數據應該輸出和數據節點的值與時間戳數據應該在雜湊表中同時更新。重複數據過濾器的流程圖如圖 4.8 所示。

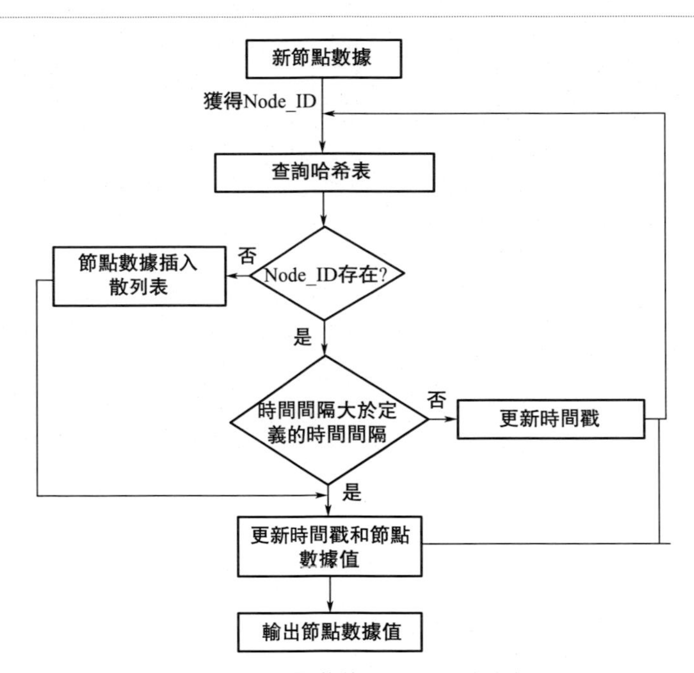

圖 4.8　重複數據過濾器的流程圖

b. 事件過濾器。事件過濾器將根據用戶設置選擇用戶感興趣的有價值的數據。例如，在 IoT（物聯網）的應用中，用戶需要知道在特定時間和區域內感測器節點的數量，剩下多少節點，有多少新節點進入。事件過濾器是為了實現這一目標而設計的。

事件過濾器主要用於管理感測器節點，主要處理三種感測器節點：新感測器節點、離開感測器節點和當前主動感測器節點。定義一個時間間隔參數 $T_{persisttime}$ 作為確定感測器節點是否離開或保持活動的基礎，定義隊列 $Q_{addnode}$ 作為恢復的新感測器節點，定義隊列 $Q_{deletenode}$ 作為恢復的離開感測器節點。

當獲得一個新的節點數據時，擷取 Node _ ID 並檢查散列表中是否有相同的 Node _ ID。如果有，轉到檢查兩個節點數據的收集時間間隔是否小於定義的時間間隔；如果時間間隔小於 $T_{persisttime}$，則更新節點數據的時間戳，這意味著將這個感測器節點作為一個活動節點；如果時間間隔大於 $T_{persisttime}$，從雜湊表中刪除節點的數據並添加 $Q_{deletenode}$ 節點數據，這意味著在預定的時間內感測器節點不回應，定義這種感測器節點作為一個節點的一個死亡節點；如果沒有，將新節點添加到 $Q_{addnode}$ 雜湊表隊列中，這意味著這個感測器節點以前沒有出現過，將這種節點定義為一個新節點。

③ 數據分析　數據分析包括解析 MBAP 頭和 Modbus PDU。數據包解析演算法流程如圖 4.9 所示。

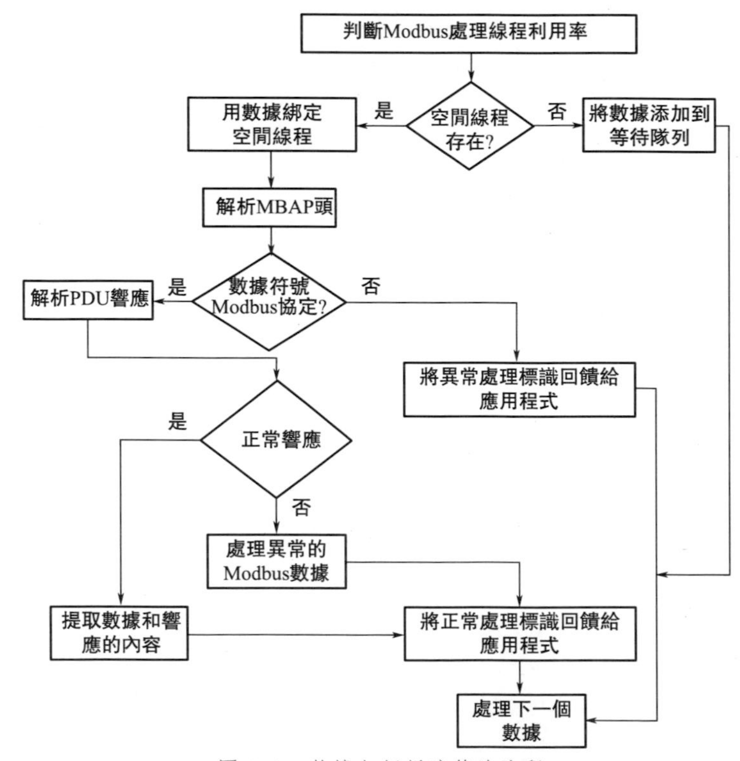

圖 4.9　數據包解析演算法流程

a. MBAP 頭解析。MBAP 頭包含感測器位址和部分 Modbus 協定，如果

MBAP 頭包含正確的位址和 Modbus 協定，認為它與 Modbus 協定一致。

b. PDU 解析。如果數據是 Modbus 協定數據，那麼需要解析數據的 PDU 部分。如果 PDU 符合正常響應格式，那麼提取數據和響應的內容。否則，把它視為一個不正常的 Modbus 協定數據，需要處理底層感測器中程式或故障中發生的異常問題。

④ 數據轉換　在數據分析之後可以得到需要的資訊，但是從數據處理層獲得的這些數據很難與不同語言和不同操作系統構建的系統進行整合。因為現有應用系統是分散的、異構的和封閉的，所以很容易導致一個問題，即底層資訊不能被上層共享。XML 結構良好、平臺和應用程式獨立、自描述性、簡單性和許多其他特性使其能夠獨立於任何應用程式系統和平臺。

如圖 4.10 所示，數據 A 和數據 B 代表收集的數據。每個數據可能都有其屬性，包括系統 ID 屬性、感測器位置屬性、數據值屬性和擷取時間屬性等。

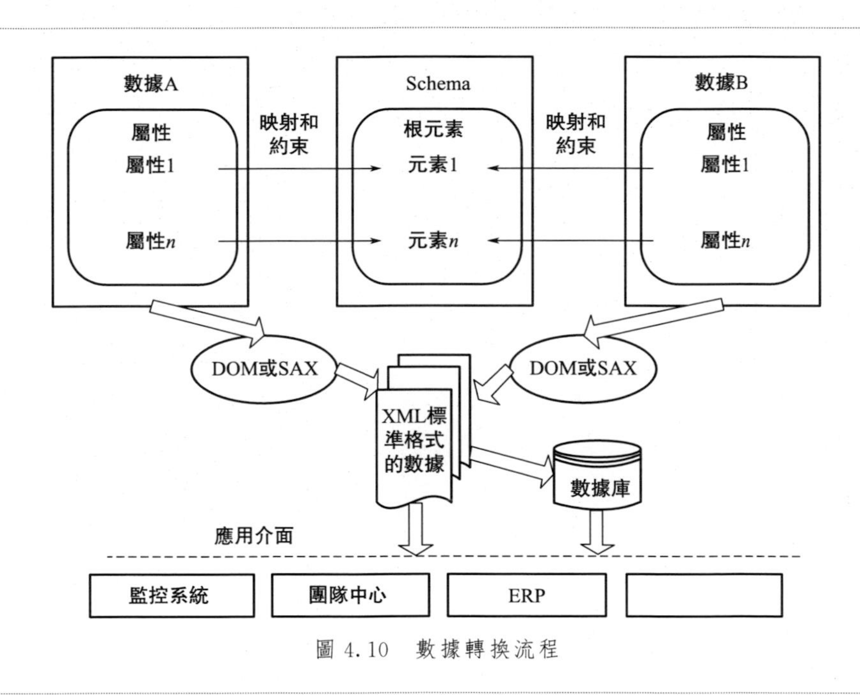

圖 4.10　數據轉換流程

Schema 是一種用於描述和規範 XML 文件邏輯結構的語言，用於驗證 XML 文件邏輯結構的正確性。使用 Schema 來建立數據屬性和模式元素之間的映射和約束。DOM 和 SAX 的作用是將與 Schema 規則一致的數據轉換成標準 XML 數據，以便應用程式層中的應用程式，可以通過查詢資料庫或調用介面來獲得已經解析過的數據。

（5）設備管理層

設備管理層由數據流和過程流構成。數據流的功能是將物理層中通過不同協定技術獲得的異構數據轉換成統一的格式數據。過程流的功能是響應來自上層的服務，然後將其轉換為可以由不同底層技術執行的命令。

（6）應用層

應用層由不同平臺和不同語言的應用組成。應用程式可以通過應用程式介面擷取數據並控制底層設備和感測器。

4.2 基於區塊鏈的 IoT 資源安全管理模型

隨著智慧工廠物聯網中部署的設備呈現指數級增長，傳統中心化的代理通訊模式或伺服器/用戶端模式已不適用物聯網生態體系的建設，設備的連接增加了設備廠商和智慧工廠的風險，對物聯網的隱私、安全和容錯性提出了重大挑戰。IBM 於 2014 年在《IBM 物聯網白皮書》中提出了設備民主、去中心化、自治的物聯網的概念，通過區塊鏈構建物聯網[4]，在異構系統或開源系統之間建立安全連接，這正是工業 4.0 以及製造轉型升級帶來的網路化和智慧化的挑戰。因此，在智慧工廠中引入區塊鏈技術，可以在設備之間建立低成本的直接溝通橋梁（機器與機器對話、交易乃至支付），而且通過去中心化的共識機制提高系統的安全私密性。另外，區塊鏈技術疊加智慧合約可將每個智慧設備變成可以自我維護調節的獨立的網路節點，這些節點可在事先規定或植入的規則基礎上執行與其他節點交換資訊或核實身分等功能，並且幫助互不相識的資產所有者進行資產使用權的交易談判並實現 P2P 支付，協調處理設備與設備之間的交易，實現設備與設備之間、設備與人之間的數據共享。

為了解決 IoT 實施及 IoT 生態構建過程中存在的設備的可靠性和安全性以及孤島式連接的問題，利用區塊鏈技術和智慧合約，構建了基於區塊鏈的 IoT 資源安全管理模型（Blockchain based Resource Safe Management Model for Internet of Things，BRSMMIoT）。

BRSMMIoT 模型將物理空間的工廠設備整合到雲端環境中，支持開發去中心化的、端到端的製造應用。BRSMMIoT 平臺的基礎是嵌入了智慧合約的區塊鏈網路，智慧合約作為服務消費者與製造資源之間的協定，提供按需式製造服務。為了降低網路的負載和延遲，將平臺設計成由鏈上網路和鏈下網路組成的網路架構，所有的交易事項都在鏈上網路中進行，如基於准入控制的數位簽名、可編程許可等，鏈下網路處理區塊鏈技術無法解決的問題，如儲存、複雜數據處理等問題；並闡述了安全多方運算的若干基礎協定，基於此分析研究了祕密分享機制和數據存取方法。此外，針對鏈上網路和鏈下網路的互聯互通問題，介紹了區塊鏈帳本的標識管理方法和對應的鏈路協定。通過 BRSMMIoT 平臺，智慧工廠中的智慧設備能夠進行去中心化的、去信任的、端到端的網路互動和交易，有助於打通物聯網橫向產業鏈和縱向物聯網設備的數據通道，建立並維護工業物聯網生態的共識，促進數據在整個生態中的利用。最後，以智慧診斷和設備維護的應用為例，對 BRSMMIoT 以及智慧合約進行驗證。

4.2.1 區塊鏈與物聯網的關係

如圖 4.11 所示，物聯網的安全威脅主要來自應用層、網路層和感知層。表 4.4 列出了物聯網發展中的行業痛點，其中，最大的挑戰是當前物聯網伺服器/用戶端（模式的生態架構，設備通過中心伺服器進行連接辨識，這種架構模式無法適應當今日益強大的物聯網生態系統。

感知層
RFID的安全威脅、無線感測網路的安全威脅、智慧行動終端的安全隱患
網路層
海量數據傳輸安全威脅、異構網路跨網認證安全問題
應用層
資訊開放平臺的隱私安全問題、資訊應用安全威脅

圖 4.11 物聯網的主要安全威脅

表 4.4 物聯網發展中的行業痛點

行業痛點	具體說明
設備安全	Mirai 殭屍網路已累計感染超過 200 萬臺攝影機等 IoT 設備，由其發起的 DDoS 攻擊，讓美國網網域名稱稱服務提供商 Dyn 癱瘓，Twitter、Paypal 等多個網站當時無法存取
隱私保護	主要是中心化的管理架構無法自證清白，個人隱私數據被泄露的相關事件時有發生
架構僵化	物聯網數據流都彙總到單一的中心控制系統，隨著低功耗廣域技術（LPWAN）的持續演進，未來物聯網設備將呈幾何級數增長，中心化服務成本難以負擔
通訊兼容	物聯網平臺缺少統一的語言，造成物聯網設備彼此之間的通訊受到阻礙，並產生不同的標準和平臺
多主體協同	目前，很多物聯網都是營運商、企業內部的自組織網路。涉及跨多個營運商、多個對等主體之間的合作時，建立信用的成本很高

區塊鏈技術能夠改善物聯網安全當前的境況。將區塊鏈技術的特點應用在物聯網安全中，能夠推動物聯網的發展，降低物聯網應用的成本。區塊鏈憑藉主體對等、公開透明、安全通訊、難以篡改和多方共識等特性，對物聯網將產生重要的影響：①多中心、弱中心化的特質將降低中心化架構的高額運維成本，資訊加密、安全通訊的特質將有助於保護隱私；②身分權限管理和多方共識有助於辨識非法節點，及時阻止惡意節點的接入和作惡；③依託鏈式的結構有助於構建可證可溯的電子證據存證；④分散式架構和主體對等的特點有助於打破物聯網現存的多個資訊孤島桎梏，促進資訊的橫向流動和多方合作。

從海內外發展趨勢和區塊鏈技術發展演進路徑來看，區塊鏈技術和應用的發展不僅需要雲端運算、大數據、物聯網等新一代資訊技術作為基礎設施支援，而且對推動新一代資訊技術產業發展具有重要的促進作用。圖 4.12 說明了區塊鏈與新一代資訊技術的關係。

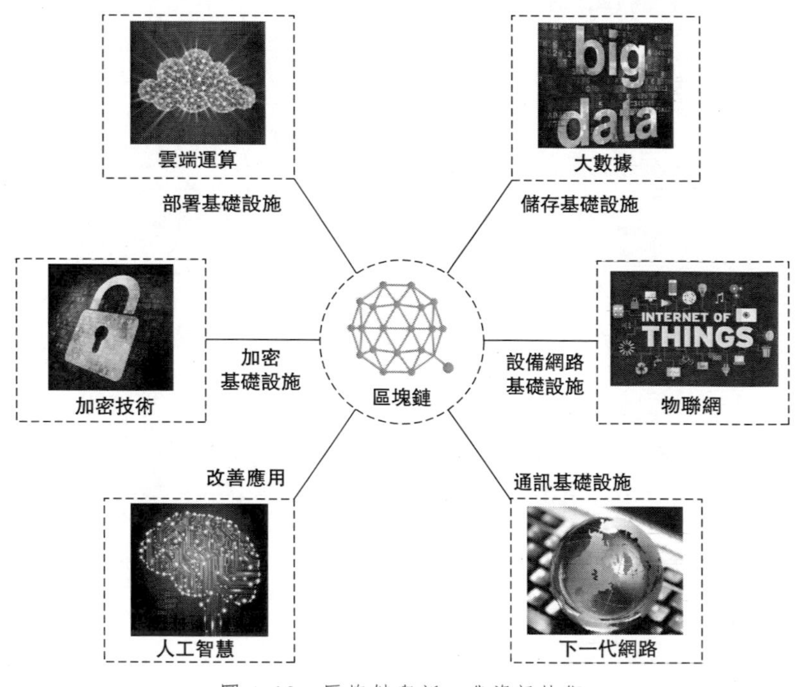

圖 4.12 區塊鏈與新一代資訊技術

（1）區塊鏈＋物聯網的應用挑戰

區塊鏈＋物聯網的應用會遇到多個方面的挑戰，包括資源消耗、數據膨脹、性能瓶頸、分區容忍等。在資源消耗方面，IoT 設備普遍存在運算能力低、聯網能力弱、電池續航短等問題。位元幣的工作量證明機制（PoW）對資源消耗太大，顯然不適用於部署在物聯網節點中，可部署在物聯網閘道等伺服器裡。而且，以太坊（Ethereum）等區塊鏈 2.0 技術也是 PoW＋PoS，正逐步切換到 PoS（權益證明）。分散式架構需要共識機制來確保數據的最終一致性，然而，相對中心化架構來說，對資源的消耗是不容忽視的。在數據膨脹方面，區塊鏈是一個只能附加、不能刪除的一種數據儲存技術。隨著區塊鏈的不斷增長，IoT 設備是否有足夠儲存空間？例如，位元幣運行至今，需要 100GB 的物理儲存空間。在性能瓶頸方面，傳統位元幣的交易是 7 筆/秒，再加上共識確認，需要約 1 個小時才寫入區塊鏈，這種延遲引起的回饋延遲、警報延遲，在延遲敏感的工業網際網路上不可行。在分區容忍方面，工業物聯網強調節點「一直在線」，但是，普通的物聯網節點失效、頻繁加入退出網路是司空見慣的事情，容易產生消耗大量網路頻寬的網路振盪，甚至出現「網路割裂」的現象。

(2) 區塊鏈＋物聯網的改進思路

從改進方面，可以從區塊鏈和物聯網兩個方面去衡量。

① 從區塊鏈的角度來看

a. 對於資源消耗，可以不使用基於挖礦的、對資源消耗大的共識機制，使用投票的共識機制［例如 PBFT（實用拜占庭容錯演算法）等］，減少資源消耗的通知，還能有效提升交易速度，降低交易延遲。當然，在節點的擴展性方面，會有一定損耗，這個需要一個面向業務應用的權衡。

b. 對於數據膨脹，可以使用簡單支付交易方式（SPV），通過默克爾樹對交易記錄進行壓縮。在系統架構上，支持重型節點和輕型節點。重型節點儲存區塊鏈的全量數據，輕型節點只儲存默克爾樹根節點的 256 哈希值，只做校驗工作。

c. 對於性能瓶頸，已經有很多面向物聯網的區塊鏈軟體平臺做了改進。例如，IOTA 就提出不使用鏈式結構，採用有向非循環圖（DAG）的數據結構，一方面提升了交易性能，另一方面，也具有抗量子攻擊的特性。Lisk 採用主鏈-側鏈等跨鏈技術，進行劃區劃片管理，也在性能方面取得了不少突破。

d. 對於分區容忍，針對可能存在的網路割裂，可以選擇支持鏈上鏈下交易，尤其是離線的交易，並在系統設計時支持多個 CPS 集群。

② 從物聯網的角度來看

a. 對於資源消耗，隨著 eMTC、NB-IoT、LoRA 等低功率廣域網路（LPWAN）技術的發展，傳輸品質、傳輸距離、功耗、蓄電量的問題將得以逐步解決。

b. 對於數據膨脹，根據摩爾定律和超摩爾定律，物聯網儲存能力持續上升。

c. 對於性能瓶頸，隨著 MEMS 感測器、SiP 封裝工藝等新技術、新工藝、新架構的不斷成熟、成本降低，小體積、低功率的感測節點有望廣泛應用。

4.2.2 基於區塊鏈的工業物聯網平臺

本小節設計了基於區塊鏈的工業物聯網平臺（Blockchain based Platform for Industrial Internet of Things，BPIIoT）架構，如圖 4.13 所示。BPIIoT 平臺的基礎是嵌入了智慧合約的區塊鏈網路，智慧合約作為服務消費者與製造資源之間的協定，提供按需式製造服務，支持開發去中心化的、端到端的製造應用（DApps）。

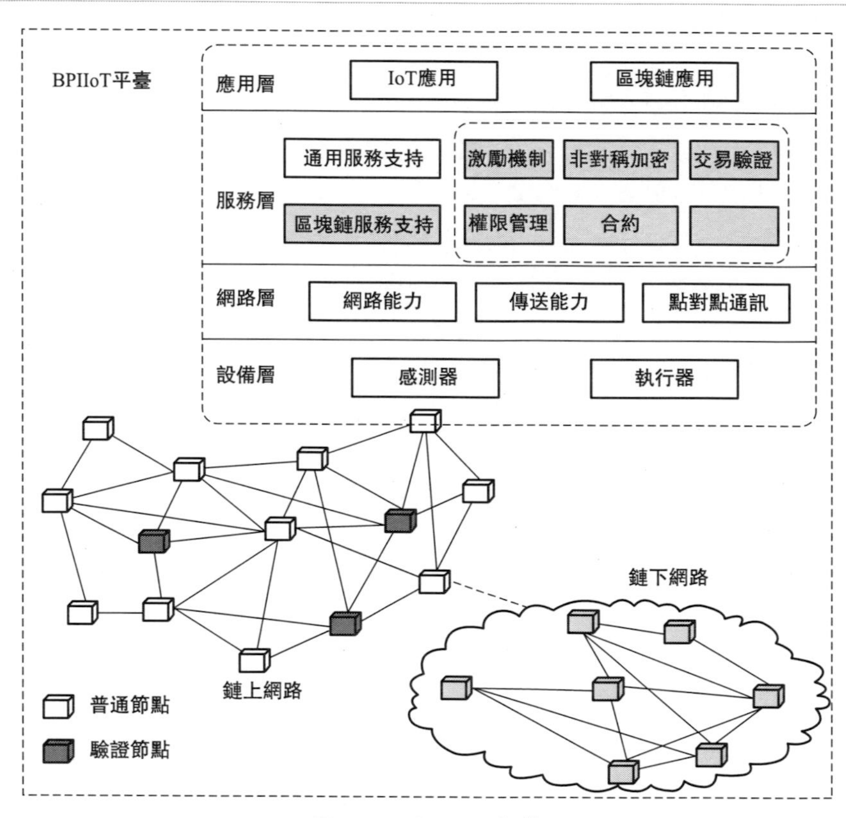

圖 4.13 BPIIoT 架構

區塊鏈技術的部署和實施需要由多個節點共同參與，在物聯網的條件下每個智慧設備的運算能力都非常有限，與傳統的區塊鏈挖礦節點相比，其哈希（Hash）運算能力甚至不到 GPU 系統的千分之一。而在實際應用中，物聯網設備的電力消耗也是棘手的問題，不能直接把現有的區塊鏈技術原封不動地應用到工業物聯網中。因此，將 BPIIoT 平臺設計成由鏈上網路和鏈下網路組成的網路架構，以降低網路的負載和延遲。所有的交易事項都在鏈上網路中進行，如基於准入控制的數位簽名、可編程許可等；對應的，鏈下網路處理區塊鏈技術無法解決的問題，如儲存、複雜數據處理等問題。BPIIoT 是一個去中心化的平臺，與區塊鏈相比，BPIIoT 平臺的隱私性和擴展性更好。鏈下網路通過引入安全多方運算（Secure Multi-Party Computation，SMPC）避免了第三方的參與，數據查詢、運算是分散式進行的，數據分布在不同節點上，這些節點共同參與運算而不會泄露資訊。此外，不要求鏈下網路中的每個節點都重複進行數據的運算和儲存，以滿足更高的運算需要。

（1）鏈上網路

鏈上網路（區塊鏈網路）由普通節點和驗證節點構成。普通節點（感測器和微控制器節點）不參與帳本記錄，也就是說智慧設備（IoT 單位）不參與 PoW 的運算，而只進行數據的加密和傳輸，並且把數據傳輸作為交易向整個區塊鏈網路廣播。驗證節點是為進行 PoW 的運算而專門部署的，具備較強的運算能力，負責普通節點的存取控制管理和結算支付，這些驗證節點可以由多個不同的物聯網服務提供商使用主流的 PC 伺服器搭建。與傳統的物聯網中心伺服器構架相比，這種在少量驗證節點的運算資源投入將遠小於原先的服務集群的成本。由於這些驗證節點本身並不保存用戶的數據，不存在用戶數據泄露和被利用的可能性。

鏈上網路的首要功能是提供通訊服務，節點間通過區塊鏈完成數據傳輸。區塊鏈上儲存數據有兩種方式，一種是將數據添加到交易中，如位元幣，另一種是將數據寫入合約中，如 Ethereum（以太坊）。兩種方式都是通過發送交易到區塊鏈來儲存數據，包含轉帳資訊以及其他任意數據。當交易完成後，該交易所包含的數據對整個 BC 網路都是開放的。鏈上網路支持多種區塊鏈服務，如激勵機制、權限管理、交易驗證、非對稱加密等。

交易驗證：一般是接收到交易的節點來執行交易的驗證過程。位元幣中交易的驗證依賴於交易輸出中的兩個腳本，鎖定腳本規定了支出位元幣的條件，相應的解鎖腳本則要符合鎖定腳本所列的條件。進行交易驗證時，執行每項輸入中的解鎖腳本來檢查是否滿足支出條件。如果執行腳本的結果是「TRUE」，該項交易有效，意味著解鎖腳本成功匹配了支出條件；反之，交易無效。

權限管理：區塊鏈可分為許可鏈和非許可鏈，權限管理服務是許可鏈網路中才有的。除了驗證權限，入網、提交交易等其他基本權限也由權限管理負責。一旦加入了區塊鏈網路，加入者就自然擁有該網路的讀取權限，因為所有記錄的資訊都是公開的。

（2）鏈下網路

在鏈下網路中，主要進行數據儲存和運算處理。區塊鏈不是通用的資料庫，鏈下網路部署有去中心化的鏈下資料庫，即分散式雜湊表（Distributed Hash-

Table，DHT），可以被區塊鏈存取，區塊鏈上保存數據的索引而不是數據本身。數據在區塊鏈上加密後存入 DHT，並在區塊鏈上寫入存取控制協定，鏈下網路提供 API 介面。

圖 4.14 鏈下儲存示意圖

鏈下網路中的節點組成了一個分散式資料庫。每個節點按照股份分配了一定比例的加密數據，從而保證運算過程的保密性和容錯性。節點上也能儲存大量非加密的公開數據並連結到區塊鏈上（圖 4.14）。基於 Kademlia DHT 協定實現分散式儲存，該協定考慮節點的偏好機率，有助於股份的儲存。

在運算處理方面，鏈下網路能夠確保代碼執行的正確性，並不會將原始數據洩露給任何一個節點。除了隱私方面的優越性，鏈下運算網路進行複雜運算之後可經過區塊鏈廣播。

(3) IoT 單位

IoT 單位是 BPIIoT 平臺中最重要的組件，作為機器設備與雲端以及區塊鏈網路之間的橋梁，提供一種即插即用型解決方案。通過 IoT 單位，機器設備可以將運行數據上傳到雲端、發送交易/事務到相關的智慧合約、接收區塊鏈網路中其他節點的交易。區塊鏈網路中的每個節點（IoT 單位）包含四層，即設備層、網路層、服務層和應用層。設備層主要是部署在工業現場的感測器和執行器，通過介面板與機器設備相連。節點通過網路層與區塊鏈網路通訊，發送/接收交易。服務層由通用服務支持和區塊鏈服務支持構成。通用服務支持包括設備管理器、I/O 介面、控制器服務以及單片機的功能等。區塊鏈服務支持則涵蓋激勵機制、非對稱加密、交易驗證、權限管理、合約等服務。

4.2.3 基於 SMPC 的祕密分享機制和數據儲存方法

安全多方運算（Secure Muti-party Computation，SMPC）是解決在一個互不信任的多用戶網路中，兩個或多個參與者能夠在不泄露各自私有輸入資訊時，協同合作執行某項運算任務的問題。SMPC 在密碼學上的地位非常重要，是電子選舉、門限簽名以及電子拍賣等密碼學協定的基礎。Yao[5] 於 1982 年最早提出安全兩方運算協定，O. Goldreich 等人[6] 將其推廣到多方運算問題，提出了基於密碼學安全模型的安全多方運算協定，證明了被動攻擊條件下存在 n-Secure 的協定，以及主動攻擊條件下存在 $(n-1)$-Secure 的協定。

對於一般的多方運算（MPC）問題，其運算協定是由基本的 MPC 門限電路組成的，主要有兩類解決方法：基於布林電路和基於祕密共享的 MPC 方法。後者在生產系統中的應用更為普遍[7]。

安全多方運算的數學模型可概述如下，在一個分散式網路中，有 n 個互不信任的參與者 $P_1, P_2, \cdots, P_n$，每個參與者 P_i 祕密輸入 x_i，他們需要共同執行函數：

$$F:(x_1, x_2, \cdots, x_n) \rightarrow (y_1, y_2, \cdots, y_n) \tag{4.2}$$

式中，y_i 為 P_i 得到的相應輸出。在函數 F 的運算過程中，要求任意參與者 P_i 除 y_i 外，均不能夠得到其他參與者 $P_j(j \neq i)$ 的任何輸入資訊。由於在大多數情況下 $y_1 = y_2 = \cdots = y_n$，因此，可以將函數簡單表示為 $F:(x_1, x_2, \cdots, x_n) \rightarrow y$。

(1) 基礎協定

安全多方運算基礎協定是指那些運算基礎函數性的安全協定，這些基礎函數性往往作為底層工具被高層協定頻繁調用。

協定 4.1 不經意傳輸協定（Oblivious Transfer Protocol，OTP）。不經意傳輸要解決的問題描述如下：Bob 擁有 n 個數據 $b_1, b_2, \cdots, b_n$，Alice 則需要從這 n 個數據中選取 $k(k < n)$ 個數據，但是出於某種考慮，Bob 只允許 Alice 知道他所選擇的 k 個數據而對其他 $n-k$ 個數據卻一無所知，Alice 則不希望 Bob 知道他具體得到的是哪 k 個數據。

不經意傳輸協定是 SMPC 的一個極其重要的基礎協定，從理論上說，一般模型下的安全多方運算問題均可以通過不經意傳輸協定來求解。不經意傳輸（Oblivious Transfer，OT）的概念是 M. Rabin 等人於 1981 年首次提出來的。目前產生了很多 OT 的變種，如二選一不經意傳輸（1-2-OT）、多選一不經意傳輸（1-n-OT）等。

① 1-2-OT　任意一種公鑰密碼機制都可以構造出 1-2-OT，假設 Alice 想得到 $b_i(i=0,1)$，Alice 隨機選擇明文 m_i，並且記下最後的位元位 d_i，然後使用 Bob 所給的公鑰加密 $E_{k_{\mathrm{Bob}}}(m)$ 得到 c_i，再隨機選擇另一個密文 c_{1-i}，將密文對 (c_0, c_1) 發送給 Bob；Bob 解密密文對 (c_0, c_1) 得到明文對 (m_0, m_1)，設 m_0、m_1 的最後一個位元位分別是 d_0、d_1，設置 $b_i = b_{1-i} \oplus d_i$，顯然，Bob 並不能夠知道 Alice 的具體選擇是什麼。需要注意的是，可以通過要求 c_0、c_1 滿足某種特定的關係以保證 Alice 對 m_{1-i} 是一無所知的，從而防止 Alice 的欺騙。

② 1-n-OT　在 ElGamal 加密機制中，1-n-OT 系統設置為：p 為公開大素數，g、h 為 Z_p^* 的生成元，$\log_p h$ 對任何人都是未知的。假設 Bob 有數據 $m_1, \cdots, m_n \in G(p)$，Alice 想得到 $m_i(i \in \{1, 2, \cdots, n\})$。首先，Alice 隨機選擇 $r < p$，運算並發送 $y = g^r h^i \bmod p$ 給 Bob；收到 y 後，Bob 運算 $(\alpha_1, \beta_1), \cdots, (\alpha_n, \beta_n)$ 並將它們發送給 Alice，其中，$\alpha_j = g^{k_j} \bmod p$，$\beta_j = m_j\ (y/h^j)^{k_j} \bmod p(k_j \in Z_p^*, j = 1, \cdots, n)$；

Alice 運算 β_i/α_i^r 得到 m_i。

$$\beta_j/\alpha_j^r = m_j h^{k_j(i-j)} = \begin{cases} m_i\,(j=i) \\ Z_p^*\,(j \neq i) \end{cases} \tag{4.3}$$

協定 4.2 安全乘法協定（Multiplication Protocol，MULP）。傳統數據形式的安全乘法協定描述為：Alice 擁有私有輸入 x，Bob 擁有輸入 y，x，$y \in R$，雙方要合作運算乘積，使得 Alice 獲得 u，Bob 獲得 v，滿足 $u+v=xy$，其中 u 或 v 是從相應數域中隨機選擇的數。協定要保證雙方的私有輸入沒有泄露給對方，加法分享方式分享最終的乘積並且沒有一方能單獨知曉結果。該協定的實質是將乘法分享數據轉化為加法分享數據以支持進一步的運算。

協定 4.3 安全兩方點積協定（Secure Two-Party Scalar Product Protocol，STSP）。點積問題描述為：Alice 擁有輸入私有向量（$x_1,x_2,\cdots,x_n$），Bob 擁有輸入私有向量（$y_1,y_2,\cdots,y_n$），x，y 滿足相應數域，$n \geqslant 2$。雙方合作運算兩向量的點積，即 Alice 獲得 u，Bob 獲得 v，滿足 $u+v=\sum_{i \leqslant n} x_i y_i$，其中 u 或 v 是從相應數域中隨機選擇的數。要求雙方的私有輸入沒有泄露給對方，且沒有一方能單獨知曉結果。

協定 4.4 安全求和協定（Secure Sum）。安全求和協定尤其被廣泛應用於隱私保護資料探勘領域。安全求和協定的目標是運算各方的輸入值的和並且要求不泄露任何輸入。安全求和有兩種簡單方法可以完成。一種方法是某一方加隨機數後將輸入依次傳遞給所有方，每方均加入自己的輸入後傳給下一個參與方，最後減去隨機數得到結果。另一種方法是每個參與方均將自己的輸入隨機分拆為 n 份發送給其他參與方，同時運算從其他參與方所接收到的數據和，最後再依次求總和。第二種方法可以抵抗勾結的可能性。

協定 4.5 置換協定（Permutation Protocol）。置換協定可以描述為：參與運算的兩方 Alice 和 Bob，Alice 有向量 $X=(x_1,\cdots,x_n)$，Bob 有向量 $Y=(y_1,\cdots,y_n)$ 和一個隨機置換 π［對任意向量 Z，$\pi(Z)$ 也是一個向量，元素與 Z 中元素相同，但順序不同］。協定要求 Alice 在不知道 π 和 Y 的情況下，獲得向量 $\pi(X+Y)$，同時不泄露 X。

協定 4.6 祕密比較協定（Secure Comparing）。祕密數據比較是安全多方運算的一個基本操作，指運算雙方各輸入一個數值，他們希望在不向對方泄露本身數據的前提下比較出這兩個數的大小，當這兩個數不相等時，雙方都不能夠知道對方數據的任何資訊。該問題在設計高效的安全多方運算協定中起著關鍵作用。

目前有兩類祕密比較協定：第一類祕密比較協定是判定兩個數據是否相等，若不相等則雙方均無法知道對方的任何數據資訊；第二類祕密比較協定能判定出兩個輸入的大小關係。

(2) 祕密分享機制

定義一個門限密碼系統（Threshold Cryptosystem），即 $(t+1,n)$-threshold，n 是所有參與者的數量，$t+1$ 是解密一個用門限加密處理過的祕密所需要的最小參與者的數量。祕密分享是門限密碼系統的一個實例，如果祕密 s 由 n 個參與者共享，則至少有 $t+1$ 個參與者才能恢復被分享的祕密 s，任何由 t 個參與者組成的子集都不能獲知祕密。線性的祕密分享機制（Linear Secret-sharing Scheme，LSSS）將一個祕密分割成多個股份，這些股份就構成了該祕密的線性組合。例如，Shamir 祕密共享（SSS）[8] 使用了多項式插值法，在有限域 F_p 上是安全的。對於祕密 s，可以用 t 次多項式 $q(x)$ 來表示：

$$q(x)=a_0+a_1x+\cdots+a_tx^t \tag{4.4}$$

$$a_0=s,a_i\sim U(0,p-1) \tag{4.5}$$

則股份可表示為 $\forall i\in\{1,\cdots,n\}:[s]_{p_i}=q(i)$

給定 $t+1$ 股，可以使用拉格朗日插值法對 $q(x)$ 重構，令 $s=q(0)$，則祕密 s 恢復。由於 SSS 是線性齊次的，可以直接對股份進行加法和乘法的標量運算，以加法運算為例，其過程可表示如下：

$$cs=reconstruct(\{c\,[s]_{p_i}\}_{i\in n}^{t+1}) \tag{4.6}$$

$$s_1+s_2=reconstruct(\{[s_1]_{p_i}+[s_2]_{p_i}\}_{i\in n}^{t+1}) \tag{4.7}$$

兩個祕密 s_1 和 s_2 的乘法運算更為複雜。如果一個參與者試圖運算兩個祕密的乘積，將會獲得一個 $2t$ 次多項式，需要進行多項式約化的步驟（$2t\rightarrow t$），這就給結果的隱私性和正確性添加了一個大多數誠實約束（即 $t<n/2$）。

(3) 數據存取

在 BRSMMIoT 系統中，有三種不同的去中心化資料庫，可以通過全局字典存取。

公開帳本（Public Ledger）：使用 L 來存取和控制區塊鏈公開帳本。例如，$L[k]\leftarrow 1$ 表示更新所有節點的密鑰為 k。由於帳本是完全公開且可附加的，儲存了數據的整個歷史記錄，可以通過 $L.get(k,t)$ 存取數據。

DHT：鏈下數據儲存在 DHT 中，其數據存取方式和公開帳本類似。默認情況下，在發送數據之前，數據是在本機加密的且只有簽名的實體才能請求發回數據。否則，使用 $DHT.set(k,v,p)$，其中 k 是密鑰，v 是數據的值，p 是謂詞，即 $p: X\rightarrow\{0,1\}$，只有當滿足 p 時才會通過密鑰 k 進行數據存取。

MPC：從語法上看，MPC 的用法和 DHT 相似。特別地，當執行 $MPC.set(k,v,p)$ 分享值 v 時，股份被分配到潛在的運算方並進行本機儲存。謂詞 p 被用來判定哪個參與方能引用數據用來運算而不會泄露 v，即 $v_{\text{ref}}\leftarrow MPC[k]$。默認情況下，只有原始的擁有者才能通過 $v \leftarrow MPC.declassify(k)$ 請求索回原始數據，任何參與者都能引用數據用作運算。

4.2.4 標識管理和鏈路協定

鏈上網路與鏈下網路是互聯互通的，這都歸功於將區塊鏈連接到鏈下資源的重要協定。本小節將介紹標識是如何形成並儲存在帳本上的，鏈下的儲存（DHT）和運算（MPC）請求是如何通過區塊鏈進行循路的。

（1）標識管理

區塊鏈可分為完全去中心化的非許可鏈和半中心化的許可鏈。但是通過鏈下技術連接到區塊鏈，可以在保留去中心化結構的同時，在偽匿名系統和半中心化系統之間維持一定的權衡。首先，定義分享標識（Shared Identity）是多個標識及其語義的擴展，用（$2n+1$）-元組表示：

$$SharedIdentity_P = \left(addr_P, pk_{sig}^{(p_1)}, pk_{sig}^{(p_2)}, \cdots, pk_{sig}^{(p_n)}\right) \tag{4.8}$$

式中，n 是參與方的數量，當 $n=1$ 時，是偽標識的特例。

引入元數據表示標識的潛在語義，包括公開的存取控制規則以及相關的公開或私密數據。例如，Alice 不想把她的具體身高告訴 Bob，但允許 Bob 使用她的身高資訊做聯合查詢運算。這時 Alice 可以調用一個智慧合約，運用 MPC 謂詞（MPC Predicate），即 $MPC['alice\_height'] = alice\_height$ 來分享她的身高數據，Bob 引用該數據進行運算而並不知曉 Alice 的具體身高。該 MPC 謂詞設立了一個分享資訊的擁有方 Alice，和有受限存取權限的分享方 Bob。MPC 謂詞（包含共享標識列表的位址和數據的引用）是保存在區塊鏈上的，其定義了公開的元數據，也就是與標識有關的非敏感資訊，可以被用來驗證存取權限。其他額外的元數據是私密的，也就是 Alice、Bob 以及其他擁有存取權限的人可以存取，通過 DHT 保存於鏈下網路。

公開的交易是經過區塊鏈驗證的，由於帳本上保存有分享標識和管理存取控制的謂詞，區塊鏈能夠存取任何鏈下資源。對於涉及隱私的元數據，鏈下網路可以作為去信任的隱私保護驗證器。

（2）鏈路協定

存取控制協定包括協定 4.7 和協定 4.8，協定 4.7 描述了構建一個共享標識的過程，而協定 4.8 執行合約驗證是否滿足判斷式。

協定 4.7 構建共享標識。

Input：$P = \{p_i\}_{i=1}^{N}$ parties，$A = \{POLICY_{p_i}\}_{i=1}^{N}$

Output：Ledger L stores reference to the shared identity

$addr\ p=0$

$AC\ L=\emptyset$

for $p_i \in P$ **do**

$\left(pk_{sig}^{(p_i)},\ sk_{sig}^{(p_i)}\right) \leftarrow \zeta_{sig}()$

$addr\ p = addr\ p \oplus pk_{sig}^{(p_i)}$

$AC\ L[pk_{sig}] \leftarrow A[p_i]$

end for

$m \leftarrow (addr\ p,\ AC\ L)$

send signed $tx(m)$ to the network

procedure StoreIdentity($addr\ p$, $AC\ L$)

$L[addr\ p] \leftarrow AC\ L$

end procedure

協定 4.8 區塊鏈權限檢驗。

Input：$pk_{sig}^{(p_i)}$ the requesting party signature，$addr\ p$ the shared identity's address，q-a predicate verifying if p_i has sufficient access rights

Output：$s \in \{0,1\}$

procedure $CheckPermission\left(pk_{sig}^{(p_i)},\ addr\ p,\ q\right)$

$s \leftarrow 0$

if $L[addr\ p] \neq \emptyset$ **then**

$AC\ L = L[addr\ p]$

if $q\left(AC\ L, pk_{sig}^{(p_i)}\right)$ **then**

$s \leftarrow 1$

end if

return s

end procedure

協定 4.9 介紹了通過 DHT 直接儲存和載入數據的過程。進行數據儲存時，用給定的 q_{store} 判斷式來檢驗寫入許可，數據儲存方提供客戶判斷式以檢驗誰能讀取該數據。

協定 4.9 儲存或載入數據。

Input：$pk_{sig}^{(p_i)}$，$addr\ p$，x (data)，$q_{read}^{(x)}$-a predicate for verifying future read access.

Output：if successful，returns a_x – the pointer to the data(predicate)，or $\emptyset$ o. w.

procedure $Store\ \left(pk_{sig}^{(p_i)},\ addr\ p,\ x,\ q_{read}^{(x)}\right)$

if $CheckPermission\left(pk_{sig}^{(p_i)}, addr\ p, q_{store}\right) = True$ **then**

$a_x = H(addr\ p \| x)$

$L[a_x] \leftarrow q_{read}^{(x)}$

$DHT[a_x] \leftarrow x$

return a_x

end if

return Ø

end procedure

Input：$pk_{sig}^{(p_i)}$，$addr\ p$，a_x – the address of the data(predicate)

Output：if successful，returns the data x，or Ø o. w.

procedure $Load\left(pk_{sig}^{(p_i)}, addr\ p, a_x\right)$

$q_{read}^{(x)} \leftarrow L[a_x]$

if $CheckPermission\left(pk_{sig}^{(p_i)}, addr\ p, q_{read}^{(x)}\right) = True$ **then**

return $DHT[a_x]$

end if

return Ø

end procedure

運算和共享協定相當於 MPC 的儲存和載入協定。如協定 4.10 所示，安全運算和共享協定從 DHT 中儲存和載入股份，通過引用數據進行運算從而保證數據的安全性。

協定 4.10 安全運算和祕密共享協定。

Input：$pk_{sig}^{(p_i)}$，$addr\ p$，x (data)，x_{ref}-reference for computation，$q_{compute}^{(x)}$-predicate verifying computation rights

Output：if successful，returns pointer to x_{ref} for future computation，or Ø o. w.

procedure $Share\left(pk_{sig}^{(p_i)}, addr\ p, x, x_{ref}, q_{compute}^{(x)}, n, t\right)$

$[x]_p \leftarrow VSS(n, t)$

$peers \leftarrow$ sample n peers

For $peer \in peers$ do

send $[x]_p^{(peer)}$ to $peer$ on a secure channel

end for

return $Store\left(pk_{sig}^{(p_i)}, addr\ p, x_{ref}, q_{compute}^{(x)}\right)$

end procedure

Input：$pk_{sig}^{(p_i)}$，$addr\ p$，$a_{x_{ref}}$ —reference data address，f —unsecure code to be rewritten as a secure protocol.

Output：if successful，returns $f(x)$ without revealing x，or Ø o. w.

procedure $Compute\left(pk_{sig}^{(p_i)},\ addr\ p,\ a_{x_{ref}},\ f\right)$

$x_{ref} \leftarrow Load\left(pk_{sig}^{(p_i)},\ addr\ p,\ a_{x_{ref}}\right)$

if $a_{x_{ref}} \neq \emptyset$ **then**

$f_s \leftarrow$ generate secure computation protocol from f

return $f_s(x_{ref})$

end if

return Ø

end procedure

4.3 基於區塊鏈的IoT數據共享模型

區塊鏈在金融和醫療領域的應用相對成熟，在去中心化的資訊記錄系統方面已經有一些實踐。為了解決製造設備數據共享的問題，基於區塊鏈的製造設備數據共享模型基於以太坊智慧合約、工作量證明機制等區塊鏈技術，實現了數據在多方之間流通共享，實時地追蹤和管理數據的流動，並且通過對存取權限的管控，有效降低對數據共享過程的管理成本。

(1) 數據共享實現模型

在傳統的生產環境下，製造設備的數據種類繁雜，儲存於相互獨立的系統中，這些系統可能歸屬於不同的服務提供商，製造業企業對自己的數據並沒有直接的掌管權，無法洞悉海量數據的真實價值。如設備運行數據以及維護記錄儲存在設備生產商或維護服務提供商的伺服器中，一旦更換服務提供商，會造成歷史數據丟失、斷檔，不利於對製造設備進行持續監督與全生命週期的管理維護。E鏈可支持製造業企業實現供應鏈多方協同、智慧化生產管理和分散式生產合作，促進研發技術、生產設備和製造服務的共享。其中，設備的共享不僅包括設備產能的共享，也包括設備數據的共享。設備數據共享使得設計研發、生產製造和流通審計更為有效，有利於製造企業降低營運和製造成本，增強競爭優勢。

如圖4.15所示為基於區塊鏈的製造設備數據共享模型，工廠內的製造設備通過以太坊智慧合約登記註冊後上傳數據，數據的驗證採用多點共識與加密的技術，保證數據的一致性和安全性，經過驗證的數據，利用大數據和AI技術整理成標準化可讀取的數據格式儲存在鏈下的資料庫，同時生成摘要索引發送至區塊鏈網路。區塊的內容記錄了數據所有權、瀏覽許可等資訊。通過區塊鏈定義不同節點的存取權限，利用智慧合約發送交易可支持設備節點向其他節點共享數據；引入工作量證明機制以代幣（Token）的方式給予激勵回饋，交易中可包含二進制數據和代幣，形成一個兼具私密、中心、開放、透明等特徵共存的點對點網路。

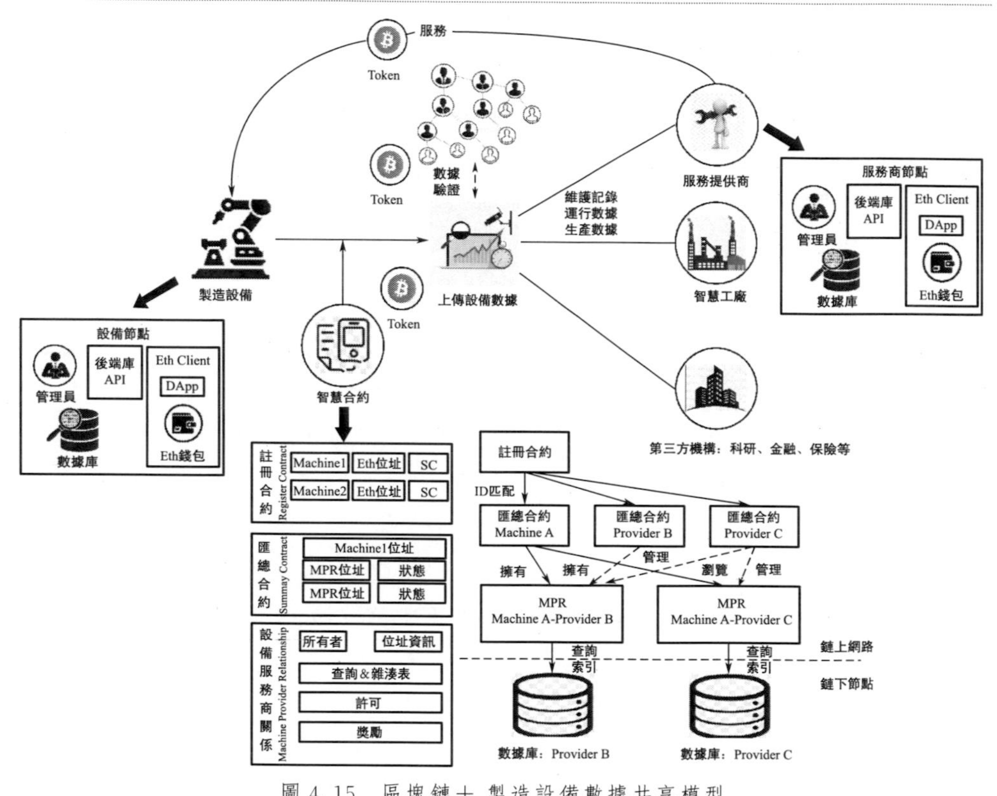

圖 4.15 區塊鏈＋ 製造設備數據共享模型

節點：網路節點分為設備節點（數據貢獻方）和服務商節點（數據受益方）兩類。每個節點的軟體組件是相同的，包括管理員、後端 API 庫、以太坊用戶端（（Eth Client）和資料庫，以太坊用戶端（提供帳戶管理、挖礦、轉帳、智慧合約的部署和執行等功能。節點通過智慧合約註冊後，以唯一的數位身分參與網路活動，擁有外部帳戶以及儲存了代碼的合約帳戶（共用一個位址空間），外部帳戶的位址是由公鑰決定的，合約帳戶的位址是在創建該合約時確定的。每個帳戶有一個代幣餘額，該帳戶餘額可以通過向它發送帶有代幣的交易來改變。

交易：設備的數據以及數位資產的記錄存在區塊鏈網路中，交易資訊包括設備的註冊別名（用於隱私保護）、數據類型、原始交易數據的元數據標籤、完整的元數據索引、交易記錄的加密連結、交易生成的時間戳。所有資訊都進行加密、數位簽名，以確保真實性和準確性。

(2) 智慧合約類型及功能

網路節點的管理及 API 應用都通過智慧合約實現，自動地追蹤特定的狀態變化，如存取權限的變更、數據記錄的更新等。根據不同業務領域的通用性業務模型與流程，形成通用的智慧合約模版。本書定義了註冊合約（Register Contract，RC）、彙總合約（Summary Contract，SC）、設備-服務商關係合約（Machine Provider Relationship，MPR），表 4.5 描述了這三類智慧合約模板及功能。將每一項智慧合約作為一項鏈上資產進行全生命週期管理，對智慧合約的提交、部署、使用、註銷進行完整可控的流程管理。

表 4.5　智慧合約模板及功能

合約模板	名稱及縮寫	功能描述
註冊合約	Register Contract(RC)	將參與方的身分字串映射到相應的以太坊位址，支持註冊新身分或更改已有的映射關係；使得身分字串與區塊鏈形成映射位址，找到並匹配相應的 SC 合約
彙總合約	Summary Contract(SC)	包含 MPR 合約索引的列表，表示所有節點與其他節點的歷史參與業務；對於設備節點，SC 合約存有所有與該節點有業務關係的服務提供商索引；對於服務提供商節點，SC 合約存有提供過服務的設備的索引或設備曾經授權分享數據的第三方機構的索引；SC 合約支持用戶通知功能；設備-服務商關係的狀態變量表明該關係的狀態，如「是否新建立」「等待更新」「設備是否授權」；設備節點可以接受、拒絕、刪除關係，決定授權分享哪些數據記錄
設備-服務商關係合約	Machine Provider Relationship(MPR)	定義了數據指針組合及其關聯的存取許可，以辨識服務提供商保存的數據記錄；每個指針由可返回數據子集結果的查詢字串組成，查詢字串附標有該數據子集的哈希，保證數據不被篡改；雜湊表可以匹配查詢者位址與附加的查詢字串名單，從而與其他節點分享數據記錄

利用 MPR 合約構建設備與服務提供商的關係，將設備的數據記錄與許可、數據指針等相關聯起來，並錄入外部資料庫中。服務提供商可為設備添加新的數據記錄，設備可在各服務提供商之間授權分享數據記錄。參與方在操作變更之前會自動接收通知、進行驗證，確保各參與方知情並且參與到數據記錄的維護中。利用公鑰加密演算法對網路節點進行數位身分辨識管理，對節點的數位身分和以太坊位址進行匹配。經區塊鏈網路確認指令後，對鏈下的設備和服務提供商各自的資料庫進行同步更新。

(3) 獎勵機制

引入區塊鏈的挖礦獎勵機制，激勵數據受益方如服務提供商或第三方機構以礦工的身分貢獻算力，利用工作量證明機制建立共識，共同構建可信任的區塊鏈數據共享網路。服務提供商或第三方機構參與區塊鏈網路的管理，可以獲得獎勵回饋，即設備授予其數據存取權限。MPR 合約內置挖礦獎勵函數，服務提供商在發送出的所有更新 MPR 合約的交易中附加獎勵查詢，如若包含記錄更新交易的區塊被挖出，挖礦獎勵函數將該獎勵查詢的所有權賦予礦工，之後礦工通過發送請求給相應服務提供商資料庫管理員以擷取獎勵。通過發行 Token 代幣，實現網路中數據和價值的流通。在設備授權情況下，被授權方擁有對設備數據的讀取和寫入權限。例如，設備節點通過上傳數據，擷取 Token 獎勵；服務商節點及其他節點通過驗證上傳的設備數據，也能擷取 Token 獎勵；設備節點擷取的 Token 可用於購買維護服務等。

服務提供商包括設備製造商和維護服務商。維護服務商可以提供更完善的設備健康管理方案，制定更高效合理的維護調度計劃，建立一套完善的評價考核標準體系；對於設備製造商，分析設備的運行數據、生產數據有助於改善工藝，加速研發週期，能夠帶來全生命週期的效率的提升，可以帶來從賣機器到賣服務、個性化定製和產業鏈金融等商業模式的變革。

智慧工廠通過企業內部的資訊系統與設備數據共享網路進行 API 對接，可以掌握工廠內設備的所有數據，實現在線營運和監測；機器設備聯網可以實時回饋數據，並利用雲端的運算處理能力去最佳化設備運行，適時調整生產排程，帶來效率的提升和成本的降低。

區塊鏈和多方運算支持在不泄密的前提下分享工廠的生產數據，為大學、科學研究等第三方機構提供統計研究的數據基礎，有助於統籌協調生產資源、規劃產能，提供生產計劃和建議。

通過製造設備數據共享網路，將隱私資訊保留在設備節點的帳戶中，設備運行數據、維護記錄和生產數據都保存在鏈下的資料庫中，進行匿名化處理後將數據索引提取傳輸到區塊鏈網路，其他節點利用智慧合約擷取相關資訊，並通過人工智慧技術進行大數據分析和探勘。

4.4 案例研究

以智慧診斷和設備維護的應用為例，對 BRSMMIoT 以及智慧合約進行驗證。在設備上部署安裝有不同的感測器以監測不同位置上的溫度和振動水平。構建設備維護和備件的智慧合約，該合約充當設備和服務商/供應商之間的協定，調度設備的服務請求或處理部件更換指令。智慧合約 Machine Service 和 Part Replacement 偽代碼如下。

```
from ethjsonrpc import EthJsonRpc
import serial
```

```
ser=serial.Serial('/dev/ttyACM0',38400)
#  Wait for sometime to initialize serial port
time.sleep(10)
#  Connect to Blockchain network
c=EthJsonRpc('192.168.1.20',8101)
temCount=0
vibrationCount=0
tempThreshold=200
vibrationThreshold=100
tempCountThreshold=1000
vibrationCountThreshold=1000
while True:
  line=serialTTL.readline()
  data=line.split(',')
  vibration=data[0]
  temperature=data[1]
     if(vibration>vibrationThreshold):vibrationCount=vibrationCount+1
  if(temperature>tempThreshold):
    tempCount=tempCount+1
  if(vibrationCount>vibrationCountThreshold):
    #  Send a transaction to requestService function of MachineService
       contract with Machine-ID
  c.call_with_transaction(c.eth.coinbase(),
  '0xc421d5e214ddb07a41d28cf89ee37495aa5edba7',
  'requestService(uint256)',[987])
  vibrationCount=0
  if(tempCount>tempCountThreshold):
     #  Send a transaction to orderPart function of PartReplacement con-
        tract with Part-ID  Qty
     c.call_with_transaction(c.eth_coinbase(),
     '0x20935bc944dba7b4d230b236edb36f8f31be3d9e'
     'orderPart(uint256,uint256)',[123,1],
     value=50000000000000000)
     tempCount=0
   time.Sleep(1)
```

控制器服務通常監控設備上不同位置的振動水平。控制器服務定義了不同的規則以確定是否執行服務請求或部件更換指令。例如，如果設備的振動水平超過了預定的閾值一定的次數，控制器服務就會發送出設備服務請求，即通過智慧合約 Machine Service（設備和服務商之間）的 request Service 函數發送交易。同理，如果設備上某個部件的溫度超過了預定的閾值一定的次數，則觸發備件更換指令，設備通過智慧合約 Part Replacement（設備和供應商之間）的 order Part 函數發送交易，並用加密貨幣支付備件費用。

通過 Ethereum（以太坊）Go Client（geth）部署智慧合約，即 Machine Service 和 Part Replacement。在區塊鏈網路上部署智慧合約後，就給其分配一個位址。在本案例中，建立了一個私有 Ethereum 區塊鏈網路，網路中任何一個知道合約位址和介面的用戶都能通過該合約發送交易。當交易發送到區塊鏈網路後，就與其他未完成的交易一起寫入一個區塊中。網路中的礦工對交易資訊的有效性進行驗證從而在區塊中形成共識，連結到主鏈上。之後，新的區塊廣播到整個網路中。當交易被探勘時，該合約即執行。

參考文獻

[1] LEE J, ARDAKANI H D, YANG S, et al. Industrial big data analytics and cyber-physical systems for future maintenance & service innovation. Procedia CIRP, 2015 (38): 3-7.

[2] WANG K, DAI G, GUO L. Intelligent predictive maintenance (IPdM) for elevator service through CPS, IOT & S and data mining. International Workshop of Advanced Manufacturing and Automation (IWAMA 2016), 2016.

[3] 李楠，嚴雋薇，劉敏．面向鋼鐵連續鑄造設備維護維修的工業物聯網框架．計算機集成製造系統，2011，17 (2)：413-418.

[4] BRODY P, PURESWARAN V. IBM 物聯網白皮書：設備民主，去中心化、自治的物聯網．少平，譯．http://www.8btc.com/device-democracy-saving-the-future-of-the-internet-of-things, 2014.

[5] YAO A C. Protocols for secure computations. 23rd Annual Symposium on Foundations of Computer Science (sfcs 1982) (FOCS), 1982, 160-164.

[6] GOLDREICH O, MICALI S, WIGDERSON A. How to play ANY mental game//Nineteenth ACM Symposium on Theory of Computing. ACM, 1987: 218-229.

[7] BEN-DAVID A, NISAN N, PINKAS B. FairplayMP: a system for secure multi-party computation//ACM Conference on Computer and Communications Security, CCS 2008, Alexandria, Virginia, Usa, October. DBLP, 2008: 257-266.

[8] SHAMIR A. How to Share a Secret. Communications of the Acm, 2011, 22 (22): 612-613.

第5章

面向複雜製造環境的無線路由模型與演算法

IoT 的無線通訊網路技術能夠在工廠工廠環境裡，為現場智慧設備、行動機器人以及自動化設備的狀態監測資料擷取提供高頻寬的無線數據鏈路和靈活的網路拓撲結構，具有有線技術無法或很難取代的優勢。然而，工廠工廠布局複雜、大量固定與非固定金屬隔離物和材料及規則各異的障礙物的存在，嚴重影響了低功率無線感測器間的通訊，對路由網路的服務品質（Quality of Service，QoS）有較高需要，需要在網路路由協定中考慮 QoS。本章針對複雜製造應用環境中對網路能耗、收斂速度和全局最佳解的高要求特點，介紹了無線感測器網路 QoS 模型，結合量子進化演算法（Quantum-inspired Evolutionary Algorithm，QIEA）和蟻群最佳化演算法（Ant Colony Optimization，ACO）在網路路由尋優中的優勢，構建了基於量子蟻群演算法（Quantum-inspired Ant-Based Routing，QABR）的 WSN 路由演算法，並進行了仿真驗證。

5.1 網路路由協定的研究現狀

近幾年，人們提出多種基於不同應用目標的路由協定，並根據不同的應用對路由進行了分類研究與比較[1-4]。無線感測器網路路由技術可以根據應用分為四類：以數據為中心的路由協定、分層路由協定、基於地理位置的路由協定、基於服務品質的路由協定。

以數據為中心的路由協定最早被提出，該類路由協定通過數據融合降低了通訊流量。在此類路由協定中，最為經典的協定是 Flooding 和 Gossiping[5]，這兩個路由協定不僅是最早被提出的，而且較為簡單、傳統。這兩個協定不需要任何演算法，也不需要維護路由資訊，雖然簡單，但是可擴展性卻相對較差。SPIN（Sensor Protocols for Information via Negotiation）協定[6]由 W. Heinzelman 等提出，該協定通過三種訊息進行通訊，從而規避了資源利用盲目性問題，但是 SPIN 的可靠性較差。Directed Diffusion 協定[7]由 Intanagonwiwat 等提出，它是基於查詢驅動的、數據的，它的優勢在於使用查詢驅動機制按需建立路由，採用多路徑，強健性強，避免保存整體的網路資訊。但是不適合多匯聚節點網路，其原因是建立梯度占據了大量的開銷。Rumor Routing 路由協定[8]由 Braginsky 等人提出，對 Directed Diffusion 協定進行了改進，通過引入查詢訊息的單播隨機轉發機制，克服了 Directed Diffusion 協定不適合多匯聚節點網路的缺陷。但是 Rumor Routing 協定在事務繁忙的情況下，會消耗大量資源；同時由於其隨機生成路徑的機制，導致尋找最佳解的能力較差，最壞情況下會出現路由環路。

隨著海內外學者對無線感測器網路領域的研究，無線感測器網路階層結構被提出。該類路由協定的機制是使節點參與特定的節點叢集內的多跳通訊，叢集頭再進行數據融合，減少向匯聚節點發送的訊息數量，從而提高了可擴展性並且節省能量。LEACH（Low Energy Adaptive Clustering Hierarchy）協定[9]由 Heinzelman 等人提出，它是最早被提出的數據聚合的分層路由協定，該協定通過隨機地選舉叢集頭的方式規避了選取叢集頭而過多消耗能量的問題，從而延長了網路生命週期。但是它的可擴展性差，並不適用於大規模網路，而且對節點的要求較高，比如較強的功率通訊能力。PEGASIS（Power-efficient Gathering in Sensor Information System）協定[10]由 Lindsey 提出，該協定對 LEACH 協定進行了改進。PEGASIS 協定通過無通訊量的方式選舉叢集頭，從而避免了因頻繁選舉叢集頭而產生的通訊開銷。該協定雖然極大地延長了網路生命週期，但卻因單叢集頭機制使得叢集頭成了關鍵點，若叢集頭失效則將導致路由失敗。TEEN（Threshold Sensitive Energy Efficient Sensor Network Protocol）協定[11]由 Manjeshwar 提出，它通過兩個閾值監視焦點區域和突發事件，進而降低網路通訊流量。

因為無線感測網路的位置相關性，基於地理位置的路由協定又被提出。該類路由協定通過節點的位置資訊，將數據或查詢命令轉發給需要的區域而非整個網路，減小了數據的傳送區域，從而降低能耗。同時，設計時考慮了節點的行動性因素。GEAR（Geographic and Energy Aware Routing）協定[12]由 Yu 等人提出，該協定將網路中發散的資訊聚集到適當的位置區域中，從而減少了中繼節點的數目，降低了數據傳送和尋找路徑的開銷，進而延長了網路生存週期。

隨著網路的發展，一些新的問題也隨之而來。最為關鍵的問題是在滿足應用需要的前提下，保證網路的服務品質（QoS）[13]。針對延時、頻寬、延時抖動等應用需要來說，現有的網路服務顯然不能滿足。因此基於服務品質的路由協定被提出，此類協定在提供數據路由功能的同時滿足通訊服務品質要求。SAR（Sequential Assignment Routing）協定[14]是最早被提出的基於服務品質的路由協定，但是因為 SAR 協定中存在過多的冗餘路由資訊並且需要維護這些資訊而造成了較大的開銷。SPEED 協定[15]由 T. He 等人提出，它在實時性的基礎上，保證了端對端的傳輸速率、負載平衡以及網路壅塞控制。

現在無線感測網路路由協定開始向智慧化的方向發展，近期提出的路由解決方案是基於群體智慧（Swarm Intelligence，SI）[16]的。群體智慧最初的定義是：

眾多簡單個體組成的群體通過相互之間的簡單合作來實現某一功能，完成某一任務。智慧群體應用在自主分散式系統上，著重強調自下而上的設計，它在自適應、強健性方面表現出色。Saleem 在一些已經存在的 SI 演算法的基礎上，總結了 SI 路由的基本準則，並且提出了一種新的無線感測器網路路由協定的分類方法，他用這種方法將研究過的演算法進行了分類[17]。Zhang 研發出三種不同的基於蟻群演算法的無線感測器網路路由協定[18]，分別是 SC（Sensor-drive and Cost-aware ant routing）蟻群路由演算法、FF（Flooded Forward）蟻群路由演算法、FP（Flooded Piggybacked）蟻群路由演算法。這些演算法在初始建立時有很大的優勢。然而，這些路由演算法僅僅關注了初始費洛蒙的建立，使得這些演算法有一些缺陷。SC 和 FF 蟻群路由演算法在解決延遲性方面不是十分的有效。FP 蟻群路由演算法在實現了高數據交付率的同時，消耗了過多的能量。Camilo 提出了一種基於能量的蟻群路由演算法（Energy-Efficient Ant-based Routing Algorithm，EEABR）[16]。EEABR 協定可以建立一棵路由樹，這棵路由樹擁有最佳的能量分支。然而，螞蟻在選擇下一跳節點時，僅僅只考慮鄰居節點能量這一個因素，而非考慮到整個網路的能量平衡。負載平衡對於無線感測器網路是非常重要的，所以 EEABR 協定表現的並不是非常好。

綜上所述，無線感測網路路由協定的研究已經逐漸成為焦點，路由協定的研究從簡單到複雜，從以數據為中心到高品質要求，並向著智慧化方向發展，如何建立高效、自適應的感測路由協定成了當前研究的一個焦點。

5.2 基於 QoS 的無線感測器網路路由模型

5.2.1 QoS 的度量參數

路由的 QoS 度量值是通過量化的各 QoS 指標來運算的，這些度量值可以是一個或多個參數，如延時、頻寬、延時抖動等。

(1) 延時

延時也稱為滯後時間，指兩個參考點之間的傳輸延時。在有線網路中，延時主要是由壅塞引起的，在無線網路中不僅由於壅塞，還由於有一些可能引發數據傳送延時的事件，如隊列延時、傳播延時、節點的流量競爭及進出隊列的延時等。

因為不能得到路由中的每一個節點的保證，實際的端到端的延時很難運算。一個可行的方案就是防止建立不能滿足 QoS 延時需要的路由。實現 QoS 延時支持的路由可以通過在前向數據包中加入初始化延時及最大延時欄位。在搜尋路由時，每個節點都要向它的鄰節點通知延時欄位情況。通過每個節點，由於節點的延時，延時欄位都要變小，如果沒有到達目的地延遲時欄位值就變為零，則需要向源節點發送一個錯誤資訊。當到達目的節點，應向源節點發送更新路由表的資訊，表明此路由可行。

（2）頻寬

頻寬是 QoS 路由協定重要的度量值之一，專指從源節點到目的節點的路徑的可用頻寬。但是，當節點行動時頻寬也會發生變化。為了簡單化包含頻寬度量值的路由演算法，當路由表及拓撲結構發生變化時，路由演算法應能確認每個通路的頻寬。許多路由協定都是在努力搜尋到最大頻寬的路由，但當有幾條路徑可供選擇時，此時應選擇具有最小延時的路徑。這個最寬路由問題可通過一些最短路徑演算法解決。

頻寬支持需要在路由表中表示出最小可用頻寬和請求頻寬保證。最小可用頻寬是指定路由的請求頻寬。如果節點發現它的鏈路容量不能滿足請求，那麼就忽略此請求。如果 QoS 請求可行，那麼此請求將被不斷廣播到目的地，並且更新每個節點的路由表。當節點的最小可用頻寬不再被滿足時，此路由也被視為無效路由。

（3）延時抖動

延時抖動也稱為可變延時，指在同一條路由上發送的一組數據流中數據包之間的時間差異。通常受延時影響的應用也會受抖動的影響。在一些傳輸音訊、影片的實時系統中，如果抖動不能解決傳輸性能就會不太理想。

（4）數據包投遞率及丟包率

數據包投遞率是指目標節點接收到的數據包與源節點應用層發送的數據包的比值關係，即正確傳輸數據包的統計度量，主要體現了網路可靠性、網路壅塞/通訊狀況等特性。

丟包率是指在網路中傳輸數據包時丟棄數據包的最高比率。數據包丟失一般是由網路壅塞引起的。

（5）能量效率

在多數情況下，感測器網路中的節點都是由電池供電的，電池容量有限，使得節點的生存時間也受到限制。如果網路中節點因為能量耗盡不能工作，則會帶來網路拓撲的改變以及路由的重新建立等問題，甚至可能使得網路不連通，造成通訊的中斷。

如何提高能量效率是無線感測器網路設計的一個重要問題。首先在功能上，由於無線感測器網路大都是為某一專用目的而設計的，去掉不必要的功能，可以節省能量，延長節點的生存時間。因此，無線感測器網路需要考慮兩點設計原則：延長網路工作時間、減少不必要的功能，突出專用性。其次，可以設計專門的提高感測器網路能量效率的協定以及採用專門的技術，這些協定和技術涉及網路的各個層次，如物理層可以採用超寬頻無線通訊技術，MAC層可以採用適合節點在休眠和工作狀態間切換的接入協定，網路層可以以節點能量作為路由度量等。此外，還可以採用跨層設計的方式，提高網路的能量效率。

QoS的指標有很多，但對於一個支持QoS的路由如何支持各QoS，使得能夠最大限度地滿足各QoS，這是網路中的一個重要問題。不同的網路應用會有不同的QoS表述，據此會有對各QoS提出不同強度的要求，進而反映用戶和應用對於網路的某種需要。總體上，無線感測器網路中的QoS涉及延時、頻寬等參數，同時還應包括能量有效性、網路自組織的堅固性等，對某一個單獨的QoS指標進行研究是不夠的，甚至可能影響其他一些QoS參數。有必要將幾個QoS參數綜合研究，平衡各QoS參數在無線感測器網路中的作用和對演算法的影響，需要對各QoS指標進行一定的綜合。基於QoS路由的目的就是在網路中尋找最佳路徑，要求從源節點出發，到達目的節點，且滿足所有的QoS約束條件，達到特定的服務水平，這裡的特定的服務水平不是單指某一個指標而是各QoS指標的一種平衡。

5.2.2 具有QoS的網路路由協定與模型

通常，一個QoS路由協定要完成以下功能。

① 確定路徑。在眾多路徑中確定能滿足QoS需要的最佳路徑。

② 資源可靠性。即使沒有預留網路資源的能力也要最大化地使用網路資源。通常可以採用在高層中增加一些資源預留機制來控制QoS，如資源預留協定（RSVP）等。

③ 路徑保持。防止滿足QoS的路由性能突然下降。QoS路由協定會搜尋具有足夠資源的滿足QoS的路徑。

一個具有QoS的路由協定和不具有QoS的路由協定的區別有以下幾點。

① 具有QoS的路由協定能處理不同類型的服務，而不具有QoS的路由協定在同一時刻只支持一種類型的服務。

② 具有QoS的路由協定不能立即變換路由，而不具有QoS的路由協定，只要尋找到更好的路由就可立即改變。

③ 當一條已運算好的最佳路由不能使用時，具有QoS的路由協定能尋找另一條替代路由，而不具有QoS的路由協定則不能。

保證QoS的路由協定是指在路由建立時，考慮延時、丟包率、頻寬等QoS參數，從眾多的可行路由中選擇一條最適合QoS應用要求的路由。

為了方便對於路由和QoS問題的敘述，首先建立無線感測器網路的模型。

一個無線感測器網路可以定義為無向圖 $G(V,E)$，其中 V 是具備無線連接的感測器節點的集合，網路中有 $n+1$ 個節點，$V=\{v_0,v_1,v_2,v_3,\cdots,v_n\}$，每一個節點的無線通訊半徑為 r_i，通訊區域為 A_{vi}，邊 $e=(v_i,v_j)\in E$ 表示一對節點（v_i,v_j）的雙向無線連接。G 中的一條路徑 $P(v_1,v_n)$ 是邊的有序組合序列，$P(v_1,v_n)=((v_1,v_2),(v_2,v_3),\cdots,(v_{i-1},v_i),\cdots,(v_{n-1},v_n))$。其中 $v_i\in V$，$2\leqslant n\leqslant|V|$，因此 $P(v_1,v_n)$ 是一條多跳路徑，如果定義了 $d(v_1,v_n)$ 是 $P(v_1,v_n)$中的邊的數目，表明是從源節點 v_1 到目的節點 v_n 的跳數距離，又稱 hop 距離。路徑中的每一個節點可以看成是獨立的路由器，路徑的第一個節點是路徑的源節點，最後一個節點是目的節點，可以分別記為 v_s、v_d。每一個節點都有其鄰節點，所有邊 $e=(v_i,v_j)\in E$ 都表示節點 v_i 和 v_j 互為鄰節點，對於一個節點 v_i，節點集 $N_{vi}=\{v_j|e=(v_i,v_j)\in E,i\neq j\}$ 是節點 v_i 的鄰節點集合。需要說明的是：N_{vi}是由鄰節點的發現機制發現的，也稱為 HELLO 資訊交換，當交換了 HELLO 資訊，節點將該節點的相關 QoS 資訊包含到 HELLO 資訊中。

對於任一路徑 $P(v_s,v_d)$，可以定義綜合 QoS 指標。這裡考慮延時、頻寬和丟包率。路徑 $P(v_s,v_d)$ 的 QoS 可以在每一個節點和每一條鏈路上得到體現，對於任一網路節點 $v\in V$，分別為延時函數 $delay(v)$、頻寬函數 $bandwidth(v)$、丟包率函數 $packet\ loss(v)$、延時抖動函數 $delayjitter(v)$ 和費用函數 $cost(v)$。相應地對於網路中的任一鏈路 $e=(v_i,v_j)\in E$ 也有對應的 QoS 指標，分別為延時函數 $delay(e)$、頻寬函數 $bandwidth(e)$、丟包率函數 $packet\ loss(e)$、延時抖動函數 $delayjitter(e)$ 和費用函數 $cost(e)$。

通過對節點和鏈路的 QoS 指標的定義，可以運算路徑的 QoS 指標。對於給定的源節點 $v_s\in V$，目的節點 $v_d\in V$，一條路徑 $P(v_s,v_d)$ 對應的 QoS 指標存在下列關係：

$$delay(P(v_s,v_d))=\sum_{v\in P(v_s,v_d)} delay(v)+\sum_{e\in P(v_s,v_d)} delay(e) \tag{5.1}$$

$$bandwidth(P(v_s,v_d))=\min_{e\in P(v_s,v_d)}\{bandwidth(e)\} \tag{5.2}$$

$$packet\ loss(P(v_s,v_d))=1-\prod_{e\in P(v_s,v_d)}(1-packet\ loss(e)) \tag{5.3}$$

$$delayjitter(P(v_s,v_d))=\min_{e\in P(v_s,v_d)}\{delayjitter(e)\} \tag{5.4}$$

$$cost(P(v_s,v_d))=\sum_{v\in P(v_s,v_d)} cost(v)+\sum_{e\in P(v_s,v_d)} Cost(e) \tag{5.5}$$

如果路徑 $P(v_s,v_d)$ 是一條滿足各 QoS 指標的路徑，必須滿足如下條件：

$$delay(P(v_s,v_d))=\sum_{v\in P(v_s,v_d)} delay(v)+\sum_{e\in P(v_s,v_d)} delay(e)<D \tag{5.6}$$

$$bandwidth(P(v_s,v_d))=\min_{e\in P(v_s,v_d)}\{bandwidth(e)\}>B \tag{5.7}$$

$$packet\ loss(P(v_s,v_d)) = 1 - \prod_{e \in P(v_s,v_d)} (1 - packet\ loss(e)) < PL \quad (5.8)$$

$$delayjitter(P(v_s,v_d)) = \min_{e \in P(v_s,v_d)} \{delayjitter(e)\} < DJ \quad (5.9)$$

其中，D、B、PL 和 DJ 分別是延時約束、頻寬約束、丟包約束和延時抖動約束。

在定義了無線感測器網路路由模型的各 QoS 函數後，建立應用到每一條路徑上的綜合 QoS 指標。這一指標運算的前提是每一項 QoS 指標都符合其 QoS 約束要求，如果有一項不符合，則指標對於綜合 QoS 的貢獻大為降低，並產生對於綜合 QoS 的負面和懲罰性的影響。

QPSO 演算法解決的問題是：尋找一條路徑，在滿足頻寬、延時、延時抖動和丟包率的約束條件下，盡可能地使路徑的費用更低。在設計綜合 QoS 函數時，分別給延時、延時抖動、丟包率、費用等賦予各自的權重係數，分別表示各個約束變量在函數中的比重。

如對於延時指標，如果 $delay(P(v_s,v_d)) < D$，即路徑的延時滿足約束條件，則

$$f_{delay} = 1 - \frac{(1-k)delay(P(v_s,v_d))}{D} \quad (5.10)$$

式中，k 為權重係數，接近於 1，如 0.9，那麼 f_{delay} 的值將在 0.9～1 之間。如果 $delay(P(v_s,v_d)) > D$，表明路徑的延時指標不能滿足應用對於延時的約束要求，則

$$f_{delay} = (1-k) \div \frac{delay(P(v_s,v_d))}{D} \quad (5.11)$$

這樣 f_{delay} 的值將非常小，在 0～0.1 之間。另外指標頻寬、延時抖動和丟包率進行同樣的處理。最後的綜合 QoS 函數即是對 4 個 QoS 指標函數的綜合乘積而得。

$$QoS = f_{delay} f_{bandwidth} f_{delayjitter} f_{packetloss} \quad (5.12)$$

由上式可見，綜合 QoS 在 0～1 之間。在滿足 QoS 的前提下，頻寬、延時、延時抖動和丟包率小的路徑，其值就越接近 1。

5.3 基於量子蟻群演算法的路由最佳化演算法

5.3.1 蟻群演算法和量子進化演算法最佳化機理

（1）蟻群演算法

蟻群演算法是群體智慧演算法的重要分支之一，這個概念最早出現在義大利

學者 M. Dorigo 的博士學位論文中[19]，用於解決著名的旅行商問題（Travelling Salesman Problem，TSP）。隨著蟻群演算法被不斷地改善，現在蟻群演算法已經被成功地應用於解決諸多組合最佳化問題。螞蟻在尋找食物的過程中，會邊走邊釋放費洛蒙。後續螞蟻在尋找路徑的過程中，可以探測到這種費洛蒙，並且能夠感知到費洛蒙的濃度。這些螞蟻會選擇費洛蒙濃度較大的路徑作為自己的路徑。漸漸地，費洛蒙會被自然地蒸發掉一部分。當這條路徑上的費洛蒙濃度較小的時候，後續螞蟻選擇這條路徑的機率就會減小。漸漸地，該路徑上聚集的費洛蒙濃度就會越來越少。反之，若某條路徑上聚集的費洛蒙濃度較大，將會有較多的螞蟻選擇這條路徑，致使該路徑上聚集的費洛蒙濃度越來越大，這個現象也就是費洛蒙正回饋的過程。藉助費洛蒙正回饋，螞蟻就能以最短的路徑從蟻穴走到食物源。

另外，仿生學家還發現，不但螞蟻能夠搜尋到從蟻穴至食物的最短路徑，而且若在該徑上設置障礙物，使得螞蟻不能通過的時候，螞蟻仍然能以最快的速度適應這種變化，重新建立一條最短路徑。圖 5.1 是蟻群最佳化演算法的流程圖。

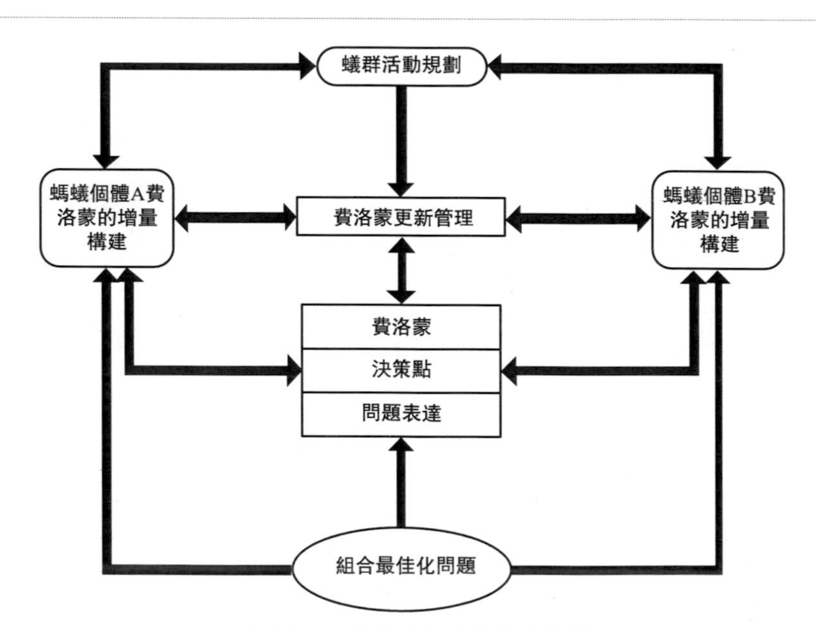

圖 5.1 蟻群最佳化演算法流程圖

自從成功地解決了著名的 TSP 問題以後，蟻群演算法逐漸被應用到其他領域，包括感測器網路路由協定。基本的蟻群演算法的步驟如下。

① 每隔一段時間，每個感測器節點都會產生一個前向螞蟻 k，這個螞蟻的任務是找到到達目的節點的路徑。螞蟻 k 會保存每一個存取過的節點的資訊在

記憶體 M_k 中。

② 對於每一節點 r，前向螞蟻會根據 ACO 中的機率公式選擇下一跳節點，如式(5.13) 所示。

$$P_k(r,s)=\begin{cases}\dfrac{[T(r,s)]^{\alpha}[E(s)]^{\beta}}{\sum[T(r,s)]^{\alpha}[E(s)]^{\beta}}, & s\not\subset M_k\\ 0, & \text{其他}\end{cases} \tag{5.13}$$

式中，$P_k(r,s)$ 為決定螞蟻 k 從節點 r 行動到節點 s 的機率；T 為存在於每一個節點內的路由表，這張路由表儲存了 (r,s) 鏈路上的費洛蒙濃度；E 為 $1/(C-e_s)$ 的能量函數（C 為節點 s 的初始能量，e_s 為節點 s 的實際能量）；α 和 β 分別為費洛蒙和能量的權重參數。費洛蒙的意義是在 (r,s) 路徑上的費洛蒙越多，該路徑被選擇的機率越大；能量的意義是節點擁有的能量越多，被選擇的機率越大。α 和 β 可以很好地平衡費洛蒙和能量這兩個因子。

③ 當前向螞蟻到達目的節點時，它將轉變成後向螞蟻。後向螞蟻的任務是更新它所存取過的路徑上的費洛蒙。

④ 在後向螞蟻出發前，目的節點會計算出將要釋放的費洛蒙的量。運算公式如式(5.14) 所示。

$$\Delta T_k=1/(N-Fd_k) \tag{5.14}$$

式中，N 為節點的數量；Fd_k 為螞蟻 k 行程的距離，也就是其儲存在記憶體中的節點數量。

⑤ 當節點 r 收到鄰居節點發來的後向螞蟻時，它立即根據式(5.15) 更新自己的路由表。

$$T_k(r,s)=(1-\rho)T_k(r,s)+\Delta T_k \tag{5.15}$$

式中，ρ 為一個係數，$1-\rho$ 代表了在上一次更新後 $T_k(r,s)$ 費洛蒙的蒸發量。

⑥ 當後向節點到達產生它的源節點後，每一個節點將會知道哪一個是最好的鄰居節點，也就是說，它將會通過最佳解給出的路徑發送數據包至目的節點。

(2) 量子進化演算法

KuK-Hyuan Han 等人提出量子進化演算法（QIEA）[20]，該演算法是一種基於量子運算的進化演算法。它吸收了量子運算[21]中的相乾性、疊加態和糾纏性等機制，從而使量子演算法突破了傳統演算法的極限，表現出更好的性能[22]。目前該演算法已在多種最佳化問題上得到廣泛應用，尤其是解決經典運算中的 NP（Non-deterministic Polynomial）難問題[23]。

① 量子運算的基本單位　經典電腦的儲存單位是位元，它只有兩種狀態，0 或者 1。而量子電腦最基本的儲存單位是 Q 位元，它是任何一個有二維希伯特空間的量子體系，它的態空間有兩個基，記為 $|0\rangle$ 和 $|1\rangle$，「$|\ \rangle$」為一種量子態的

表示。與經典電腦中的位元不同的是，Q位元的狀態可以為任意歸一化的態：$\alpha|0\rangle+\beta|1\rangle$，其中$\alpha$和$\beta$為滿足歸一化條件$|\alpha|^2+|\beta|^2=1$的任意複數。所以，一個Q位元所包含的資訊要比經典電腦中的位元多。各Q位元的狀態可以是相互獨立的，也可以是相互糾纏的。以兩個Q位元為例來說明Q位元間的糾纏性質（以下標A和B區別）。若兩個Q位元的總狀態$|\phi_{AB}\rangle$可以寫成A位元的狀態$|\phi_A\rangle$和B位元的狀態$|\phi_B\rangle$的直積形式，即$|\phi_{AB}\rangle=|\phi_A\rangle\otimes|\phi_B\rangle$，則稱狀態$|\phi_{AB}\rangle$為可分離態，這時A位元與B位元的狀態是相互獨立的。相反，若$|\phi_{AB}\rangle$不能寫成A的狀態和B的狀態的直積形式，稱A、B處於糾纏態$|\phi_{AB}\rangle$，例如所謂的EPR態，如式(5.16)所示。

$$|\phi_{AB}\rangle=\frac{1}{\sqrt{2}}(|0\rangle_A\otimes|1\rangle_B-|1\rangle_A\otimes|0\rangle_B) \tag{5.16}$$

② 量子運算的並行性　量子運算是相對於經典演算法而言的，它最本質的特徵就是充分利用了量子態的疊加性和相乾性，以及Q位元之間的糾纏性，它是量子力學直接進入演算法理論的產物。而量子演算法與經典演算法最主要的區別就是它具有量子並行性。

量子運算的並行性，即它不僅可以運算$f(0)$和$f(1)$，並且可以對$|0\rangle$和$|1\rangle$的任意疊加態進行運算，之後從中抽取函數f的整體資訊，也就是依賴於$f(0)$又依賴於$f(1)$的資訊。當函數f定義在N個位元上時，即f的定義域為$\{0,1,\cdots,2^N-1\}$，但是希望得到的只是f的某一整體性質，如f是否為週期函數、週期是多少等。當想要獲得f的整體性質時，經典演算法需運行2^N次，分別算出$f(x)(x=0,1,\cdots,2^N-1)$，再根據這些函數值做判斷。而採用量子演算法，充分利用其並行性，可很快地給出結果。

5.3.2 量子蟻群演算法

近期被提出的量子蟻群演算法是一種基於量子運算原理的機率最佳化方法，它以蟻群演算法、量子運算的一些概念和理論為基礎，通過量子位編碼來表示費洛蒙，用量子門旋轉來完成費洛蒙更新。它的優點是具備選擇目前最佳路徑和探索新路徑的能力，同時種群規模大小可調，且不影響演算法性能，收斂速度也較快[24]。

(1) 量子編碼表示費洛蒙

量子進化演算法使用Q位元的表示方法，它是一種機率的表示方法。在量子進化演算法中，Q位元是最小的運算單位，它由一對數(α,β)組成，其中$|\alpha|^2+|\beta|^2=1$，$|\alpha|^2$代表Q位元為「0」狀態的機率，$|\beta|^2$代表Q位元為「1」狀態的機率。一個Q位元可以為「0」狀態、「1」狀態，或者介於兩者的疊加

態。因此，一個長度為 m 的 Q 位元可以有 2^m 個不同的狀態。$\xi(\xi\subset(-\pi,\pi])$ 代表 Q 位元的相位，所以第 i 個 Q 位元的相位是 $\xi_i=\arctan(\beta_i/\alpha_i)$。圖 5.2 表示 ξ_i 在坐標中的位置。這種做法可以大大減少尋找最佳解所用的時間和空間。

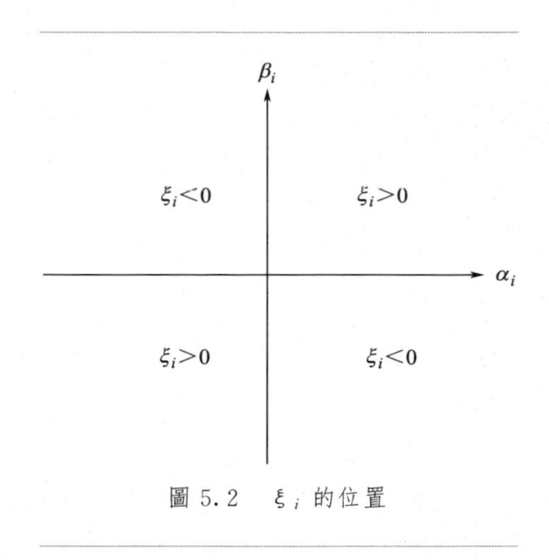

圖 5.2 ξ_i 的位置

在一個長度為 m 的 Q 位元中，第 j 個個體的表示為式(5.17)：

$$\boldsymbol{P}_j=\begin{bmatrix}\alpha_1 & \alpha_2 & \cdots & \alpha_m\\ \beta_1 & \beta_2 & \cdots & \beta_m\end{bmatrix} \tag{5.17}$$

式中，$|\alpha_i|^2+|\beta_i|^2=1$，$i=1,2,\cdots,m$。在量子演算法中，用 Q 位元來表示費洛蒙，設種群大小為 n，其費洛蒙用量子位表示為 $p=(p_1,p_2,\cdots,p_n)$。

(2) 旋轉門更新費洛蒙

Q 位元個體由旋轉門更新，旋轉門是量子進化論中的更新操作，它滿足歸一化條件$|\alpha|^2+|\beta|^2=1$，式(5.18) 是量子進化論中基本的旋轉門：

$$\begin{bmatrix}\alpha_i'\\ \beta_i'\end{bmatrix}=\begin{bmatrix}\cos(\theta_i) & -\sin(\theta_i)\\ \sin(\theta_i) & \cos(\theta_i)\end{bmatrix}\begin{bmatrix}\alpha_i\\ \beta_i\end{bmatrix} \tag{5.18}$$

式中，$i=1,2,\cdots,\mathrm{m}$；$[\alpha_i,\beta_i]^{\mathrm{T}}$ 為第 i 個量子位的機率幅；θ_i 為第 i 個量子位的旋轉角度，其大小和方向根據一個預先確定的調整策略，通過查表得到。這裡 θ_i 的大小和方向通過式(5.19) 自動調節。

$$\theta_i=\Delta\theta f(\alpha_i,\beta_i) \tag{5.19}$$

式中，$\Delta=5\exp(-t/t_{\max})$，是一個與疊代次數有關的變量；$\Delta\theta$ 控制θ_i 旋轉角度的大小；t 為疊代次數；$t_{\max}$為一個根據具體問題而定義的常量，為最大疊代次數；$f(\alpha_i,\beta_i)$ 為一個有關 α_i 和β_i 的函數，它可以調整 θ_i 的旋轉方向，從而使演算法可以找到更優解的方向，如式(5.20) 所示。

$$f(\alpha_i,\beta_i)=(d_{i\text{best}}/d_{i\text{now}})(\xi_{i\text{best}}-\xi_{i\text{now}}) \tag{5.20}$$

式中，$d_{i\text{now}}=\beta_{i\text{now}}/\alpha_{i\text{now}}$，$d_{i\text{now}}$為第 i 個量子位的當前解，$\alpha_{i\text{now}}$和 $\beta_{i\text{now}}$為第 i 個量子位的當前解的機率幅；$d_{i\text{best}}=\beta_{i\text{best}}/\alpha_{i\text{best}}$，$d_{i\text{best}}$為第 i 個量子位搜尋到的最佳解，$\alpha_{i\text{best}}$和 $\beta_{i\text{best}}$為第 i 個量子位搜尋到的最佳解的機率幅。

$$\xi_{i\text{best}}=\arctan(\beta_{i\text{best}}/\alpha_{i\text{best}}) \tag{5.21}$$

$$\xi_{i\text{now}}=\arctan(\beta_{i\text{now}}/\alpha_{i\text{now}}) \tag{5.22}$$

式中，$\xi_{i\text{best}}$為第 i 個量子位最佳解的相位；$\xi_{i\text{now}}$為第 i 個量子位當前解的相位。當 $f(\alpha_i,\beta_i)<0$ 時，θ_i 按順時針方向旋轉。當 $f(\alpha_i,\beta_i)>0$ 時，θ_i 按逆時

針方向旋轉。式(5.23) 描述了量子旋轉門的更新操作。

$$\boldsymbol{P}_j^{t+1}=G(t)\boldsymbol{P}_j^t \tag{5.23}$$

式中，t 為疊代次數，$G(t)$ 為第 t 次疊代的量子旋轉門，$\boldsymbol{P}_j^t$ 是第 t 次疊代的個體機率幅，$\boldsymbol{P}_j^{t+1}$ 為第 $t+1$ 次疊代的個體的機率幅。$\boldsymbol{P}_j^t$ 和 $\boldsymbol{P}_j^{t+1}$ 的表達式如式(5.17)。

(3) 路由演算法的度量標準

度量標準在路由協定、路由演算法中起著非常重要的作用，演算法通常決定了最佳路徑的性能，由此可知選擇路由演算法時一定要考慮周全。通常情況下，需要綜合考慮以下幾個度量標準[25]。

① 簡單：演算法簡潔，利用最小的開銷，提供最有效的功能。

② 最佳化：路由演算法要有運算全局最佳路徑的能力。

③ 快速收斂：收斂性是指所有路由器一致認為某一條路徑為最佳路徑。當某些節點加入網路或某些節點失效時，路由器就發出更新資訊。路由更新資訊遍及整個網路，從而重新運算最佳路徑，最終達到所有路由器一致公認的最佳路徑。

④ 靈活性：路由演算法能夠快速、準確地適應各種網路環境。比如，某個網段發生突發狀況，路由演算法要能以最快的速度發現突發狀況，並為使用該網段的所有路由選擇另一條最佳路徑。

⑤ 強健性：路由演算法處於突發狀況或不可預料的情況時，如負載過高、硬體故障或操作失誤，都能正確運行。由於路由器分布在網路連接點上，若路由器產生故障，將會產生嚴重後果。最好的路由器演算法往往需要長時間連續運行，並在各種網路環境下均能正常工作。

一種度量標準並不能完全描述網路性能，因此多種類別的度量標準被路由演算法採用，從而決定最佳路徑。多種度量被複雜的路由演算法所採用，通過規範的加權運算，將它們綜合成為單個的複合度量，最後作為搜尋路徑的標準填入路由表[26]。通常所使用的度量有：可靠性、路徑長度、頻寬、延遲、通訊成本和負載等。

(4) 多目標路由演算法設計策略

現實世界中的很多問題通常由相互衝突的多個目標組成，在對其中一個目標進行最佳化的時候很可能造成其他目標性能的下降。多目標最佳化問題[27]與傳統的單目標最佳化有很大不同，它並非是尋找某一個獨立的最佳解，而是搜尋一組非劣解。該組非劣解能夠為最終的決策提供支持。對於多目標問題而言，通常會出現求得的一個解對於某個目標來說是較好的而對於其他目標來說則可能是較差的這種情況。因此，存在一個折中解的集合，稱為 Pareto 最佳解集（Pareto-optimal Set）或非支配解集（Non-dominated Set）。所有這些多目標最佳化演算法的主要目標是使得演算法所求得的非劣解集盡量接近 Pareto 前端，並且非劣解的分布盡可能廣泛和均勻[28]。

目前大多數路由協定主要考慮能耗因素，研究目標單一，缺乏對網路整體性能的多目標考察和評價。實際上在評價無線感測器網路路由演算法時，需要考慮的不止一個目標，除了節能外，還應考慮網路的延時、傳輸效率、堅固性等性能指標。

基本蟻群演算法最早是用來解決 TSP 問題，TSP 問題具有目標單一的特點，也就是求得最短路徑[29,30]。而無線感測器網路並不是這樣簡單，它要對多目標進行最佳化，包括網路的延時、能耗、可靠性及傳輸效率等。因此本演算法採用多目標評價函數的方式，對螞蟻搜尋最佳解的過程中所建立的路由樹進行綜合性能評價。螞蟻不斷行動的過程就是多目標路由樹的形成過程。任意螞蟻從源節點出發，達到正在逐漸形成的路由樹，即完成一次旅行。在一棵路由樹形成以後，數據將從源節點出發沿著這棵樹傳輸到 Sink（匯聚）節點。式(5.24）給出了路由樹的評價函數，它包含了能耗因子、延時因子和路由樹負載平衡因子。

$$f(t)=\frac{C_0}{[Q_1(t)]^{C_1}[Q_2(t)]^{C_2}[Q_3(t)]^{C_3}[Q_4(t)]^{C_4}} \tag{5.24}$$

$Q_1(t)$ 為評價函數中的能耗因子，如式(5.25）所示。C_1 是能耗因子的權重。

$$Q_1(t)=\sum_{rs} Kd_{\mathrm{rs}}^{n} \qquad (r,s)\in Tree(t) \tag{5.25}$$

在式(5.18）中，d_{rs} 為路徑（r,s）的長度；$2<n<4$，通常 n 接近 4。

$Q_2(t)$ 為評價函數中的延時因子，以從源節點到 Sink 節點的最長路徑表示，如式(5.26）所示。C_2 是延遲因子的權重。

$$Q_2(t)=\max F_{dk}(t) \qquad k=k_1,k_2,\cdots k_n \tag{5.26}$$

在式(5.26）中，F_{dk} 是螞蟻 k 的一次旅行長度。在多層次同步數據融合的無線感測器網路中，延時都隨著樹的深度增加，因而式(5.26）能較好地反映網路的延時性能。

$Q_3(t)$ 和 $Q_4(t)$ 組合成為評價函數的路由樹負載平衡因子，以負載的均值和標準差表示，如式(5.27）和式(5.28）所示。C_3 和 C_4 是負載平衡因子的權重。

$$Q_3(t)=E_r(t) \qquad r=r_1,r_2,\cdots,r_n \tag{5.27}$$

$$Q_4(t)=\sigma_r(t) \qquad r=r_1,r_2,\cdots,r_n \tag{5.28}$$

對於任意節點 r，搜尋其所有子節點，直到其全部葉子節點為止，所有葉子節點數（即源節點數目）為 r 的負載。在路由樹上，Sink 節點的負載最大，為全部源節點數；源節點的負載最小，為 0。這裡採用節點負載的均值和標準差來衡量路由樹的負載平衡程度。

5.3.3 量子蟻群多目標路由演算法設計

(1) 路由建立準備階段

① 匯聚節點廣播初始化信號，使所有節點擷取到其鄰居節點的資訊，並且將鄰居節點加入自己的路由表中，將鄰居節點鏈路的費洛蒙置為1。每個節點產生一個當前節點的前向螞蟻包，這個螞蟻包中包括源節點編號、路過節點編號和匯聚節點的編號。也就是初始化包含 k 個個體的種群 $P(t)=(P_1^t,P_2^t,\cdots,P_k^t)$，其中 $P_j^t(j=1,2,\cdots,k)$ 是第 t 次疊代中第 j 個個體，如式(5.29) 所示。

$$\boldsymbol{P}_j^t=\begin{bmatrix}\alpha_1^t & \alpha_2^t & \cdots & \alpha_m^t \\ \beta_1^t & \beta_2^t & \cdots & \beta_m^t\end{bmatrix} \tag{5.29}$$

式中，m 為量子位的位數。初始化所有的 α_i 和 β_i 為 $1/\sqrt{2}$。設置最大疊代次數為 $t_{\max}$。初始化當前的疊代次數 t 為0。

② 進行二進制化，根據 $\boldsymbol{P}(t)$ 中機率幅的取值，構造 $R(t)=(r_1^t,r_2^t,\cdots,r_k^t)$，其中 $r_j^t(j=1,2,\cdots,k)$ 是一個長度為 m 的二進制串。在 $\boldsymbol{P}_j^t(j=1,2,\cdots,k)$ 中，每一個元素由 $|\alpha_j^t|^2$ 和 $|\beta_j^t|^2$ 決定。設置一個隨機數 $w(w\subset[0,1])$。如果 $|\alpha_j^t|^2>w$，令 $r_i^t=0$。否則，令 $r_i^t=1(i=1,2,\cdots,m)$。

(2) 路由建立階段

在每一個源節點上，放置 k 個螞蟻。每個螞蟻重複地應用狀態轉移規則(偽隨機機率轉移規則)，根據式(5.30) 建立一個路徑，在建立路徑的過程中，螞蟻每走一步，採用式(5.14) 所示方法釋放費洛蒙，直至所有螞蟻均完成解路徑的構造。

$$b=\begin{cases}\operatorname{argmax}_{s\in U}\{[\tau(a,s)][\eta(a,s)]^{\gamma}\}, & q\leqslant q_0 \\ b', & \text{其他}\end{cases} \tag{5.30}$$

式(5.30) 決定了螞蟻 k 從節點 r 轉移到節點 s。

$T(a,b)$ 由 α 和 β 決定，它是 (a,b) 路徑上的費洛蒙數量。E 是 $1/(C-e_b)$ 的能量函數（C 是節點 b 的初始能量，e_b 是節點 b 的實際能量），α 和 β 分別是費洛蒙和能量的權重參數。費洛蒙的意義是在 (a,b) 路徑上的費洛蒙越多，該路徑被選擇的機率越大；能量的意義是節點擁有的能量越多，被選擇的機率越大。α 和 β 可以很好地平衡費洛蒙和能量這兩個因子。U 是一個集合，包含所有可以作為下一跳的節點。b' 是一個螞蟻從節點 a 到節點 b 的轉移機率，由式(5.26)表示。q 是一個介於0和1之間均勻分布的隨機數，它可以決定下一跳的機率。參數 q_0 的大小決定了螞蟻利用先驗知識與探索新路徑中，哪一個更為重要：每當一隻位於節點 a 的螞蟻選擇下一跳將要到達的節點 b 時，它隨機選取一個數 q，如果 $q\leqslant q_0$，下一跳節點根據式(5.23) 選擇最好的鏈路。否則，根據式(5.31)所示機率選擇一條鏈路。通過調節參數 q_0 的大小，可以調節演算法對新路徑的探索度，從而決定演算法是應該集中搜尋至今最佳路徑附近的區域，還是應該探索從未探索過的區域。也就是說，螞蟻選擇當前最佳路徑的機率是 q_0。這種最佳的行動方式是根據費洛蒙的積累和啓發式資訊值求出的。同時螞蟻以 $1-q_0$ 的機率有偏向性地探索各條路徑。

$$P_k(a,b)=\begin{cases}\dfrac{[T(a,b)]^\alpha[E(b)]^\beta}{\sum_{u\not\subset M_k}[T(a,b)]^\alpha[E(b)]^\beta}, & b\not\subset M_k\\ 0, & \text{其他}\end{cases} \tag{5.31}$$

(3) 路由最佳化階段

當匯聚節點收到前向螞蟻包時，匯聚節點將運算最佳解。根據路由樹評價策略，運算評價函數，即式(5.24)的最佳解，運算方法由式(5.32)給出。

$$f_{\text{best}}=\max f(n)(n=0,1,\cdots,t) \tag{5.32}$$

如果當前的疊代次數小於 $t_{\max}$，Sink 節點根據每個節點的前向螞蟻包，生成該節點的後向螞蟻包。當節點接收到自己的後向螞蟻包後，更新當前最佳解路徑上的費洛蒙。

5.3.4 演算法性能分析

收斂性能證明的符號定義為：$T_k(r,s)$ 為第 k 隻螞蟻在路徑 (r,s) 上所釋放的費洛蒙值，m 為螞蟻總數，$P_k(r,s)$ 為螞蟻 k 在節點 r 轉移到存取節點 s 的機率，P_k^* 為螞蟻 k 選擇下一個存取節點機率的最佳值，P' 為路徑選擇中可行的下一個存取節點機率。

首先證明在螞蟻尋找路徑過程中，每條鏈路上的費洛蒙都不可能超過一個最大值 $T_{\max}$，證明如下。

對於邊 (r,s)，設 $T_0(r,s)=T_0$，

當 $k=1$ 時，即第一隻螞蟻，有 $T_1(r,s)=(1-\rho)T_0+\rho\Delta T(r,s)$，

可知，$T_2(r,s)=(1-\rho)T_1(r,s)+\rho\Delta T(r,s)$

$$=(1-\rho)[(1-\rho)T_0+\rho\Delta T(r,s)]+\rho\Delta T(r,s)$$

$$=(1-\rho)^2T_0+\rho(1-\rho)\Delta T(r,s)+\rho\Delta T(r,s)$$

當循環到第 k 個螞蟻時，有

$$T_k(r,s)=(1-\rho)^kT_0+\rho(1-\rho)^{k-1}\Delta T(r,s)+\cdots+\rho(1-\rho)\Delta T(r,s)+\rho\Delta T(r,s)$$

$$=\sum_{n=1}^{k}\rho(1-\rho)^{n-1}\Delta T(r,s)+(1-\rho)^kT_0$$

當 k 趨於無窮大時，有

$$\lim_{k\to\infty} T_k(r,s) = \lim_{k\to\infty}\left[\sum_{n=1}^{k}\rho\ (1-\rho)^{n-1}\Delta T(r,s) + (1-\rho)^k T_0\right]$$
$$= \Delta T(r,s)$$
$$\leqslant T_{\max}$$

其次，證明存在任意的 ε，當 $k\to\infty$時，有 $P_k^* \geqslant 1-\varepsilon$，且收斂於 $\lim_{k\to\infty} P_k^* = 1$，證明如下。

設費洛蒙濃度 $T_k(r,s)$ 的全局最小值為 $T_{\min}$，可行解機率的下界為 $P_{\min}$，有 $T_{\min}\leqslant T_k(r,s)\leqslant T_{\max}$，根據式(5.19) 給出 $P_{\min}$的下界為

$$P_{\min} \geqslant \frac{T_{\min}^{\alpha}}{(m-1)T_{\max}^{\alpha} + T_{\min}^{\alpha}} \geqslant \frac{T_{\min}^{\alpha}}{mT_{\max}^{\alpha}} = P'_{\min}$$

P_k^* 的下界為 $P_k^* = 1-(1-P')^k$

從而可知 $P_k^* \geqslant 1-\left\{1-\left(\dfrac{T_{\min}^{\alpha}}{mT_{\max}^{\alpha}}\right)^m\right\}^k$

因此，$P_k^* \geqslant P'_k \geqslant 1-\varepsilon$，當 $k\to\infty$，有 $\lim_{k\to\infty} P_k^* = 1$。

由上述兩個證明可知，QABR 演算法具有收斂性。

5.4 實驗與結果分析

這裡採用 MATLAB 仿真平臺進行實驗的仿真與分析。

為了驗證 QABR 演算法的性能，將該演算法和傳統的蟻群演算法進行了仿真對比。為了研究 C_1、C_2、C_3 等參數對演算法性能的影響，首先仿真了 C_1、C_2、C_3 等參數不同值的場景，為了減少偶然性，每個實驗都進行了 50 次，最終實驗結果取平均值，如表 5.1 所示。

表 5.1 仿真參數列表

參數	值
C_1	0.5
C_2	0.1
C_3	0.1
q_0	0.8

(1) 實驗一

在該實驗中，網路節點個數固定，其目的是驗證 QABR 演算法的收斂性。在各個參數均一致的情況下，觀察 QABR 演算法和傳統蟻群演算法各自運行情況，觀察網路拓撲結構，以及顯示兩種演算法分別得到的最佳路徑，同時繪製

兩個演算法隨疊代次數增加而收斂的曲線圖。在 1000m×1000m 的範圍內，選取隨機分布的 50 個節點。最大疊代次數取 400，螞蟻數取 40。仿真參數列表如表 5.2 所示。

表 5.2　實驗一參數列表

網路節點數	50
網路範圍	1000m×1000m
C_1	0.5
C_2	0.1
C_3	0.1
q_0	0.8
$t_{\max}$	400

該網路拓撲可由 MATLAB 隨機生成。圖 5.3 是根據 k-均值聚類演算法隨機生成的 WSN 網路拓撲結構，連線表示節點之間可通訊，可以有效模擬現實多變的監控環境，為仿真實驗提供支持。圖 5.4 標出了圖 5.3 網路拓撲中 QABR 和傳統蟻群演算法各自擷取的最佳路徑，節點 1 為起點，節點 50 為終點，紅色線為 QARB 路徑，藍色線為傳統蟻群演算法路徑。

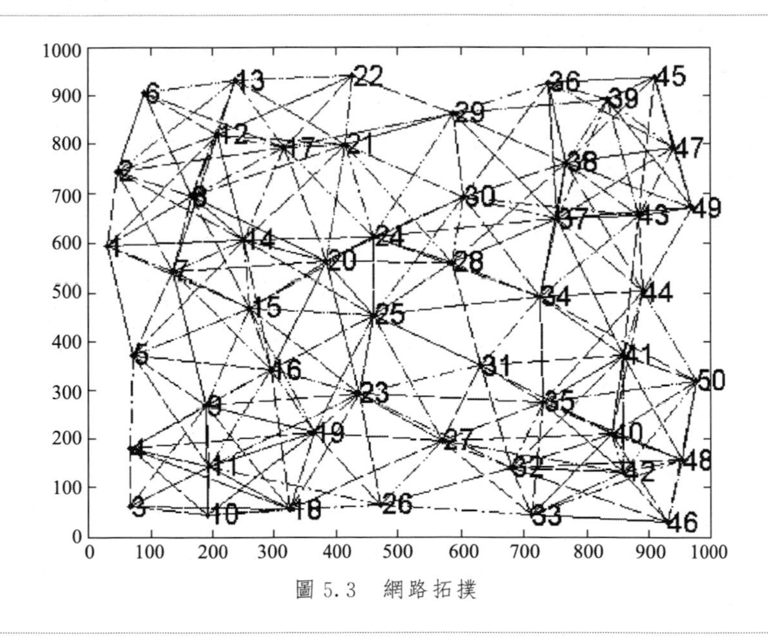

圖 5.3　網路拓撲

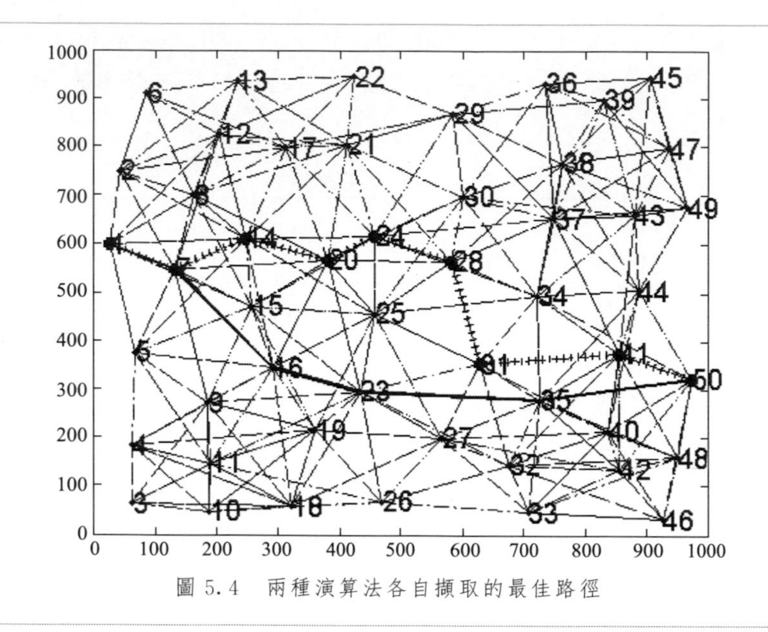

圖 5.4　兩種演算法各自擷取的最佳路徑

圖 5.5 是 QABR 演算法和傳統蟻群演算法最佳解隨疊代次數的收斂曲線，可以看出兩種演算法在每次疊代過程中的最佳值。由圖可知，QABR 在第 194 次疊代時收斂，而傳統蟻群演算法在第 348 次疊代時才收斂。可以證明，QABR 的收斂速度大於傳統蟻群演算法的收斂速度。另外，由圖可知，傳統蟻群演算法出現了早熟現象，也就是說，在找到最佳解前，它已經收斂於一個相對的非最佳解。QABR 雖然是建立在傳統的蟻群演算法之上，但卻很好地克服了這一缺陷。綜上所述，QABR 演算法收斂速度快，同時最佳值高。

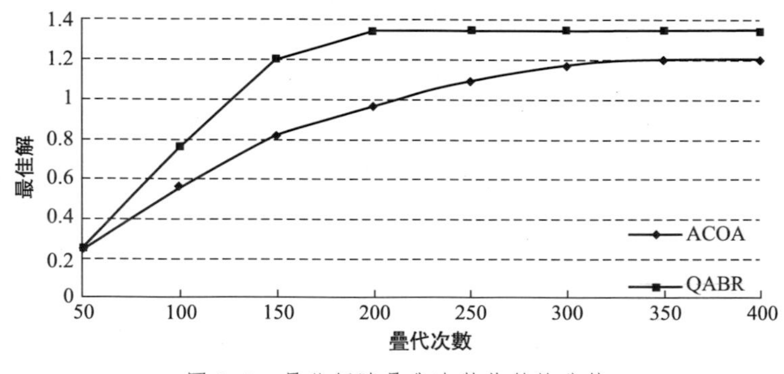

圖 5.5　最佳解隨疊代次數收斂的曲線

（2）實驗二

在該實驗中，根據節點數目的變化，對比 QABR 和傳統蟻群演算法的最佳解。在各個參數均一致的情況下，觀察 QABR 演算法和傳統蟻群演算法各自運行情況，觀察網路拓撲結構，以及顯示兩種演算法分別得到的最佳路徑，同時繪製兩個演算法隨網路節點數增加而變化的曲線圖。在 1000m×1000m 的範圍內，選取隨機分布的 10，20，30，…，100 個節點。最大疊代次數取 400，螞蟻數取 40。仿真參數列表如表 5.3 所示。

表 5.3　實驗二參數列表

網路節點數	10,20,…,100
網路範圍	1000m×1000m
C_1	0.5
C_2	0.1
C_3	0.1
q_0	0.8
$t_{\max}$	400

圖 5.6 是 QABR 演算法和傳統蟻群演算法最佳解隨網路節點數的收斂曲線，可以看出兩種演算法在不同網路節點環境中的最佳解的值。隨著網路節點數的增加，最佳解隨之減小。由於 QABR 演算法綜合考慮了能量因素和網路負載因素，其減小幅度小於傳統蟻群演算法的幅度。

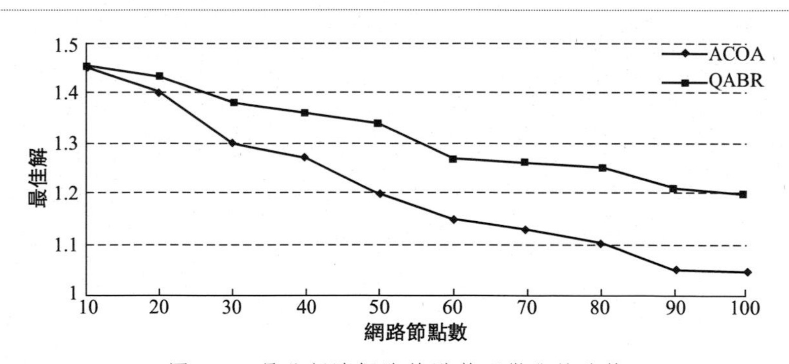

圖 5.6　最佳解隨網路節點數而變化的曲線

(3) 實驗三

考慮到路由演算法影響節點能耗和網路壽命，這關係到網路的可行性。因此，該實驗在一定條件下對無線感測器網路能耗和壽命進行分析。在無線感測器網路中，路由演算法都是以最佳化節能和延長壽命為目的的。通常對於一個 WSN 網路，獨立工作情況下，起碼要正常工作半年至兩年才具有使用價值。因此，實驗對節點能耗進行分析，實驗參數見表 5.4。

表 5.4 實驗三參數列表

網路節點數	50
網路範圍	5000m×5000m
通訊範圍	5000m
最大數據速率	512Kbps
數據包大小	64 位元組
鏈路頻寬	10Kbps

節點的能耗乃至網路的壽命與路徑的選擇及其選擇的速度有關，這裡提出的綜合 QoS 能很好地表現出其間的關係。圖 5.7 以每個節點的能耗為物件，表示網路從第一個節點死亡到整個網路關閉的過程，QABR 演算法在避免局部收斂的前提下，收斂速度最快，路徑最佳，從而整體上有效地減少了網路的能耗。出現第一個節點死亡的時間以及整個網路的壽命都比傳統蟻群演算法明顯要長，表現出 QABR 演算法的優越性以及可行性。

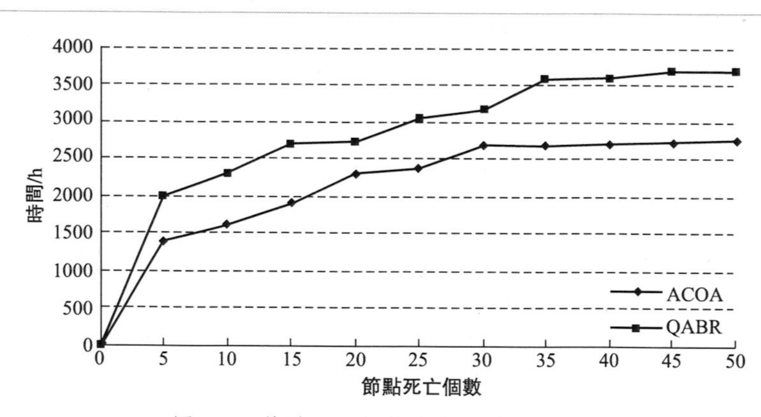

圖 5.7 節點死亡個數隨時間的變化曲線

參考文獻

[1] TANG L, LIU M, WANG KC, et al. Study of path loss and data transmission error of IEEE 802.15.4 compliant wireless sensors in small-scale manufacturing environments. International Journal of Advanced Manufacturing Technology,

2012, 63 (5-8) : 659-669.

[2] LIU M, XU S, SUN S. An agent-assisted QoS-based routing algorithm for wireless sensor networks. Journal of Network and Computer Applications, 2012, 35 (1) : 29-36.

[3] JIANG H, WANG M, LIU M, et al. A quantum-inspired ant-based routing algorithm for WSNs. IEEE 16th International Conference on Computer Supported Cooperative Work in Design, 2012, 609-615.

[4] 劉敏，徐世軍，孫思毅，等．基於 QoS-PSO 的無線傳感器網路路由方法．同濟大學學報，2010, 39 (12) : 1846-1850.

[5] HEDETNIEMI S, LIESTXNAN A. A survey of gossiping and broadcasting in communication networks. Networks, 1988, 18 (4) : 319-349.

[6] HEINZELMAN W R, KULIK J, BALAKRISHNAN H. Adaptive protocols for information dissemination in wireless sensor networks. Proceedings of 5th ACM/IEEE Mobicom Conference (MobiCom '99), Seattle, WA, 1999: 174-185.

[7] INTANAGONWIWAT C, GOVINDAN R, ESTRIN D. Directed diffusion: a scalable and robust communication paradigm for sensor networks. Proceedings ACM Mobi-Com'00, Boston, MA, 2000: 56-67.

[8] BRAGINSKY, D, ESTRIN, D. Rumor routing algorithm in sensor networks. Proceedings ACM WSNA, in Conjunction with ACM MobiCom'02, Atlanta, GA, 2002: 22-31.

[9] HEINZELMAN W, CHANDRAKASAN A, BALAKRISHNAN H. Energy efficient communication Protocol for wireless microsensor networksl. Proceedings of the 33rd Hawaii International Conference on System Sciences. Maui: IEEE Computer Soeiety, 2000: 3005-3014.

[10] LINDSEY S, RAGHAVENDRA C S. PEGASIS: power efficient gathering in sensor information systems. Proceedings of IEEE Aerospace Conference, 2002: 1-6.

[11] MANJESHWAR A, AGAWAL D P. TEEN: a routing protocol for enhanced efficiency in wireless sensor networks. Proceedings of the 15th Parallel and Distributed Processing Symposium. San Francisco: IEEE Computer Soeiety, 2001: 2009-2015.

[12] YU Y, GOVINDAN R, ESTRIN D. Geographical and energy aware routing: a recursive data dissemination protocol for wireless sensor networks. Marine Pollution Bulletin, 2011, 20 (1) : 48.

[13] CRAWLEY E, NAIR R, RAJAGOPALAN B. A framework for QoS-based routing in the internet. RFC2386[EB/OL]. http: //www. ietf. org/rfc/rfc. 2386. txt, 1998.

[14] SOHRABI K, GAO J, AILAWADHI V, et al. Protocols for self-organization of a wireless sensor network. IEEE Personal Communications, 2000, 7 (5) : 16-27.

[15] HE T, STANKOVIC J, LU C, et al. SPEED: a stateless protocol for real-time communication in sensor networks. Proceedings of the 23rd International Conference on Distributed Computing Systems, 2003.

[16] CAMILO T, CARRETO C, SILVA J. et al. An energy-efficient ant-based routing algorithm for wireless sensor networks. the 5th International Workshop on Ant Colony Optimization and Swarm Intelligence, 2006.

[17] SALEEM M, CARO G, FAROOQ M. Swarm intelligence based routing protocol

for wireless sensor networks: survey and future directions. Information Sciences, 2010.

[18] ZHANG Y, KUHN L, FROMHERZ M. Improvements on ant routing for sensor networks. Ants 2004, Int Workshop on Ant Colony Optimization and Swarm Intelligence, 2004.

[19] COLORNI A, DORIGO M, MANIEZZO V, Distributed optimization by ant colonies. Proceedings of the First European Conference on Artificial Life, Paris, France, Elsevier Publishing, 1991, 134-142.

[20] HAN K H, KIM J H. Quantum-inspired evolutionary algorithms with a new termination criterion. H Gate and Two-Phase Scheme IEEE Transactions on Evolutionary Computation, 2004, 8 (2): 156-169.

[21] HAN K H, KIM J H. Genetic quantum algorithm and its application to combinatorial optimization problem. Proceedings of the 2000 IEEE Congress on Evolutionary Computation, 2000, 1354-1360.

[22] 吳盛俊，周錦東，張永德．量子算法簡介．大學物理，1999，18 (12)：1-5.

[23] 唐義龍，潘煒，李念強．基於量子基因算法的無線傳感器網路路由研究．傳感器與微系統，2011，30 (12)：68-70.

[24] 李盼池，李士勇．求解連續空間優化問題的量子蟻群算法．控制理論與應用，2008，25 (2)：237-241.

[25] 謝金星，邢文訓．網路優化．北京：清華大學出版社，2009.

[26] NIKI T, BHASKAR K. Sensor network algorithms and applications. Philosophical Transactions of the Royal Society: Mathematical, Physical and Engineering Sciences, 2012, 370 (1958): 5-10.

[27] COELLO C. Evolutionary multi-objective optimization: a historical view of the field. IEEE Computational Intelligence Magazine, 2006, 1 (1): 28-36.

[28] 焦李成．多目標優化免疫算法、理論和應用．北京：科學出版社，2010.

[29] 李躍光，趙俊生，張遠平．求解 TSP 的改進量子蟻群算法．計算機工程與設計，2009，30 (16)：3843-3874.

[30] 嚴晨，王直杰．以 TSP 為代表的組合優化問題研究現狀與展望．計算機仿真，2007，24 (6)：171-174.

第6章

數據採集的協定集成與設計案例

為了更好地為企業提供設備生產和維護服務，企業急需利用高新技術和先進適用技術對設備進行技術改造和升級，本章結合鋼鐵企業連續鑄造設備的使用、維修及管理，介紹了設備關鍵零部件的現場狀態參數採集與監測，最佳化了鋼鐵連續鑄造設備的維護、檢修流程[1-5]。

6.1 狀態監測資料擷取框架

選取鋼鐵連續鑄造線 4CC 水平段的 1 臺扇形段作為試點物件，通過油缸壓力、軸承溫度、平輥轉速、框架位移 4 個物件運行狀態的監測，為軸承故障提供異常預警，為軸承維修作業從目前的事後維修向預防維修轉變提供技術支援；評估不同因素對軸承的影響，為改進軸承及框架的運行狀態、提高板坯生產品質提供依據，具體如下。油缸壓力：監測扇形段總體受力情況，間接獲得各個平輥的平均受力情況。軸承溫度：監測軸承轉動及潤滑狀況是否良好，從而判斷平輥的轉動情況。平輥轉速：監測平輥轉動是否正常，判斷是否有「堵轉」現象。框架位移：監測扇形段上下框架在工作狀態下的位置偏移量（包括上下間距以及水平偏移）。

通過油缸壓力、軸承溫度、平輥轉速及框架位移的測量，從不同角度反映、評估軸承的故障。狀態監測的總體框架如圖 6.1 所示。

通過採集器採集到的設備狀態資訊以及通過手持終端採集到的備件資訊及點檢資訊，利用遠端無線傳輸將資訊傳輸到遠端伺服器，上層管理用戶端（通過公司現有的以太網路與伺服器進行數據互動，從而實現對底層設備狀態、備件庫存資訊及離線點檢資訊的管理和維護。設備狀態參數通過將感測器信號接入採集電路，在採集電路中根據不同感測器的接入信號將電壓、電流或脈衝信號轉換為數位信號，利用現場 CAN 總線或 ZigBee 無線網路將各感測器資訊匯聚到 ARM 中心，進而發送到遠端伺服器。手持終端部分通過辨識條碼或 QR 碼以及 RFID，將現場對應的資訊錄入到手持終端，一方面在手持終端本機保存，另一方面發送到遠端伺服器。設備狀態參數以及通過手持終端採集和錄入的資訊，通過 GPRS

遠端無線傳輸傳送到遠端伺服器。上層管理伺服器通過數據接收服務接收來自ARM中心以及手持終端的數據，並將數據解析之後存入資料庫。用戶端（基於現有的 Teamcenter/MRO 平臺，通過二次開發，實現設備在線狀態監測、備件庫存管理和點檢資訊的維護和管理。

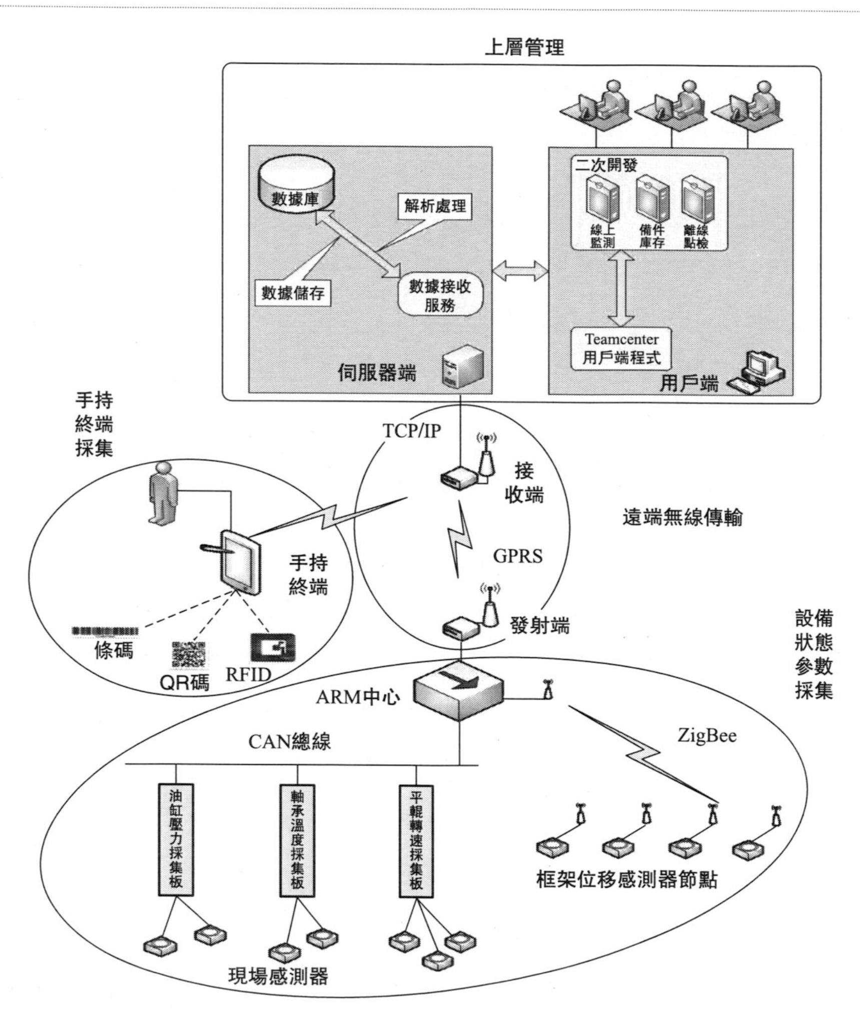

圖 6.1 設備狀態監測的總體框架

狀態監測系統的網路拓撲如圖 6.2 所示，整個網路採用 ZigBee、CAN 總線、GPRS 以及以太網融合的方式。扇形段上安裝帶無線發送功能的採集裝置；手持終端在倉庫以及維修區使用；伺服器部署在機械廠辦公室；用戶端（部署在現場點檢辦公室。

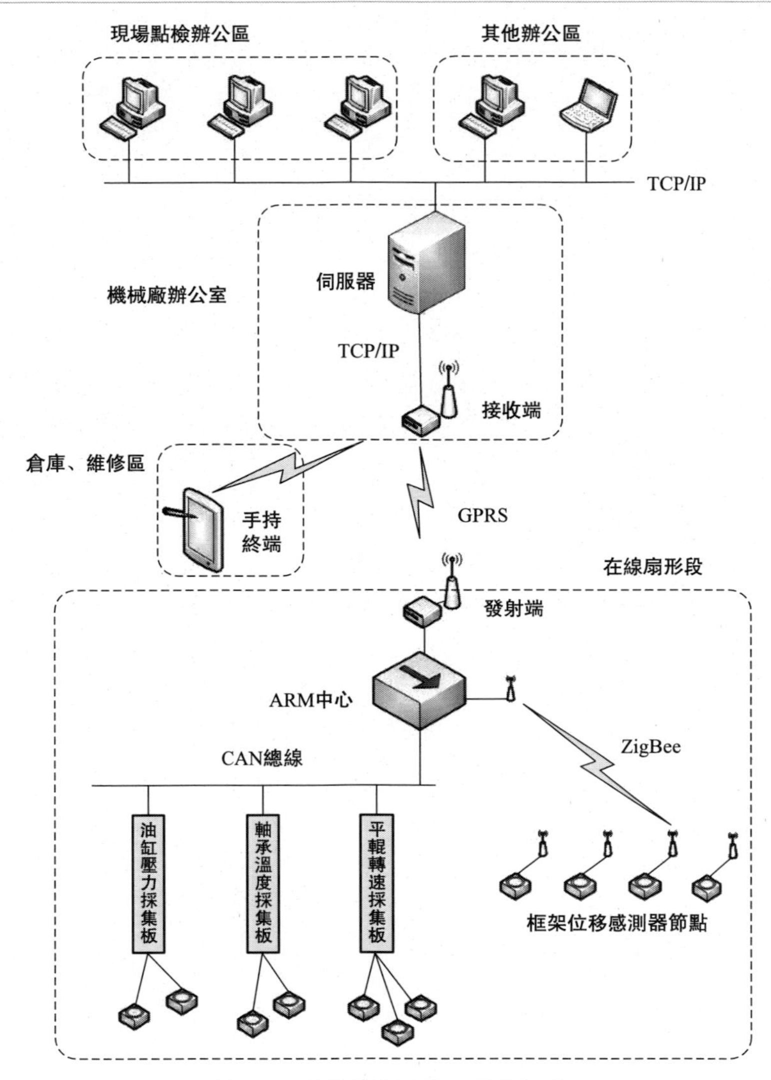

圖 6.2　狀態監測系統的網路拓撲

6.2 監測網路的協定選擇

狀態監控系統涉及：

① CAN 總線技術的特點、報文內容及結構；

② ZigBee 技術的主要特點及整體架構；

③ GPRS 技術的主要特點、GPRS 原理及結構、GPRS 組網方式。

6.2.1 CAN 總線協定

在工業控制方面，CAN 是最重要的總線協定之一，並已經形成國際標準，被公認為幾種最有前途的現場總線之一。

CAN 協定是建立在 OSI（開放系統互聯）7 層開放互聯參考模型基礎之上的，但 CAN 協定只定義了模型的最下面兩層，即數據鏈路層和物理層，僅保證了節點間無差錯的數據傳輸。

（1）CAN 的報文及結構

CAN 的報文傳輸幀格式：有兩種不同的幀格式，不同之處為標識符域的長度不同。

- 標準幀：11 位標識符。
- 擴展幀：29 位標識符。

幀類型包括數據幀、遠端幀、錯誤幀和過載幀：

- 數據幀：數據幀攜帶數據從發送器至接收器，總線上傳輸的大多是這個幀；
- 遠端幀：由總線單位發出，請求發送具有同一辨識符的數據幀；
- 錯誤幀：任何單位一旦檢測到總線錯誤就發出錯誤幀；
- 過載幀：過載幀用以在先行的和後續的數據幀（或遠端幀）之間提供一附加的延時。

數據幀和遠端幀可以使用標準幀及擴展幀兩種格式，用一個幀間間隔與前面的幀分開。

數據幀結構：數據幀由幀起始、仲裁區、控制區、數據區、CRC 區、應答區、幀結尾 7 個不同的位域組成。其數據幀結構如圖 6.3 所示。

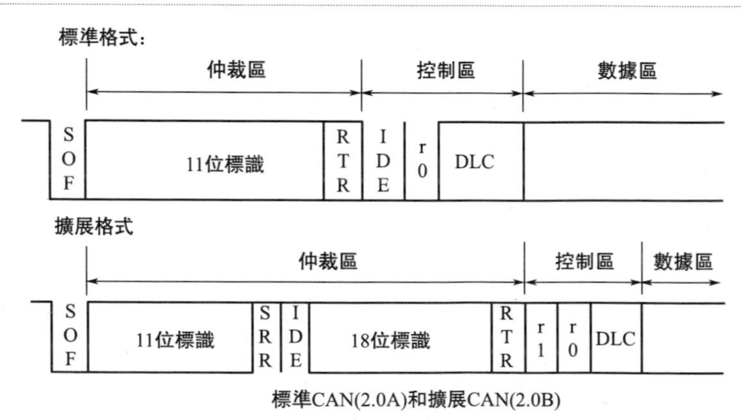

圖 6.3 CAN 協定標準幀與擴展幀格式

幀起始（SOF）僅由一顯位構成。所有站都必須同步於首先發送的那個幀起始尖端。

仲裁區（標準格式）由 11 位標識符 ID28～ID18、遠端發送請求位 RTR 組成，其中 ID 高七位不可全為 1（隱性）。

仲裁區（擴展格式）由 29 位標識符 ID28～ID0、SRR 位、辨識符擴展位 IDE 位、RTR 位組成。

SRR 是隱性位，用於替代標準格式的 RTR 位。

IDE=1（隱性）代表擴展格式，位在擴展格式中位於仲裁區而在標準格式中位於控制區。

控制區由圖 6.4 所示的 6 個位組成，長度碼 DLC3～DLC0 是數據區的位元組數 0～8，其他數值不允許使用。保留位 r1 和 r0 必須為 0，IDE（標準格式）=0。數據區 0～8 個位元組，8 位/位元組，最高有效位（MSB）先發。CRC 場由 15 位 CRC 序列和 1 位 CRC 界定符組成。

圖 6.4　CAN 協定幀格式中控制場位結構

(2) 位仲裁技術

只要總線空閒，任何單位都可以開始發送報文。

要對數據進行實時處理，就必須將數據快速傳送，這就要求數據的物理傳輸通路有較高的速度。在幾個站同時需要發送數據時，要求快速地進行總線分配。

如果 2 個或 2 個以上的單位同時開始傳送報文，那麼就會有總線存取衝突。通過使用辨識符的位形式仲裁可以解決這個衝突。

CAN 總線以報文為單位進行數據傳送，報文的優先級結合在 11 位標識符中，具有最低二進制數的標識符有最高的優先級。這種優先級一旦在系統設計時被確立後就不能再被更改。總線讀取中的衝突可通過位仲裁解決。

仲裁的機制確保資訊和時間均不會損失。當具有相同辨識符的數據幀和遠端幀同時初始化時，數據幀優先於遠端幀。

CAN 總線採用非歸零（NRZ）編碼，所有節點以「線與」方式連接至總線。如果存在一個節點向總線傳輸邏輯 0，則總線呈現邏輯 0 狀態，而不管有多少個節點在發送邏輯 1。CAN 網路的所有節點可能試圖同時發送，但其簡單的仲裁規則確保僅有一個節點控制總線並發送資訊。低有效輸出狀態（0）起決定性作用。

仲裁期間，每一個發送器都對發送位的電位準與被監控的總線電位準進行比較。如果電位準相同，則這個單位可以繼續發送。如果發送的是一「隱性」電位準（邏輯 1）而監測到一「顯性」電位準（邏輯 0），那麼該單位就失去了仲裁，必須退出發送狀態。

（3）錯誤處理

CAN 控制器內置 TX 和 RX 出錯計數器，每當收到資訊，出錯計數器就會增加或減少。如果每次收到的資訊是正確的，則計數器減 1。如果資訊出現整個網路錯誤，則計數器加 1。如果資訊出現本機錯誤，則計數器加 8。

通過查詢出錯計數器值，就可以知道通訊網路品質。這種計數器方式確保了單個故障結點不會阻塞整個 CAN 網路。

如果某個節點出現本機錯誤，其計數值將很快達到 96、127 或 255。當計數器達到 96 時，它將向節點微控制器發出中斷，提示當前通訊品質較差。當計數值達到 127 時，該節點假定其處於「被動出錯狀態」，即繼續接收資訊，且停止要求對方重發資訊。當計數達到 255 時，該節點脫離總線，不再工作，且只有在硬體復位後，才能恢復工作狀態。

錯誤類型如下。

① 主動錯誤狀態：主動錯誤狀態是可以正常參加總線通訊的狀態。處於主動錯誤狀態的單位檢測出錯誤時，輸出主動錯誤標誌。

② 被動錯誤狀態：被動錯誤狀態是易引起錯誤的狀態。處於被動錯誤狀態的單位雖能參加總線通訊，但為不妨礙其他單位通訊，接收時不能積極地發送錯誤通知。處於被動錯誤狀態的單位即使檢測出錯誤，而其他處於主動錯誤狀態的單位如果沒發現錯誤，整個總線也被認為是沒有錯誤的。處於被動錯誤狀態的單位檢測出錯誤時，輸出被動錯誤標誌。

6.2.2 ZigBee 協定

ZigBee 就是一種便宜的、低功耗、近距離的無線組網通訊技術，針對特定的在智慧家庭、智慧建築、工業自動化方面的某些特定控制應用需要，鎖定只以幾十千位元率的速率、幾公尺到幾十公尺的距離實現無線組網通訊的能力，在這樣的關鍵指標條件下，再確定出其他技術要求——微功耗、低複雜度，進而低價格，從此誕生了一種新的無線通訊技術。

ZigBee 技術作為一種用於短距離的低速率無線通訊技術，擁有統一的技術標準，其體系結構常使用層來對其各個簡化標準進行量化，協定中的每一層除了負責完成自己的任務外還要負責為上一層提供相應的服務，層與層之間的介面通過定義的邏輯鏈路來提供對應的服務。圖 6.5 給出了 ZigBee 協定的整體架構，其標準的分層結構是基於 OSI 模型，並在這個基礎上根據實際的應用需要而定義的。一般可以把 ZigBee 協定分為物理層（PHY）、媒體存取控制（MAC）、網路層（NWK）和應用層（APL）。其中，IEEE 802.15.4—2003 標準制定了物理層和媒體存取控制，ZigBee 聯盟則是在此協定的基礎上定義了網路層和應用層架構。

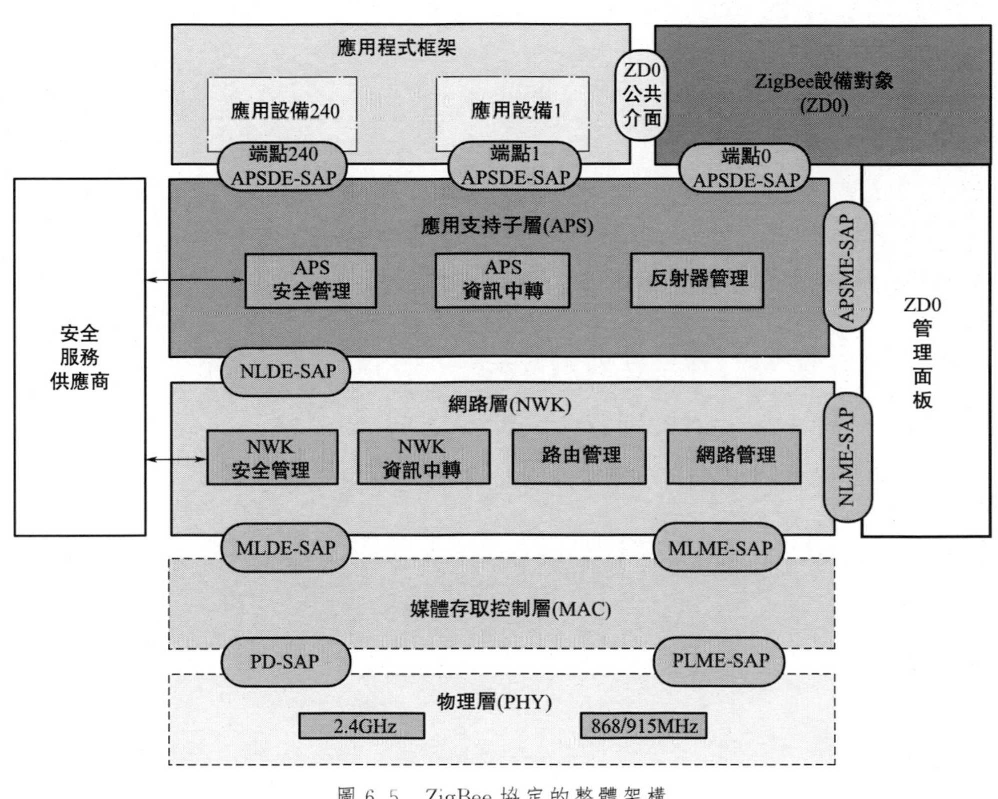

圖 6.5　ZigBee 協定的整體架構

（1）物理層（PHY）

物理層定義了物理無線信道和 MAC 子層之間的介面，提供物理層數據服務和物理層管理服務。物理層數據服務從無線物理信道上收發數據，物理管理服務維護一個由物理層相關數據組成的資料庫。物理層功能：①ZigBee 的啟動；②當前信道的能量檢測；③接收鏈路服務品質資訊；④ZigBee 信道接入方式；⑤信道頻率選擇；⑥數據傳輸和接收。

（2）媒體存取控制（MAC）

MAC 層負責處理所有的物理無線信道存取，並產生網路信號、同步信號；支持 PAN 連接和分離，提供兩個對等 MAC 實體之間可靠的鏈路。MAC 層數據服務：保證 MAC 協定數據單位在物理層數據服務中正確收發。MAC 層管理服務維護一個儲存 MAC 子層協定狀態相關資訊的資料庫。MAC 層功能：①網路協調器產生信標；②與信標同步；③支持 PAN（個域網）鏈路的建立和斷開；④為設備的安全性提供支持；⑤信道接入方式採用免衝突載波檢測多址接入（CSMA-CA）機制；⑥處理和維護保護時隙（GTS）機制；⑦在兩個對等的 MAC 實體之間提供一個可靠的通訊鏈路。

（3）網路層（NWK）

在 ZigBee 網路中，根據節點所具有的通訊能力，可以分為全功能設備（Full Function Device，FFD）和精簡功能設備（Reduced Function Device，RFD），FFD 設備之間以及 FFD 設備與 RFD 設備之間都可以通訊。RFD 設備之間不能直接通訊，只能與 FFD 設備通訊，或者通過一個 FFD 設備向外轉發數據。這個與 RFD 相關聯的 FFD 設備稱為該 RFD 的路由器。在網路中節點分為三種類型：協調者、路由器和終端節點。其中有一個 FFD 設備稱為協調者節點，每個 ZigBee 網路必須有一個協調者節點。它的主要作用是除了直接參與應用外，還要完成成員身分管理、鏈路狀態資訊管理以及分組轉發等任務。ZigBee 路由器為路由節點，提供路由資訊，ZigBee 終端節點沒有路由功能。ZigBee 協定棧的網路層主要實現節點加入或離開網路、接收或拋棄其他節點、路由查找及傳送數據等功能，支持圖 6.6 所示的星形、樹形、網形等多種拓撲結構。

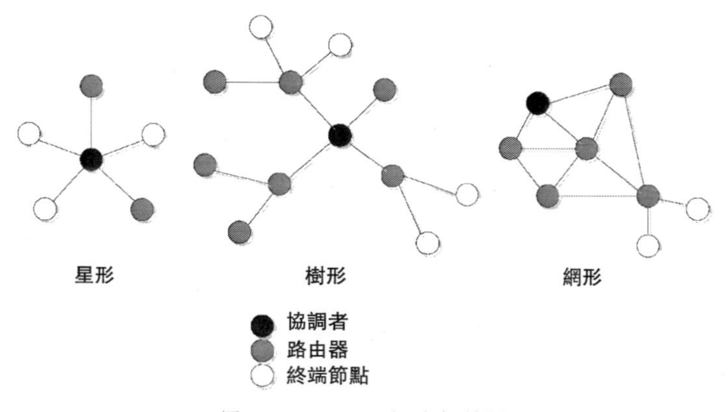

圖 6.6　ZigBee 網路拓撲圖

網路層的功能包括網路發現、網路形成、允許設備連接、路由器初始化、設備同網路連接、直接將設備同網路連接、斷開網路連接、重新復位設備、接收機同步、資訊庫維護。

(4) 應用層 (APL)

ZigBee 應用層框架包括應用支持層 (APS)、ZigBee 設備物件 (ZDO) 和製造商所定義的應用物件。應用支持層的功能包括維持綁定表、在綁定的設備之間傳送訊息。ZigBee 設備物件的功能包括定義設備在網路中的角色 (如 ZigBee 協調器和終端設備)、發起和響應綁定請求、在網路設備之間建立安全機制。ZigBee 設備物件還負責發現網路中的設備，並且決定向它們提供何種應用服務。ZigBee 應用層除了提供一些必要函數以及為網路層提供合適的服務介面外，一個重要的功能是應用者可在這層定義自己的應用物件。

(5) 應用程式框架 (AF)

運行在 ZigBee 協定棧上的應用程式實際上就是廠商自定義的應用物件，遵循規範運行在端點 1～240 上。在 ZigBee 應用中，提供 2 種標準服務類型：鍵值對 (KVP) 或報文 (MSG)。

6.2.3 GPRS 協定

GPRS 是通用封包無線服務技術 (General Packet Radio Service) 的簡稱。GPRS 為行動用戶提供了更加快速的數據傳輸速度，適用於那種突發網際網路和企業內部網通訊。GPRS 和以往連續在頻道傳輸的方式不同，是以包 (Packet) 式來傳輸的，使用者所負擔的費用以其傳輸資料單位運算，並非使用整個頻道。GPRS 傳輸速率可提升至 56Kbps，甚至 114Kbps，能夠同時處理話音和數據，適用於尖端的、頻繁的、大數據傳輸。

GPRS 系統是在 GSM 系統 (全球行動通訊系統) 的基礎上引入新的部件 GPRS 分組控制單位 PCU (Packet Control Unit)、GPRS 業務支持節點 SGSN (Serving GPRS Support Node) 和 GPRS 閘道支持 GGSN (Gateway GPRS Support Node) 節點而構成的無線數據傳輸系統，它使用分組交換技術，能兼容 GSM 並在網路上更加有效地傳輸高速數據和信令，使得用戶能夠在端到端分組方式下發送和接收數據。GPRS 採用與 GSM 相同的段、頻頻寬度、突發結構、無線調製標準、跳頻規則以及相同的 TDMA 幀結構。因此，在 GSM 系統上構建 GPRS 系統時，GSM 系統中的絕大部分部件都不需要作硬體改動，只需要作軟體升級。GPRS 網路結構如圖 6.7 所示。圖 6.7 中，BSS 為基站子系統，MSC 為行動交換中心，GMSC 為閘道行動交換中心，PSTN 為公共交換電話網路。

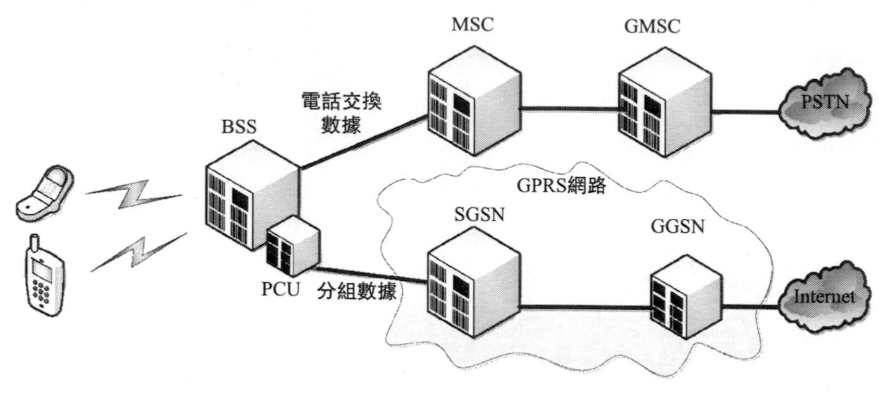

圖 6.7 GPRS 網路結構

手機或其他行動設備通過串行或無線方式連接到 GPRS 蜂窩電話上，GPRS 蜂窩電話與 GSM 基站通訊，然後從基站發送到 SGSN，SGSN 與 GGSN 進行通訊；GGSN 對分組數據進行相應的處理，再發送到目的網路，如網際網路或 X.25 網路。來自網際網路標識有行動臺位址的 IP 包，由 GGSN 接收，再轉發到 SGSN，繼而傳送到行動臺上。

6.3 硬體選型與設計

6.3.1 感測器選型

感測器是能以一定精度把某種物理量（主要為非電物理量）按照一定規律轉換為便於應用及處理的另一參量（通常為電參量）的裝置或裝置。對於船舶電腦監控系統，感測器一般是把諸如壓力、速度、流量、溫度、液位、位移、強電壓（流）等非標準物理量通過感測器採集及變送為標準的、能被電腦處理和顯示的電流或電壓信號。感測器作為監控系統的信號源，其性能好壞直接影響系統的精度和可靠性指標，針對連續鑄造設備感測器有如下要求。

① 精確性：感測器的輸出信號必須能準確地反映其輸入量的變化，這就要求感測器的輸出與輸入必須是嚴格的單值函數關係，最好是線性關係。

② 穩定性：感測器的輸入、輸出單值函數關係最好不要隨時間和溫度變化，同時受外界干擾的影響盡量縮減到最小，即所謂的無漂移性。

③ 靈敏度：被測量較小的變化就可使感測器獲得較明顯的輸出信號變化。

④ 耐腐蝕性：由於連續鑄造設備扇形段特殊的工作環境，一般要求用於扇

形段的感測器要具有較強的耐腐蝕度，即感測器不會因為長期工作在水、油、腐蝕性空氣等環境中而導致其性能變差甚至失效。

⑤ 耐高溫：同樣扇形段是用於鋼鐵澆注時的重要設備，其工作的溫度為0～300℃。

另外還有一些其他特性，如功耗、體積、價格等因素也會影響感測器的選擇和使用。設備在線監測系統的實施物件為某鋼廠4CC連續鑄造生產線D段扇形段1臺，採集物件及參數如表6.1所示，感測器包括壓力感測器、速度感測器、溫度感測器、位移感測器等。

表 6.1 採集物件及參數

採集物件	採集參數	量程範圍	感測器安裝方式	備註
軸承	溫度	－20～120℃	在軸承座表面或軸承座上開個孔塞上感測器	鎧裝K型
油缸	溫度	0～300℃	貼片式溫度感測器貼在油缸表面	鎧裝K型
	壓力	0～25MPa	利用液壓閥上預留的測壓接頭	
平輥	轉速	極限 2m/min	利用軸承端蓋上已有的安裝孔	磁性接近開關
上下框架	輥縫	200～400mm	在上下框架四個角邊緣安裝連接孔	磁致伸縮位移感測器

6.3.2 資料擷取網路層設計

網路層設計包括兩個部分，即底層感測網資料擷取和遠端數據傳輸網傳送到伺服器，底層感測網又包括CAN總線有線感測網和ZigBee無線感測網，如圖6.8所示。

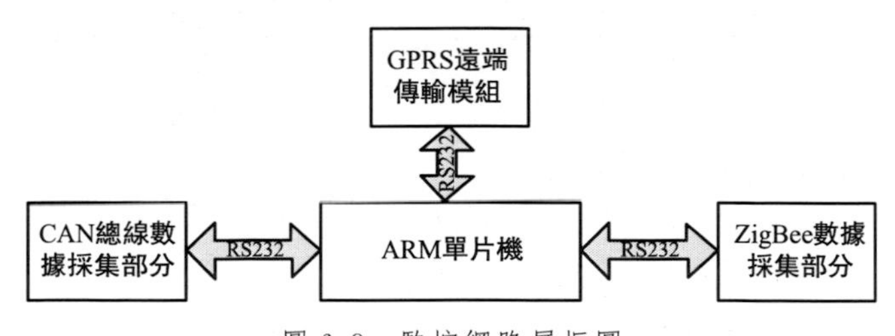

圖 6.8 監控網路層框圖

（1）ARM 控制板

ARM控制板採用以ARM11系列的S3C6410微處理器為核心的控制板。該板主要分成S3C6410核心板和S3C6410底板兩個模組，結構如圖6.9所示。S3C6410核心板整合了一些重要的單位，如S3C6410的微處理器、大容量的

Mobile DDR 和 NAND Flash 外部儲存器等。S3C6410 底板中擴展了 LCD 液晶屏、USB、UART、JTAG、復位等模組。

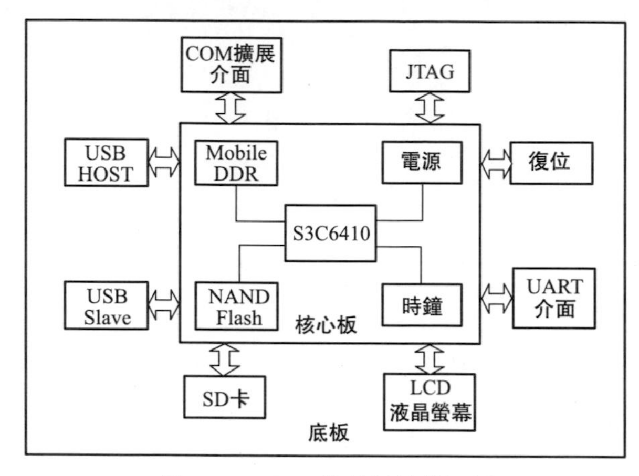

圖 6.9　ARM 控制板結構框圖

開發平臺的硬體如圖 6.10 所示，選用三星 S3C6410 處理器。S3C6410 是由三星公司推出的 RSIC 處理器，它基於 ARM1 內核（ARM1176JZF-S），是一款低功率、高性價比、高性能的廣泛應用於行動電話和通用處理等領域的處理器。它為 2.5G 和 3G 通訊服務提供最佳化的 H/W 性能，採用了 64/32 位內部總線架構。該 64/32 位內部總線結構由 AXI、AHB 和 APB 總線組成，而且有一個最佳化的介面連線到外部儲存器。儲存器系統具有雙重外部儲存器通訊埠、DRAM 和 FLASH/ROM/DRAM 通訊埠。

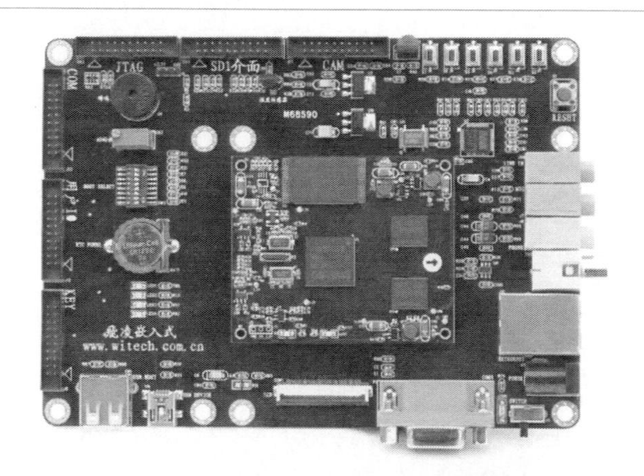

圖 6.10　ARM 開發平臺硬體圖

ARM 控制板與 CAN 總線控制器、GPRS 傳輸模組、ZigBee 的 Sink 節點採用 RS232 序列埠連接。RS232 在 ARM 開發平臺上的具體體現為 COM 通訊埠。

(2) CAN 總線控制

CAN 控制板以 MCP2510 為 CAN 控制器，與 ARM 控制板通過 RS232 序列埠相連，設備運行數據通過 CAN 控制器傳輸至 ARM 控制板，該 CAN 控制板的硬體如圖 6.11 所示。

圖 6.11 CAN 控制器硬體圖

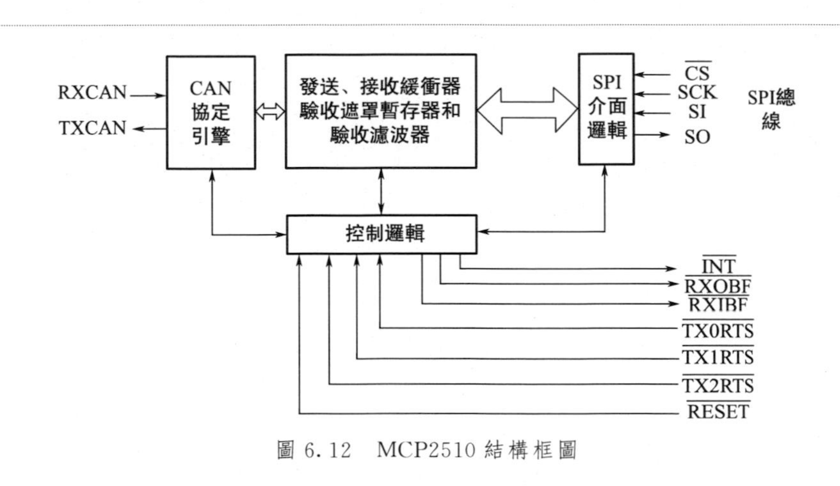

圖 6.12 MCP2510 結構框圖

CAN 總線控制器採用了圖 6.12 所示的 MCP2510，該裝置支持 CAN1.2、

CAN2. OA、主動和被動 CAN2. OB 等版本的協定，能夠發送和接收標準和擴展報文。它還同時具備驗收過濾以及報文管理功能。該裝置包含三個發送緩衝器和兩個接收緩衝器，減少了 MCU 的管理負擔。圖 6. 12 簡要顯示了 MCP2510 的結構框圖。該裝置主要由 CAN 協定引擎，用來為裝置及其運行進行配置的控制邏輯，發送接收緩衝器與驗收遮罩暫存器和驗收濾波器，以及 SPI 介面邏輯組成。

各採集轉換模組與數據處理中心的通訊採用 CAN 總線，組網結構圖如圖 6. 13所示。系統底層是各個資料擷取節點。底層資料擷取節點用於對各種感測器數據進行檢測，同時將檢測到的數據通過 CAN 總線和上層主機節點進行遠端通訊。

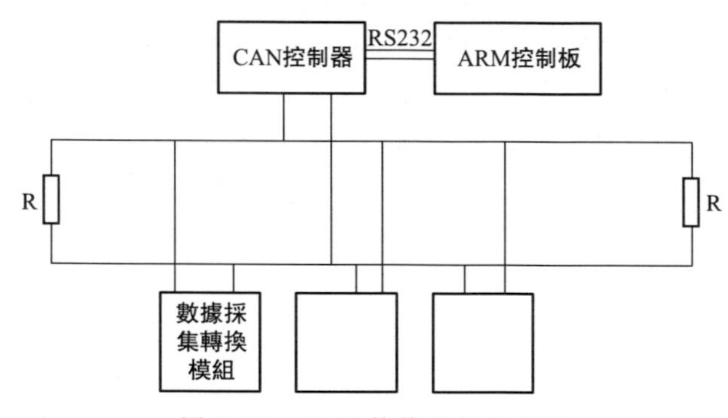

圖 6. 13　CAN 總線組網示意圖

(3) CAN 總線資料擷取轉換模組

資料擷取模組帶有微處理機，將模擬輸入量或者脈衝信號轉換成數位信號輸出，它具有採集多路感測器數據的能力、在系統中自我標識的能力以及與現場總線的通訊能力。針對感測器的採集轉換模組選型如表 6. 2 所示。採集模組有 4～20mA 模擬量輸入和脈衝測頻兩種。

表 6. 2　採集轉換模組選型表

感測器	輸出線	輸出信號	工作電壓	採集轉換板
軸承溫度	2	4～20mA	24V(12～30VDC)	8 路模擬量輸入模組
油缸壓力	2	4～20mA	24V(9～30VDC)	8 路模擬量輸入模組
油缸溫度	2	4～20mA	24V(10～30VDC)	8 路模擬量輸入模組
平輥轉速	2	脈衝	24V(10～33VDC)	7 路脈衝測頻模組

① 8 路模擬量輸入模組

a. 輸入信號：8 路差分輸入、4～20mA 電流。

b. 輸入範圍：0～5V、0～10V、±5V。

c. A/D 解析度：12 位（圖 6.14 所示的 K8512L）/16 位（K8512H）。

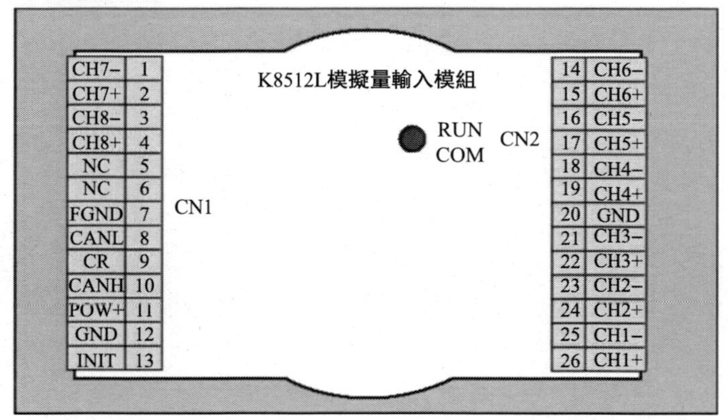

圖 6.14　採集模組

d. 轉換速率：100 次/s。

e. 響應時間：上位機 8 通道巡檢週期≥100ms。

f. 數據格式：十六進制。

g. 轉換精度：12 位為 0.1%FSR，16 位為 0.02%。

② 7 路脈衝測頻模組（圖 6.15）

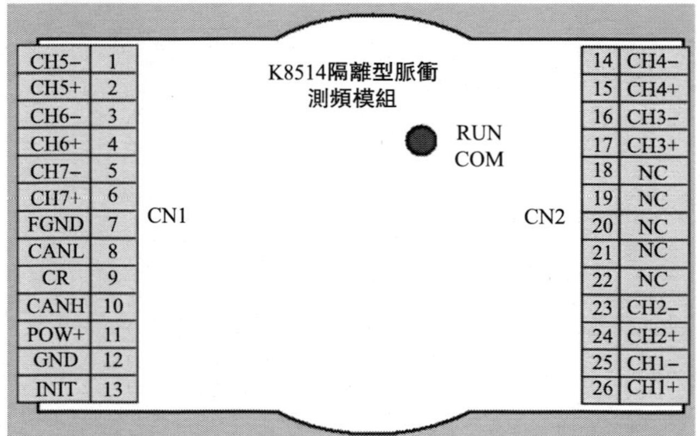

圖 6.15　測頻模組

a. 輸入通道數：7 路。

b. 工作模式：頻率測量。

c. 計數器字長：16 位（2 位元組）。

d. 輸入信號電位準範圍：5～24V（需指定）。

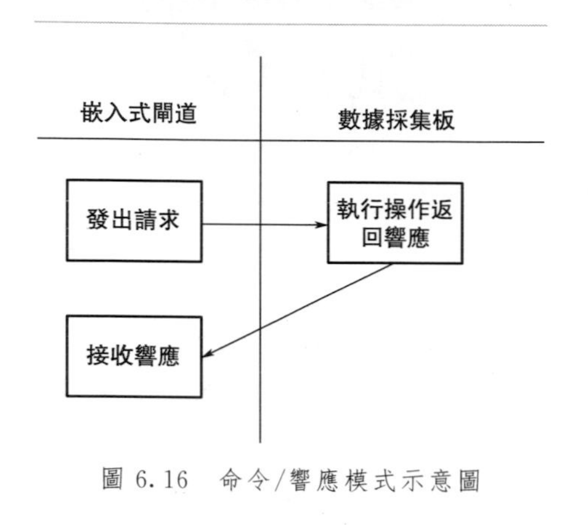

圖 6.16 命令/響應模式示意圖

數據通訊模式採用圖 6.16 所示的命令/響應模式，命令/響應模式在一般的通訊過程中常採用命令/響應的方式在基於命令/響應模式的通訊網路中，由主控設備發送命令幀，受控設備接收到命令幀以後向主控設備發送響應幀，從而實現數據交換。CAN 協定中一幀數據最多能傳送 8 個位元組，而數據需要儲存在 16 個位元組中，因而需要兩幀傳送。

技術規範 CAN2.0A 規定標準的數據幀有 11 位標識符，用戶可以自行規定其含義，將所需要的資訊包含在內。在採集系統中，每一個節點都有一個唯一的位址，位址碼和模組一一對應，通過程式設定，總線上數據的傳送也是根據位址進行的。由於本系統規模較小，節點數少於 32 個，因此為每個模組分配一個 5 位的位址碼，同一系統中位址碼不得重複，系統初始化時由程式設定。將標識符 ID9～ID5 定義為源位址，ID4～ID0 定義為目的位址，本協定中從模組的目的位址全填 0，表示數據是廣播數據，所有節點都可接收，目的位址根據要進行通訊目的模組的位址確定。本通訊協定的數據幀格式詳見表 6.3。

表 6.3 數據幀格式

數據幀 1		數據幀 2	
ID10	主 0 從 1	ID10	主 0 從 1
ID9	源位址	ID9	源位址
ID8		ID8	
ID7		ID7	
ID6		ID6	
ID5		ID5	

續表

數據幀 1		數據幀 2	
ID4	目的位址	ID4	目的位址
ID3		ID3	
ID2		ID2	
ID1		ID1	
ID0		ID0	
RTR	發送請求位	RTR	發送請求位
DLC. 3	數據長度碼	DLC. 3	數據長度碼
DLC. 2		DLC. 2	
DLC. 1		DLC. 1	
DLC. 0		DLC. 0	
數據位元組 1	起始位	數據位元組 1	年高位
數據位元組 2	段位址	數據位元組 2	年低位
數據位元組 3		數據位元組 3	月
數據位元組 4	感測器位址	數據位元組 4	日
數據位元組 5		數據位元組 5	時
數據位元組 6	數據整數部分	數據位元組 6	分
數據位元組 7		數據位元組 7	秒
數據位元組 8	數據小數部分	數據位元組 8	結束位

理論上源位址和目的位址的範圍都是 0～31，但因為 CAN 協定中規定標識符前 7 位不能全為顯性位，所以源位址不能為 31，這時實際節點只有 31 個（0～30），因此每個系統所含的模組不超過 31 個。所以源位址和目的位址的範圍縮減到 0～30。同時 ARM 中心板也要占用一個位址，因此系統中的採集模組不超過 30 個，設計時根據節點的優先權高低從小到大分配節點位址。ID10 位定義為主模組辨識碼，該位主模組為隱性位，從模組為顯性位，以保證主模組通訊優先。模組的位址碼決定發送數據的優先級。主模組向總線發送的數據有兩種：一種是目的位址全部填 0 的廣播數據；另一種是包含特定目的位址的非廣播數據。

從模組以廣播形式向總線發送數據，同時回收自己發送的數據，若檢測到所發送與所收到的數據不符，則立即重新發送上一幀數據。從模組發送資訊的順序由主模組發出的指令決定，以免在總線通訊繁忙時優先級較低的模組始終得不到總線通訊權。指令的發送順序按照各從模組的位址順序進行，即位址較低的從模組首先獲得指令，得以發送自己的位址、感測器採樣值、採樣時間等。如發生衝突，則由 CAN 控制器自動根據模組的優先級調整發送順序，在 CAN 的底層協定中有完善的優先級仲裁演算法，因此應用層協定不必考慮此類問題。

主模組是 ID10＝0 的模組，因此具有最高的優先級。上電後主模組首先向總線廣播發送自身的位址碼，然後即按順序向從機發送指令，等待從機的回答。主機 1s 後若未收到任何通訊資訊則認為該模組出錯，發出警報。

協定的基本格式如下。

發送請求命令（ARM 中心控制板→資料擷取模組）格式見表 6.4。

表 6.4 發送請求命令格式

序號	位元組數	意義	值	說明
1	1	起始位元組	AAH	十六進制碼
2	1	發送請求命令碼		十六進制碼

採樣頻率設置命令（ARM 中心控制板→資料擷取模組）格式見表 6.5。

表 6.5 採樣頻率設置命令格式

序號	位元組數	意義	值	說明
1	1	起始位元組	FFH	十六進制碼
2	1	設置採樣頻率命令碼		十六進制碼
3	1	採樣頻率		

感測器數據（採集板→ARM 中心控制板）：採集板採集到的每個數據用 16 個位元組儲存，CAN 總線一幀只能傳送 8 個位元組的數據，所以本協定採用分幀傳送方式，其中將第一幀數據區的第一個位元組設置為起始位，第二幀數據區的最後一個位元組設置為結束位。數據儲存格式如表 6.6 所示。

表 6.6 數據儲存格式

<table>
<tr><th>分幀</th><th>序號</th><th>位元組數</th><th colspan="2">項目名稱</th><th colspan="2">值</th></tr>
<tr><td rowspan="6">數據幀 1</td><td>1</td><td>1</td><td colspan="2">起始位</td><td colspan="2">7EH</td></tr>
<tr><td>2</td><td>2</td><td colspan="2">段位址</td><td>見段位址表</td><td rowspan="5">BCD 碼</td></tr>
<tr><td rowspan="2">3</td><td rowspan="2">2</td><td rowspan="2">感測器位址</td><td>採集板號(8bit)</td><td rowspan="2">見感測器位址表</td></tr>
<tr><td>感測器號(8bit)</td></tr>
<tr><td rowspan="2">4</td><td rowspan="2">3</td><td rowspan="2">數據</td><td>整數位(16bit)</td><td></td></tr>
<tr><td>小數位(8bit)</td><td></td></tr>
</table>

續表

分幀	序號	位元組數	項目名稱	值
數據幀 2	5	1	年高位	如 20 為 14H
	6	1	年低位	如 04 為 04H
	7	1	月	01H～0CH
	8	1	日	01H～1FH
	9	1	時	00H～17H
	10	1	分	00H～3BH
	11	1	秒	00H～3BH
	12	1	結束位	10H

感測器位址（表 6.7）：第一個位元組表示板號，第二個位元組表示某感測器在該板中的序號。

表 6.7　感測器位址

數據類型	板號	感測器號
軸承溫度	01H	1～16
軸承載荷	02H	1～8
油缸溫度	03H	1～8
油缸壓力	04H	1～8
平輥轉速	05H	1～8
上下框架輥縫	06H	1～8

(4) ZigBee 無線模組

基於 ZigBee 的射頻晶片的種類繁多，很多公司都已經開發出工作於 2.4GHz 頻段的 ZigBee 射頻晶片，如 TI 公司的 CC2420、CC2430、CC2431 晶片系列，FreeScale 公司的 MC13192、MC13213、MC1322X 晶片系列，還有 Ember、Jennic 和 Microchip 等公司也紛紛推出了各自的 ZigBee 解決方案及晶片系列。選用理想的射頻晶片可以降低開發難度，縮短開發週期，減少開發成本。系統晶片（SOC）解決方案將是未來發展的趨勢，SOC 可以大大降低 ZigBee 節點的體積，節省整個系統成本，占用較小的 PCB 空間，易於組裝、除錯，提供了系統的可靠性，降低了外部雜散噪音，同時基於 ZigBee 的 SOC 很好地將 RF 接收器與微處理器有效地融為一體，且 SOC 具有低電流工作消耗與超低功耗的睡眠模式，能很快地從睡眠模式切換到工作模式。基於以上分析，Sink 節點（協調器）、路由器、感測器端節點將全部採用 Chipcon 公司推出的 CC2430 片上系統。該片上系統的功能模組整合了 CC2420 RF 接收器、增強工業標準的

8051MCU、32/64/128KB 閃存、8KB SRAM 等高性能模組，並內置了 ZigBee 協定棧。加上超低能耗，使得它可以用很低的費用構成 ZigBee 節點。Sink 節點通過 RS232 序列埠與 ARM 控制板通訊，所以需要擴展板提供物理序列埠和電源介面。

（5）GPRS 模組

數據遠端傳輸採用華為 GTM900-C 模組（圖 6.17）作為傳輸終端，可以快速實現數據傳輸。

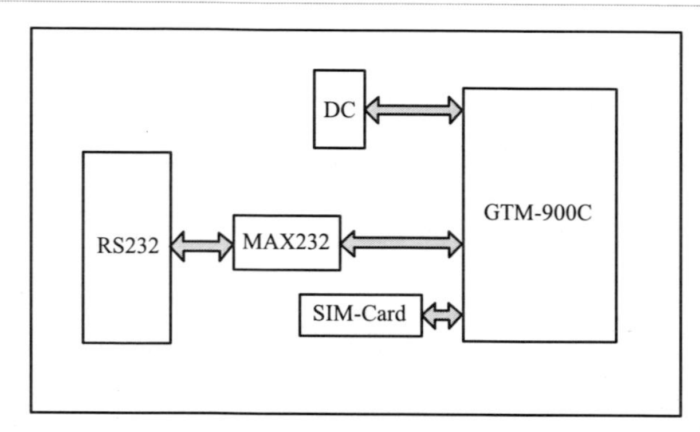

圖 6.17　GTM900-C 結構框圖

GTM900-模組 ARM 端的資訊傳輸到 MRO 系統伺服器端。GTM900 屬於 GSM/GPRS 模組類產品，支持 800MHz 頻段、900MHz 頻段、1800MHz 三個頻段。作為 GSM 接入設備，對外提供天線介面、電源介面、序列埠、音訊介面、SIM 卡介面、控制介面，用戶通過序列埠發送 AT 命令就可以實現呼叫、短訊息、補充業務、GPRS 等功能，主要參數特點如表 6.8 所示。

表 6.8　GTM900-C 的技術參數

參數	描述
工作頻段	EGSM900/GSM1800 雙頻
最大發射功率	EGSM900 CLASS(2W) GSM1800 CLASS(1W)
接收靈敏度	＜－160DBM
工作溫度	－30～＋75℃
電源電壓	3.4～3.7V
協定	支持 GSM/GPRS Phase2/2＋ 支持華為 GT800 協定
AT 命令	GSM 標準 AT 命令 V.25AT 命令 華為擴展的 AT 命令

續表

參數	描述
GPRS 數據業務	短訊息模式支持 TEXT 和 PDU GPRS CLASS 10 編碼方式 CS1,CS2,CS3,CS4 最高速率可達 85.6Kbps 支持 PBCCH 內嵌 TCP/IP 協定;支持多連結,提供大容量快取

6.4 軟體設計

系統軟體部分可以分為兩大部分，一個是運行在節點上的程式，另一個是運行在 PC 上的伺服器程式。節點上的程式又分為運行在 ZigBee 節點上的程式和運行 ARM 中心控制板上的程式兩種，運行在 PC 上的程式屬於伺服器程式，由於伺服器程式由系統提供，無須開發。

6.4.1 ZigBee 節點程式設計

ZigBee 前端的節點以及協調器軟體的開發採用的是 IAR Embedded work-bench，是由 IAR 公司開發的一個整合開發環境。通過 IAR 開發的程式在編譯成功後可以通過 CC2430 仿真器下載到 CC2430 的 ZigBee 模組。Z-Stack2006 是 ZigBee 協定規範之一。該協定棧包括許多層次的組件，包括 IEEE 802.15.4—2003 標準中的媒體存取控制層、物理層和 ZigBee 網路層。每個組件提供了含有一套它自己的服務和功能的一個應用。由於 Z-stack2006 協定棧的 MAC 層、PHY 層和 NWK 層已經提供開原始碼，只需要開發 APL 應用層。

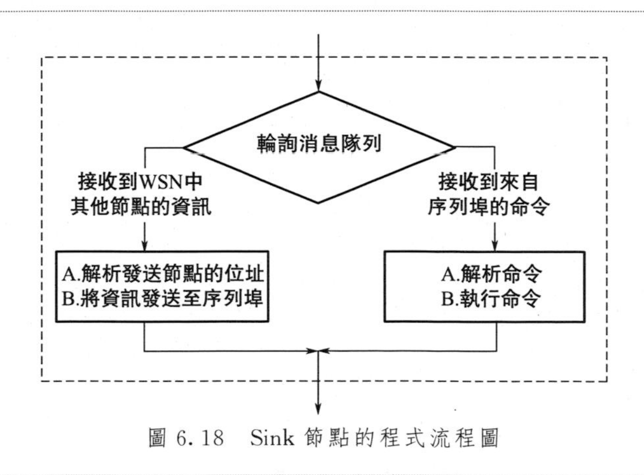

圖 6.18 Sink 節點的程式流程圖

Sink 節點的程式包括：接收到網路中其他節點發送的數據資訊後，立即將該數據的有關資訊發送至序列埠；接收到序列埠發送的命令資訊後，解析該命令並執行。Sink 節點的程式流程圖如圖 6.18 所示。

感測終端節點的程式包括：定時觸發事件來讀取感測器的數值，立即將讀到的數值發送至 Sink 節點；接收來自 Sink 節點的命令，或終止讀取感測器事件或調整讀取時間。感測終端節點的程式流程圖如圖 6.19 所示。

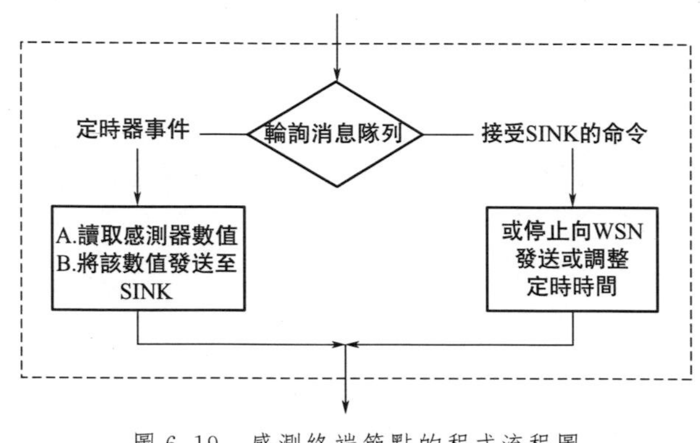

圖 6.19 感測終端節點的程式流程圖

6.4.2 ARM 控制板程式設計

選擇了 visual studio 2005 來開發 ARM 中心控制端的程式，實現了包括伺服器程式以及 PC 用戶端（程式在內的程式的開發，主要對 CAN 總線和 ZigBee 兩路資料擷取進行檢錯和編碼，然後通過 GPRS 模組將數據轉發。整個程式基於嵌入式操作系統 wince6.0，用 C 語言開發，開發環境為 VS2005。ARM 控制器程式流程圖如圖 6.20 所示。

① 系統軟硬體初始化進入等待狀態。

② GPRS 模組初始化。

③ 開啓兩個線程，一個接收來自 CAN 總線的數據，一個接收來自 ZigBee 的數據。分別判斷各個數據是否正確，如果數據異常，丟棄數據並重新接收下一組數據。

④ 判斷公共數據區是否已滿，滿則等待，否則將數據放入公共數據區。

⑤ GPRS 模組發送數據，並清空數據區。

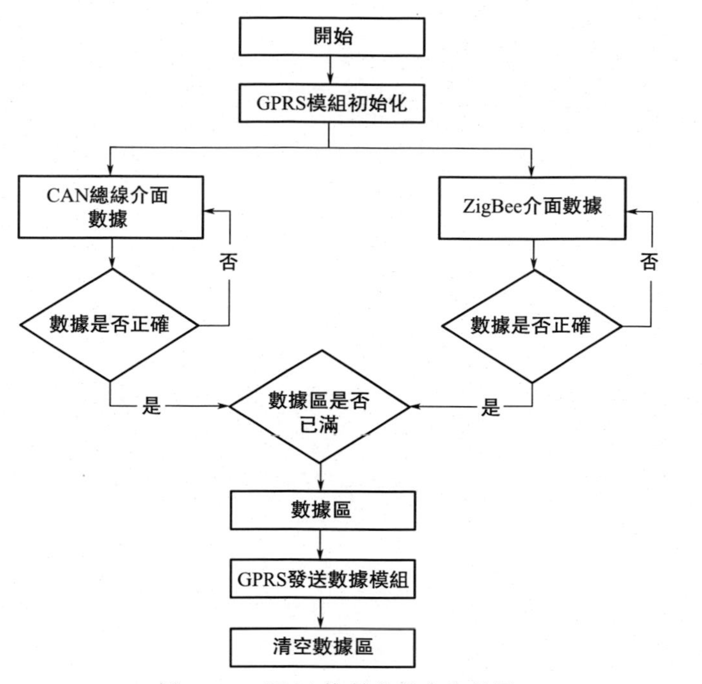

圖 6.20 ARM 控制器程式流程圖

參考文獻

[1] ZHANG Feng, LIU Min, ZHOU Zhuo, et al. An IoT based online monitoring system for continuous steel casting. IEEE Internet of Things Journal, 2016, 3 (6): 1355-1363.

[2] 尹九波，嚴雋薇，劉敏．面向鋼鐵連續鑄造設備維護維修和大修的智能點檢系統．計算機集成製造系統，2010，16 (12)：2715-2719.

[3] 張勇，嚴雋薇，劉敏．面向連續鑄造設備維護維修和大修的知識模型．計算機集成製造系統，2010，16 (12)：2718-2714.

[4] 趙振，嚴雋薇，劉敏，等．面向鋼鐵連續鑄造設備 MRO 的企業語義集成及業務協同平臺．計算機集成製造系統，2010，16 (10)：2044-2056.

[5] 李楠，嚴雋薇，劉敏．面向鋼鐵連續鑄造設備維護維修的工業物聯網框架．計算機集成製造系統，2011，17 (2)：413-418.

第7章

數據驅動的故障診斷方法

通過對設備維護、維修和營運數據的探勘和分析，可以及時地診斷產品可能發生的故障，產生維護需要，主動執行圖 1.2 所示的智慧預測性維護，實現智慧化營運服務。本章主要介紹非平穩非線性時序信號的特徵提取方法，基於卷積人工類神經網路、整合學習和轉移學習等數據驅動的故障診斷方法。

7.1 數據驅動故障診斷方法的研究現狀

傳統故障診斷方法分為基於解析模型、基於信號處理和基於知識的方法。如果可以建立較準確監測物件的數學模型，如狀態猜想、參數猜想、一致性檢驗等，首選基於解析模型的方法，缺點是由於樣本的品質和容量、模型本身局限、噪音的存在以及系統複雜性，準確性較差。當可以得到被控物件的輸入輸出信號，但很難建立解析數學模型時，可以採用基於信號處理的方法，如幅域分析、頻域分析、小波分析、自適應分時頻析等，該方法常與其他方法結合，用於監測數據的預處理。當很難建立被控物件的數學模型時，可採用基於知識的方法，包括專家系統故障診斷、人工類神經網路故障診斷、模糊故障診斷、基因演算法故障診斷、粗集合故障診斷、人工免疫演算法故障診斷、故障樹診斷、支持向量機故障診斷等方法。

隨著行動網際網路、物聯網和網路實體系統的發展，數據驅動的故障診斷方法受到工業界和學術界越來越多的關注。數據驅動的故障診斷方法通常包括特徵提取、特徵選擇和故障分類等步驟。幅域、時域、頻域和時頻域的信號處理方法廣泛應用於故障診斷的特徵提取過程；主成分分析 PCA、人工人工類神經網路 ANN、線性判別分析 LDA、核判別分析 KDA 等特徵選擇演算法降低了故障的特徵維數，提高了分類效率，同時保留了重要特徵；支持向量機 SVM、反向傳播人工類神經網路 BPNN、k-近鄰等基於傳統統計學習和機器學習的方法被用於故障診斷過程，並取得了進展。然而，這些方法存在下面一些不足：

① 對於非平穩信號數據，傳統的特徵提取方法不能有效地從時域、頻域等狀態監測數據中擷取足夠的故障資訊，對於來自產品狀態監測的振動、衝擊脈衝和聲發射等平穩、非平穩、非線性、多模態、強關聯信號，需要採用合適的分時

頻析方法提取故障特徵；

② 不同診斷問題的人工特徵選擇演算法嚴重依賴於先驗知識和專門知識，特徵選擇不全；

③ 傳統機器學習方法的淺層結構在複雜系統中很難精確地逼近非線性映射關係；

④ 傳統分類器的性能隨著訓練數據集品質的變化而波動，其泛化能力較差。

隨著大數據和新一代人工智慧的快速發展，故障診斷方法的研究面臨著大數據自動學習和處理問題。深度學習可以以監督、半監督或無監督的方式，從原始數據和深度非線性網路中自動學習信號特徵，一些深度學習模型，如疊加自動編碼器 SAE、深度信賴網路 DBN 等已被應用於故障診斷過程。

卷積人工類神經網路 CNN 在處理影像和音訊數據方面具有強大的數據處理能力，已經被廣泛應用到自然語言處理、影像辨識、音訊辨識等領域，並在一些故障診斷的任務中也取得了較好的效果。CNN 模型不適合直接分析原始時域信號，需要利用小波變換、EMD 等分時頻析方法將原始振動、聲發射、時間序列等信號轉換為影像數據。分時頻析儘管完全保留了故障特徵，但演算法複雜耗時，常採用一些低複雜度方法來提高轉換效率實現在線診斷，如連續小波變換 (Continuous Wavelet Transform，CWT）等。

在 CNN 模型的大部分研究和應用中，通常只有最後一個卷積層的神經元作為分類器的輸入向量，雖然最後一層包含了更多的全局和強健的高級特徵，但前面各層中仍然有一些精確的細節資訊（中間特徵）可以被充分利用，可以構建具有多層多尺度特徵的 CNN 模型來提高分類精度。Sun 等人[1]將頂層特徵與一些隱藏的神經元結合，以提高 CNN 泛化能力。Ding 等人[2]為獲得更強健的多尺度特徵和精確細節，將最後一個卷積層與池化層組合作為 CNN 的全連接層。Lee 等人[3]提出了一種多層多尺度特徵聚合的 CNN 模型，並證明了其更高的分類效率。由此可見，具有多層多尺度特徵聚合的 CNN 模型分類精度更高。

傳統的產品故障診斷方法大多針對單一的零部件（如軸承或車軸等），採用單模態數據（如振動信號或溫度特徵等）構建單個弱分類器（如基於多層人工類神經網路的車軸裂紋診斷、基於支持向量機的軸承故障診斷等）進行離線故障診斷建模，沒有考慮產品整體 MRO 數據的非平穩非線性（隨機信號）、多模態（影像、聲音、振動、衝擊、溫度等不同模態信號）、強關聯（信號相互關聯和影響）的實時數據特徵，不能全面和實時發現各部件的潛在故障。

整合學習通過組合多個弱分類器獲得更好的分類性能，在線整合學習在分類過程中對某些弱分類器的參數進行更新或者替換某些弱分類器，然後把多個弱分類器的診斷結果動態整合起來進行系統整體在線預測。在這種情況下，即便某一個弱分類器得到錯誤預測，其他弱分類器也可以將錯誤動態糾正回來，實現了弱分類器的動態整合以適應目標變化及背景干擾，如 Bootstrap aggregating（bagging）、Boosting、Stacking、Bayes optimal classifier、Bayesian parameter averaging 等演算法。而且，多個弱分類器整合也能解決多模態數據的學習和信號關聯性問題，進而提高 MRO 數據環境中故障診斷的分類精確。

最近的研究證明了多隨機森林 RF 整合分類方法的優越性，Wang 等人[4]提出了基於 RF 的評估模型，建立了評價指標與風險水平之間複雜的非線性關係，並提供了準確的評價。因此，為了充分利用 CNN 的多層多尺度特徵和提高分類的品質、堅固性和精度，可以構建一種基於多層多尺度特徵 CNN 和 RF 的整合學習方法，用於來自產品狀態監測的振動、衝擊脈衝和聲發射信號，或者其他時間序列信號，進行在線診斷。

7.2 面向非平穩非線性狀態數據的特徵提取方法

7.2.1 產品的故障模式及信號監測方法

以城軌車輛產品為例，表 7.1 給出了各部件的故障模式、信號檢測方式及信號類型。

表 7.1 城軌車輛各部件的故障模式、信號檢測方式及信號類型

走行部部件	典型故障模式	常用離線檢測方式	在線檢測方式	檢測的信號類型
車軸	縱向裂紋、橫向裂紋	電磁探傷、超音波檢測	聲發射	非平穩波形信號
滾動軸承	材料變質、零件尺寸減小減薄、疲勞損壞、表面損傷，以及由不平衡、對中不良、機組自激等引起的振動等	紅外、應力等	振動、聲發射、衝擊脈衝、溫度	非平穩非線性波形信號、數位信號
車輪	踏面裂紋、踏面剝離、踏面擦傷、踏面溝狀磨損、輪緣的非正常磨損	超音波檢測等軌旁檢測技術	振動檢測、紅外檢測、衝擊脈衝檢測	非平穩非線性波形信號、數位信號
軸箱裝置	齒形誤差、齒面磨損、斷齒、箱體共振、軸彎曲、軸不平衡、軸向竄動、軸承疲勞剝離和點蝕等	超音波檢測等軌旁檢測技術	振動檢測、紅外檢測、衝擊脈衝檢測	非平穩非線性波形信號
架構	螺栓鬆動、脫落、斷裂、裂紋、空隙、異物、裂紋等	人工點檢	軌旁高畫質影像辨識、振動檢測	影像信號、非平穩波形信號

當前，監測材料（包括金屬、陶瓷、複合材料、岩石、混凝土）及製作過程的聲發射是很重要的。產品或部件材料內部結構發生變化的原因有體內的裂縫開始長大開裂、差排運動、相變、纖維斷裂和分解等多種可能，材料出現聲發射，大部分都會引起危害。聲發射廣泛用於以下幾種工業檢測過程：檢測構件的缺陷和疲勞、監測銲接和腐蝕過程、了解金屬和合金的相變、金屬的加工過程（如焠火、鍛造、擠壓等）。聲發射技術和其他非破壞檢測技術的不同之處在於聲發射檢測的是材料內的情況，而一般非破壞檢測則重視材料內的結構。

在實際應用中，標準的小波變換（Wavelet Transform，WT）對摩擦聲發射信號的適用性有一定的局限性，主要原因是摩擦係數（Coefficient of Friction，COF）的變化和失效前運行時間的隨機性引起摩擦行為具有較高的隨機性。並行地提取聲特徵與早期的摩擦是截然不同的。聲發射（AE）信號具有一個隨機的內容和浮動的能量，開發一種在不同摩擦行為下魯棒運行的監測方法不僅要研究 AE 信號本身，還要研究 AE 內容的變化，這些變化可以用幾個小波派生的特徵來監測，例如能量、熵和統計資訊等。因此，可以利用小波變換進行信號的分時頻析，並利用小波變換追蹤信號的變化。將相應的時頻內容劃分為獨立的不重疊幀（F），將兩個信號之間的變化定義為對應幀（F）之間的變化，通過一組小波派生特徵的均值進行運算。這些特徵從所有幀中提取，包括能量、熵和幀中 WP（Wavelet packet，小波封包）的統計資訊。兩個幀 F 之間的變化被定義為能量和統計特徵的絕對差，熵是散度。

綜上所述，利用聲發射信號的變化追蹤金屬表面摩擦行為指標，與 COF 行為相反，AE 在時間-頻域的追蹤顯示了不同樣本在磨損早期的相似行為。

7.2.2　狀態監測信號的特徵提取方法

特徵提取是把獲得信號通過幅域、時域、頻域和分時頻析進行變換，從不同角度提取最直觀、最敏感的故障特徵資訊。

狀態監測中可以擷取數值數據、波形數據和多維數據等三類數據[5]，最常見的波形數據有振動信號和聲發射信號，其他波形數據有衝擊脈衝信號、超音波信號、電機電流、局部放電等，時間序列信號也是波形數據，影像數據是多維數據。波形數據和多維數據的數據處理也稱為信號處理，各種信號處理技術已開發出來分析和解釋波形數據與多維數據，進行特徵提取，以便故障診斷和預測。然而，很多原始波形信號具有非平穩、非線性和多尺度等特徵，這些特徵不僅包括受應力條件和時間影響的趨勢資訊，還包括由控制信號引起的週期資訊和由突發事件和故障部件引起的可變性資訊，在多尺度特徵中很難準確地捕捉到隱藏在其中的性能特徵。例如，衝擊脈衝信號具有非平穩非線性特徵，聲發射和振動信號也是非平穩多尺度隨機信號。因此，從這些信號中提取蘊含強背景噪音的故障特徵是非常棘手的問題[6]。

現有的波形信號處理技術主要有三大類：時域分析、頻域分析和分時頻析。時域分析直接基於時間波形本身。傳統時域分析方法將時間波形信號的特徵表示為均值、峰值、峰到峰間隔、標準差、峰值因子等描述性統計量，以及均方根、偏度、峰度等高階統計量，這些特徵通常被稱為時域特徵。時間同步平均（Time Synchronous Average，TSA）是一個流行的時域分析方法，使用原始信號在多個進程中的總體平均值，去除或減少其他來源的噪音和影響，增強目標信號。高級時域分析方法將波形數據擬合到參數時間序列模型中提取特徵，常用的模型有自迴歸（Autoregressive，AR）模型和自迴歸行動平均（Autoregressive Moving Average，ARMA）模型。還有一些其他的時域分析方法，如偽相位人像、奇異譜分析和相關維數等。

頻域分析基於頻域變換信號進行，能夠很容易地辨識和分離感興趣的某些頻率分量，通過快速傅立葉變換（Fast Fourier Transform，FFT）方法進行頻譜分析是目前應用最廣泛的常規頻域分析方法。FFT 是離散傅立葉變換的快速演算法，可以將一個信號變換到頻域。傅立葉變換的核心函數是正弦和餘弦函數，這些不同週期的三角函數分別表示了原函數所包含的資訊變化的快慢程度。在傅立葉變換中，通常用週期的倒數（即頻率）來描述原函數的這種特點，頻率是傅立葉變換所專有的概念。經過傅立葉變換，將原函數從函數空間轉變到頻率空間，實現了函數的時頻轉換，從而對原函數的很多特點有了更清楚的認識。頻譜分析的主要思想是要麼觀察整個頻譜，要麼仔細觀察感興趣的某些頻率分量，從而從信號中提取特徵。頻譜分析中最常用的工具是功率譜。

傅立葉變換包括頻譜分析、時間序列分析、傳遞函數分析、包絡分析、細化譜分析以及倒頻譜分析等，在分析線性、平穩信號時具有優良的性能[7]。對於非平穩非線性強信號，其頻譜解析度受到限制，時頻細節反映不好，隨機起伏比較明顯，並可能存在一些圖譜畸變現象；自迴歸行動平均模型利用時間序列進行線性預測建模，是譜分析最常見方法之一，彌補了傅立葉變換的缺點，使頻譜更加光滑且解析度有所提高，在數據處理的點數上要求不是很高。然而，現代譜分析的一些演算法是通過參數模型進行特徵信號提取的，建模比較複雜，對訊噪比比較敏感，在對階數的選取上比較困難。

頻域分析的一個局限性是不能處理非平穩的波形信號，而這些非平穩波形信號在機械故障發生時非常常見。因此，需要分時頻析技術來從時域和頻域上處理非平穩波形信號。

傳統的分時頻析方法使用分時頻布函數揭示故障模式和進行診斷，分時頻布函數用時間和頻率二維函數表示波形信號的能量或功率。Cohen 類分布也是在傳立葉變換的基礎上，對局部的自相關函數做相應處理，不同的加窗函數可以獲得不同性質的時頻資訊，可以在時頻平面上反映信號的能量密度情況。維格納分布是該方法的基本分布之一，能夠很好地描述信號的能量分布和獲得較好的分時頻辨效果，但缺點在於其分布的平面存在交叉項，對分析的多分量信號與噪音交織在一起進行濾波比較困難。

短時傅立葉變換 STFT 把信號劃分為許多較小的時間間隔，並且假定信號在短時間間隔內是平穩的，用傅立葉變化分析每一個時間間隔，以確定該間隔存在的頻率，STFT 也是傅立葉變換的一種改進方法[8]。為了能夠同時表示函數在時域和頻域的特性，1946 年 Gabor 引進了視窗的概念，改進了傅立葉變換，發展出短時傅立葉變換，短時傅立葉變換又稱為 Gabor 變換。簡單地說，就是將一個長時間的信號先乘上一段時間不為零的視窗函數再進行傅立葉變換，然後將這個視窗函數沿著時間或者空間軸不斷平移，最後將所獲得的一系列的頻譜排開，組成一個二維影像。影像中的一個軸是時間或者空間，另一個軸是頻率，這樣就可以同時獲得信號的時空域和頻率域的所有資訊。短時傅立葉變換雖然在分析信號頻率的時空分布上比傅立葉變換有了明顯的改善，但所獲得的資訊精度十分有限。在短時傅立葉變換中，視窗函數是根據所分析物件的特點預先確定的，一旦確定了視窗函數的長度和形狀（固定的視窗函數），分析的頻率解析度也就固定了。也就是說，這種方法不能同時對函數中低頻和高頻分量進行精確分析，僅適用於緩變信號或平穩信號分析，對於非平穩信號或時變信號只能通過分段截取來處理。

分時頻析的另一種變換方法是小波變換。小波變換起源於 20 世紀初 Haar 的工作，其思想建立在可自動調節視窗形狀（時間窗和頻率窗都可以調節）的視窗函數之上，在低頻部分具有較高的頻率解析度和較低的時間解析度，在高頻部分具有較高的時間解析度和較低的頻率解析度。在 1980 年代，小波變換的理論（1975 年連續小波變換的發現）和公式（1982 年 CWT 演算法的建立）逐步建立後極大地帶動了這一技術的發展。到 1990 年代，小波變換方法變得十分成熟並且得到廣泛的應用。與分時頻布不同，分時頻布是信號的時間-頻率表示，小波變換是信號的時間尺度表示。

在連續小波變換中，三角函數週期的概念被各種小波函數的尺度所取代，同時又引進了視窗變換中位移的概念，將原函數或信號從函數空間轉化到尺度和位移空間，從而可以同時對原函數在頻率和時空兩個領域內的性質有著更好的理解[9]。連續小波變換不但保留了傅立葉變換中反映函數變化快慢程度的尺度，同時還反映了各種尺度分量所發生的時空位置，具有很大的優越性。但是，連續小波變換是一組無窮的兩維繫列，運算量很大。同時，小波變換往往只有數值解，而不像在傅立葉變換中很多常用函數的傅立葉變換具有非常簡單的解析表達式，所以在具體的應用中還是有很大的局限性。離散小波變換（Discrete Wavelet Transform，DWT）由於去除了不必要的重複係數，減少了變換中的運算量，而且運算的方法非常有規律，在實際應用中常常使用的是離散小波變換。小波變換是繼傅立葉變換後的一次技術革新，不僅可以對短時高頻成分定位，還可以對低頻部分進行分析，實現多解析度分析，具有多尺度特性和數學顯微特性，廣泛應用在影像信號壓縮、去除噪音、影像邊界檢測以及振動信號分析等領域。目前，常用的小波有 Haar 和 Daubechies 系列、Biorthogonal 系列、Coiflets 系列、Symlets 系列，以及 Morlet、MexicanHat、Meyer 等小波函數，通常具有正交性的小波基函數可提供較好的變換性能。小波變換也存在一些缺陷：①各小波基函數的適用範圍不一樣，如果全程使用選取不合適的小波基函數，由於變換約束於時間窗與頻率窗的乘積是一個常數，不能在時間和頻率同時達到很高的精度，會影響分析效果；②小波變換受海森伯不確定性原理制約，不能精確表示頻率隨時間的變化，有限時寬可能會導致處理信號的能量泄露，產生虛假諧波；③將信號機械地分配到確定好的時頻結構，並非由所要處理的信號本身特徵所確定，使小波分析不具有自適應性。

自適應分時頻析是針對非平穩非線性複雜信號的處理發展起來的，解決了小波變換的非自適應問題，最具代表性的演算法是希伯特-黃變換（HHT）[10]。該演算法運用經驗模態分解 EMD 將信號中不同尺度的波動或趨勢分解成一系列具有不同特徵尺度的數據序列，即本質模態函數（Intrinsic Mode Function，IMF），然後用希伯特變換對所分解的信號進行處理，得到所處理信號的完整分時頻布。HHT 演算法是一種基於信號局部特徵的自適應信號分解方法，徹底擺脫了線性和平穩性約束，適用於分析非線性非平穩信號；HHT 能夠自適應產生 IMF，具有完全自適應性；不受海森伯不確定性原理制約，可以在時間和頻率上同時達到很高的精度，適合分析突變信號，具有很高的訊噪比。HHT 演算法在故障診斷等領域得到快速發展，但也存在諸如端點效應、模態混疊等缺點[11]。呂勇等人[12]利用 EMD 將衝擊脈衝信號進行空間重構後再採用奇異值分解，並對分解後的主成分進行包絡分析，可提取強背景信號及噪音中的弱衝擊特徵。總體經驗模態分解（Ensemble Empirical Mode Decomposition，EEMD）在 EMD 的基礎上加入了噪音輔助，一定程度上解決了 EMD 的混頻問題[13,14]，但端點效應問題仍然沒能解決。為了最佳化或解決以上演算法的不足，Wang 等人[15]提出一種通過最佳化演算法本身來抑制 EMD 端點效應的解決方案，同時融合 EMD 和平滑偽 WVD（Smoothed Pseudo Wigner-ville Distribution，SPWVD）演算法，實現較高的時頻解析度。另外，在使用經驗模態分解信號時，總體平均經驗模態分解[16,17]、區域均值分解[18]等演算法改進了希伯特-黃變換中包絡線擬合時出現的過衝、欠沖和不夠光滑及模態混疊等問題。EEMD 和最小二乘支持向量機迴歸 LSSVR 組成的混合學習範式被證明對高波動性的時間序列預測有幫助[13]。這些方法在某些方面可以準確提取具有時頻特性的多尺度信號，但在處理具有應力影響的信號時存在局限性。溫度、振動、輸入控制信號等環境應力和運行條件的變化會影響退化路徑，這使得退化模型更加複雜。雖然佩特里網、分段確定性馬爾可夫過程（Piecewise Deterministic Markov Process，PDMP）和粒子濾波（Particle Filtering，PF）已被引入到建模各種工作條件下設備性能特徵的演化過程，但並不適合解決性能退化率高度依賴於工作條件的問題。

多維數據（如影像）的信號處理與波形信號處理非常相似，但由於多了一個維度，比波形信號處理更加複雜。實踐中，對於無法直接獲得故障檢測資訊的故障診斷問題，影像處理技術具有非常強大的從複雜原始影像中提取特徵的能力。當原始影像能夠提供充足和清晰的資訊來辨識故障模式和檢測故障時，影像處理似乎不是必要的。在這種情況下，影像處理仍然可以通過提取特徵進行自動故障檢測。除了通過資料擷取獲得原始影像外，一些波形信號處理技術如小波變換、自適應分時頻析等也產生影像[5]，這種情況下將影像處理與波形處理相結合，可以獲得更好的效果。然而，在故障診斷和預測中應用影像處理的研究較少。

數值數據包括通過資料擷取獲得的原始數據，以及通過信號處理從原始信號中提取的特徵值。數值數據看起來比波形和影像數據簡單，但是，當變量數量較多時，複雜性在於變量之間的關聯結構，多變量分析技術，如主成分分析（Principal Component Analysis，PCA）和獨立成分分析（Independent Component Analysis，ICA）等，在處理複雜關聯結構的數據時非常有用。另外，趨勢分析技術也常用於分析數值數據，如迴歸分析和時間序列模型等。

綜上所述，傅立葉變換等傳統分時頻析方法不能處理非平穩非線性的隨機信號，小波變化、小波封包分解（Wavelet Packet Decomposition，WPD）和經驗模態分解（EMD）等方法能很好地處理這些高頻頻散信號，同時在時頻域內表示信號的局部特徵，具有更好的時域和頻域解析度，已廣泛應用於信號的去噪、特徵提取、信號分解和故障辨識等方面。WT 和 WPD 作為自動分解方法，存在閾值敏感性不足的問題。EMD 分解結果存在模態混疊問題。EEMD 具有良好的適應性，採用多尺度特徵相結合的數據序列分解，克服了 EMD 和 WPD 的不足。為了進一步準確提取故障特徵，僅使用上述分解方法對多尺度特徵信號進行分析是不夠的，混合分解方法近年得到了應用。另外，通過小波變換或 EMD 方法將非平穩聲發射和振動信號轉換為影像數據，將影像處理與波形處理相結合實現故障信號的特徵提取，也可以獲得較好的效果。

7.2.3 影像處理與波形處理相結合的特徵提取方法

在機械系統的診斷過程，需要結合個案相關的知識選擇適當的信號處理工具以實現故障信號的特徵提取。在表 7.1 所示多種非平穩非線性多模態信號中，非線性非平穩的衝擊脈衝緩變信號經過經驗模態分解可以轉換成包含時頻特徵的影像信號，非平穩聲發射信號和振動信號通過小波變換也可以轉換為影像信號，圖 7.1所示基於信號-影像轉換的時頻特徵提取方法，可以將檢測到的各種非平穩非線性波形信號轉變成便於深度學習框架處理的影像資訊。

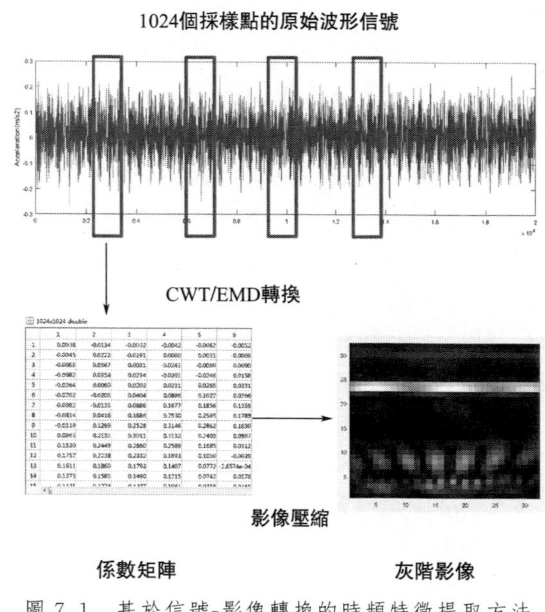

圖 7.1　基於信號-影像轉換的時頻特徵提取方法

在特徵提取過程中，MRO 數據中原始的振動、聲發射、衝擊脈衝等波形信號通過 CWT/EMD 轉換成功率譜係數矩陣後，壓縮成灰階影像。具體的流程是：①從原始信號中隨機抽取 1024 個連續採樣點；②1024 點信號通過 CWT 或 EMD 轉換，轉變成 $1024 \times S$ 的係數矩陣（Coefficient matrix）。在實際應用中，S 的尺度因子取值範圍從 1 到 S，只要 S 的值足夠大，就可以得到原始信號的充分資訊，實驗時 S 的值可選為 1024；③CNN 模型在處理 1024×1024 的超大規模係數矩陣時會產生相當大的運算複雜度，可以採用一些影像壓縮方法，如基於雙三次插值，來減小係數矩陣的大小和運算複雜性。

（1）連續小波變換

小波把傅立葉變換的無限長三角函數基換成了有限長會衰減的小波基，不僅能夠擷取頻率，還可以定位到時間，採用有限能量和零均值的歸一化函數 $\psi(t) \in L^2(R)$：

$$\overline{\psi}(t)=\int_{-\infty}^{+\infty}\psi(t)\mathrm{d}t=0$$

$$\|\psi(t)\|^2=\int_{-\infty}^{+\infty}|\psi(t)|\mathrm{d}t=1$$

基本小波函數 $\psi(t)$ 通常被稱為小波基函數，將 $\psi(t)$ 進行伸縮和平移，設 a 和 b 分別表示伸縮因子（尺度因子）和平移因子，令伸縮平移後的函數為$\psi_{a,b}(t)$，則有：

$$\psi_{a,b}(t)=|a|^{-\frac{1}{2}}\psi\left(\frac{t-b}{a}\right)\qquad a,b\in R,a>0$$

$\psi_{a,b}(t)$ 是依賴參數 a 和 b 的小波基函數，又稱連續小波基函數，尺度因子 a 可以拉伸或壓縮小波函數改變振盪頻率（對應於頻率），平移因子 b 改變時間窗的位置（對應於時間）。

對於任意的信號函數 $f(t)\in L^2(R)$，其連續小波變換定義為：

$$CWT_f(a,b)=<f(t),\psi_{a,b}(t)\geqslant|a|^{-\frac{1}{2}}\int_{-\infty}^{+\infty}f(t)\overline{\psi}\left(\frac{t-b}{a}\right)\mathrm{d}t$$

式中，$\overline{\psi}(t)$為小波基函數 $\psi(t)$ 的複共軛；$CWT_f(a,b)$ 為反映信號函數 $f(t)$ 與小波函數$\psi_{a,b}(t)$ 相似度的內積。

通過改變尺度因子 a 和平移因子 b 所對應的時間索引（尺度個數和採樣點數），可以得到一個連續小波變換係數矩陣，它反映了連續小波變換係數的幅值隨尺度和時間的變化情況。

由於具有不同的特性，許多小波基函數被應用到不同的研究領域，如 Haar、Meyer、Coiflet、Symlet、Gabor、Morlet 等。這些函數中，Morlet 小波已被證明在處理非平穩振動信號分析中優於其他小波基函數，可選為小波基函數進行故障診斷[19]。

Morlet 小波是一種複值小波，在時域上定義為：$\psi(t)=\exp(-\beta^2t^2/2)\cos(\pi t)$，$\beta$ 是唯一的參數，控制著基波的形狀。Morlet 小波的連續小波變換係數也是複數，定義其模的平方為小波功率譜係數矩陣，矩陣行數和列數分別對應尺度個數和時間方向的採樣點數。

隨著 β 值的增加，時域解析度增加和頻域解析度降低。用適當的 β 值，使用 Morlet 小波的連續小波變換可以獲得信號的局部特徵以及在時域和頻域的良好解析度。因此，項目提出採用連續 Morlet 小波轉換將一維的振動或聲發射信號轉化為一種以灰階影像形式存在的具有豐富狀態資訊的二維繫數矩陣，並按實際情況選擇尺度值以調整圖片大小。

(2) 經驗模態分解

與建立在先驗性的諧波基函數和小波基函數上的傅立葉分解與小波分解方法

具有本質的差別，經驗模態分解 EMD 依據數據自身的時間尺度特徵來進行信號分解，無須預先設定任何基函數，在處理非平穩及非線性信號時具有非常明顯的優勢，被認為是 2000 年來以傅立葉變換為基礎的線性和穩態頻譜分析的一個重大突破。

由於大多數所有要分析的數據都不是本質模態函數 IMF，在任意時間點上，數據可能包含多個波動模式，簡單的希伯特變換不能完全表徵一般數據的頻率特性，需要對原數據進行 EMD 分解來獲得本質模態函數。EMD 方法將複雜信號分解為有限個 IMF，各 IMF 分量包含了原信號不同時間尺度的局部特徵信號（非平穩數據的平穩化處理），然後通過希伯特變換獲得時頻譜圖，得到有物理意義的頻率。EMD 的基函數是由數據本身基於信號序列時間尺度的局部特性分解得到的，具有直接性和自適應性。

EMD 假定非平穩非線性複雜信號是由有限個不同尺度的多元 IMF 疊加而成的，IMF 包含了信號不同時間尺度上的局部特徵。IMF 同時滿足假定條件：①局部極值點和過零點的數目相等或至多相差 1 個；②在任意時刻，局部極大值所形成的上包絡線和局部極小值所形成的下包絡線平均值必須為零。不同 IMF 在同時段內沒有相同的頻率，彼此正交。

原始信號經 EMD 分解後產生 m 個本質模態函數 IMF，定義 IMF1 表示為（a_1^1，a_2^1，…，a_n^1），上標 1 表示 IMF 分量 1，IMFp 表示為（a_1^p，a_2^p，…，a_n^p），IMFp 的各採樣點功率譜係數E_i^p為$|a_i^p|^2$，n 為採樣點數，則可以得到 IMF 的循環矩陣 $\boldsymbol{a}[\boldsymbol{m}][\boldsymbol{n}]$ 及其功率譜係數矩陣為 $\boldsymbol{E}[\boldsymbol{m}][\boldsymbol{n}]$。

7.3 基於卷積人工類神經網路和整合學習的故障診斷方法

7.3.1 多層多尺度特徵最佳配置的 CNN 模型

CNN 卷積層的作用是檢測上一層的局部特徵，而池化層的作用是在語義上把相似的特徵合併起來。池化層對卷積得到的特徵映射的局部空間區域進行統計運算，運算特徵映射局部空間區域的平均值或最大值。相鄰池化單位通過行動幾行或幾列來從局部區域讀取數據，減少特徵維度，從而減少網路過擬合的可能性及實現對輸入圖的平移不變性。

標準 CNN 模型最後一層特徵比起前面各層要更加不可變和強健，且包含全局資訊，但卻會丟失前面各層的細節資訊，限制了網路資訊的傳遞，而前面各層則包含了更加準確的細節資訊，將兩者結合到一起，將能夠進行更加準確的分類。因此，可以將多層卷積層和最大池化層的輸出作為全連接層的輸入，構建一個基於多層多尺度特徵最佳配置的 CNN 模型，用於故障特徵學習和影像分類。訓練數據集通過反向傳播錯誤來更新網路參數，訓練完成後可以自動提取具有代表性的特徵，訓練後的 CNN 模型可對影像分類，並應用於故障診斷。圖 7.2 給出了一個包含 6 層的基於 LeNet-5 的深度 CNN 學習模型。

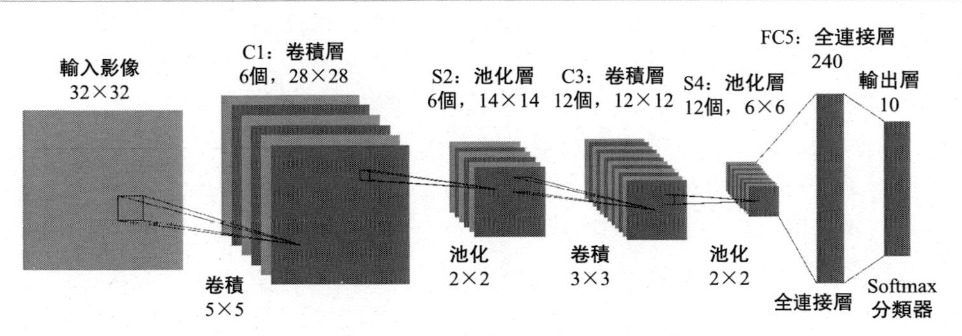

圖 7.2 基於 LeNet-5 的深度 CNN 學習模型

為了降低運算複雜度，在保證影像包含足夠故障資訊的條件下，輸入影像的大小應盡可能小，比如圖 7.2 所示 32×32 像素的影像。通過 6 個 5×5 的卷積核（又稱濾波器或特徵探測器）和輸入影像之間的卷積，應用 ReLU 啟動函數得到 C1 卷積層 6 個 28×28 的特徵映射。S2 層是一個池化層，包含了 6 個 14×14 的特徵映射。C1 的每個特徵映射都被採樣到 S2 層對應的特徵映射中。層 C3 和 S4 以相似的方式形成。層 FC5 是一個全連接層，有 240 個特徵映射，每個特徵映射的大小為 1×1，每個像素都連接到 S4 中特徵映射的 6×6 相鄰區域。最後通過 Softmax 分類器輸出分類結果。

FC5 層特徵映射 $\{x^{(i)}\}_{i=1}^{m}$ 輸入到 Softmax 分類器，每個輸入樣本屬於每個類的機率分布：

$$p(y^{(i)}=j \mid x^{(i)};\theta)=\frac{\exp(\boldsymbol{\theta}_j^{\top} x^{(i)})}{\sum_{l=1}^{k}\exp(\boldsymbol{\theta}_l^{\top} x^{(i)})}, y=\operatorname{argmax}_j p(y^{(i)}=j \mid x^{(i)};\theta)$$

式中，$j=1,2,\cdots,k$。k 是輸出層的維數。此外，$\boldsymbol{\theta}$ 表示 Softmax 分類器的參數（權重矩陣和偏見向量），成本函數定義為：

$$J(\boldsymbol{\theta})=-\frac{1}{m}\left[\sum_{i=1}^{m}\sum_{j=1}^{k}1\{y^{(i)}=j\}\right]\log p(y^{(i)}=j \mid x^{(i)};\boldsymbol{\theta})$$

式中，$1\{\cdot\}$ 為指標函數。可以應用最佳化演算法求解 $J(\theta)$ 的最小值，來最佳化 CNN 參數。

7.3.2 基於多層多尺度深度 CNN 和 RFs 的整合學習方法

如前所述，標準 CNN 模型只有 FC5 全連接層中提取的特徵被用於故障分類。然而，提取的其他底層特徵，如 S2、S4，更易於準確地描述局部特徵，可能包含一些在 FC5 層中不存在的重要敏感資訊，可以被利用提高分類精度。因此，可以通過多隨機森林分類器將 CNN 模型的多層多尺度特徵整合起來，構建一個具有最佳配置特徵的整合學習模型進行診斷。如圖 7.3 所示，S2、S4 和 FC5 的提取特徵分別輸入 3 個隨機森林分類器。訓練後的 CNN 作為可訓練的特徵提取器，RF 作為基本分類器。每個 RF 分類器都是在 CNN 中使用不同層次的特徵映射進行並行訓練。一旦訓練完成，可以將多個隨機森林分類器的輸出通過一些決策策略，如勝者全取策略等，將分類結果整合起來實現整合學習。

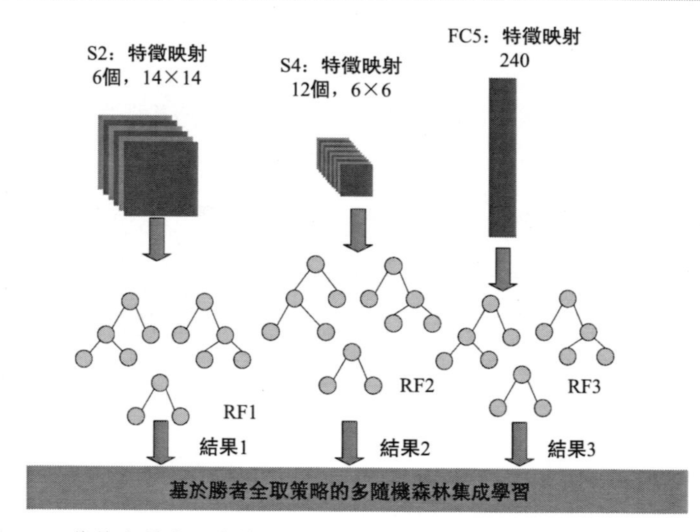

圖 7.3 基於多層多尺度特徵 CNN 和多隨機森林分類器的整合學習模型

7.3.3 實驗仿真、分析與應用驗證

為了評價所提故障診斷方法的有效性，所提出模型和演算法在 MATLAB 仿真，達到預期效果後，整合到軌道交通營運企業的 MRO 維護服務調度平臺，進行實際數據的應用性驗證。

另外，針對本項目提出的基於多層多尺度 CNN 和 RF 整合學習方法，項目組採用凱斯西儲大學軸承數據中心提供的公共軸承振動數據集[20]和實驗室已有的數據集，進行了前期的探索和演算法驗證，並取得了初步結果。

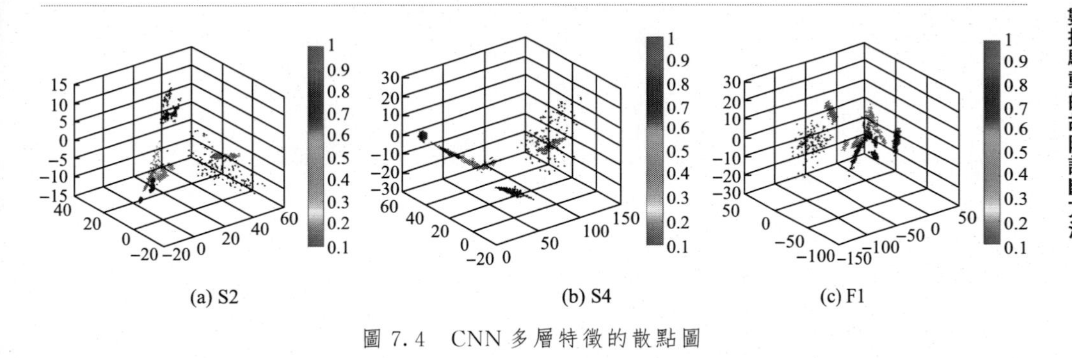

圖 7.4　CNN 多層特徵的散點圖

實驗中生成了兩個數據集Ⅰ、Ⅱ。採用 1024 的尺度因子，原始振動信號數據由 CWT 轉化為係數矩陣。轉換後 CNN 多層特徵的散點圖如圖 7.4 所示，相同負載條件下的多層特徵是集中的，而不同負載條件的特徵是分開的。由此可見，CNN 模型在提取具有代表性特徵方面具有較強的能力，不同層次的轉換特徵是不同的，充分利用多層特徵有助於診斷結果。

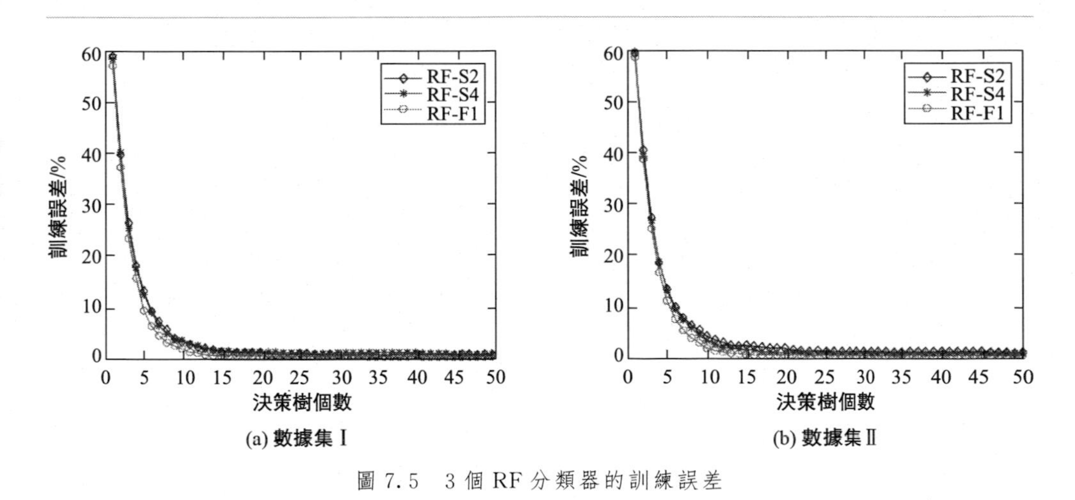

圖 7.5　3 個 RF 分類器的訓練誤差

在 S2、S4 和 F1（全連接層 FC5 的第一層）中提取的特徵映射分別被輸入 3 個 RF 分類器中（每個 RF 分類器由 50 個決策樹組成），數據集Ⅰ、Ⅱ訓練誤差曲線如圖 7.5 所示。

3 個 RF 分類器的訓練誤差接近於 0，這說明了前幾層的特徵映射也包含了有助於診斷結果的重要資訊。基於多層特徵，表 7.2 給出了 Softmax、RF1、RF2、RF3 和整合學習分類器的精度結果。S4 層中使用 RF2 分類器對數據集Ⅰ

的精度最高，為99.45%，對數據集Ⅱ的精度為99.2%。對於數據集Ⅱ，使用其他層特徵映射的精度在94.8%～96.6%之間，這低於所建議的整合方法。數據集Ⅱ的訓練和測試樣本是在不同的負載下選擇的，可以得出這樣的結論：多分類器整合學習方法的引入有助於提高故障分類的堅固性和泛化能力。

表7.2　精度比較

方法	精度(數據集Ⅰ)/%	精度(數據集Ⅱ)/%
CNN+Softmax	99.05	94.8
CNN+RF1	99.4	96.6
CNN+RF2	99.45	99.2
CNN+RF3	91.5	94.8
多層多尺度CNN+多隨機森林	99.45	99.2

初步比較了幾種基於傳統機器學習模型（BPNN、SVM、KNN）和深度學習模型（CNN、DBN、SAE）的故障診斷結果，所有的實驗都是在數據集Ⅰ和Ⅱ上進行的，結果見表7.3。

表7.3　與其他方法的精度比較

方法	精度(數據集Ⅰ)/%	精度(數據集Ⅱ)/%
BPNN	78.1	69.8
SVM	82.43	74.5
KNN	76.9	65.4
DBN	89.45	86.53
SAE	93.1	85.4
CNN	99.05	94.8
多層多尺度CNN+多隨機森林	99.45	99.2

數據集Ⅰ的BPNN、SVM和KNN診斷精度分別為78.1%、82.43%和76.9%，數據集Ⅱ分別為69.8%、74.5%和65.4%，由於傳統機器學習方法的淺層架構無法探索健康狀況與信號數據之間的複雜關係，而且手工提取的特徵也不能代表原始數據，其診斷結果要差得多。所提方法的分類精度明顯優於其他基於深度學習的方法，特別對於數據集Ⅱ顯示了巨大改進，從而初步驗證了所提方法具有較強的特徵學習能力和整合分類器的泛化能力。

所提方法也通過寶鋼MRO管理系統中儲存的軸承狀態監測數據進行了驗證，有關詳細資訊可參閱「http://imss.tongji.edu.cn:9080/」。振動信號採集自一個頻率為10kHz的軋機，加速度感測器放置在支架上。有四種不同健康狀況，分別是正常情況（不）、滾動球缺陷（RD）、內圈缺陷（ID）和外圈缺陷（OD）。

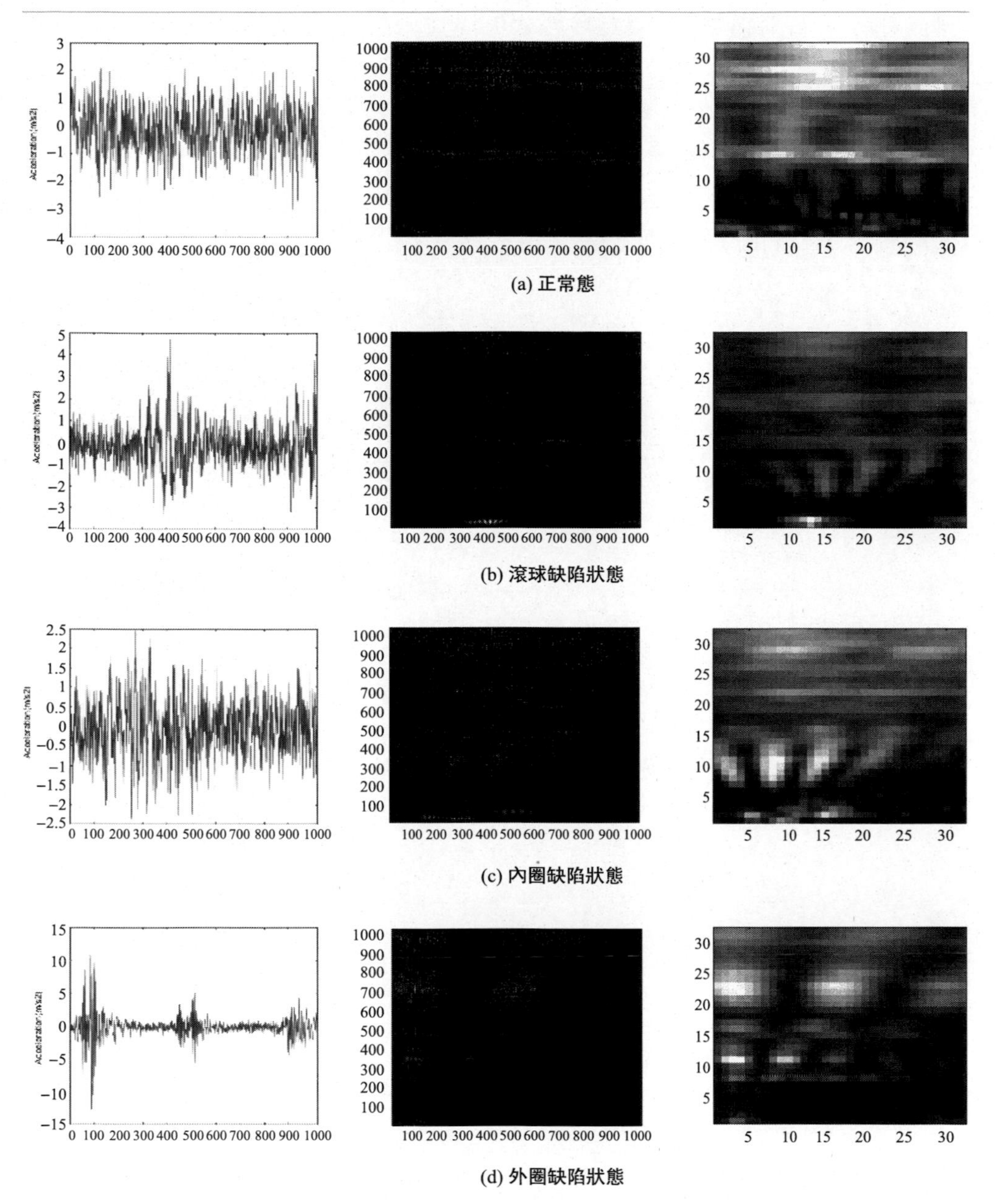

圖 7.6 基於 CWT 的原始振動信號波形轉換結果

所有 1024 個數據點的樣本都是從狀態監測數據中隨機選取的，每個負載條件下有 2000 個訓練樣本和 500 個測試樣本。基於 CWT 的信號影像轉換結果如圖 7.6 所示。在前三個健康狀態的時域內，振動信號之間沒有明顯差異，但可以在時頻域中很容易地找到包含故障特徵灰階影像之間的差異，說明了 CWT 轉換的有效性。

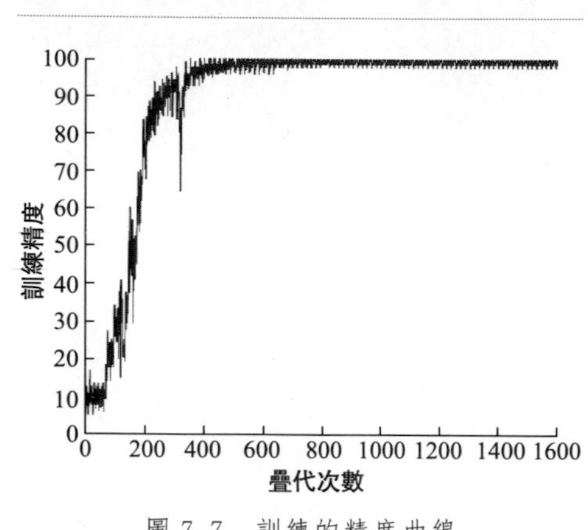

圖 7.7 訓練的精度曲線

隨著訓練樣本數量的增加，CNN 模型的參數也發生了變化。經過多次測試，實驗案例的最佳參數如下：批大小設置為 120，epochs（代）的數量設為 100，初始學習速率設為 0.01。CNN 模型通過加權和偏壓調整可以達到 99.5%的收斂速度，訓練的精度曲線如圖 7.7 所示。

提取 CNN 的多層特徵對不同分類器進行訓練，訓練精度結果如表 7.4 所示，精度比前面案例研究的精度差。儘管試著調整所建議 CNN 模型的架構，但精度結果沒有明顯改進，最後檢查原始數據時，發現樣本中存在一些「髒讀」，包括冗餘數據和損失數據。

表 7.4 建議方法的精度比較

方法	精度/%
CNN+Softmax	91.1
CNN+RF1	95.66
CNN+RF2	94.49
CNN+RF3	92.71
多層多尺度 CNN+多隨機森林	95.66

與 BPNN、SVM、KNN、CNN、DBN 和 SAE 相比，所提方法與上述傳統方法的精度比較結果如表 7.5 所示。結果表明，所提出的方法在平均精度上優於傳統的基於機器學習和基於深度學習的故障診斷方法，顯示了所提出的故障診斷方法的潛力。

表 7.5 與其他方法的精度比較

方法	精度/%
BPNN	74.3
SVM	72.41
KNN	66.9
DBN	82.41

續表

方法	精度/%
SAE	85.1
CNN	91.1
多層多尺度 CNN+多隨機森林	95.66

7.4 基於卷積人工類神經網路和轉移學習的故障診斷方法

在許多機器學習演算法中，有一個普遍的假設，即訓練數據集和測試數據集應該來自同一特徵空間，並保持相同分布[21,22]。然而，在現實世界的許多問題中，訓練數據集的分布往往不同於測試數據集，使用訓練數據集訓練得到的模型有時在測試數據集中不能表現出很好的適應能力。為解決這個問題，研究者提出了轉移學習方法，其目標是將從先前任務中學習到的知識再應用於新任務。故障診斷中，基於轉移學習和深度卷積網路的方法可以重複使用在源域數據集上訓練得到的參數，改進診斷性能和提高收斂速度。

7.4.1 轉移學習的概念

產業界對機器學習的應用分為如下兩類[23]。

① 訓練模型的成熟度允許將這些模型大規模地部署到數百萬的用戶機器中，並且已經得到了廣泛的採用。過去幾年，人們已經獲得了訓練越來越準確模型的能力，對很多任務而言，最先進的模型已經達到了「它們的表現是如此的好，以至於對使用者來說不再有障礙了」。例如，ImageNet 上最新的殘差網路在辨識物體的能力上已經超越了人類，Google 的智慧回覆可以自動處理所有回覆中的10%，語音辨識的錯誤率逐漸下降到低於人類打字的錯誤率，機器學習模型可以像皮膚科的醫生一樣準確診斷皮膚癌，Google 的神經機器翻譯系統已經應用於十種以上的語種，百度可以實時地生成逼真的語音，類似的還有很多。

② 模型精確程度極度依賴數據，模型性能的提升需要大量的標記數據。在一些任務和域中，這些數據是可用的並且已經經過了多年的精心整理。

與此同時，把機器學習的模型應用在自然環境中時，模型會面臨大量之前未曾遇到的情況，不知如何去處理。例如，每個用戶都有著各自的性能指標，擁有或者產生著與訓練數據集中不同的數據，而且，每個模型在應用中都需要處理這些與訓練過程中相似但又不是完全相同的任務，在所有的情況下，即使是在訓練集上有著接近或者超越人類水平的模型在性能上也會有著明顯的下降，甚至在某些場景下會變得完全不可用。轉移學習（Transfer Learning，TL）可以幫助處理這些場景，應用於那些標記數據並不是很豐富的區區域時尤為重要。

根據 Pan 和 Yang（2010）的綜述[21]，轉移學習涉及域和任務的概念。一個域 D 由一個特徵空間 X 和特徵空間上的邊際機率分布 $P(X)$ 組成，其中 $X=x_1$，…，$x_n \in X$。對於有很多詞袋表徵的分類文件，X 是所有文件表徵的空間，x_i 是第 i 個單詞的二進制特徵，X 是一個特定的文件。給定一個域 $D=\{X, P(X)\}$，一個任務 T 由一個標籤空間 y 以及一個條件機率分布 $P(Y|X)$ 構成，這個條件機率分布通常是從由特徵－標籤對 $x_i \in X$，$y_i \in Y$ 組成的訓練數據中學習得到的。在文件分類的例子中，Y 是所有標籤的集合，即真或假，y_i 要麼為真，要麼為假。

給定一個源域 D_s，一個對應的源任務 T_s，還有目標域 D_t，以及目標任務 T_t，轉移學習的目的就是：在 $D_s \neq D_t$，$T_s \neq T_t$ 的情況下，在具備來源於 D_s 和 T_s 的資訊時，學習得到目標域 D_t 中的條件機率分布 $P(Y_t|X_t)$。絕大多數情況下，假設可以獲得的有標籤的目標樣本是有限的，有標籤的目標樣本遠少於源樣本。

由於域 D 和任務 T 都被定義為元組，給定源域和目標域 D_s 和 D_t，其中，$D=\{X, P(X)\}$，並且給定源任務和目標任務 T_s 和 T_t，其中 $T=\{Y, P(Y|X)\}$。源和目標的情況可以以四種場景的方式變化：

① $X_s \neq X_t$，源域和目標域的特徵空間不同。例如，文件是用兩種不同的語言寫的，在自然語言處理的背景下，這種場景通常被稱為跨語言適應。

② $P(X_s) \neq P(X_t)$，源域和目標域的邊際機率分布不同。例如，兩個文件有著不同的主題，這個場景通常被稱為域適應。

③ $Y_s \neq Y_t$，兩個任務的標籤空間不同。例如，在目標任務中，文件需要被分配不同的標籤。實際上，這種場景通常發生在情況 4 中，因為不同的任務擁有不同的標籤空間，但是擁有相同的條件機率分布，這是極其罕見的。

④ $P(Y_s|X_s) \neq P(Y_t|X_t)$，源任務和目標任務的條件機率分布不同。例如，源和目標文件在類別上是不均衡的，這種場景在實際中是比較常見的，諸如過採樣、欠採樣以及 SMOTE[24] 等方法被廣泛應用。

7.4.2 基於 CNN 和 TL 的故障診斷模型

(1) CNN 模型

一個完整的 CNN 模型主要包含三種網路層結構：卷積層、池化層和全連接層。文獻［25］給出了 CNN 的定義和運算過程。首先，輸入特徵映射總是與不同的卷積核做卷積運算，有時卷積核也被稱為卷積濾波器，再將偏壓分別附加到每個卷積結果上。然後，前一操作的輸出作為啟動函數的輸入，由此獲得輸出特徵映射。最後，可以定義如下的完整過程：

$$x_i^l = f\left(\sum_{j \in M_i} x_j^{l-1} k_{ji}^l + b_i^l\right) \tag{7.1}$$

式中，x_i^l 為第 l 層的第 i 個輸出特徵映射；M_i 為輸入特徵映射的選擇範圍；k_{ji}^l 為卷積濾波器，連接 $l-1$ 層的第 j 個輸出特徵映射和 l 層的第 i 個輸入特徵映射；b_i^l 為附加到 l 層的第 i 個輸入特徵映射的偏壓；$f(\cdot)$ 為用於提高模型非線性表達能力的啟動函數。通常，每個輸出地圖可以對應於多個輸入地圖。

在卷積層之後，總是使用子採樣層來減少輸出特徵映射的維數，同時也保持特徵映射的數量不變。這裡採用最大池化層作為子採樣層，定義如下：

$$y_{\max} = \max(y_{i,j}); a \leqslant i \leqslant b, c \leqslant j \leqslant d \tag{7.2}$$

式中，$y_{i,j}$ 定義了採樣的子區域。i 和 j 分別表示採樣視窗的高度和寬度。最大池化層減少了模型參數的數量，並在一定程度上避免了過擬合現象。

最後，通過堆疊卷積層和池化層提取的特徵作為全連接層的輸入，然後附加 Softmax 分類器[26] 以辨識物件的類別。輸入樣本 $x^{(n)}$ 屬於類 m 的機率可以如下獲得：

$$p\left(y^{(n)} = m \mid x^{(n)}; \boldsymbol{\theta}\right) = \frac{e^{\boldsymbol{\theta}_m^{\mathrm{T}} x^{(n)}}}{\sum_{i=1}^{k} e^{\boldsymbol{\theta}_i^{\mathrm{T}} x^{(n)}}} \tag{7.3}$$

$$y = \operatorname{argmax} p\left(y^{(n)} = m \mid x^{(n)}; \boldsymbol{\theta}\right) \tag{7.4}$$

式中，$n \in [1, l]$；l 表示訓練樣本的數量；$m \in [1, k]$；k 表示類別數目。此外，$\boldsymbol{\theta}$ 表示模型的參數列表，包括權重和偏壓。CNN 通過反向傳播演算法最小化損失函數以獲得最佳參數。一般來說，可以如下定義損失函數：

$$L(\theta) = -\frac{1}{l}\left[\sum_{n=1}^{l} \sum_{m=1}^{k} I\{y^{(n)} = m\} \log p(y^{(n)} = m \mid x^{(n)}; \boldsymbol{\theta})\right] \tag{7.5}$$

式中，$I\{\text{True}\} = 1$。

(2) CNN 的結構設計

深度卷積人工類神經網路中低層網路學習低級特徵，擁有更好的泛化能力，而高層網路學習高級特徵，更適用於特定任務[27]，一個設計良好的 CNN 結構可以提高分類精度。

圖 7.8 給出了一個 8 層的 CNN 模型：3 個卷積層（C1～C3）、2 個採樣池化層（S1、S2）、1 個輸入層、1 個全連接層（FC）和 1 個分類層（Softmax），訓練樣本是灰階影像，輸入層只有 1 個通道（多個通道可以實現多感測器數據融合，例如，3 個通道可以解決影像的 RGB 三色問題），大小為 32×32。

通常來講，採用較小的卷積核可以減少模型參數，並減輕運算負擔。實驗中在所有卷積層中應用大小為 3×3 的卷積核，在 C1 層中有 8 個卷積核，對應 8 個輸出特徵映射。然後採用最大池化技術對來自 C1 層的輸出特徵映射進行採樣，採樣視窗的步長設置為 2，大小為 2×2。S1 層中特徵映射大小是 C1 層的一半，但具有相同數量的特徵映射。C2 層、S2 層和 C3 層通過相似的方法構造。FC 層是全連接層，用於組合 C3 層中的所有輸出特徵映射。Softmax 分類器將所有訓練樣本分類到相應的類別。此外，在訓練過程中應用零填充技術讓輸出特徵映射和輸入特徵映射保持相同大小，並使用批量標準化方法加速 CNN 訓練。

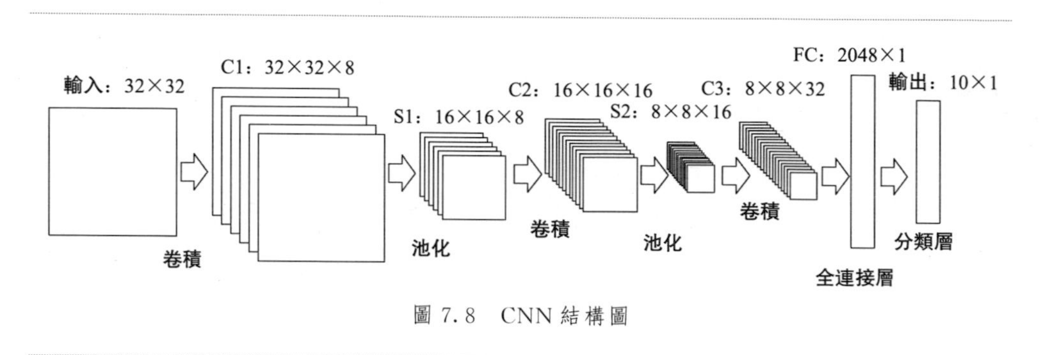

圖 7.8 CNN 結構圖

(3) 基於轉移學習的微調 CNN 模型

微調是將訓練好 CNN 模型中的部分參數轉移到具有相似結構的目標 CNN 中。如圖 7.9 所示，基於轉移學習的微調 CNN 模型分三個階段：①使用源域樣本訓練 CNN D 以獲得最佳結構模型，使之具備突出的提取特徵和辨識模式的能力；②使用 CNN D 低層網路的參數初始化 CNN T；③使用目標域樣本微調 CNN T 的全連接層，以更好地適應新任務要求。

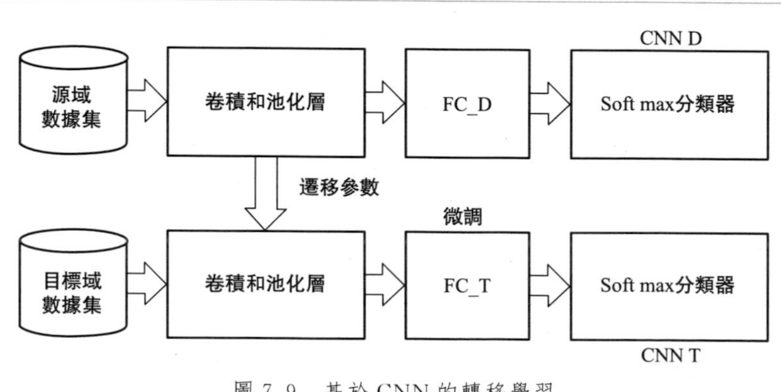

圖 7.9 基於 CNN 的轉移學習

7.4.3 實驗仿真、分析與應用驗證

首先在源域上訓練出最佳CNN模型作為原始模型，然後使用目標域上的小數據集對模型進行微調，最後通過兩個實驗來驗證所提出的軸承故障診斷方法的有效性：①在目標域上將微調模型與原始模型的結果比較；②在目標域上重新訓練模型，並與微調模型比較。

(1) 實驗數據集

實驗所使用的公共軸承數據集由CWRU提供[20]。在4個不同的電機負載下，數據以12kHz的頻率進行採樣，負載範圍從0到3。軸承有三個故障位置，包括球故障（BF）、內圈故障（IF）和外圈故障（OF）。此外，每個位置有四種故障尺寸，分別為0.007in❶，0.014in、0.021in和0.028in。本書僅使用驅動端的正常數據以及前三種故障尺寸的故障數據。

使用0電機負載下的正常數據和故障數據來製造源域數據集。實驗中，總共有10個故障類型，更多相關細節被列在表7.6中。類似地，可以製造目標域數據集，表7.7列出了更多細節。應該注意的是，源域數據集和三個目標域數據集之間的電機負載和特徵空間是不同的。

表7.6 源域數據集

數據序列	數據類型	電機負載	故障尺寸
1	Normal	0	/
2	BF	0	0.007
3	IF	0	0.007
4	OF	0	0.007
5	BF	0	0.014
6	IF	0	0.014
7	OF	0	0.014
8	BF	0	0.021
9	IF	0	0.021
10	OF	0	0.021

表7.7 目標域數據集

數據序列	數據類型	電機負載	故障尺寸

❶ 1in=25.4mm。

續表

數據序列	數據類型	電機負載	故障尺寸
1	Normal	1/2/3	/
2	BF	1/2/3	0.007
3	IF	1/2/3	0.007
4	OF	1/2/3	0.007
5	BF	1/2/3	0.014
6	IF	1/2/3	0.014
7	OF	1/2/3	0.014
8	BF	1/2/3	0.021
9	IF	1/2/3	0.021
10	OF	1/2/3	0.021

源域上有 1000 個訓練樣本，目標域上有 200 個訓練樣本。但是，兩個域中都有 1000 個測試樣本而且，每種故障類型的樣本數量是相同的。

（2）結果和討論

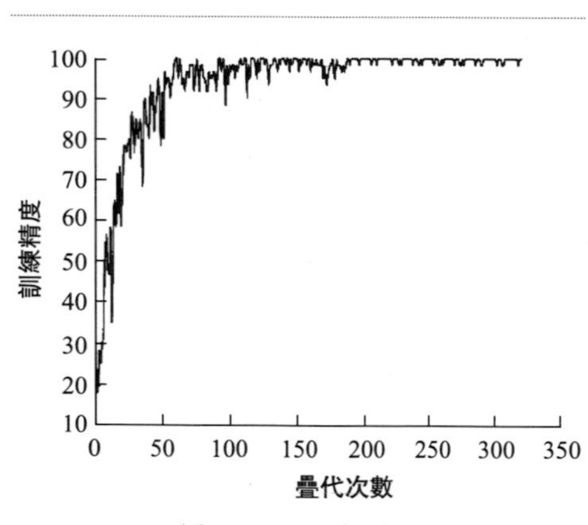

圖 7.10　原始模型

使用 CWT 方法將原始信號數據轉換為係數矩陣，比例因子設置為 1024 以獲得大小為 1024×1024 的灰階影像，採用雙三次插值方法將影像壓縮到 32×32 的大小。源域中的訓練精度曲線如圖 7.10 所示，訓練精度幾乎達到 100%。重複該過程 10 次，在 0 電機負載下測試樣本的最終平均精度為 99.18%。然而，使用原始模型，在 1 電機負載下測試樣本的精度僅為 78.2%。然後，使用 1 電機負載下的小訓練樣本對原始模型進行微調，測試樣本的精度達到 99.3%。此外，還進行了另一個實驗來證明微調模型（訓練精度曲線如圖 7.11 所示）的收斂速度比在目標領域中從頭開始訓練模型（訓練精度曲線如圖 7.12 所示）更快。實驗結果被列於表 7.8 中，微調模型具有更好的性能。

表 7.8　實驗結果

精度/%	不帶微調的模型	微調	目標域中的模型訓練

續表

精度/%	不帶微調的模型	微調	目標域中的模型訓練
目標域 1	78.2	99.3	98.6
目標域 2	77.5	99.1	98.9
目標域 3	73.7	99.1	99.1

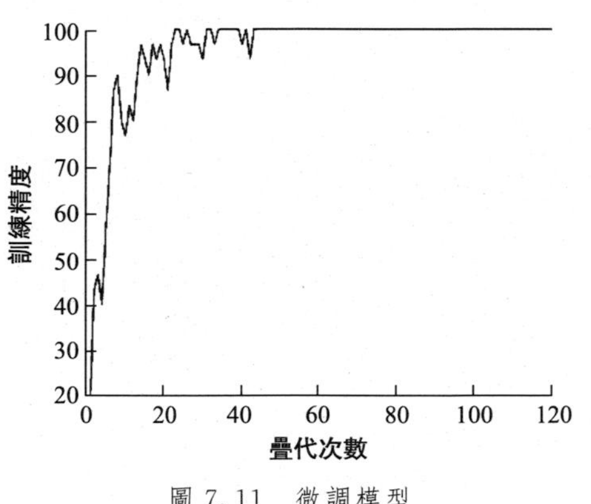

圖 7.11 微調模型

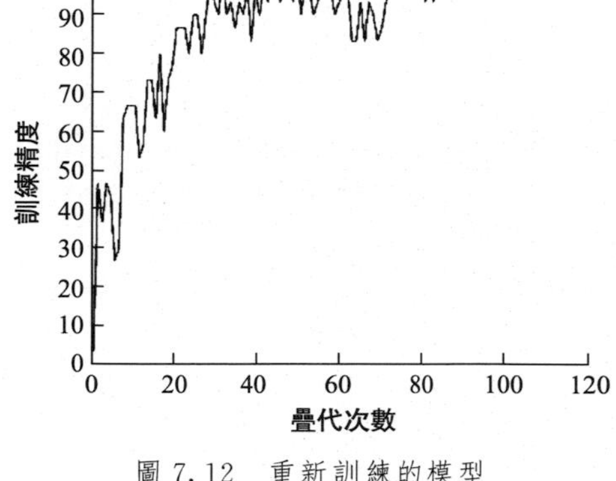

圖 7.12 重新訓練的模型

參考文獻

[1] SUN Y, WANG X, TANG X. Deep learning face representation from predicting 10000 classes. IEEE Int Conf on Computer Vision and Pattern Recognition, 2014: 1891-1898.

[2] DING X, HE Q. Energy-fluctuated multiscale feature learning with deep ConvNet for intelligent spindle bearing fault diagnosis. IEEE Transactions on Instrumentation & Measurement, 2017, 66 (8): 1926-1935.

[3] LEE J, NAM J. Multi-level and multi-Scale feature aggregation using pre-trained convolutional neural networks for music auto-tagging. IEEE Signal Processing Letters, 2017, 24 (8): 1208-1212.

[4] WANG Z, LAI C, CHEN X, et al. Flood hazard risk assessment model based on random forest. Journal of Hydrology, 2015, 527: 1130-1141.

[5] JARDINE A, LIN D, BANJEVIC D. A review on machinery diagnostics and prognostics implementing condition-based maintenance. Mechanical Systems and Signal Processing, 2006, 20: 1483-1510.

[6] 蔣平，賈民平，許飛雲端，等．機械故障

診斷中微弱信號處理特徵的提取．振動、測試與診斷，2005，25 (1)：48-50.

[7] DITOMMASO R, MUCCIARELLI M, PAROLAI S, et al. Monitoring the structural dynamic response of a masonry tower: comparing classical and time-frequency analyses. Bulletin of Earthquake Engineering, 2012, 10 (4)：1221-1235.

[8] ALLEN J B. Short time spectral analysis, synthesis, and modification by discrete fourier transform. IEEE Transactions on Acoustics, Speech, and Signal Processing, 1977, 25 (3)：235-238.

[9] 周宇峰，程景全．小波變換及其應用．物理，2008，37 (1)：24-32.

[10] HUANG N E, SHEN S S P. Hilbert-Huang transform and its applications. London: World Scientific, 2005.

[11] HU J, WANG J, ZENG G. A hybrid forecasting approach applied to wind speed time series. Renew Energy, 2013 (60)：185-194.

[12] 呂勇，李友榮，王志剛．基於經驗模態模式分解的軋機主傳動減速機故障診斷．振動、測試與診斷，2007，27 (2)：112-115.

[13] TANG L, YU L, WANG S, et al. A novel hybrid ensemble learning paradigm for nuclear energy consumption forecasting. Appl Energy, 2012 (93)：432-443.

[14] NGUYEN D N, DIEULLE L, GRALL A. Remaining useful lifetime prognosis of controlled systems: a case of stochastically deteriorating actuator, Math Probl Eng, 2015 (2015).

[15] WANG T, ZHANG M C, YU Q H, et al. Comparing the applications of EMD and EEMD on time-frequency analysis ofseismic signal. Journal of Applied Geophysics, 2012, 83 (1)：29-34.

[16] IMAOUCHEN Y, KEDADOUCHE M, ALKAMA R, et al. A frequency-weighted energy operator and complementary ensemble empirical mode decomposition for bearing fault detection. Mechanical Systems and Signal Processing. 2017, 82 (1)：103-116.

[17] 羅磊，黃博妍，孫金瑋，溫良．基於總體平均經驗模態分解的主動噪聲控制系統研究．自動化學報．2016，42 (9)：1432-1439.

[18] YU J, LV J. Weak fault feature extraction of rolling bearings using local mean decomposition-based multi-layer hybrid denoising. IEEE Transactions on Instrumentation and Measurement. 2017, 66 (12)：3148-3159.

[19] LIN J, QU LS. Feature extraction based on morlet wavelet and its application for mechanical faultdiagnosis. Journal of Sound & Vibration, 2000, 234 (1)：135-148.

[20] LOPARO K. Case western reserve university bearing data centre website. Available: http://csegroups.case.edu/bearingdatacenter/pages/download-data-file, 2012.

[21] PAN S. J, YANG Q. A survey on transfer learning. IEEE Transactions on Knowledge and Data Engineering, 2010, 22 (10)：345-1359.

[22] WEISS K, KHOSHGOFTAAR T M, WANG D D. A survey of transfer learning. Journal of Big Data, 2016, 3 (1)：9.

[23] 百家號．深度|遷移學習全面概述：從基本概念到相關研究．http://baijiahao.baidu.com/s? id = 1563010399699279 & wfr = spider & for = pc, 2017.

[24] ISHII T, ASHIHARA M, ABE S. Kernel discriminant analysis based feature selection. Neurocomputing, 2008,

71 (13-15) : 2544-2552.

[25] BOUVRIE J. Notes on convolutional neural networks. Neural Nets, 2006.

[26] JIANG Z, LIU M, XU G. Fault diagnosis method based on transfer learning and deep convNet. 2nd International Workshop on Structural Health Monitoring for Railway System (IWSHM-RS 2018) , Qingdao, China, 2018.

[27] ZEILER M D, FERGUS R. Visualizing and understanding convolutional network. European Conference on Computer Vision, 2014.

第8章

數據驅動的故障預測模型與方法

近年來，智慧演算法受到重視。面向 MRO 營運網路環境中設備故障及維護需要的不確定性和動態性，結合基於馬爾可夫隨機過程模型和人工類神經網路融合模型、小波分解等模型，本章主要討論基於量子多代理人工類神經網路的故障預測模型、基於機器學習的故障預測模型和基於深度學習的故障預測模型等幾種數據驅動的設備故障預測的理論和方法。

8.1 基於量子多代理人工類神經網路的故障預測模型

近幾十年來，針對具有非線性、不確定性和動態時間變化特徵的大型複雜設備故障預測問題，工業界和學者對卡爾曼濾波、隱馬爾可夫模型、專家系統、灰色模型、自迴歸行動平均模型和支持向量等進行了大量的研究[1-3]。在模擬人腦神經系統的資訊處理模式中，人工類神經網路（Neural Network，NN）用於處理複雜系統的預測，具有可靠性、可擴展性、堅固性好等特點，現有的人工類神經網路模型主要包括反向傳播人工類神經網路（Back Propagation Neural Network，BPNN）、徑向基人工類神經網路（Radial Basis Function Neural Network，RBFNN）、小波人工類神經網路（Wavelet Neural Network，WNN）、Elman 人工類神經網路（Elman Neural Network，ENN）和廣義迴歸人工類神經網路（Generalized Regression Neural Network，GRNN）等多種模型。其中，BPNN 目前應用最廣泛，具有結構簡單、能夠以任意精度逼近非線性連續函數的優點，已成功應用於工程預測等領域。具體來說，在提取設備監測信號的大量特徵資訊後，BPNN 框架可以通過對時間序列數據的處理，來預測設備的劣化狀態，從而預測故障發生的時刻。

人工類神經網路實現了輸入和輸出之間的精確映射，已被證明是一個強大的預測演算法。為了使設備的壽命預測具有快速性，同時具有與基於模型方法相同的準確性和可靠性，Ghafir 等人提出了一種新型的多層前饋 BPNN，給出了基於範圍、基於功能和基於感測器結構 3 種人工類神經網路預測模型，通過單軸氣體渦輪發動機模型進行驗證[4]。AI-Garni 等人提出了一個基於人工人工類神經網路的框架，根據飛行營運時間和登陸次數對波音 737 輪胎進行可靠性分析[5]。

BPNN 存在有收斂速度慢和易陷局部最小值等問題，而且初始權重和閾值 BPNN 框架的重要參數與預測精度和速度密切相關。代理人（Agent）具有優越的環境感知和反應能力，為了實現自主運算，多代理技術這些年蓬勃發展。量子運算應用量子力學的理論，如量子位和狀態疊加，可以同時並行地處理大量量子態，在過去幾十年裡激發了量子演算法的深入研究，如量子基因演算法、量子蟻群演算法和量子粒子群最佳化演算法等。

以多代理理論和量子運算為基礎，通過引入量子運算和多代理系統的概念，建立了一種基於量子多代理的 BP 人工類神經網路模型（Quantum Multi-agent based Neural Network，QMA-BPNN）[6]，改進了 BPNN 演算法的初始權值和閾值選擇方法、誤差傳播演算法以及隱層節點數量選擇等問題，獲得了最佳初始權值和閾值，提高了 BPNN 的學習速率和預測性能，解決了複雜設備的故障預測問題。通過公開的軸承數據集實驗分析發現，在神經元隱層數目不同的情況下，QMA-BPNN 的預測結果比基於基因演算法的 BPNN（GA-BPNN）更精確、收斂速度更快。

8.1.1 人工類神經網路故障預測模型

通過監測關鍵元件感測器的異常值進行故障趨勢分析，例如壓力、溫度、流體的高度以及流動速度、振動信號等，對於設備健康狀況預測是很有用的。

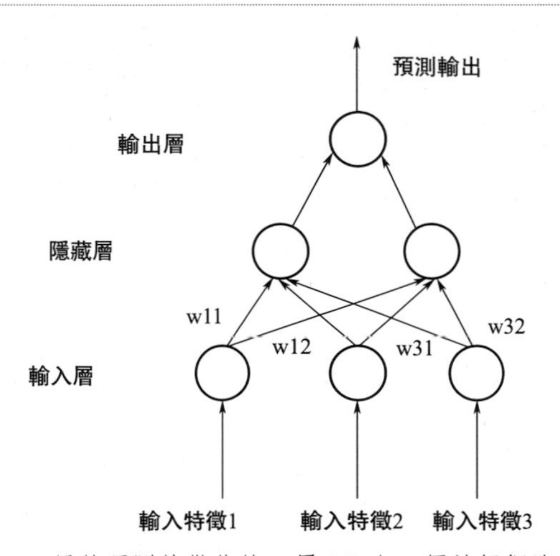

圖 8.1 用於預測特徵值的 3 層 BP 人工類神經網路結構

對於大多數機械設備，不同程度的性能下降可以體現在狀態參數連續的數據變化上。對於數據驅動的方法，構建一個基於監測信號特徵值的預測模型，通過一定的故障診斷技術對故障進行辨識。圖 8.1 是一個用於預測特徵值的 3 層 BP 人工類神經網路結構，可以以任意精度逼近任意連續函數。對於 BP 人工類神經網路，輸入和輸出向量之間映射關係的性質是由權重和閾值定義的，通過方向上的梯度下降演算法來減小網路輸出和實際響應向量之間的差值。訓練集向量在網路上反覆進行權值和閾值調整，直到誤差測度達到可接受的值或滿足固有演算法的收斂條件。

BP 人工類神經網路存在局部最小值的誤差，採用誤差梯度下降演算法調整網路權值和閾值，網路訓練的結果很容易陷入最小值。作為網路中最重要的因素，初始權值和閾值對故障預測的最終結果有決定性的作用。一般情況下，它們在一定的時間間隔內是隨機的，這可能導致訓練結果沿誤差函數逐漸下降達到最小值。也就是說，一旦定義了初始值，就確定了網路的收斂方向。而且，網路訓練的收斂速度也與初始權重和閾值的選取有關。可以通過量子多代理演算法最佳化初始權值和閾值，避免陷入局部極值，加快 BPNN 收斂速度，提高收斂精度。

此外，還有一些最佳化措施：①隱含層中的節點數問題，節點數是 BPNN 的一個重要參數，如果節點數量太小，網路無法建立複雜的判斷邊界；如果數量過多，網路則將失去歸納和判斷能力；②由於特徵值的波動，訓練前和測試後分別採用規範化和反規範化操作，以防止小值資訊被大數據所削弱；③tansig 和 logsig 通常作為前兩層的傳遞函數，最後兩層人工類神經網路的傳遞函數選自 MATLAB 軟體中的網路工具箱，網路的輸出在［0,1］之間。

8.1.2 QMA-BPNN 演算法

(1) 代理人（Agent）的概念

儘管在分散式人工智慧的研究界對代理人（Agent）的定義有各種爭論，但人們認為自主性是代理人的主要特徵，即在沒有人或其他輔助的情況下，能夠完成任務並達到目標。特別是在多代理系統（Multi-agent System，MAS）中，代理人具有屬性和方法，跟面向物件的程式設計一樣，具有與其環境相連繫的內在信念、想法和目的。MAS 中的代理人通過與環境進行互動實現資訊傳播，搜尋全局最佳解。在本節中，代理人 α 表示 BP 人工類神經網路初始權重和閾值的一個候選解，$\alpha=(\alpha_1,\alpha_2,\cdots,\alpha_M)$，$M$ 是權重和閾值的總數。

定義 8.1 多代理網格（Multi-agent Grid，MAG）。所有代理人都在一個圖 8.2 所示尺寸為 $N\times N$ 的方形網格中，稱為多代理網格或 MAG。網格的大小選取應該適當，太複雜的網格會導致運算量大、效率低下，太簡單的網格不利於最佳解的搜尋，N 通常是偶數。

MAG 中的每個代理人代表輸入層和隱含層之間的權重、隱含層神經元的閾值、隱含層和輸出層之間的權重以及輸出層神經元的閾值。整個代理人系統以圖 8.2所示的方式分成獨立的組織，讓α_{ij}代表 MAG 中第 i 行和第 j 列的代理人，則組織中其他成員的定義如下：

① 如果 $i \leqslant N-1$，$j \leqslant N-1$，$\alpha_{i+1,j}$、$\alpha_{i,j+1}$、$\alpha_{i+1,j+1}$相互連繫。

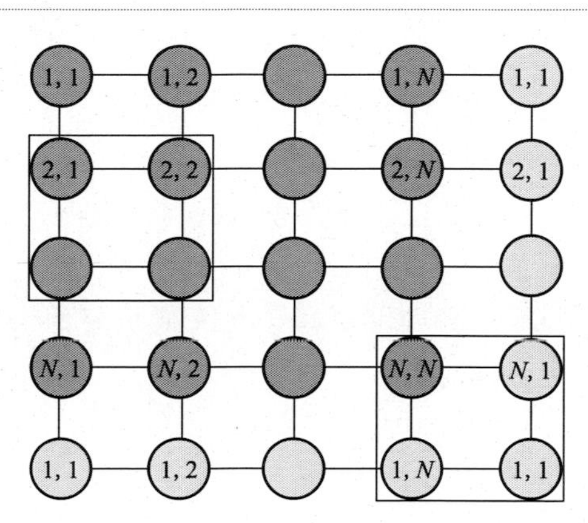

圖 8.2 MAG 的結構

② 如果 $i=N$，$j \leqslant N-1$，$\alpha_{1,j}$、$\alpha_{i,j+1}$、$\alpha_{i+1,1}$相互連繫。

③ 如果 $i \leqslant N-1$，$j=N$，$\alpha_{i,1}$、$\alpha_{i,j+1}$、$\alpha_{i+1,1}$相互連繫。

④ 如果 $i=N$，$j=N$，$\alpha_{1,1}$、$\alpha_{1,N}$、$\alpha_{N,1}$相互連繫。

定義 8.2 精英代理人。多代理網格 MAG 中最強大的代理人（例如，具有最大適應值的代理人），包括組織精英代理人（Group Elite Agent，GEA）、當代精英代理人（Current-generation Elite Agent，CGEA）和多代精英代理人（Multi-generation Elite Agent，MGEA）。

GEA 代表組織中最強的代理人，CGEA 代表當代最強的代理人，MGEA 代表多代最強的代理人。QMA-BPNN 演算法將最終最佳化結果作為 MGEA。

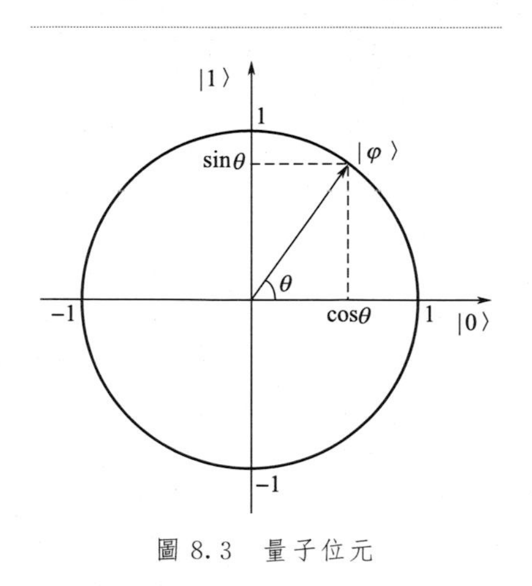

圖 8.3 量子位元

(2) 量子代理人（QAgent）的概念

在量子運算中，資訊的基本單位是由量子位元來描述的，量子位元可以用如下方式表示：

$$|\varphi\rangle=\alpha|0\rangle+\beta|1\rangle \tag{8.1}$$

其中 α 和 β 滿足以下標準化條件：

$$|\alpha|^2+|\beta|^2=1 \tag{8.2}$$

式(8.1)、式(8.2) 中的複數 α、β 為

量子位元機率振幅。因此，量子位元也可以定義為$[\alpha \quad \beta]^T$。根據機率的性質，一個量子位元可以表示為圖 8.3。

因此，$\alpha=\cos\theta$ 且 $\beta=\sin\theta$；然後，量子位元也可以表示如下：

$$|\varphi\rangle=[\cos\theta \quad \sin\theta]^T \tag{8.3}$$

特別地，三個量子位元的系統

$$\left\langle \begin{matrix} \sqrt{3}/2 \\ 1/2 \end{matrix} \middle| \begin{matrix} 1/\sqrt{2} \\ -1/\sqrt{2} \end{matrix} \middle| \begin{matrix} -1/\sqrt{5} \\ 2/\sqrt{5} \end{matrix} \right\rangle \tag{8.4}$$

可以用狀態機率 3/40、3/10、3/40、3/10、1/40、1/10、1/40 和 1/10 分別表示狀態$|000\rangle$、$|001\rangle$、$|010\rangle$、$|011\rangle$、$|100\rangle$、$|101\rangle$、$|110\rangle$和$|111\rangle$。三量子位系統可以表示八種資訊狀態，說明了量子位元能更好地表示種群多樣性。

$$\begin{aligned} &-\frac{\sqrt{3}}{2\sqrt{10}}|000\rangle+\frac{\sqrt{3}}{\sqrt{10}}|001\rangle+\frac{\sqrt{3}}{2\sqrt{10}}|010\rangle-\frac{\sqrt{3}}{\sqrt{10}}|011\rangle \\ &-\frac{1}{2\sqrt{10}}|100\rangle+\frac{1}{\sqrt{10}}|101\rangle+\frac{1}{2\sqrt{10}}|110\rangle-\frac{1}{\sqrt{10}}|111\rangle \end{aligned} \tag{8.5}$$

定義 8.3 量子代理人（QAgent）。QAgent 為量子位元表示的代理人α_{ij}，表示為式(8.6)。

$$\alpha_{ij}=\left[\begin{bmatrix} \alpha_{1,1} & \alpha_{1,2} & \cdots & \alpha_{1,k_1} \\ \beta_{1,1} & \beta_{1,2} & \cdots & \beta_{1,k_1} \end{bmatrix}\cdots\begin{bmatrix} \alpha_{m,1} & \alpha_{m,2} & \cdots & \alpha_{m,k_m} \\ \beta_{m,1} & \beta_{m,2} & \cdots & \beta_{m,k_m} \end{bmatrix}\cdots\begin{bmatrix} \alpha_{M,1} & \alpha_{M,2} & \cdots & \alpha_{M,k_M} \\ \beta_{M,1} & \beta_{M,2} & \cdots & \beta_{M,k_M} \end{bmatrix}\right] \tag{8.6}$$

式中，M 為問題維度；$\begin{vmatrix} \alpha_{m,1} & \alpha_{m,2} & \cdots & \alpha_{m,k_m} \\ \beta_{m,1} & \beta_{m,1} & \cdots & \beta_{m,k_m} \end{vmatrix}$為第 m 維的解，$m=(1,2,\cdots,M)$。

（3）適應度評估函數

量子位編碼的代理人不能直接進行適應度評估。可以將量子位元轉換為二進制再進行評估。特別地，對於量子位串的第 i 位，在區間［0,1］產生隨機數 ε。如果$|\alpha_i|^2<\varepsilon$，讓二進制串的相應位置 1；否則就是 0。得到二進制串之後，如表 8.1 所述完成適應度（Fitness）評估。

表 8.1 適應度評估過程

步驟 1	對於 MAG 中的每一個量子代理（QAgent）α，$\alpha=\left[\begin{bmatrix} \alpha_{1,1} & \alpha_{1,2} & \cdots & \alpha_{1,k1} \\ \beta_{1,1} & \beta_{1,2} & \cdots & \beta_{1,k1} \end{bmatrix}\cdots\begin{bmatrix} \alpha_{m,1} & \alpha_{m,2} & \cdots & \alpha_{m,km} \\ \beta_{m,1} & \beta_{m,2} & \cdots & \beta_{m,km} \end{bmatrix}\cdots\begin{bmatrix} \alpha_{M,1} & \alpha_{M,2} & \cdots & \alpha_{M,kM} \\ \beta_{M,1} & \beta_{M,2} & \cdots & \beta_{M,kM} \end{bmatrix}\right]$，設定：$\mathrm{Bin}(\alpha)=[(\mathrm{Bin}_{1,1}\mathrm{Bin}_{1,2}\cdots\mathrm{Bin}_{1,k1}),\cdots,(\mathrm{Bin}_{m,1}\mathrm{Bin}_{m,2}\cdots\mathrm{Bin}_{m,km}),\cdots,(\mathrm{Bin}_{M,1}\mathrm{Bin}_{M,2}\cdots\mathrm{Bin}_{M,kM})]$，$m=1$

續表

步驟 2	當 $m \leqslant M$，設定：$i=1, x_m=0$
步驟 3	當 $i \leqslant k_m$，如果 random[0,1]$>|\alpha_{m,i}|^2$，那麼設定：$Bin_{m,j}=1$，否則$Bin_{m,j}=0$
步驟 4	$i=i+1$，結束
步驟 5	對於x_m，執行二進制編碼轉換$Bin_{m,1}Bin_{m,2}\cdots Bin_{m,km}$
步驟 6	$m=m+1$，結束
步驟 7	輸出$(x_1, x_2, \cdots, x_M)$
步驟 8	採用人工類神經網路的均方根誤差評價適應度

(4) 合作算子

量子位元通過方向旋轉更新量子位元個體來獲得更好的值，本節介紹一種基於合作策略的量子旋轉門，得到量子代理人 QAgent 的進化方向。

如定義 8.1，代理人能感覺環境並對附近的環境做出反應。在進化過程中，只有具有較高適應度的量子代理人能產生後代，形成下一代多代理網格 MAG，最終產生最佳個體。採用的合作策略共分兩步，分別與組織精英代理人 GEA 和當代 CGEA 精英代理人相關。

首先，與組織精英代理人 GEA 的合作如下。令 $R(i,j)$ 為一組互動的量子代理人的集合，$\alpha^*_{p,k} \in R(i,j)$，$\forall \alpha_{p,k} \in R(i,j)$，適應度$\alpha^*_{p,k} \geqslant \alpha_{p,k}$。

如果適應度$\alpha_{(i,j)} \geqslant \alpha^*_{p,k}$，$\alpha_{(i,j)}$保持原來值不變；如果適應度$\alpha_{(i,j)} < \alpha^*_{p,k}$，$\alpha_{(i,j)}$會死亡並被後代所取代，記為$\alpha'_{i,j}$，$\alpha_{(i,j)}$的產生基於量子旋轉，公式如式(8.7)。

$$\begin{bmatrix} \alpha'_{m,k} \\ \beta'_{m,k} \end{bmatrix} = \begin{bmatrix} \cos(\theta_{m,k}) - \sin(\theta_{m,k}) \\ \sin(\theta_{m,k}) - \cos(m,k) \end{bmatrix} \begin{bmatrix} \alpha_{m,k} \\ \beta_{m,k} \end{bmatrix} \tag{8.7}$$

其中，$[\alpha'_{m,k}\beta'_{m,k}]^T$和$[\alpha_{m,k}\beta_{m,k}]^T$分別代表$\alpha'_{i,j}$和$\alpha_{(i,j)}$的一個量子位；$\theta_{m,k}$的定義如式(8.8)。

$$\theta_{m,k} = \Delta\theta_{m,k} * \text{sign}(\alpha_{m,k} * \beta_{m,k}) \tag{8.8}$$

$\theta_{m,k}$是量子位元向狀態「0」或「1」的旋轉角度，對$\theta_{m,k}$的查找，如表 8.2 所示。

表 8.2 QMA-BPNN 方法的旋轉角

$Bin(\alpha_{i,j}[m,k])$	$Bin(\alpha^*_{p,k}[m,k])$	$Fitness(\alpha_{i,j}) <$ $Fitness(\alpha^*_{p,k})$	$\Delta\theta_{m,k}$	$sign(\alpha_{m,k} * \beta_{m,k})$			
				$\alpha_{m,k} * \beta_{m,k} > 0$	$\alpha_{m,k} * \beta_{m,k} < 0$	$\alpha_{m,k} = 0$	$\beta_{m,k} = 0$
0	0	False	0	0	0	0	0
0	0	True	0	0	0	0	0
0	1	False	0	0	0	0	0

續表

$Bin(\alpha_{i,j}[m,k])$	$Bin(\alpha^*_{p,k}[m,k])$	$Fitness(\alpha_{i,j})<Fitness(\alpha^*_{p,k})$	$\Delta\theta_{m,k}$	$sign(\alpha_{m,k}*\beta_{m,k})$			
				$\alpha_{m,k}*\beta_{m,k}>0$	$\alpha_{m,k}*\beta_{m,k}<0$	$\alpha_{m,k}=0$	$\beta_{m,k}=0$
0	1	True	0.05π	−1	+1	±1	0
1	0	False	0.01π	−1	+1	±1	0
1	0	True	0.025π	+1	−1	0	±1
1	1	False	0.005π	+1	−1	0	±1
1	1	True	0.025π	+1	−1	0	±1

(5）交叉操作算子

為了避免陷入局部極小，引入了交叉操作。具體來說，採用單點交叉，隨機確定一個交叉點，交換兩個量子代理人交叉點的量子位元，增加種群的多樣性。如果第 i 個位置被選作一個分割點，交叉操作如式(8.9）所示。

$$\begin{bmatrix}\alpha_{1,1} & \cdots & \alpha_{1,i} & \alpha_{1,i+1} & \cdots & \alpha_{1,n}\\ \beta_{1,1} & \cdots & \beta_{1,i} & \beta_{1,i+1} & \cdots & \beta_{1,n}\end{bmatrix}\begin{bmatrix}\alpha_{1,1} & \cdots & \alpha_{1,i} & \alpha_{2,i+1} & \cdots & \alpha_{2,n}\\ \beta_{1,1} & \cdots & \beta_{1,i} & \beta_{2,i+1} & \cdots & \beta_{2,n}\end{bmatrix}\rightarrow$$
$$\begin{bmatrix}\alpha_{2,1} & \cdots & \alpha_{2,i} & \alpha_{2,i+1} & \cdots & \alpha_{2,n}\\ \beta_{2,1} & \cdots & \beta_{2,i} & \beta_{2,i+1} & \cdots & \beta_{2,n}\end{bmatrix}\begin{bmatrix}\alpha_{2,1} & \cdots & \alpha_{2,i} & \alpha_{1,i+1} & \cdots & \alpha_{1,n}\\ \beta_{2,1} & \cdots & \beta_{2,i} & \beta_{1,i+1} & \cdots & \beta_{1,n}\end{bmatrix} \quad (8.9)$$

類似地，和當代精英代理人 CGEA 的合作可以通過用$\alpha^*_{p,k}$代替 CGEA 的個體代替$\alpha^*_{p,k}$。

(6）變異算子

除了與附近的其他量子代理人進行互動之外，量子代理人還可以在一定條件下更改自己的資訊，這種行為被稱為變異。在量子非鬧的啓發下，同時考慮量子代理人的量子位表示，QMA-BPNN 模型的變異通過隨機交換狀態「0」和「1」實現，例如 α 和相應量子位的 β 交換。

例如，對於以下四量子位系統，如果選擇第二個位置進行突變，則突變過程如式(8.10）所示。

$$\begin{bmatrix}\frac{1}{\sqrt{2}} & \frac{1}{\sqrt{2}} & \frac{1}{2} & \frac{\sqrt{3}}{2}\\ \frac{1}{\sqrt{2}} & -\frac{1}{\sqrt{2}} & \frac{\sqrt{3}}{2} & -\frac{1}{2}\end{bmatrix}\rightarrow\begin{bmatrix}\frac{1}{\sqrt{2}} & -\frac{1}{\sqrt{2}} & \frac{1}{2} & \frac{\sqrt{3}}{2}\\ \frac{1}{\sqrt{2}} & \frac{1}{\sqrt{2}} & \frac{\sqrt{3}}{2} & -\frac{1}{2}\end{bmatrix} \quad (8.10)$$

這種影響可以被認為是量子位的相變，從原來的角度轉變到相反的角度增加種群多樣性。

8.1.3 基於量子多代理人工類神經網路的預測演算法

QMA-BPNN 的運算框架如圖 8.4 所示。

首先，給出一些參數的定義。

① t——進化代數。

② MAG^t——第 t 代的多代理網格 MAG。

③ $\alpha_{i,j}^t$——量子位表示的多代理網格 MAG 中第 i 行和第 j 列代理人。

④ α_{best}^t——第 t 代的當代精英代理人 CGEA。

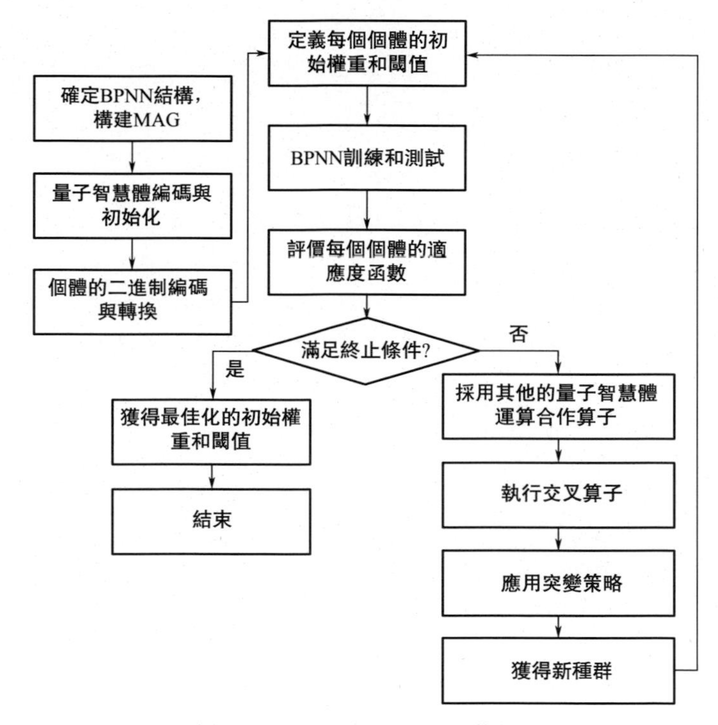

圖 8.4 QMA-BPNN 的運算框架

⑤ $BEST(t)$——儲存每一代精英代理人 CGEA 集合中的第 t 個元素。

基於量子多代理的 BP 人工類神經網路（QMA-BPNN）運算流程可以概括如下步驟。

步驟 1：確定 BPNN 的結構。

步驟 2：令 $t=0$，產生初始的 MAG^t，例如，$MAG^t=(\alpha_{i,j}^t)_{N\times N}$。

步驟 3：將$\alpha_{i,j}^t$作為 BP 人工類神經網路 BPNN 的初始權重和閾值，並進行 BP 人工類神經網路 BPNN 訓練和測試。

步驟 4：評估$\alpha_{i,j}^{t}$的適應度。在多代理網格 MAG 中選擇當代精英代理人 CGEA，α_{best}^{t} 存入 $BEST(t)$。

步驟 5：如果滿足終止條件，在 $BEST(t)$ 中輸出最好的解決方案，即多代精英代理人 MGEA，並重新訓練和測試故障預測的網路；否則，請轉到步驟 6。

步驟 6：將$\alpha_{p,k}^{*}$和 $BEST(t)$ 合作，$\alpha_{i,j}^{t}$ 進行交叉和變異，形成 MAG^{t} 的下一代 MAG^{t+1}。

步驟 7：令 $t=t+1$，返回步驟 3。

8.1.4 演算法分析

通過設計測試函數的數值逼近實驗和滾動軸承故障預測，測試 QMA-BPNN 模型的預測性能，所有演算法都是在 MATLAB R2012b 的仿真平臺上開發完成的。

(1) 數值實驗

將 QMA-BPNN 方法與標準 BPNN 和基於基因演算法 (Genetic Algorithm) 的 BPNN (GA-BPNN) 進行比較，確定應用量子運算和多代理演算法最佳化人工類神經網路的適應性能，以解決包括伽馬函數、互補誤差函數和右尾χ^2分布函數的逼近問題。這些函數的訓練和測試數據集由 MATLAB 的 Mathematica 軟體包提供。

伽馬函數有一個參數，由下面的積分定義。

$$\Gamma(z)=\int_{0}^{\infty} t^{z-1}\,\mathrm{e}^{-t}\,\mathrm{d}t \tag{8.11}$$

伽馬函數的逼近採用 1-20-1 配置的人工類神經網路，輸入節點對應於在 $0<z<20$ 範圍內的 z 值，並且輸出節點對應於 $ln\Gamma(z)$。

互補誤差函數被定義為如下。

$$erfc(x)=\frac{2}{\sqrt{\pi}}\int_{0}^{\infty} \mathrm{e}^{-t^2}\,\mathrm{d}t \tag{8.12}$$

由於互補誤差函數和高斯機率分布函數（又稱正態分布函數）累積積分之間存在直接關係，所以後者被選為用於逼近能力測試的第二個特殊函數，定義如下。

$$Q(x)=\frac{1}{\sqrt{2\pi}}\int_{0}^{\infty} \mathrm{e}^{-t^2/2}\,\mathrm{d}t=\frac{1}{2}erfc\left(\frac{x}{\sqrt{2}}\right) \tag{8.13}$$

這個函數的逼近用 1-20-1 配置的人工類神經網路，輸入節點被設置為範圍在值 0～20 之間的值，輸出節點取結果的對數。

第三個是χ^2機率分布的累積分布函數，定義為式(8.14)。

$$Q(\chi^2\mid v)=\frac{1}{2^{\nu/2}\Gamma(\nu/2)}\int_{\chi^2}^{\infty} \mathrm{e}^{-t/2}\,t^{\nu/2-1}\,\mathrm{d}t,\nu>0,\chi^2\geqslant 0 \tag{8.14}$$

式中，ν 為自由度。網路結構為 2-20-1 的配置，其中兩個輸入節點分別對應於χ^2和 ν 值，其中 $1 \leqslant \chi^2 \leqslant 100$，$1 \leqslant \nu \leqslant 100$。

網路訓練中，採用均方根誤差 RMSE（Root Mean Square Error）完成函數性能比較，RMSE 被定義為式(8.15)。

$$\text{RMSE}=\frac{1}{PI}\sqrt{\sum_{p=1}^{P}\sum_{i=1}^{I}(D_{pi}-O_{pi})^2} \tag{8.15}$$

式中，D_{pi}和O_{pi}分別為期望值和測量值；P 為在不同參數值的條件下（比如學習率大小）的訓練次數；I 為這個輸出節點的數量。同時，基因演算法最佳化的 BP 人工類神經網路（GA-BPNN）種群數量設置為 36，也是 QMA-BPNN 網格的大小。每個測試獨立運行 30 次。表 8.3 列出了 BPNN、GA-BPNN 和 QMA-BPNN 的仿真結果，可以看出，QMA-BPNN 可以更好地逼近這些函數。

表 8.3　對於三個不同分布函數的近似實驗，各人工類神經網路演算法的平均均方根誤差（Mean RMSE）

人工類神經網路演算法	RMSE		
	伽馬函數	右尾正態分布函數	右尾χ^2分布函數
BPNN	1.25×10^{-6}	2.8×10^{-9}	1.72×10^{-5}
GA-BPNN	9.86×10^{-7}	1.52×10^{-9}	8.96×10^{-7}
QMA-BPNN	5.01×10^{-7}	7.33×10^{-11}	6.42×10^{-8}

(2) 使用軸承數據集進行驗證

機械部件劣化趨勢的預測可以為維修工程師提供足夠的時間，並在實際發生故障之前更換部件。軸承對所有形式的旋轉機械都是至關重要的，並且是最常見的機械元件之一。沒有預警的軸承故障將會在許多情況下造成災難性的後果，例如在直升機、運輸車輛、連續鑄造機和風力渦輪機中。本節描述基於 QMA-BPNN 的軸承健康狀態預測，旨在通過減少軸承故障來提高旋轉機械的性能，仿真使用辛辛那提大學智慧維護系統中心提供的軸承數據。

為了獲得真實的數據，在軸上安裝了四個受力潤滑軸承。PCB 353b33 高靈敏度石英 ICP 加速度計被安裝在軸承體上。轉速始終保持在 2000r/min，並通過彈簧機構將 6000lb（1lb＝0.45359237kg）徑向負載放在軸承上。採用的第二個數據集包含加速度計的測量值，包含 7 天內由 NI-DAQ 6062E 資料擷取卡每十分鐘採集一次採樣率為 20kHz 的振動數據。故障測試實驗結束時，軸承 1 發生外圈故障。在數據集上的應用 QMA-BPNN 檢測演算法的預測能力。在機器振動監測中，從原始加速度信號中提取峰值，並選擇加速度峰值為特徵值，用來評估機器或部件的狀態。為了尋找更好的結果，進行了不同神經元隱層數的數次實驗。最後，將 QMA-BPNN 和 GA-BPNN 的結果進行比較，QMA-BPNN 有更好的泛化性能和學習速度。在這兩種情況下，軸承故障預測分為兩個階段：初始權重和閾值的最佳搜尋和 BPNN 學習。對於第一階段，最大疊代次數為 20；第二階段相應參數設置為 300，學習率和可接受的誤差分別為 0.1 和 0.01。

實驗中，神經元隱層數目分別為 2 和 4，採用 GA-BPNN 和 QMA-BPNN 演算法以及辛辛那提大學智慧維護系統中心的軸承數據集 2，採用 t 和 $t-1$ 的樣本預測樣本 $t+1$，圖 8.5 顯示了 10min 後的峰值。峰值信號用離散點表示，預測值用連續線表示。從圖 8.5 中可以看出，振動信號在故障前有一個大幅度的跳躍，是真實反映軸承退化趨勢的重要特徵。對於上述神經元隱層數，該方法的結果更加精確，特別是在與故障發生時間相鄰的急遽上升的瞬間，具有更小的誤差。

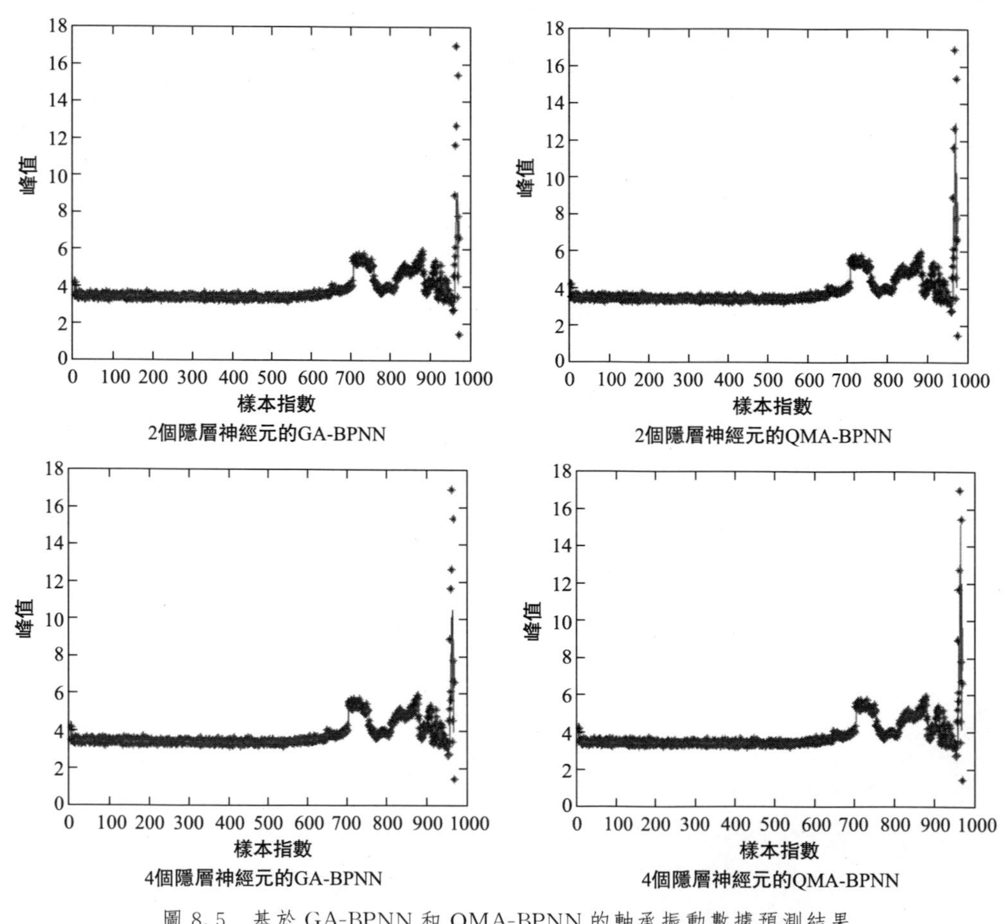

圖 8.5 基於 GA-BPNN 和 QMA-BPNN 的軸承振動數據預測結果

圖 8.6 顯示了 GA-BPNN 和 QMA-BPNN 演算法的誤差演化曲線，表明 QMA-BPNN 在進化速度和準確性方面優於 GA-BPNN。隨著神經元隱層的增加，曲線誤

差變小，證實了適當提高神經元隱層數量可以改善預測精度。使用均方誤差（Mean Square Error）*MSE* 對 20 次獨立實驗的預測性能進行評估，評估結果如表 8.4所示。

表 8.4 QMA-BPNN 與 GA-BPNN 的性能比較

BPNN 框架	GA-BPNN			QMA-BPNN		
	N_{cse}	N_{tse}	MSE	N_{cse}	N_{tse}	MSE
2-2-1	0.7021	1.2456	0.0021	0.5664	1.1894	0.0018
2-4-1	0.5459	1.284	0.0019	0.503	1.1782	0.0016
2-8-1	0.5192	1.1634	0.002	0.4357	1.1612	0.0015

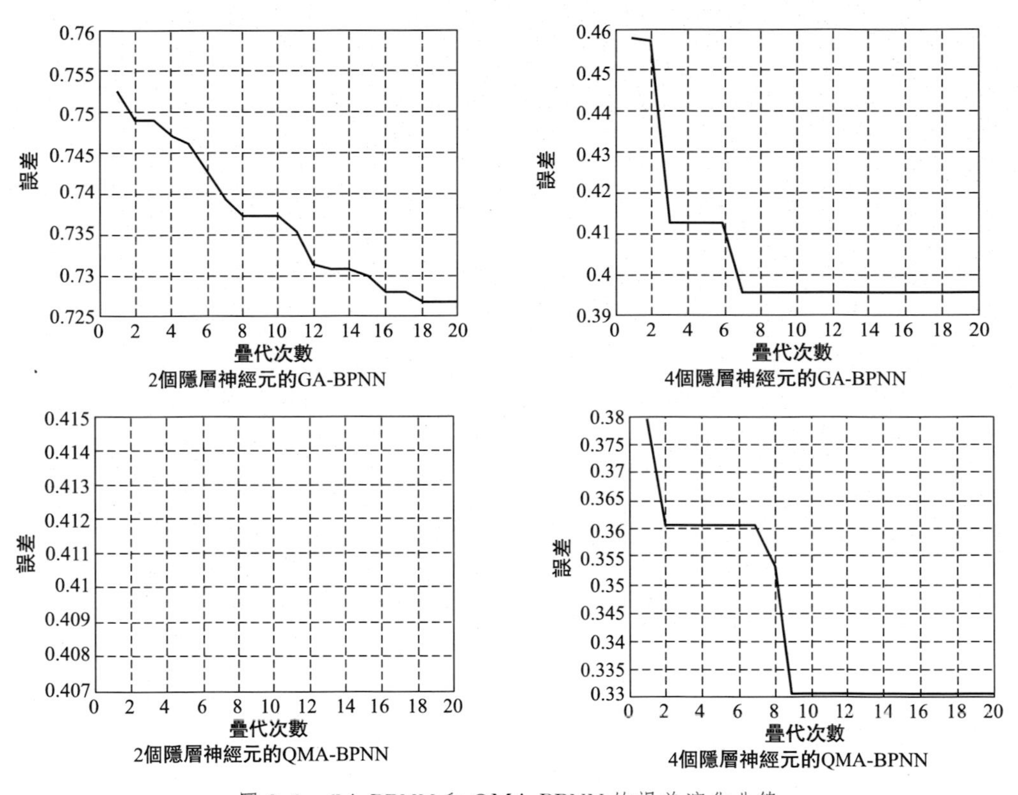

圖 8.6 GA-BPNN 和 QMA-BPNN 的誤差演化曲線

MSE、訓練樣本的誤差範數（Error Norm）N_{tse}、檢驗樣本的誤差範數 N_{cse}由式(8.16)～式(8.18) 給出。*Pre _ out _* 和 *tar _ out* 是輸出的預測值和目標值，n_{ts}是訓練樣本大小，n_{cs}是測試樣本數量。QMA-BPNN 使用 2-2-1、2-4-1 和 2-8-1 框架，在訓練集和測試集中都具有較小誤差。

$$MSE=\frac{1}{n_{\mathrm{ts}}}\sum_{i=1}^{n_{\mathrm{ts}}}(Pre\_out-tar\_out)^2 \tag{8.16}$$

$$N_{\mathrm{tse}}=\sqrt{\sum_{i=1}^{n_{\mathrm{ts}}}(Pre\_out-tar\_out)^2} \tag{8.17}$$

$$N_{\mathrm{cse}}=\sqrt{\sum_{i=1}^{n_{\mathrm{cs}}}(Pre\_out-tar\_out)^2} \tag{8.18}$$

8.2 基於機器學習的故障預測模型

故障預測是一個非常豐富的領域，解決業務問題可以從許多不同建模角度出發。在接下來的部分中，分別通過二分類法、多分類法等機器學習方法說明故障預測建模的流程[7]。

8.2.1 故障預測建模技術

(1) 基於二分類法的故障預測建模

基於二分類法的故障預測建模主要預測設備未來時間段內將發生故障的機率。

時間段劃分則是由業務規則和手頭數據決定的。一些常見的時間段包括購買備件以更換可能損壞的部件所需的最小提前期，或部署維護資源以執行維護例程，從而修復在該時間段內可能發生的問題所需的時間，稱為未來範圍時間段「X」。

在用於故障預測建模的二分類法的討論中，需要標記正和負兩種類型的情況（圖 8.7），正類型表示故障（標籤 Label＝1），負類型表示正常操作（標籤＝0），而標籤屬於類型類別，其目標是找到一個模型，標識每個新的範例在未來的 X 單位時間內可能故障或正常工作。每個範例是屬於資產的時間單位的記錄，通過使用先前描述的歷史和其他數據源的特性工程，來概念性地描述和提取到該時間單位的操作條件。

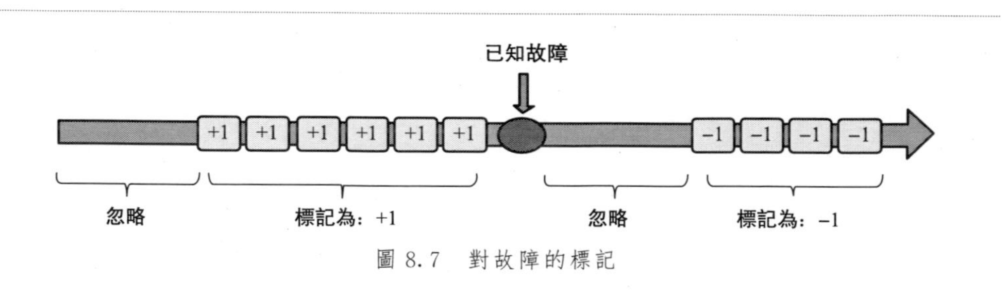

圖 8.7 對故障的標記

構建圖 8.8 所示的數據標籤。為了創建一個預測模型來回答「資產在未來的 X 單位時間內故障的機率是多少」這個問題，在資產故障之前取 X 個記錄並將它們標記為「即將故障」（Label＝1），而將所有其他記錄標記為「正常」（Label＝0）

來完成標記，標籤是分類變量。

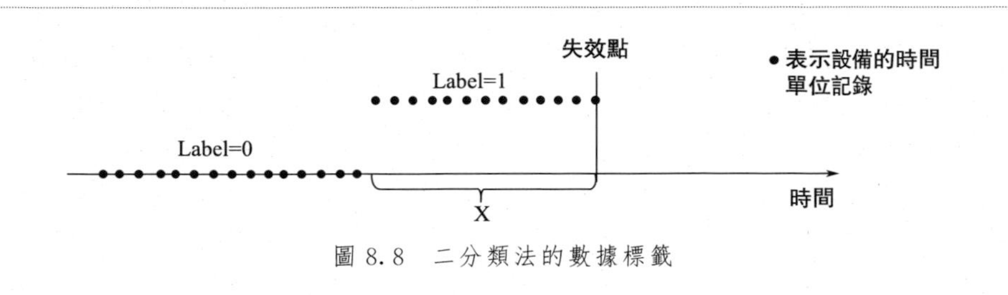

圖 8.8　二分類法的數據標籤

對於航班延誤和取消，選擇 X 作為一天來預測未來 24h 內的延誤。將故障發生前 24h 內的所有航班標記為 1s。對於 ATM 現金提取故障，建立了兩個二分類模型以預測在接下來的 10min 內交易的故障機率，並且還預測在接下來的 100 次現金提取中的故障機率。第一個模型將所有最近 10min 內發生的交易故障標記為 1。第二個模型將最近 100 次現金提取中發生所有的故障標記為 1。對於斷路器故障，任務是預測下一個斷路器命令故障的機率，在這種情況下選擇 X 作為一個未來命令。對於列車門故障，建立二分類模型以預測未來 7 天內的故障。對於風力渦輪機故障，選擇 X 為 3 個月。

（2）預測性建模的迴歸分析

預測性建模的迴歸分析主要用於運算資產的剩餘使用壽命（RUL），該剩餘使用壽命定義為資產在下一次故障發生之前將運行的時間量。

與二分類一樣，每個範例都是屬於資產的時間單位 Y 的記錄。然而，迴歸分析的目標是找到一個迴歸模型運算每個新實例的剩餘使用壽命，即在故障之前剩餘的正常運行時間。將這個時間段稱為 Y 的倍數。每個測試用例都具有剩餘使用壽命，可以通過測量在下一個故障之前該範例剩餘的時間量來運算它。

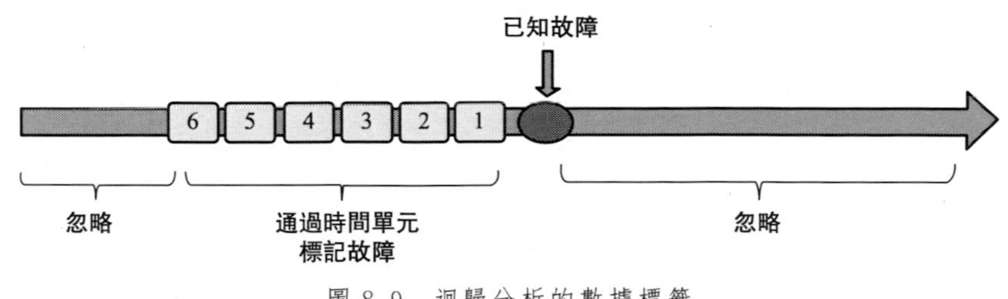

圖 8.9　迴歸分析的數據標籤

迴歸分析的標籤構造如圖 8.9 所示。考慮「設備的剩餘使用壽命是多長時間」這個問題，可以通過在故障之前取每個記錄來構建迴歸模型的標籤，並通過運算在下一個故障之前剩餘多少單位時間來標記它們，這種方法中標籤是連續變量。

與二分類不同的是，迴歸分析的數據集中沒有任何故障的資產是不能用於建模的，因為標籤是根據故障點進行設置的，如果不知道故障發生前資產運行了多長時間，就無法進行剩餘使用壽命的運算。這個問題最好由被稱為生存分析的統計技術來解決。本書中不對該方法進行討論，因為在涉及頻繁間隔時變數據的預測性維護中，該方法可能會帶來新的問題。

（3）預測性建模的多分類模型

預測性建模的多分類方法可以用來預測兩個變量，第一個是通過將資產分配到多個可能的時間段中的一個以給出每個資產故障的時間範圍，第二個是確定因多個故障模式的原因之一而造成未來期間故障的可能性，這使得具有相關知識的維護人員能夠提前處理這些問題。多分類建模技術著重於確定所給定故障的最可能的根本原因，這樣可以給出為了修復故障而進行的針對性建議，以便採取頂層維護操作來解決故障。通過列出造成故障根本原因的列表和相關的修復操作，技術人員可以更有效地完成故障後的第一次修復操作。

標籤構造：考慮到兩個問題，即「設備在下一個 aZ 時間單位中故障的機率是多少，a 是期數」，以及「設備在接下來 X 個單位時間中由故障 P_i 造成的資產故障機率是多少，i 是可能的故障模式的數量」，以下面的方式對這些技術進行標記。

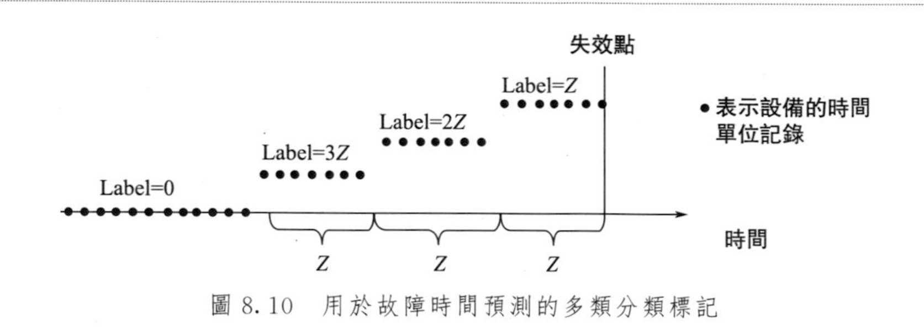

圖 8.10 用於故障時間預測的多類分類標記

對於第一個問題，通過在設備故障之前取一個 aZ 記錄並使用時間桶（$3Z$, $2Z$, Z）作為其標籤來標記，而將所有其他記錄標記為「正常」（Label＝0），標籤是分類變量（如圖 8.10 所示）。

對於第二個問題，通過在設備故障之前擷取 X 個記錄並將它們標記為「由於問題 P_i 即將故障」（標籤＝P_i），將其他記錄標記為正常（標籤＝0）。其中，標籤是分類變量（如圖 8.11 所示）。

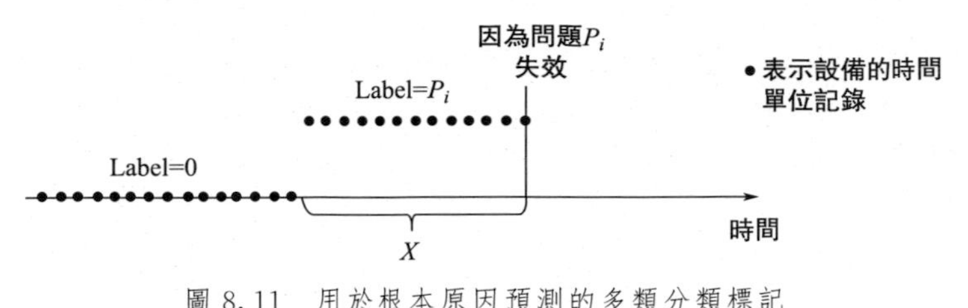

圖 8.11 用於根本原因預測的多類分類標記

該模型可根據每個 P_i 來分配故障機率及不發生故障的機率。這些機率可以按度量值排序，以允許預測最可能在未來發生的問題。飛機組件故障使用事例可以被構造為一個多分類問題，可對在未來一個月內兩個不同壓力閥組件造成故障的可能性進行預測。

為了更好地推薦故障後的維護操作，不需要對未來時間範圍內的數據進行標記。這是因為這個模型沒有預測未來的故障，僅預測一旦故障已經發生時最可能的根本原因。電梯門故障屬於第三種情況，其目標是根據運行條件的歷史數據來預測故障原因。這個模型適合用於預測發生故障後最可能的根本原因。這種模式的一個關鍵優點是，它將幫助沒有經驗的技術人員輕鬆地診斷和修復那些本來需要多年經驗才能解決的問題。

8.2.2 演算法的訓練、仿真和評估

演算法	NLL	MAE	RMSE	RAE	RSE	CoD
DFR	462.724302192819	21.141062	30.147662	0.574998	0.526317	0.473683
BDT	Infinity	21.283579	29.615866	0.578874	0.507913	0.492087
PR	NA	23.243022	29.973356	0.632167	0.520249	0.479751
NNR	NA	75.505023	86.185055	2.053597	4.301346	−3.301346

圖 8.12 四個典型迴歸模型的訓練和評估

通過對決策森林迴歸（Dicision Forest Regression，DFR）、增強型決策樹（Boosted Decision Tree，BDT）、帕松迴歸（Poisson Regression，PR）和人工類神經網路迴歸（Neural Network Regression，NNR）四個迴歸模型進行訓練和評估，圖 8.12 顯示了四個模型在負對數似然值（Negative Log Likelihood，NLL）、平均絕對誤差（Mean Absolute Error，MAE）、均方根誤差（Root Mean Squared Error，RMSE）、相關絕對誤差（Relative Absolute Error，

RAE）、相關均方誤差（Relative Squared Error，RSE）、確定係數（Coefficient of Determination，CoD）等參數上的比較結果，其中決策森林迴歸和增強型決策樹迴歸在兩個主要指標 MAE 和 RMSE 上表現最好。

演算法	準確度	精確度	召回率	F檢驗值
LR	0.92	0.947368	0.72	0.818182
BDT	0.91	0.9	0.72	0.8
DF	0.92	0.947368	0.72	0.818182
NN	0.94	0.952381	0.8	0.869565

圖 8.13　四種二分類法模型的指標對比

多分類邏輯迴歸

▲ 指標

指標	值
總體準確度	0.88
平均準確度	0.92
微觀平均精確度	0.88
宏觀平均精確度	0.792622
微觀平均召回率	0.88
宏觀平均召回率	0.74

▲ 混合矩陣

真實的類 \ 預測的類	0	1	2
0	98.7%	1.3%	
1	46.7%	33.3%	20.0%
2		10.0%	90.0%

多分類神經網路

▲ 指標

指標	值
總體準確度	0.92
平均準確度	0.946667
微觀平均精確度	0.92
宏觀平均精確度	0.868946
微觀平均召回率	0.92
宏觀平均召回率	0.84

▲ 混合矩陣

真實的類 \ 預測的類	0	1	2
0	98.7%	1.3%	
1	26.7%	53.3%	20.0%
2			100.0%

圖 8.14　2 種多分類模型的演算法與指標對比

在這一步中，從兩個方面說明二分類建模。首先，對二分類邏輯迴歸（Logistic Regression，LR）、二分類增強型決策樹（Boosted Decision Tree，BDT）、二分類決策森林（Decision Forest，DF）和二分類人工類神經網路（Neural Network，NN）四種二分類模型進行訓練和評估；其次，圖 8.13 比較了四個模型的結果來確定最佳模型。兩級人工類神經網路演算法在準確度、精確度、召回率和F檢驗值四個指標方面表現最佳。

在這一步中，對2種多分類模型進行訓練和評估：多分類邏輯迴歸和多分類人工類神經網路。圖8.14比較了「多類邏輯迴歸」和「多類人工類神經網路」的結果，後者在總體準確度、平均準確度、微觀平均精確度、宏觀平均精確度、微觀平均召回率和宏觀平均召回率六個度量方面表現更好。

MZOE	MAE	RMSE
0.09	0.09	0.3
0.07	0.07	0.264575

圖8.15　2種模型的訓練結果比較

在評估序數迴歸模型時，其結果與迴歸模型的結果相似，圖8.15顯示了圖8.14訓練模型之間在平均0-1誤差（Mean Zero One Error，MZOE）、MAE、RMSE等參數上的比較結果。

8.2.3　演算法的驗證和測試方法

在預測性建模中，類似於包含時間戳數據的任何其他解決方案，典型的訓練和測試都需要考慮時間變化的方面，以更好地概括看不見的未來數據。

(1) 交叉驗證

許多機器學習演算法依賴於許多可以顯著改變模型性能的超參數，這些超參數的最佳值不是在訓練模型時自動運算的，而應該由數據科學家來指定。

現有幾種方法可以找到超參數的最佳值。最常見的是「k-fold交叉驗證」，將實例隨機分為「k」個摺疊。對於每組超參數值，學習演算法運行k次。在每次疊代中，當前疊代中的樣例被用作驗證集合，其餘的例子被用作訓練集合。在每一組超參數值的循環結束時，運算k個性能度量值的平均值，並選擇具有最佳平均性能的超參數值。

如前所述，在預測性維護問題中，數據被記錄為來自多個數據源的時間序列的事件。這些記錄可以根據標記記錄或範例的時間來排序。因此，如果將數據集隨機地分為訓練集和驗證集，那麼會發生一些訓練樣例比一些驗證樣例晚的情況。這將導致模型在訓練過程中參數陷入局部最佳化。這些評估可能過於樂觀，特別是在時間序列不穩定並且隨著時間的推移改變它們的行為的情況下。最終導致的結果是選擇的超參數值可能不是最理想的。

找到超參數的最佳值的一個更好的方法是以時間依賴的方式將範例分成訓練集和驗證集，以便所有驗證範例比所有訓練範例晚。然後，對於超參數的每組值，在訓練集上訓練演算法，在相同的驗證集上測量模型的性能，並選擇顯示最佳性能的超參數值。當時間序列數據不是平穩的、隨著時間的推移而演變的時候，通過訓練/驗證分裂選擇的超參數值形成的模型的性能比通過交叉驗證隨機選擇的更好。通過使用訓練/驗證分割或交叉驗證發現的最佳超參數值，通過在整個數據上訓練學習演算法來生成最終模型。

在建立模型之後，需要評估它在新的數據集上的表現。最簡單的方式可能是評估模型在訓練數據上的表現。但是這個評估的結果過於樂觀，因為模型是根據用來評估性能的數據集建立的。更好的評估方式可以是在驗證集上運算的超參數值的性能度量或從交叉驗證中運算平均性能度量。但出於前面所述的相同的原因，這些評估仍然過於樂觀。

一種方法是將數據隨機分成訓練集、驗證集和測試集。訓練集和驗證集用於選擇超參數的值，並用它們訓練模型。在測試集上測量模型的性能。與預測性維護相關的另一種方法是將範例以時間為基準的方式分解為訓練集、驗證集和測試集，使得測試範例在時間上比所有訓練和驗證範例滯後。拆分之後，模型生成和性能測量與前面所述的相同。當時間序列是平穩的並且容易預測的時候，兩種方法都會對未來的表現產生類似的評估。但是，當時間序列不穩定和/或難以預測時，第二種方法將比第一種方法在預測方面具有更好的效果。

（2）基於時間的劃分

作為最佳實踐，描述了訓練集和測試集之間依賴時間的雙向拆分，然而，對於訓練和驗證集，應該對依賴時間的拆分應用完全相同的邏輯。

假設有一個時間戳事件流，例如來自各感測器的測量值。訓練和測試範例的功能與它們的標籤一起通過包含多個事件的時間範圍來定義。例如，對於二進制分類，如特性工程和建模技術部分中所述，基於過去時間來創建特性，並且基於將來在「X」個時間單位內的未來事件來創建標籤。因此，範例的標記時間範圍比其特性的時間範圍晚。對於依賴時間的拆分，選擇一個時間點，在該時間點通過使用直到該點的歷史數據來訓練具有最佳化的超參數的模型。為了防止超出訓練截止的未來標籤泄露到訓練數據中，選擇最新的時間範圍，以在訓練截止日期之前將訓練範例標記為 X 個單位。在圖 8.16 中，每個實心圓表示根據上述方法運算的特性和標籤的最終特性數據集中的一行。假設，該圖顯示當為 $X=2$ 和 $W=3$ 實現依賴時間的拆分裂時，應該進入訓練和測試集的記錄。

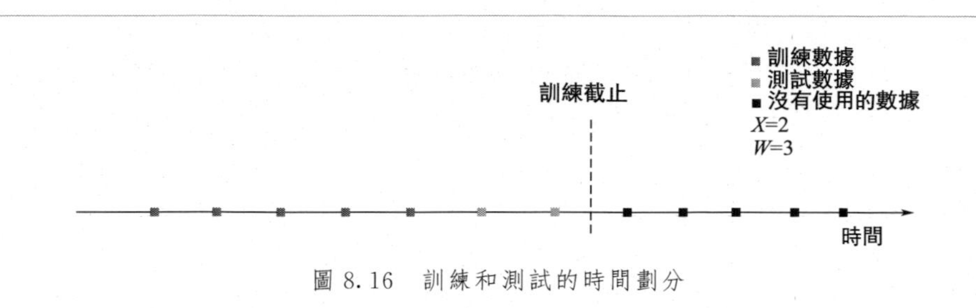

圖 8.16 訓練和測試的時間劃分

綠色方塊表示屬於時間單位的可用於訓練的記錄。如先前所解釋的，通過為特性生成查找過去 3 個週期，以及在訓練日截止前為標記查找 2 個未來週期，生成最終特性表中的每個訓練範例。當用於該範例的 2 個未來週期中的任何部分已超出訓練截止時，不使用訓練集中的範例，因為假定不具備超出訓練截止的可見性。由於該約束，黑色範例表示不應在訓練數據集中使用的最終標記數據集的記錄。這些記錄也不會被用在測試數據中，因為它們處在訓練截止之前，且它們的標記時間範圍部分依賴於訓練時間範圍，而這是不應該的，因為希望為訓練和測試完全獨立標記以防止標籤資訊泄露。

該技術允許用於訓練和測試範例之間的特性生成的數據在接近訓練截止處重疊。根據數據可用性，通過在測試集中不使用任何訓練截止的 W 時間單位內範例，完成分離。

在工作中，用於預測剩餘使用壽命的迴歸模型更嚴重地受到泄露問題的影響，且使用隨機拆分會導致極端過度擬合。同樣，在迴歸問題中，拆分應該使屬於在訓練截止之前具有故障的資產記錄用於訓練集，並且在截止之後具有故障的資產用於測試集。

作為一般方法，用於拆分數據以用於訓練和測試的另一個重要的最佳實踐是使用按資產 ID 劃分的拆分，使得沒有用於訓練的資產被用於測試，因為測試的想法是確保當使用新資產進行預測時，該模型提供了真實的結果。

(3) 處理不平衡的數據

在分類問題中，如果一個類擁有的範例比其他類多，則數據被認為是不平衡的。理想情況下，希望在訓練數據中具有足夠的每個類的代表，以便區分不同類。如果一個類低於數據的 10%，可以說數據是不平衡的，並將未被充分代表的數據集稱為少數類。大致上在許多情況下，發現不平衡數據集中一個類相比其他類而言嚴重未被充分代表，例如僅占數據點的 0.001%。在許多領域中，類不平衡都是一個問題，包括欺詐檢測、網路入侵和預測維護，其中在組成少數類範例的資產的生成期中故障通常極少發生。

在類不平衡的情況下，大多數標準學習演算法的性能受到牽連，因為它們旨在最小化總錯誤率。例如，對於具有99%負類範例和1%正類範例的數據集，通過將所有實例標記為負，可以獲得99%的準確性。然而，這錯誤地分類了所有正範例，所以儘管準確性度量非常高，但這種演算法是無用的。因此，諸如錯誤率的總體準確性這種常規評估度量，在不平衡的學習情況下是不足的。其他度量，例如精度、撤銷、F1分數和成本調整後ROC曲線，在不平衡數據集中被用於評估。

有一些方法可以幫助補救類不平衡問題，如採樣方法和成本敏感學習。

(4) 採樣方法

在不平衡學習中使用採樣方法（包括通過一些機制修改數據集），以提供平衡的數據集。儘管有很多不同的採樣技術，但最直接的是隨機過度採樣和欠採樣。

簡單而言，隨機過度採樣是從少數類中選擇隨機樣本，複製這些樣本並將它們添加到訓練數據集中。這增加了少數類中總樣本的數量，最終平衡了不同類的樣本的數量。過度採樣的一個危險是，某些樣本的多個實例可能會使分類器變得過於具體，從而導致過度擬合。這會帶來高訓練準確性，但是對未看見的測試數據，其性能可能會非常差。相反，隨機欠採樣從多數類中選擇隨機樣本，並從訓練數據集中刪除這些樣本。然而，從多數類中刪除樣本可能導致分類器錯過與多數類相關的重要概念。混合採樣即少數類過度採樣，與此同時多數類欠採樣，這是另一種可行的方法。還有許多其他更複雜的抽樣技術可用，並且針對類不平衡的有效採樣方法是一個流行的研究領域，它受到持續關注，並獲得了來自不同管道的貢獻。使用不同技術來決定最有效的方法，通常這由數據科學家通過研究和實驗來決定，並且它高度依賴數據屬性。此外，確保採樣方法僅應用於訓練集而非測試集尤為重要。

(5) 成本敏感學習

在預測維護中，構成少數類的故障比普通範例更值得關注。這通常被稱為對不同類的元素進行錯誤分類的不相等損失或非對稱成本，將正錯誤地預測為負會花費更多成本，反之亦然。所需分類器應能夠在少數類上給出具有高準確性的預測，不會影響多數類的準確性。

有幾種實現它的方法。通過將高成本分配給少數類的錯誤分類，並嘗試將整體成本降至最低，可有效處理不相等損失的問題。一些機器學習演算法本質上使用此理念，例如SVM（支持向量機），它在訓練時可將正範例和負範例的成本併入自己。同樣地，使用增強方法在不平衡數據（如增強的決策樹演算法）的情況下顯示了良好的性能。

(6) 評估指標

如前所述，類不平衡造成性能欠佳，因為演算法傾向於在少數類情況下更好地分類多數類範例，這是由於當多數類被正確標記時，整體錯誤分類問題能得到極大改善。這造成了低撤銷率，並且當對業務的錯誤警報成本升至極高時，會成為更大的問題。準確性是用於描述分類器性能的最受歡迎的度量。然而，如上所述，由於它對數據分布非常敏感，所以準確性無效，而且不能反映分類器功能的真實性能。相反，應使用其他評估指標來評估不平衡學習問題。在這種情況下，在評估預測維護模型性能時，應將精度、撤銷、F1 分數作為初始指標來查看。在預測維護中，撤銷率表示測試集中的多少故障被模型正確標識。更高的撤銷率意味著模型成功擷取了真正的故障。精度度量涉及故障警報率，其中較低精度率對應於較高故障警報。F1 分數同時考慮精度和撤銷率，最佳值為 1，最差值為 0。

此外，對於二進制分類，十分位表和提升圖在評估性方面可提供豐富資訊。它們只關注正類（故障），並提供了比僅在 ROC（接收器操作特性）曲線的固定操作點上查找所能看到的更複雜的演算法性能圖片。在閾值決定最終標籤之前，通過預測由模型運算的故障機率，對測試範例進行排序，從而獲得十分位表。接著，被排序的範例按照十分位進行分組（例如具有最大機率的 10%、20%、30%的範例，等等)。通過運算每個十分位數真實的正率和它的隨機基線（即 0.1、0.2…）之間的比率，可以猜想演算法性能在每個十分位數中是如何更改的。通過為所有十分位數繪製十分位數的真實正率與隨機真實正率對，提升圖可被用來繪製十分位數值。通常，第一個十分位數是結果的重點，因為在此看到了最大收益。當它被用於預測維護時，第一個十分位數還可被視為「處於風險中」的代表。

8.3 基於深度學習的故障預測模型

深度學習的特點是深度網路架構，在網路中多層堆疊，從原始輸入數據中充分擷取具有代表性的資訊[8]。在複雜深層結構的幫助下，可以很好地建模數據的高級抽象，從而比淺層網路更有效地提取特徵。深度學習方法在影像辨識、語音辨識等多個領域都獲得了極大的興趣和成果。由於設備健康監測的原始數據與影像處理研究方法的高度相似，深度學習架構在 PHM 和 RUL 猜想方面具有很大的潛力。

Ren 等人提出了一種結合時域和頻域特徵的多軸承剩餘有效壽命協同預測綜合深度學習方法[9]，並通過實際數據集上的數值實驗驗證了方法的有效性和優越性。Liao 等人使用一種新的正則項和無監督自組織映射（Self-organizing

Map，SOM）演算法，提出了一種用於表達學習的受限玻爾茲曼機（Restricted Boltzmann Machine，RBM）[10]，以預測設備的 RUL。Zhang 等人提出了一種多目標深度信賴網路（Deep Belief Networks，DBN）方法[11]，同時進化多個 DBNs，通過 NASA 的渦輪風扇發動機退化問題實現了更好的預測性能。

在深度學習體系結構中，也可以利用專門針對可變和複雜信號設計的深度卷積人工類神經網路 DCNN。在過去幾年裡，DCNN 在各種應用方面取得了顯著的成功。DCNN 首先由 LeCun 等人提出用於影像處理，在不考慮尺度、位移和失真不變性的情況下，具有保持數據資訊的能力[12]。大量關於電腦視覺、語音處理等方面的研究得益於 DCNN 的本機接受域、共享權重和空間子採樣等特性。DCNN 模型包括一維卷積人工類神經網路、二維卷積人工類神經網路以及三維卷積人工類神經網路，一維卷積人工類神經網路常應用於序列類的數據處理，二維卷積人工類神經網路常應用於影像類文本的辨識，三維卷積人工類神經網路主要應用於醫學影像以及影片類數據辨識。Babu 等人[13]構建了一個二維深度卷積人工類神經網路，利用感測器信號的歸一化變量時間序列預測系統 RUL，其中，二維中一維的輸入是感測器的數量。它們的工作採用平均池化，並在頂層放置線性迴歸層。雖然深度 CNN 架構在特徵提取方面表現出很強的能力，但其在設備剩餘壽命預測中的應用研究卻十分有限。採用 DCNN 架構，通過深度學習網路提取局部數據特徵，可以獲得更好的預測。

8.3.1 卷積人工類神經網路模型

卷積人工類神經網路（Convolutional Neural Networks，CNN）最早是由 LeCun 提出用於影像處理的方法，有空間共享權重和空間池化兩個特點，在電腦視覺、自然語言處理、語音辨識等多個研究和行業領域取得了顯著的成功。卷積層將多個過濾器（卷積核）與原始輸入數據進行卷積並生成特徵，池化層隨後提取重要的局部特性。CNN 的輸入數據通常為二維數據（圖 8.17 所示的影像），通過交錯和堆疊卷積核和池化操作來學習抽象的空間特徵。

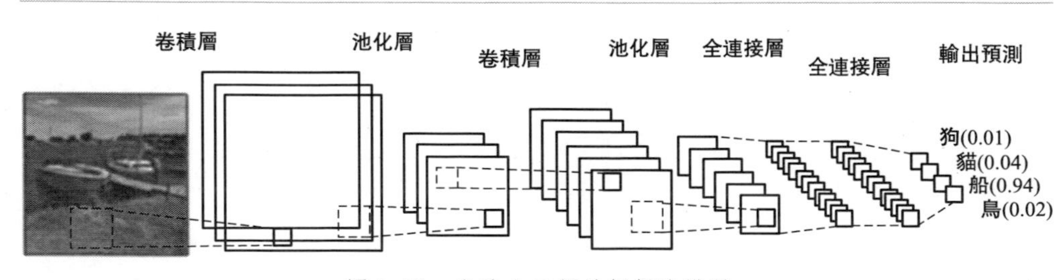

圖 8.17　卷積人工類神經網路模型

CNN 模型最左邊影像是由若干個矩陣組成的輸入層，與深度人工類神經網路（Deep Neural Network，DNN）相同。卷積層（Convolution Layer）是 CNN 特有的，卷積層的啟動函數使用 ReLU(x)＝max(0,x)。後面是池化層（Pooling Layer），也是 CNN 特有的，池化層沒有啟動函數。卷積層＋池化層的組合可以在隱藏層出現很多次，實際上這個次數是根據模型的需要而來的。當然，也可以靈活使用卷積層＋卷積層，或者卷積層＋卷積層＋池化層的組合，這些在構建模型的時候沒有限制。但是，比較常見的深度 CNN 是若干卷積層＋池化層的組合，在若干卷積層＋池化層後面是全連接層（Fully Connected Layer，FC），後面輸出層使用 Softmax 啟動函數做影像辨識分類。

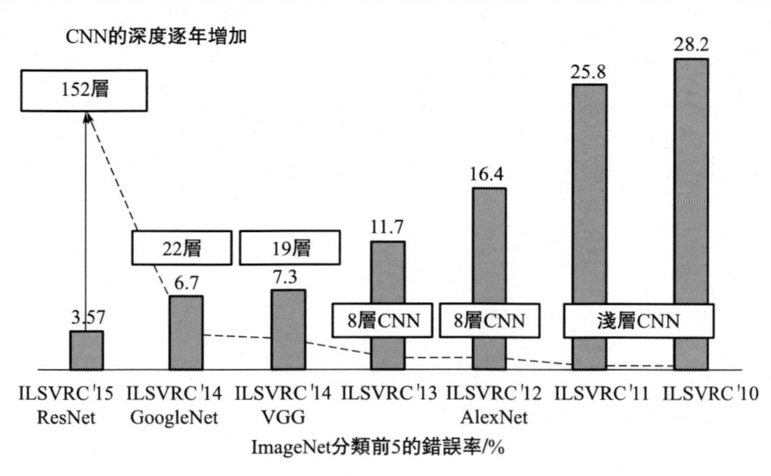

圖 8.18　ILSVRC 競賽中越來越深 CNN 的性能不斷提高

近些年，在影像領域有一個明顯的發展趨勢：越來越深的卷積人工類神經網路層級，從最初的 8 層，到 19 層、22 層乃至 152 層的網路結構。隨著網路結構的加深，ImageNet 大規模視覺辨識挑戰賽（ImageNet Large Scale Visual Recognition Challenge，ILSVRC）的錯誤率也從 2012 年的 16.4％逐步下降到 3.57％（圖 8.18，圖中 ILSVRC 為大規模視覺辨識挑戰賽）。

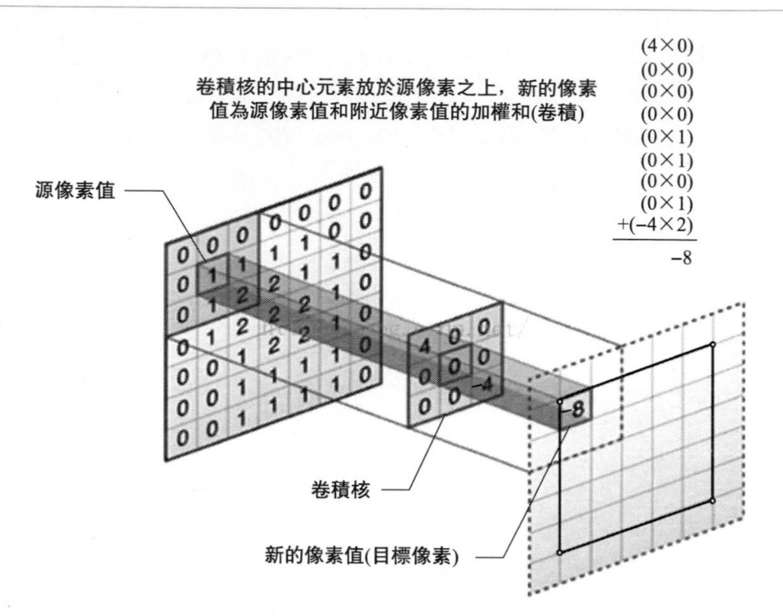

圖 8.19 單通道單卷積核卷積運算

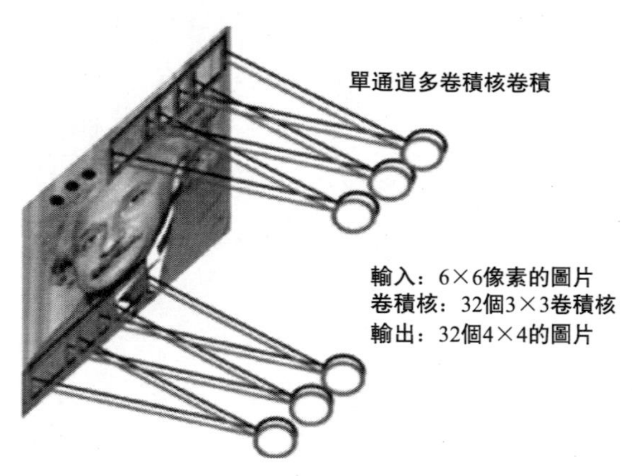

圖 8.20 單通道多卷積核卷積運算

深度學習演算法採用通道（Channels）的概念，在一般深度學習框架（如 tensorflow、mxnet 等）的 conv2d 函數中，通道都是一個必填的參數。tensorflow 認為對於輸入樣本中一般 RGB 圖片的通道數量是 3（紅 R、綠 G、藍 B），單色圖片的通道數量是 1，mxnet 認為通道的含義是每個卷積層中卷積核的數量。由此可知，tensorflow 和 mxnet 分別給出了卷積核輸入通道（in _ channels）和輸出通道（out _ channels）的定義，輸入通道是輸入圖片的通道數，輸出通道是卷積後的通道數，與卷積核數量一致。

根據通道和卷積核的數量，CNN 模型的卷積過程可以分為以下 4 種情況。

（1）單通道單卷積核卷積運算

對於單色（單通道）7×7 影像，若利用 1 個 3×3 卷積核（又稱濾波器 filter）進行卷積運算，可以得到 1 個 5×5 的特徵映射，卷積過程如圖 8.19 所示。

（2）單通道多卷積核卷積運算

一個卷積核提取的特徵是不充分的，可以添加多個卷積核，比如 32 個卷積核就可以學習 32 種特徵。對於圖 8.20 所示的單色（單通道 6×6）影像，若利用 32 個 3×3 卷積核（又稱濾波器 filter）進行卷積運算，可以得到 32 個 4×4 的特徵映射。

（3）多通道單卷積核卷積運算

假設有一個 4×4×3 的 RGB 圖片樣本（圖 8.21），如果使用一個 2×2×3 的卷積核進行卷積操作，此時輸入圖片的通道數 channels 為 3，卷積核的輸入通道數 in _ channels 與需要進行卷積操作數據的通道數 channels 一致為 3。由於只有一個卷積核，最終得到的結果為 3×3×1，輸出通道數 out _ channels 為 1。實際應用中會使用多個卷積核，如果再加一個卷積核，就會按照多通道多卷積核進行卷積運算，得到 3×3×2 的結果，輸出通道為 2。

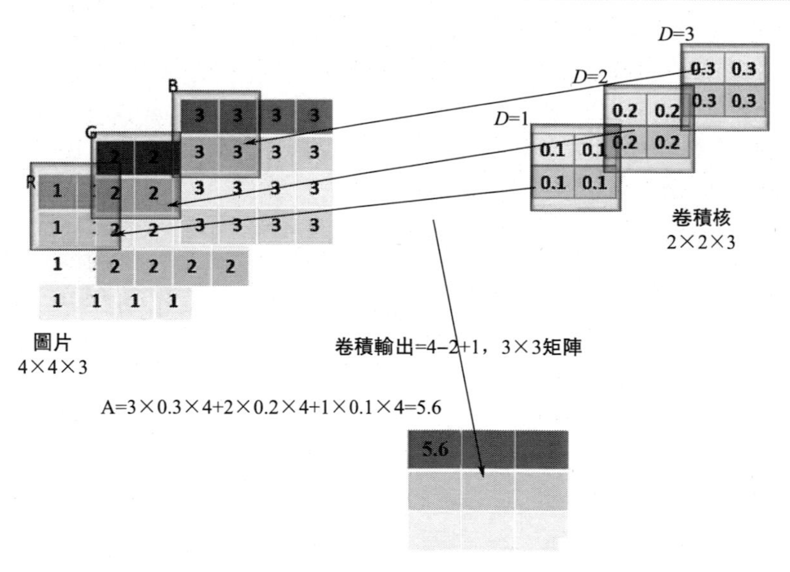

圖 8.21　多通道單卷積核卷積運算

（4）多通道多卷積核卷積運算

假設圖片寬度 width 為 W、高度 height 為 H、通道數 channels 為 D（目前

一般都用 RGB 三通道 $D=3$ 表示彩色圖片)，為了通用性，通道數用 D 表示，圖 8.22 中 W 和 H 都為 6。由於處理的圖片是 D 通道的，卷積核大小為 kernel _ size×kernel _ size×D（圖中是 3×3×3)，在指定卷積核個數 M（圖中 $M=2$）前提下，真正的卷積核大小是 $M\times$kernel _ size×kernel _ size×D。

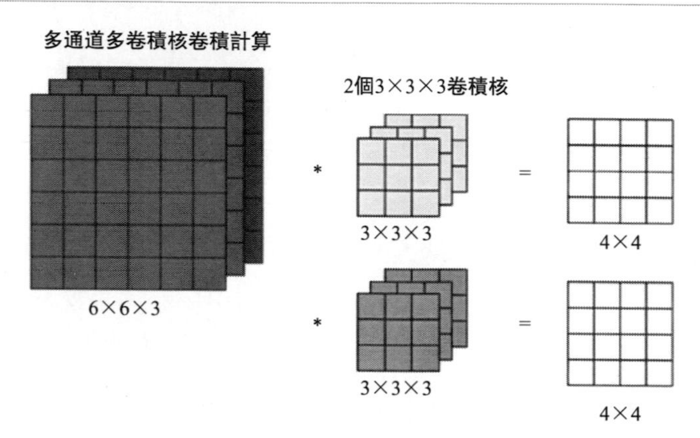

圖 8.22 多通道多卷積核卷積運算

對於 D 通道影像的各通道而言，是在每個通道上分別執行二維卷積，然後將 D 個通道加起來，得到該位置的二維卷積輸出，對於 RGB 三通道影像而言，就是在 R、G、B 三個通道上分別使用對應的每個通道上的 kernel _ size×kernel _ size 大小的核去捲積每個通道上的 $W\times H$ 的影像，然後將三個通道卷積得到的輸出相加，得到二維卷積輸出結果。若有 M 個卷積核，可得到 M 個二維卷積輸出結果，在有填充的情況下，能保持輸出圖片大小和原來的一樣，因此輸出是 $M\times(W-$kernel _ size$+1)\times(H-$kernel _ size$+1)$。

CNN 模型中每一層的傳遞關係主要就是 height、width 和 channels 的變化情況，可以把上面提到的通道分為三種：

① 最初輸入圖片樣本的 channels 取決於圖片類型，比如 RGB3 通道，單色為 1 通道；

② 卷積操作完成後的輸出通道 out _ channels，取決於卷積核的數量，此時 out _ channels 也會作為下一次卷積時卷積核的輸入通道 in _ channels；

③ 卷積核中輸入通道 in _ channels 就是上一次卷積的輸出通道 out _ channels，如果是第一次做卷積，就是 1 通道中樣本圖片的 channels。

8.3.2 面向多元時間序列數據的多種 CNN 預測模型

在處理多元時間序列數據時，採用不同通道和卷積核數量的 CNN 模型進行分類，模型的輸入端大致分為兩種：①輸入傳統信號處理過的特徵，採用不同濾波器處理，然後進行左右或跳幀擴展；②直接輸入原始頻譜，將頻譜圖當作影像處理。在語音辨識實踐中，百度語音辨識技術經歷了圖 8.23 所示的各種疊代演算法模型[14]，早期的輸入端採用第一種模式的深度人工類神經網路（DNN）模型，當前的深度 CNN 模型則採用基於分時頻析後的語音譜完成。

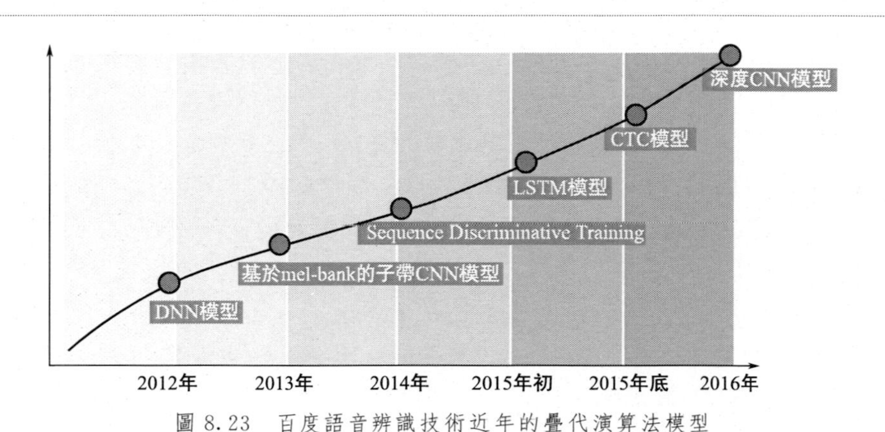

圖 8.23 百度語音辨識技術近年的疊代演算法模型

第一種模式是在語音信號經傅立葉變換之後，使用各種人工設計的濾波器組進行特徵提取，造成了頻域上的資訊損失，尤其在高頻區域的資訊損失明顯，而且為了運算量的考慮必須採用非常大的幀移，造成了時域上的資訊損失，在語速較快的時候表現得更為突出。第二種模式則將整個語音信號分時頻析得到的時頻譜當作一張影像，採用影像處理中廣泛應用的 DCNN（Deep CNN，深度卷積人工類神經網路）模型進行辨識，克服了語音信號多樣性問題。通過大量對比實驗，發現 DCNN 架構不僅顯著提升基於 HMM（Hidden Markov Model）的語音辨識系統性能，而且也能提升基於 CTC（Connectionist Temporal Classification）的語音辨識系統性能。與傳統語音特徵作為輸入的辨識框架相比，直接將分時頻析轉換成的語音譜作為 DCNN 輸入，提升了準確率，IBM、微軟、科大訊飛等都相繼推出各自 DCNN 模型。

綜上所述，可以根據輸入端多元時間序列數據的處理方式，例如信號直接輸入或信號經處理後輸入，採用一維、二維、三維 CNN 模型建模多元時間序列數據的預測問題。

(1) 面向 RUL 預測的一維 CNN 架構模型

為了更好地提取 CNN 特徵，採用時間窗方法進行採樣準備。標準化的原始感測器測量數據可以直接作為模型輸入輸入到 CNN 網路，不需要事先具備預測和信號處理方面的專業知識，可以促進所提方法的工業應用範圍。深度 CNN 框架可以成功提取信號的高級抽象特徵，並根據學習到的知識表達猜想相關的RUL值。與傳統機器學習方法相比，該方法利用時間窗、數據歸一化和深度CNN架構可以獲得更高的預測精度。近年來，現代航空技術的發展導致了飛機系統的複雜性，在惡劣環境中要求高可靠性、高品質和高安全性。發動機是飛機的關鍵部件，迫切需要開發新的方法來更好地評估發動機性能下降，並猜想剩餘的使用壽命。文獻［15］以航空發動機的RUL為例進行了預測，並利用NASA的C-MAPSS數據集對該方法的有效性進行了驗證，並表明了該結構的優越性。

在原始的採集數據中，輸入數據採用二維格式：一維為特徵數，另外一維為每個特徵的時間序列。然而，在故障預測問題中，考慮到採集的機械特徵來自不同的感測器，由於數據樣本中空間相鄰特徵之間的關係並不顯著，雖然輸入和對應的特徵映射都是二維的，在實際應用中CNN仍然可以採用圖8.24所示的一維CNN模型，並包含一維卷積核（濾波器）。

輸入一維的時間序列數據假定是 $\boldsymbol{x}=\{x_1,x_2,\cdots,x_N\}$，$N$ 表示序列數據的長度，卷積層的卷積運算可以定義為卷積核 $\boldsymbol{w},\boldsymbol{w}\in R^{F_L}$ 與連接向量 $\boldsymbol{x}_{i:i+F_L-1}$ 的乘法運算，$\boldsymbol{x}_{i:i+F_L-1}$ 表示為：

$$\boldsymbol{x}_{i:i+F_L-1}=\boldsymbol{x}_i\oplus\boldsymbol{x}_{i+1}\oplus\cdots\oplus\boldsymbol{x}_{i:i+F_L-1}$$

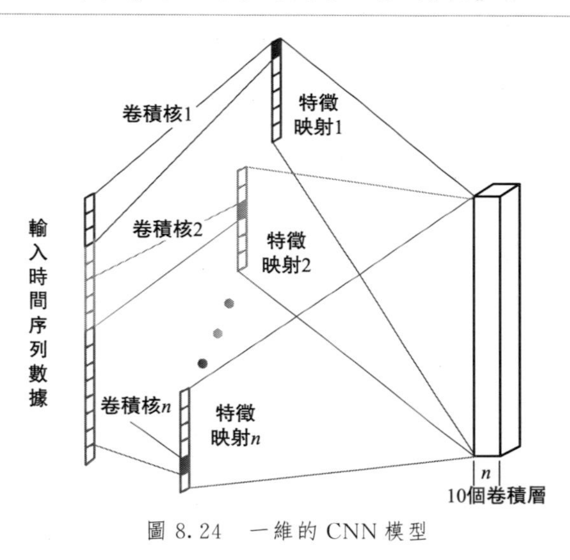

圖8.24　一維的CNN模型

式中，$\boldsymbol{x}_{i:i+F_L-1}$ 為一個從第 i 個點 x_i 開始的長度為 F_L 的時間序列信號（時間尺度）；$\oplus$ 將每個數據樣本連接進更長的嵌套，最後的卷積運算定義為：

$$z_i=\varphi(\boldsymbol{w}^{\mathrm{T}}\boldsymbol{x}_{i:i+F_L-1}+b)$$

式中，$\boldsymbol{w}^{\mathrm{T}}$ 為權重矩陣 $\boldsymbol{w}$ 的轉置；b 和 φ 分別為偏差項和非線性啟動函數。輸出 z_i 可以被視為卷積核 $\boldsymbol{w}$ 在相應的子序列 $\boldsymbol{x}_{i:i+F_L-1}$ 上的學習特徵。通過從樣

本數據的第一點到最後一點行動濾波視窗，可以得到第 j 個濾波器的特徵映射，記為：

$$z_i=\{z_j^1,z_j^2,\cdots,z_j^{N-F_L+1}\}$$

式中，z_j 是第 j 個濾波器的卷積核。CNNs 中，在不同濾波長度 F_L 的卷積層中可以應用多個卷積核，濾波器數 F_N（位移因子）和長度對網路性能存在影響。

在實際應用中，F_N 和 F_L 的確定取決於具體的任務。根據文獻［13］的理解，較大的濾波尺寸和數位通常會導致較高的預測精度。然而，運算量也越來越大。在實際的案例研究中必須做出權衡。在故障診斷的研究中兩個參數的中值是較好的，默認 $F_N=10$ 和 $F_L=10$。

池化層應用於卷積層生成的特徵映射。一方面，池化能夠提取每個特徵映射中最重要的本機資訊。另一方面，該操作可以顯著降低特徵維數，即模型參數個數。因此，池化非常適合於像影像處理這樣的高維問題。但是，這種操作雖然可以提高運算效率，但也會在一定程度上過濾掉大量有用的資訊。因此，儘管在卷積人工類神經網路中普遍使用池化，但在這個原始特徵維數相對較低的預測問題中不建議採用池化操作。

丟包（Dropout）是一種在訓練人工類神經網路時能夠幫助減少數據過擬合的技術，特別是在小訓練數據集中。訓練數據過度擬合通常會導致訓練數據集的網路性能很好，而測試數據集的網路性能很差。丟包為解決這一問題提供了一種簡單有效的途徑，防止訓練數據的複雜協同適應，避免重複提取相同的特徵。在實踐中，可以通過將一些隱藏神經元的啟動輸出設置為零，使神經元不包含在正向傳播訓練過程，實現丟包。然而，在測試過程中，關閉丟包開關則表明所有隱藏的神經元都參與了測試。通過這種方式，可以增強網路的堅固性。丟包也是網路內模型整合的一種簡單方法，有助於提高網路的特徵提取能力。

深度人工類神經網路能夠通過多次非線性變換和近似複雜非線性函數自適應地擷取原始輸入信號的表示資訊，圖 8.25 給出了面向 RUL 猜想的多層卷積網路和全連接層 CNN 模型的體系架構，由 5 層卷積人工類神經網路和 1 層全連接層兩個子結構構成，實現迴歸預測。

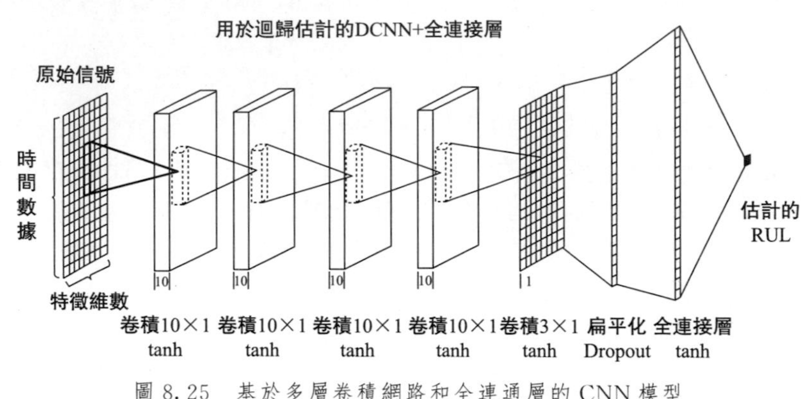

圖 8.25 基於多層卷積網路和全連通層的 CNN 模型

首先，輸入數據樣本採用二維格式。輸入的維數為$N_{tw}\times N_{ft}$，N_{tw}表示時間序列，N_{ft}是選定的特徵數量，原始特徵通常是通過多個感測器測量得到的。接下來，在網路中堆疊 4 個卷積層進行特徵提取，4 層具有相同的配置：使用F_N個濾波器和濾波器的大小是$F_L\times 1$。零填充操作保持特徵映射維度不變。到目前為止，獲得輸出是F_N個特徵映射的尺寸是$N_{tw}\times N_{ft}$，與原來的輸入樣本相同。使用另一個帶有一個濾波器的卷積層將之前的特徵映射組合成一個唯一的特徵映射，卷積核（濾波器）尺寸是 3×1。這樣，就得到了每個原始特徵的高層表示。然後，將二維特徵映射進行扁平化處理，並與全連通層連接。在最後一個特徵映射上使用丟包技術來緩解過擬合問題。最後，在網路末端附加一個神經元進行 RUL 猜想。

所有層都使用 tanh 作為啟動函數，使用 Xavier 初始化器進行權值初始化。為了進一步提高預測性能，採用了後向誤差傳播演算法進行微調，對模型的參數進行了更新，使訓練誤差最小化，並採用 Adam 演算法進行最佳化[16]。

當使用二維卷積人工類神經網路進行特徵提取時，卷積運算實際上是在一維中進行的，即每個特徵的時間序列維數。多重疊加捲積層的目標是分別學習每個原始特徵的高級表示，而全連接層使用所有學習到的特徵表示進行最終迴歸預測。與現有深度 CNN 預測方法相比，該方法更適合於從不同的感測器測量數據中提取特徵，其目的是在一開始就了解不同特徵的空間關係，並進一步從多層抽象表示中提取資訊。

（2）面向 RUL 預測的二維 CNN 架構模型[17,18]

在如圖 8.26 所示的二維 CNN 架構對傳統的 CNN 進行了修改，並將其應用於多元（多變量）時間序列信號的迴歸預測：在每個分段的多元時間序列上進行特徵學習，在特徵學習之後，連接一個普通的多層感知器（Multi-layer Perceptron，MLP）進行 RUL 猜想。

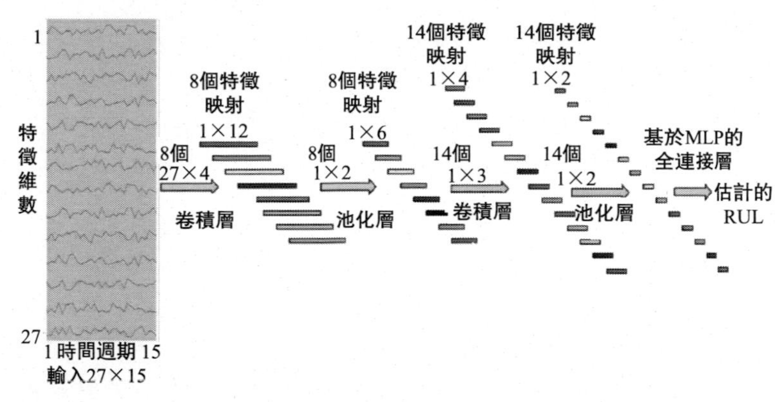

圖 8.26 二維 CNN 架構模型

採用滑動視窗策略將時間序列信號分割成一組短信號。具體地說，CNN 所使用的一個實例是一個含有 r 個採樣的數據樣本，每個樣本包含 D 個屬性（在單個營運狀態子數據集的情況下 D 屬性作為 d 個原始感測器信號和在多個營運狀態子數據集的情況下 D 屬性包括 d 個原始感測器信號以及與營運狀態歷史數據相關的提取特徵）。在這裡，選擇 r 作為採樣率（實驗中使用 15 是因為一個測試的發動機軌跡只有 15 個時間週期的數據樣本），選擇滑動視窗的步長為 1，可以選擇較大的步長來減少實例數量，從而減少運算成本。對於訓練數據，矩陣實例的真實 RUL 由上次記錄的真實 RUL 決定。

具體地說，在這項工作中使用了 2 對卷積層和池化層，以及一個普通的全連接層。模型包括 D 個通道輸入（圖中 $D=27$，來自 C-MAPSS 數據集中的 21 個感測器以及 PHM 2008 數據挑戰賽數據集的 6 個感測器數據），每個輸入的長度為 15。這個分段多元時間序列（$D\times15$）輸入到 2 個階段的卷積和池化層。然後，將所有最終層的特徵映射連接到一個向量中，作為 RUL 猜想的 MLP 輸入。訓練階段採用標準反向傳播演算法對 CNN 參數進行猜想，採用隨機梯度下降法對目標函數進行最佳化，即 CNN 模型的累積平方誤差。

在卷積層中，前一層的特徵映射與幾個卷積核進行卷積，通過啟動函數運算增加了偏壓（待學習）的卷積算子輸出和下一層的特徵映射，卷積層的輸出特徵映射運算如下：

$$x_j^l=\mathrm{sigm}(z_j^l),z_j^l=\sum_i x_j^{l-1}*k_{ij}^l+b_j^l$$

式中，$*$ 為卷積算子；x_j^{l-1} 和 x_j^l 為卷積濾波器的輸入輸出；sigm() 為 sigmoid 函數；z_j^l 為非線性 sigmoid 函數的輸入。使用 sigmoid 函數是因為它的簡單性。第一層卷積層應用 8 個尺寸為 27×4 的卷積核（濾波器），在第二個卷積層使用了 14 個大小為 1×3 的卷積核。

在池化層中，輸入特徵通過合適的因子子採樣，從而降低特徵映射的解析度，增加了特徵對輸入失真的不變性。在各階段使用 average 池化，沒有重疊。輸入特徵映射通過平均池化和結果劃分為一組非重疊區域，每個子區域的輸出是均值。池化層輸出特徵映射運算如下：

$$x_j^{l+1}=\text{down}(x_j^l)$$

式中，x_j^l 為輸入；x_j^{l+1} 為池化層的輸出；down() 為平均池化的子採樣函數，池化層採用的池濾波器大小是 1×2。

(3) 面向 RUL 預測的三維 CNN 架構模型

如果 14 個感測器信號分別經過小波變換或經驗模態分解等分時頻析的信號處理方式生成 32×32×14 的三維影像數據（32×32 是影像壓縮的結果），然後與基於 LeNet-5 的深度 CNN 模型結合，形成圖 8.27 所示的三維 CNN 預測模型。

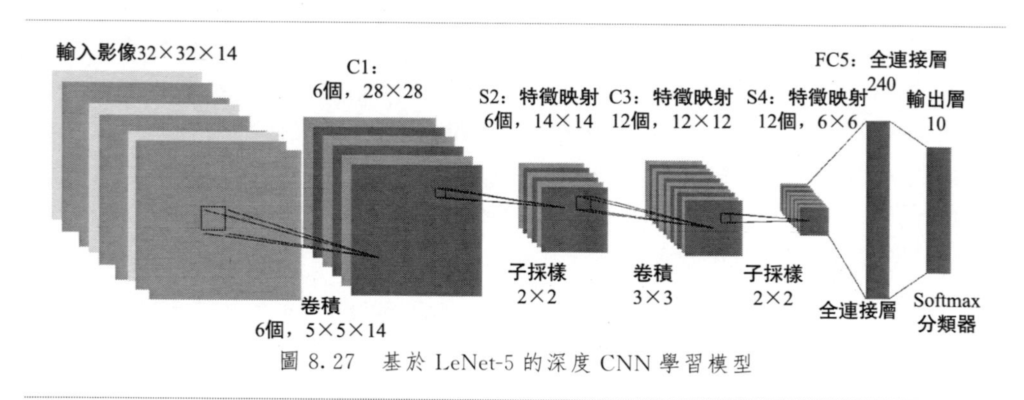

圖 8.27 基於 LeNet-5 的深度 CNN 學習模型

8.3.3 演算法分析

(1) 實驗數據集：C-MAPSS 數據集

NASA 渦扇發動機退化問題數據集包含了一個基於模型的仿真程式產生的模擬數據，即由 NASA 開發的商用模組化航空推進系統仿真（NASA C-MAPSS，Commercial Modular Aero-Propulsion System Simulation）數據集，圖 8.28 給出了該發動機模型的主要元素。

C-MAPSS 是一個模擬大型商用渦扇發動機的軟體工具，在 MATLAB 和 Simulink 環境中編寫，包括許多可編輯的輸入參數，允許用戶自己選擇輸入一些關於營運狀態、閉環控制器、環境狀態等特定參數值。C-MAPSS 模擬 90000lb 推力的發動機模型，軟體包包括一個能夠模擬以下操作的大氣模型：①從海平面到海拔 40000ft（1ft＝0.3048m）；②馬赫數從 0 到 0.90；③海平面溫度從－60℃到 103℃。還包括一個允許發動機在全方位飛行條件下以很寬推力水平範圍運行的動力管理系統。此外，內置的控制系統包括一個風扇速度控制器和一套調節器與限制器。後者包括三個高限位調節器，防止發動機超過其核心轉速、發動機壓力比和高壓渦輪（High-Pressure Turbine，HPT）出口溫度的設計極限，限位調節器防止高壓壓氣機（High-Pressure Compressor，HPC）出口靜壓過低，以及一個用於核心速度的加減速限制器。一個全面的邏輯結構將這些控制系統組件整合在一起，其方式類似於實際發動機控制器中使用的方式。此外，風扇轉速控制器和四個限位調節器的所有收益都是計劃好的，這樣控制器和調節器就能在飛行條件和功率水平的所有範圍內正常工作，圖 8.29 中顯示了在仿真中如何組裝各種部件。

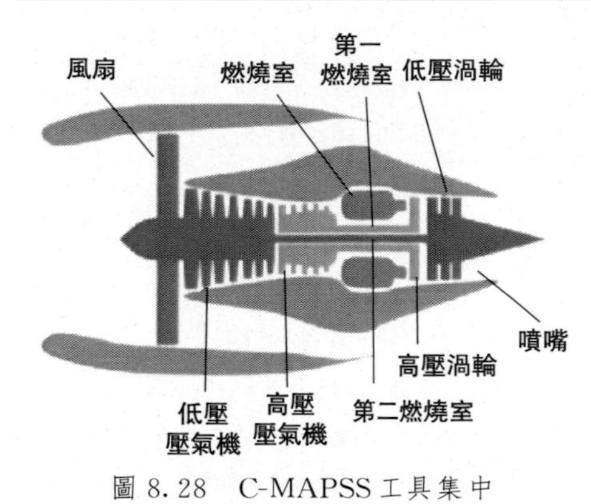

圖 8.28　C-MAPSS 工具集中仿真發動機的簡化流程

C-MAPSS 有表 8.5 所示的 14 個輸入，可以產生表 8.6 所示多個輸出數據。輸入包括燃料流量和一組 13 個健康參數輸入，允許用戶模擬發動機的 5 個旋轉部件（風扇、LPC、HPC、HPT 和 LPT）中的任何一個部件的故障和退化的影響。研究中使用模型中 58 個不同輸出中的 21 個變量。C-MAPSS 提供了一組圖形用戶界面簡化輸入和輸出控制，用於各種可能的用途，包括開環分析、控制器設計和模擬發動機及控制系統在各種情況下的響應。

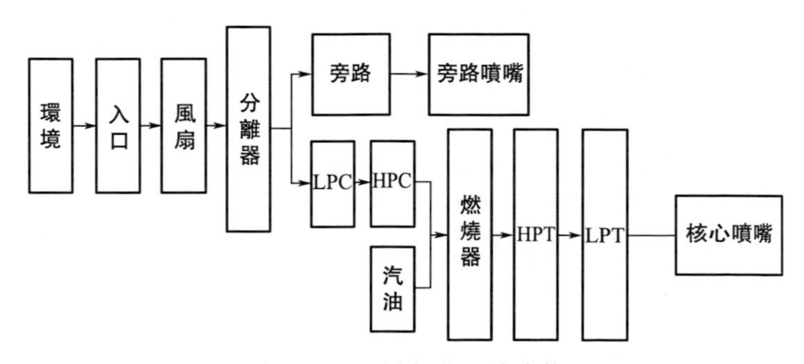

圖 8.29　不同部件及其連接

表 8.5 仿真發動機 5 個旋轉部件的 C-MAPSS 輸入

名稱	參數
Fuel flow(燃料流量)	Wf
Fan efficiency modifier(風扇效率調節器)	fan eff mod
Fan flow modifier(風扇流量調節器)	fan flow mod
Fan pressure-ratio modifier(風扇壓比調節器)	fan PR mod
LPC efficiency modifier(LPC 效率調節器)	LPC eff mod
LPC flow modifier(LPC 流量調節器)	LPC flow mod
LPC pressure-ratio modifier(LPC 壓比調節器)	LPC PR mod
HPC efficiency modifier(HPC 效率調節器)	HPC_eff_mod
HPC flow modifier(HPC 流量調節器)	HPC_flow_mod
HPC pressure-ratio modifier(HPC 壓比調節器)	HPC PR mod
HPT efficiency modifier(HPT 效率調節器)	HPT eff mod
HPT flow modifier(HPT 流量調節器)	HPT flow mod
LPT efficiency modifier(LPT 效率調節器)	LPT eff mod
LPT flow modifier(LPT 流量調節器)	LPT flow mod

表 8.6 C-MAPSS 輸出

參數	描述	單位
21 個可用參數		
T2	Total temperature at fan inlet(風扇入口溫度)	°R
T24	Total temperature at LPC outlet(LPC 出口溫度)	°R
T30	Total temperature at HPC outlet(HPC 出口溫度)	°R
T50	Total temperature at LPT outlet(LPT 出口溫度)	°R
P2	Pressure at fan inlet(風扇入口壓力)	psia①
P15	Total pressure in bypass-duct(旁路管道壓力)	psia
21 個可用參數		
P30	Total pressure at HPC outlet(HPC 出口壓力)	psia
Nf	Physical fan speed(實際風扇轉速)	r/min
Nc	Physical core speed(實際主頻)	r/min
epr	Engine pressure ratio(P50/P2)(發動機壓比)	—
Ps30	Static pressure at HPC outlet(HPC 出口靜壓)	psia
phi	Ratio of fuel flow to Ps30(燃料流量與 Ps30 之比率)	pps/psi
NRf	Corrected fan speed(修正風扇轉速)	r/min
NRc	Corrected core speed(修正主頻)	r/min
BPR	Bypass Ratio(旁路比)	—
farB	Burner fuel-air ratio(燃燒器燃料空氣比)	—

續表

參數	描述	單位
htBleed	Bleed Enthalpy(排放焓)	—
Nf_dmd	Demanded fan speed(要求的風扇轉速)	r/m
PCNfR_dmd	Demanded corrected fan speed(要求的修正風扇轉速)	r/m
W31	HPT coolant bleed(HPT 冷卻液排放)	lb・m/s
W32	LPT coolant bleed(LPT 冷卻液排放)	lb・m/s
運算健康指數的參數		
T48(EGT)	Total temperature at HPT outlet(HPT 出口溫度)	°R
SmFan	Fan stall margin(風扇失速裕度)	—
SmLPC	LPC stall margin(LPC 失速裕度)	—
SmHPC	HPC stall margin(HPC 失速裕度)	—

①1Psia=6894.76Pa。

C-MAPSS 數據集包含 4 個子數據集，這些子數據集由 21 個感測器獲得的多元時間數據組成。每個子數據集包含一個訓練集和一個測試集，如表 8.7 所示。

表 8.7 不同營運狀態下的訓練集和測試集（C-MAPSS 數據集中的故障模式）

數據集	C-MAPSS				PHM 2008
	FD001	FD002	FD003	FD004	
Engine units for training(訓練用發動機單位)	100	260	100	249	218
Engine units for testing(測試用發動機單位)	100	259	100	248	218
Operating Conditions(營運狀態)	1	6	1	6	6
Fault Conditions(故障狀態)	1	1	2	2	2
Training samples(default)[訓練樣本(默認)]	17731	48819	21820	57522	
Testing samples(測試樣本)	100	259	100	248	

訓練數據集包括在不同營運狀態（表 8.8 中的 Regime ID）和故障模式（表 8.7）下收集的多臺航空發動機的運行故障感測器記錄。

表 8.8 6 種不同的營運狀態

發動機 ID	營運參數 1	營運參數 2	營運參數 3
1	0	0	100
2	20	0.25	20
3	20	0.7	0
4	25	0.62	80
5	35	0.84	60
6	42	0.84	40

每個發動機單位都有不同程度的初始磨損和未知的製造變化，但還是健康的。隨著時間的推移，發動機單位開始退化，直到它們到達系統故障，即最後一個數據條目對應於發動機單位被聲明為不健康的時間週期。另外，測試數據集中的感測器記錄在系統故障前的某個時間終止，這項任務的目標是猜想測試數據集中每個發動機的剩餘使用壽命。為了驗證，還提供了測試發動機單位的實際 RUL 值。對四個子數據集進行了綜合評價，C-MAPSS 數據集的去尾資訊如表 8.7 所示，四個子數據集分別記為 FD001、FD002、FD003 和 FD004。

訓練過程將所有可用發動機測量數據點作為訓練樣本，每個數據點以其 RUL 標籤為目標，採用分段線性退化模型得到每個訓練樣本的 RUL 標籤[19]。測試過程通常使用與每個發動機單位上一個記錄週期對應的一個數據點作為測試樣本，並提供測試樣本的實際 RUL。

C-MAPSS 數據集中多變量時間數據包含來自 21 個感測器的發動機單位測量數據[20]。然而，一些感測器讀數在發動機的使用壽命中具有恆定的輸出，它們不能為 RUL 猜想提供有價值的資訊。因此，將 21 個感測器中 14 個測量值作為原始輸入特徵，其指標為 2、3、4、7、8、9、11、12、13、14、15、17、20 和 21，並且使用 min-max 歸一化法，將每個感測器收集到的測量數據規範化為 (−1,1) 內的值。

與常見的迴歸問題不同，對於 RUL 的預測很難確定輸入數據的期望輸出值。這是因為在許多工業應用中，如果沒有一個精確的基於物理機理的預測模型，就不可能在每個階段評估系統的精確健康狀況和猜想系統的 RUL。對於這個流行的數據集，一個分段線性退化模型已經被驗證是合適和有效的[19]：一般來說，發動機單位在早期正常工作，之後線性退化。根據文獻［19］的研究，假設在初始階段有一個固定 RUL 標籤：R_{early}，作為前期數據點的目標標籤。值得注意的是，R_{early} 對數據集的預測有顯著影響。

在 RUL 猜想等基於多元時間序列問題中，與單一時間步長多變量數據點採樣相比，時間序列數據通常可以獲得更多的資訊，具有較好的預測性能。為充分利用多元時間資訊，採用時間窗進行數據準備。設 N_{tw} 表示時間窗大小。在每個時間步長中，將時間窗內所有過去的感測器數據收集起來，形成一個高維特徵向量，作為 CNN 網路輸入。圖 8.30 給出了訓練子數據集 FD001 中，在一個時間視窗大小為 30 的時間視窗內，來自與單個發動機相關的 14 個選定感測器的歸一化數據樣本，數據樣本的形狀與 CNN 網路的輸入大小相對應。

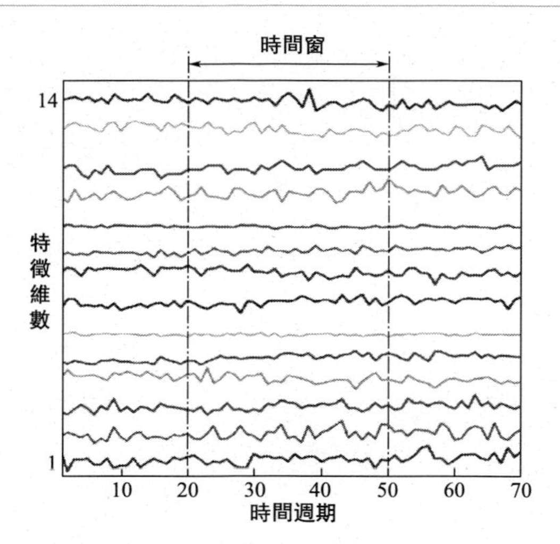

圖 8.30 來自 14 個選擇特徵的訓練樣本（時間窗為 30）

(2) 一維 CNN 模型的實驗結果分析

圖 8.31 為 FD001 測試發動機機組最後記錄數據點的 RUL 預測結果。測試引擎單位按標籤從小到大進行分類，以便更好地觀察和分析。可以看出，預測的 RUL 值一般與實際值接近。尤其是在 RUL 值較小的區域，預測後的準確性往往較高。這是因為，當發動機部件接近故障時，故障特徵就會得到增強，並且可以被提議的網路擷取，以便更好地進行預測。

此外，圖 8.32 顯示了 FD001 中最後一個記錄循環之前測試發動機部件的壽命的 RUL 猜想。在 100 個測試發動機單位中，分別選擇第 21 號（＃21)、第 24 號（＃24)、第 34 號（＃34）和第 8 號（＃8）測試發動機單位用於測試。在這個例子中，沒有顯示發動機單位壽命最後部分的 RUL 猜想。這是由於在測試數據集中，沒有提供感測器測量的最後一部分數據，以此檢測預測演算法的表現性能。在數據集中給出了最後記錄週期的實際 RUL 值，並相應地得到了前一個生命週期對應的 RUL 標籤。

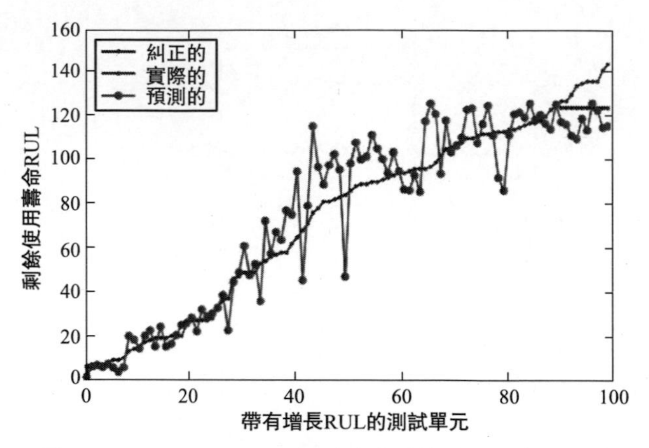

圖 8.31　FD001 中 100 個測試發動機單位的分類預測

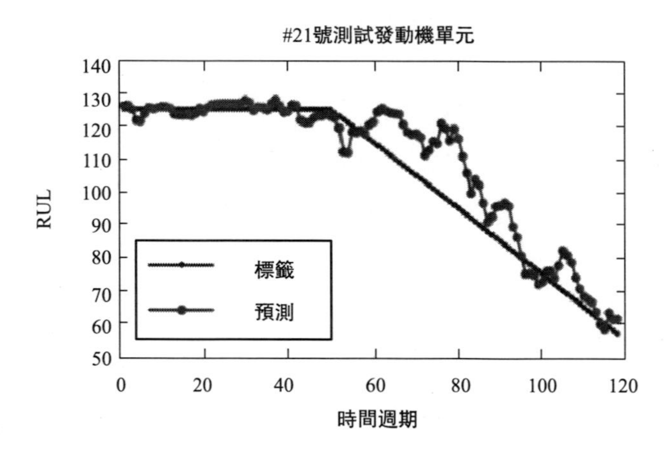

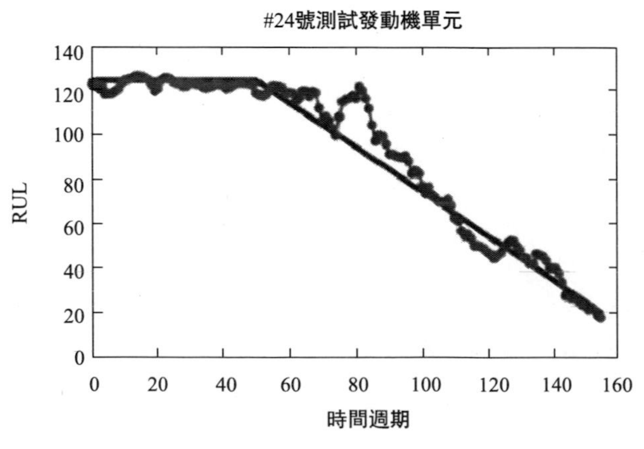

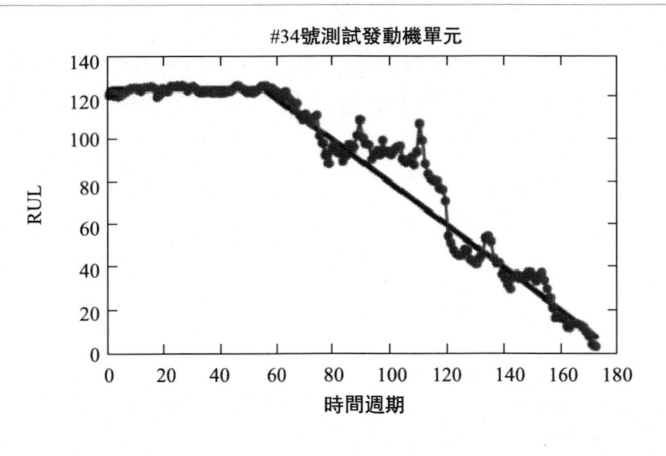

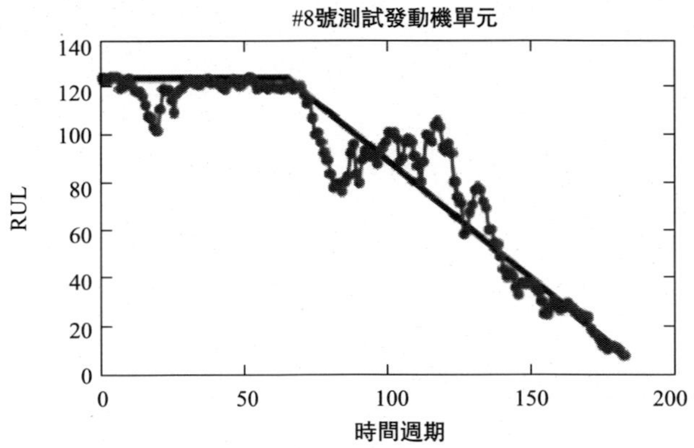

圖 8.32　FD001 中測試發動機單位的 RUL 預測

在這項工作中，主要使用了兩種測量方法，即評分函數和均方根誤差(Root Mean Square Error，RMSE)，具體介紹如下。

① 評分函數　評分函數採用 PHM 2008 Data Challenge 中的評分函數，如式(8.19) 所示，其中 N 是測試集中發動機的數量，S 是運算的分數，h_i = 猜想的 RUL-真實的 RUL。

$$S=\begin{cases}\sum_{i=1}^{N}(e^{-\frac{hi}{13}}-1) & h_i<0 \\ \sum_{i=1}^{N}(e^{\frac{hi}{10}}-1) & h_i\geqslant 0\end{cases} \tag{8.19}$$

評分函數對後期預測（執行維護太晚）的懲罰大於早期預測（可能浪費維護資源，但不會造成太大危害），這與航空航天行業的風險逆向是一致的。然而，這個函數有幾個缺點：a. 單個離群值（具有較晚的預測）將主導整體性能得分(請參考圖 8.33 右側的指數增長)，從而掩蓋了演算法的真正整體準確性；b. 沒有考慮到演算法的預測範圍，預測視界評估失敗之前的時間，演算法能夠以一定的信賴水平準確猜想 RUL 值；c. 評分函數支持通過低估 RUL 人為地降低分數。儘管存在這些缺點，仍使用評分函數與其他文獻中的方法進行比較。

② 均方根誤差　除了評分函數之外，猜想 RUL 的均方根誤差 $RMSE$ 也被用作模型的性能度量。選擇 $RMSE$ 的原因在於它對早期和晚期的預測都給予了同等的權重。將 $RMSE$ 與評分函數結合使用將避免這個問題：通過低估評分人為地降低分數，會導致更高 $RMSE$。$RMSE$ 定義如下：

$$RMSE=\sqrt{\frac{1}{N}\sum_{i=1}^{N}h_i^2} \tag{8.20}$$

這兩個評估指標之間的比較圖如圖 8.33 所示。可以看出，在絕對誤差值較低的情況下，評分函數的結果要比 $RMSE$ 低，這兩種評價指標的相對特徵將對實驗結果的討論有所幫助。

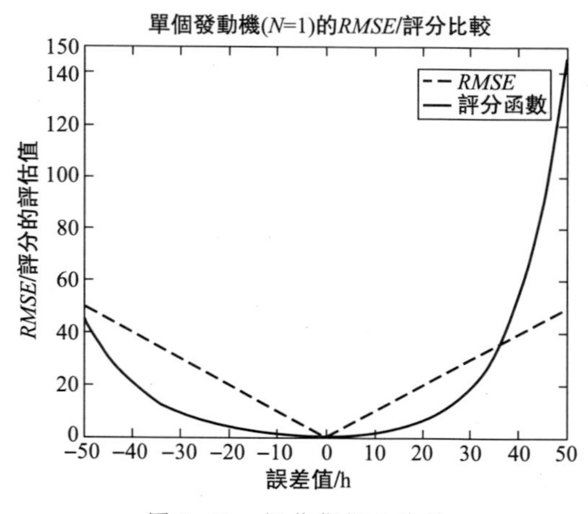

圖 8.33　評估指標的比較

不同預測方法的綜合比較結果如表 8.9 和圖 8.34 所示。通過對四個子數據集的默認實驗設置，驗證了該方法的有效性。可以看出，所提深度學習方法在所有情況下都取得了最好效果。

表 8.9　C-MAPSS 數據集上不同方法的比較

項目		NN		DNN		RNN		LSTM		DCNN	
		Mean	STD	Mean	STD	Mean	STD	Mean	STD	Mean	STD
FD001	*RMSE*	14.80	0.31	13.56	0.21	13.44	0.43	13.52	0.61	12.61	0.19
	評分	496.3	14.3	348.3	17.5	339.2	29.0	431.7	42.4	273.7	24.1
FD002	*RMSE*	25.64	0.34	24.61	0.33	24.03	0.26	24.42	0.45	22.36	0.32
	評分	18,255	1402	15,622	872	14,245	622	14,459	815	10412	544
FD003	*RMSE*	15.22	0.34	13.93	0.34	13.36	0.38	13.54	0.29	12.64	0.14

續表

項目		NN		DNN		RNN		LSTM		DCNN	
		Mean	STD	Mean	STD	Mean	STD	Mean	STD	Mean	STD
	評分	522.3	17.1	364.3	19.3	315.7	24.2	347.3	28.0	284.1	26.5
FD004	*RMSE*	25.80	0.44	24.31	0.24	24.02	0.41	24.21	0.36	23.31	0.39
	評分	20,422	1231	16,223	895	13,931	1102	14,322	1043	12466	85

註：Mean 是平均值，STD 是標準方差。

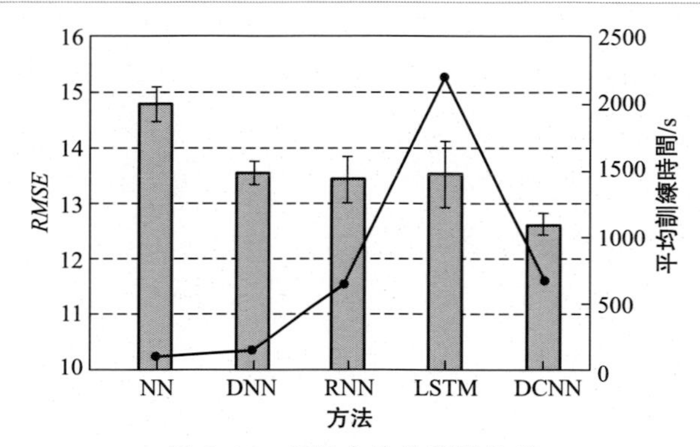

圖 8.34 不同方法的預測性能

實驗中，NN 是基本的人工類神經網路（Neural Network），又稱多層感知器（Multi-layer Perceptron，MLP），包含一個 500 個神經元的隱含層，這在基於人工類神經網路的方法中是一個合理的數字，採用 0.5 的丟包率（Dropout Rate）以提高人工類神經網路的泛化能力；DNN 是包含 4 個隱藏層的深度人工類神經網路（Deep Neural Network），隱藏層中神經元的數量分別為 500、400、300 和 100，DNN 與所有的 CNN 網路具有相似的深度，提供了一個相對公平的比較，考慮到更深層次的架構通常很難得到有效的訓練，每個隱藏層也使用丟包技術；遞迴人工類神經網路（Recurrent Neural Network，RNN）由於包含從隱藏層或輸出層到前一層[21]的回饋連接，具有處理動態資訊的能力，是一個涉及時間序列數據的更有效的模型，在 RNN 網路中採用 5 個遞迴層進行比較，方法具有相同的深度，也有相似的運算負擔；由於模型訓練的反向傳播過程中梯度消失的問題，傳統的 RNN 可能無法擷取長期依賴關係，作為 RNN 的一種變體，長短時記憶方法（Long Short Term Memory，LSTM）可以防止反向傳播的錯誤消失或爆炸[22]，使每個循環單位能夠自適應地擷取不同時間尺度的依賴關係，採用 5 個 LSTM 層和 1 個全連接層進行比較。

實驗結果表明，所提出的深度卷積人工類神經網路 DCNN 結構適合於預測問題。層疊的卷積層有助於網路的學習能力。RNN 結構是利用循環資訊流的第二佳結構。雖然 LSTM 是 RNN 的一個更高級的變體，但是在這個案例研究中，它的性能不如 RNN。基本的人工類神經網路和深度人工類神經網路也具有競爭力。這些演算法說明：採用原始特徵選擇、數據預處理和時間窗應用的採樣準備是進一步提取特徵的有效方法。傳統上，具有 4 個隱藏層的 DNN 存在過擬合問題。通過正則化技術，例如丟包，可以取得了良好的預測效果。

此外，由於子數據集的難度增加，FD002 和 FD004 的 *RMSE* 和評分相對較高。一方面，營運狀態和故障模式的增加使得預測問題更加複雜。另一方面，隨著發動機部件數量的增加，過度裝配有很大的機會發生。

綜上所述，以上的比較結果表明：DCNN 方法能夠在不同情況下提供可靠 RUL 預測。

(3) 二維 CNN 模型的數據分析

在兩個公開可用的數據集中，比較了基於 CNN 的迴歸模型（簡稱 CNN）與目前最先進的三種迴歸演算法，包括多層感知器（Multi-layer Perceptron，MLP）、支持向量迴歸（Support Vector Regression，SVR）和相關向量迴歸（Relevance Vector Regression，RVR），CNN、MLP、SVR 和 RVR 等演算法選擇使用基於訓練集的標準 5 倍交叉驗證過程擷取演算法的可調參數，在隨機選擇的 4 個摺疊上調整訓練模型的參數並選擇能夠給出最好結果的終值。

這 4 種演算法在 4 個 C-MAPSS 子數據集上進行了測試。表 8.10 說明 CNN 在所有子數據集上均比 MLP、SVR 和 RVR 達到較低的 *RMSE* 值，無論操作條件如何，表明所提出的深度學習方法能夠比淺層特徵和單純的 MLP 網路發現更多的資訊性特徵。在 4 種方法中，MLP 在 4 個子數據集上的 *RMSE* 值均高於其餘方法，說明單純深度模型甚至會影響性能，進一步驗證了探索現代深度學習技術的必要性。SVR 在單工況數據集（即第 1 和第 3 個子數據集）上的 *RMSE* 值低於 MLP 和 RVR。此外，在多個工況數據集（即第 2 和第 4 個子數據集）上，RVR 實現的 *RMSE* 值低於 MLP 和 SVR。這說明現有傳統方法中沒有一種方法能夠始終如一地擊敗其他方法，而 CNN 方法在多個數據集中始終能夠取得顯著的更好結果。

表 8.10　演算法的 *RMSE* 對比

演算法	C-MAPSS 數據集			
	FD001	FD002	FD003	FD004
MLP	37.5629	80.0301	37.3853	77.3688
SVR	20.9640	41.9963	21.0480	45.3475
RVR	23.7985	31.2956	22.3678	34.3403
CNN	18.4480	30.2944	19.8174	29.1568

同樣，在 C-MAPSS 數據集中，表 8.11 從評價函數的角度描述了四種方法

的比較結果。與 MLP、SVR 和 RVR 相比，CNN 在多營運狀態下數據集，即第 2 和第 4 個子數據集，以及單個營運狀態下的數據集，即第 1 個子數據集，都獲得了較低的（更好的）得分值。在四個方法中，不管營運狀態如何，MLP 方法比其他方法得到最高的得分值（最壞的結果）。CNN 在單個營運狀態數據集（即第 3 個子數據集）上的得分略高於 RVR，儘管 *RMSE* 值較低。與每個評價指標的特徵組合，意味著在預測 RUL 時，某些異常值可能會導致輕微的高分。基於這些觀察，RUL 猜想方法的性能也取決於營運狀態。

表 8.11　各演算法的評分函數值比較

演算法	C-MAPSS 數據集			
	FD001	FD002	FD003	FD004
MLP	1.7972×10^4	7.8028×10^6	1.7409×10^4	5.6166×10^6
SVR	1.3815×10^3	5.8990×10^5	1.5983×10^3	3.7114×10^5
RVR	1.5029×10^3	1.7423×10^4	1.4316×10^3	2.6509×10^4
CNN	1.2867×10^3	1.3570×10^4	1.5962×10^3	7.8864×10^3

參考文獻

[1] BENKEDJOUH T, et al. Remaining useful life estimation based on nonlinear feature reduction and support vector regression. Eng Appl Artif Intell, 2013, 26 (7): 1751-1760.

[2] TIAN Z, WONG L, SAFAEI N. A neural network approach for remaining useful life prediction utilizing both failure and suspension histories. Mech Syst Signal Process, 2010; 24 (5): 1542-1555.

[3] MOGHADDASS R, ZUO M J. An integrated framework for online diagnostic and prognostic health monitoring using a multistate deterioration process. Reliab Eng Syst Saf, 2014: 92-104.

[4] GHAFIR M F A, LI Y G, WANG L. Creep life prediction for aero gas turbine hot section component using artificial neural networks. Journal of Engineering for Gas Turbines and Power, 2014, 136 (3): 1504-1513.

[5] AI-GARNI A Z, JARMAL A. Artificial neural network application of modeling failure rate for Boeing 737 tires. Quality and Reliability Engineering International, 2011, 27 (2): 209-219.

[6] WU W, LIU M, LIU Q, et al. A quantum multi-agent based neural network model for failure prediction. Journal of Systems Science and Systems Engineering, 2016, 25 (2): 210-228.

[7] Microsoft. https: //azure. microsoft. com/

en-us/documentation/articles/machine-learning-algorithm-choice/.

[8] HINTON G E. Reducing the dimensionality of data with neural networks. Science. 2006, 313 (5786): 504-507.

[9] REN L, CUI J, SUN Y, et al. Multi-bearing remaining useful life collaborative prediction: a deep learning approach. J Manuf Syst, 2017, 43 (2): 248-256.

[10] LIAO L, JIN W, PAVEL R. Enhanced restricted boltzmann machine with prognosability regularization for prognostics and health assessment. IEEE Trans Ind Electron, 2016, 63 (11): 7076-7083.

[11] ZHANG C, LIM P, QIN A K, et al. Multiobjective deep belief networks ensemble for remaining useful life estimation in prognostics. IEEE Trans Neural Netw Learn Syst, 2017, 28 (10): 2306-2318.

[12] LECUN Y, BOTTOU L, BENGIO Y, et al. Gradient-based learning applied to document recognition. Proceedings of the IEEE, 1998, 86 (11): 2278-2324.

[13] BABU G S, ZHAO P, LI X L. Deep convolutional neural network based regression approach for estimation of remaining useful life. Database systems for advanced applications: 21st international conference. Cham: Springer International Publishing; 2016: 214-228.

[14] ITBEAR. 百度語音識別技術突破. https://www.csdn.net/article/a/2016-11-03/15833064, 2016.

[15] LI X, DING Q, SUN J Q. Remaining useful life estimation in prognostics using deep convolution neural networks. Reliability Engineering and System Safety, 2018 (172): 1-11.

[16] KINGMA D, BA J. Adam: a method for stochastic optimization. arXiv preprint arXiv: 14126980, 2014.

[17] SZEGEDY C, LIU W, YANGQING J, et al. Going deeper with convolutions. Proceedings of IEEE conference on computer vision and pattern recognition, 2015: 1-9.

[18] REN W, LIU S, ZHANG H, et al. Single image dehazing via multi-scale convolutional neural networks. European conference on computer vision. Cham: Springer International Publishing, 2016: 154-169.

[19] RAMASSO E. Investigating computational geometry for failure prognostics. Int J Prognostics Health Manage 2014; 5 (1): 005.

[20] SAXENA A, GOEBEL K, SIMON D. Damage propagation modeling for aircraft engine run-to-failure simulation. Proceedings of International Conference on Prognostics and Health Management. Denver, CO, 2008: 1-9.

[21] MALHI A, YAN R, GAO R X. Prognosis of defect propagation based on recurrent neural networks. IEEE Trans Instrum Meas, 2011, 60 (3): 703-711.

[22] GUO L, LI N, JIA F, et al. A recurrent neural network based health indicator for remaining useful life prediction of bearings. Neurocomputing, 2017, 240: 98-109.

第9章

智慧工廠的維護最佳化調度與決策

針對智慧工廠各種維護策略所產生的維護服務需要以及採用的配件庫存控制策略，本章從維護需要的種類與維護策略、維護與配件庫存的聯合最佳化策略、預測性維護與配件庫存聯合最佳化模型等方面探索智慧工廠內基於故障預測的設備維護最佳化調度與決策模型。

9.1 維護與庫存的聯合最佳化問題

9.1.1 維護需要的種類

如圖 9.1 所示，故障檢修、預防性維護、預測性維護等維護策略所產生的確定性、不確定性以及預測性等維護服務需要，探索單一企業或智慧工廠內基於故障預測的設備維護最佳化調度與決策模型，給出面向智慧工廠的預測性維護與備件庫存的聯合最佳化調度與決策策略。

① 故障檢修：由於隨機性/突發類故障的產生，通過故障診斷確定不確定性（隨機的）的維護服務需要。

② 預防性維護：結合單部件系統基於役齡的預防性維護、基於分割的週期（定期）預防性維護、順序預防性維護、故障限制維護、維修限制維護（Repair Limit Maintenance）等預防性維護策略，以及多部件系統成組維護（Group maintenance）、機會維護（Opportunistic Maintenance）等預防性維護策略，猜想設備及核心部件的壽命分布（Lifetime Distribution），給出維護需要及預防性維護計劃。

③ 預測性維護（Predictive Maintenance）：根據設備的狀態數據（來自設備實時監測的數據）、環境運行數據（來自點檢、狀態檢測的數據），在故障特徵提取的基礎上，構建 MRO 數據驅動的故障預測模型，實時預測設備及核心部件的可用壽命（Remain Use Lifetime，RUL）及其功能損失率（Loss of Functionality），給出預測性的維護需要及計劃。

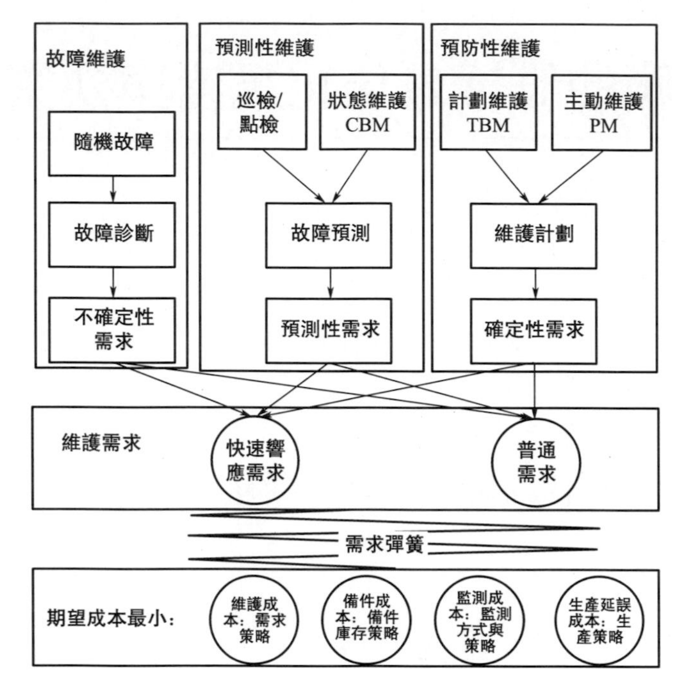

圖 9.1 不確定性需要管理模型

根據需要響應時間，將上述維護策略產生的預測性需要、確定性需要和不確定性需要劃分為快速響應需要和普通需要。根據需要類別，制定相應維護和庫存聯合最佳化策略。

9.1.2 維護策略與庫存控制模型的特徵分類

複雜設備系統維護策略涉及單部件與多部件設備系統、庫存控制策略、維護特徵、維護延遲、多級維護網路、業務最佳化目標函數和最佳化仿真技術等內容[1-3]。根據已有的聯合最佳化模型，圖 9.2 給出了一個複雜設備維護與備件庫存聯合最佳化模型的特徵分類框架。

(1) 最佳化準則

在同一維護策略下，不同維護成本結構或不同維護恢復程度（最小、不完美、完美）的維護模式將歸入同一維護策略。一般來說，最佳系統維護策略[4,5]主要包括圖 9.3 所示的內容：

① 最大限度地降低系統維護費用率；

② 最大限度地提高系統可靠性措施；

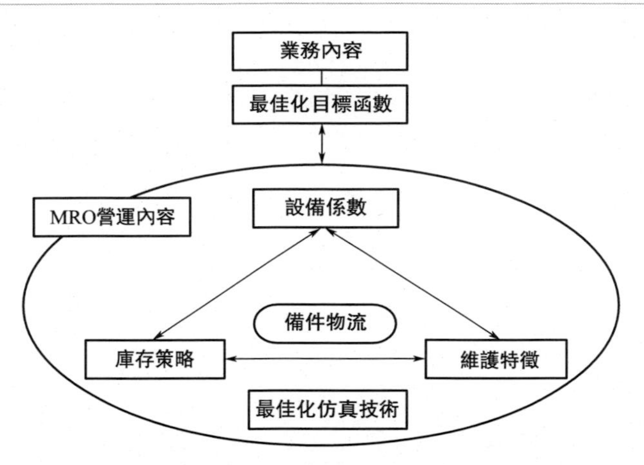

圖 9.2 複雜設備系統預防性維護中的維護與備件庫存聯合決策

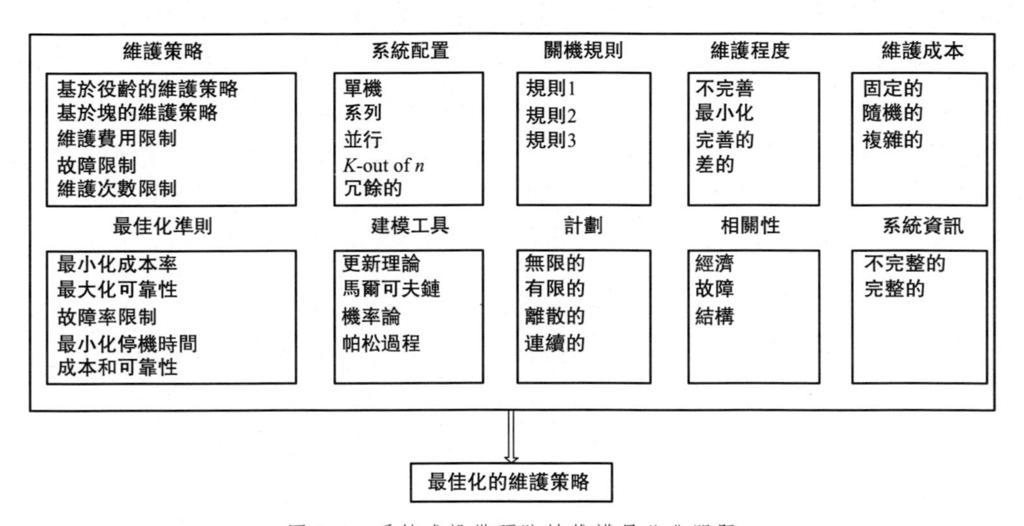

圖 9.3 系統或設備預防性維護最佳化問題

③ 在滿足系統可靠性要求的情況下，最大限度地降低系統維護費用率；

④ 滿足系統維護成本的要求時，最大限度地提高系統可靠性措施。

(2) 單部件和多部件系統

單部件系統被定義為一個由一個部件組成的系統，也可以把設備作為一個整體看作一個單部件系統。一個多部件系統是一個由多個部件組成的系統，其中的部件可能是相同的，也可能是不相同的，有時多臺設備也可以看作一個多部件系統。

(3) 庫存控制模型與備件庫存策略

庫存控制模型與備件庫存策略（Inventory Polices）已被廣泛研究，Basten

和 van Houtum (2014)[6]、van Houtum 和 Kranenburg (2015)[7]提供了備件庫存策略的研究綜述。

① 庫存控制模型　常見的獨立需要庫存控制模型根據其主要的參數（如需要量與提前期是否為確定）可分為確定型庫存控制模型和隨機型庫存控制模型。

a. 確定型庫存控制模型。確定型庫存控制模型分為週期性檢查模型和連續性檢查模型。

週期性檢查模型（有時譯成定期檢查模型）就是每隔一定時期（固定間隔期）檢查一次庫存，並發出一次訂貨，把現有庫存補充到最大庫存水平 S，即如果檢查時庫存量為 I，則訂貨量為 $S-I$。有 6 種情況，分不允許缺貨、允許缺貨、實行補貨三種情況，每種情況又分瞬時到貨、延時到貨兩種情形。

最常用的週期性檢查模型是不允許缺貨、瞬時到貨型，其最佳訂貨週期為

$$T\sqrt{2C_R/HD}$$

式中，C_R為單位訂貨費用，元；H 為單位產品庫存維持費，元/(件·年)；D 為需要率（年需要量），件/年；

最大庫存量：$S=TD$。

連續性檢查模型就是訂貨點和訂貨量都為固定量的庫存控制模型，適用於需要量大、缺貨費用較高、需要波動性很大的情形。連續性檢查模型需要確定訂貨點和訂貨量兩個參數，也就是解決 (s,Q) 策略的兩個參數設定問題。連續性庫存檢查模型分 6 種：不允許缺貨、瞬時到貨型；不允許缺貨、延時到貨型；允許缺貨、瞬時到貨型；允許缺貨、延時到貨型；實行補貨、瞬時到貨型；實行補貨、延時到貨型。最常見的連續性檢查模型是不允許缺貨、瞬時到貨型。最經典的經濟訂購量（Economic Order Quantity，EOQ）模型就是這種。

最佳訂購量：

$$Q^*=\sqrt{2DC_R/H}$$

式中，C_R為單位訂貨費用，元；H 為單位產品庫存維持費，元/(件·年)；D 為需要率（年需要量），件/年。

b. 隨機型庫存控制模型。隨機型庫存控制模型要解決的問題：確定經濟訂購量或經濟訂貨期、確定安全庫存量、確定訂貨點和訂貨後最大庫存量。隨機型庫存控制模型也分連續性檢查和週期性檢查兩種情形。當需要量、提前期同時為隨機變量時，庫存模型較為複雜。以上所談的庫存分析與控制已有比較成熟的理論和方法，有興趣的讀者可參考有關資料和研究文獻，此處不作進一步介紹。

② 備件庫存策略　因為獨立需要庫存控制採用的是訂貨點控制策略，訂貨點法庫存補給策略很多，最基本的備件庫存策略有 4 種：連續性檢查的固定訂貨量、固定訂貨點策略，即 (s,Q) 策略；連續性檢查的固定訂貨點、最大庫存策

略，即（s,S）策略；週期性檢查策略，即（t,S）策略；綜合庫存策略，即（t,s,S）策略。

a.（s,Q）策略。圖 9.4 所示的（s,Q）策略對庫存進行連續性檢查，當庫存降低到訂貨點水平 s 時，即發出一個訂貨，每次的備件訂貨量保持不變，都為固定值 Q。該策略適用於需要量大、缺貨費用較高、需要波動性很大的情形。

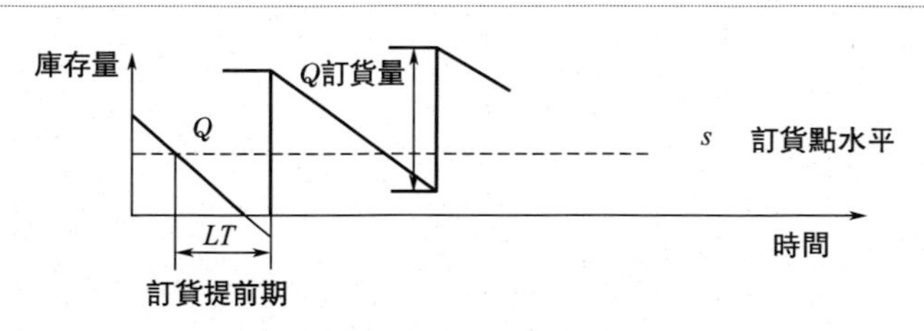

圖 9.4 （s,Q）策略

b.（s,S）策略。（s,S）策略和（s,Q）策略一樣，都是連續性檢查類型的策略，也就是要隨時檢查庫存狀態，當發現庫存降低到訂貨點水平 s 時，開始訂貨，訂貨後使最大庫存保持不變，即為常量 S，若發出訂單時庫存量為 I，則其訂貨量即為 $S-I$。該策略和（s,Q）策略的不同之處在於其訂貨量是按實際庫存而定的，因而訂貨量是可變的。

c.（t,S）策略。（t,S）策略如圖 9.5 所示，每隔一定時期檢查一次庫存，並發出一次訂貨，把現有庫存補充到最大庫存水平 S，如果檢查時庫存量為 I，則訂貨量為 $S-I$。經過固定的檢查期 t，發出訂貨，這時庫存量為 I_1，訂貨量為 $S-I_1$；經過一定時間 LT（訂貨提前期，可以為隨機變量），庫存補充 $S-I_1$，庫存到達 A 點；再經過一個固定檢查時期 t，又發出一次訂貨，訂貨量為$S-I_2$，經過一定時間，庫存達到新高度 B。如此週期性檢查庫存，不斷補給。（t,S）策略不設訂貨點，只設固定檢查週期和最大庫存量，適用於一些不重要或使用量不大的物資。

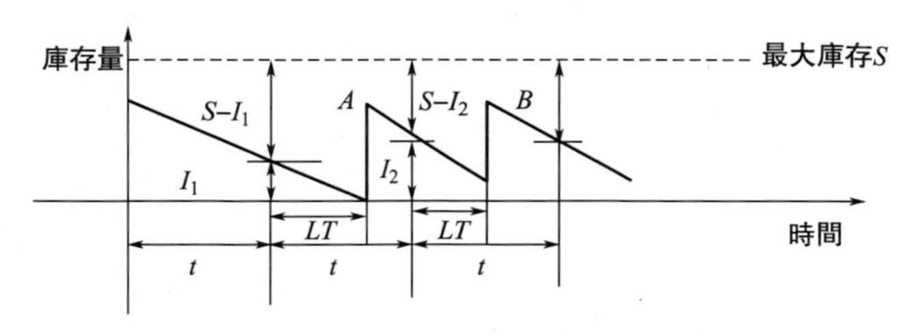

圖 9.5 （t, S）策略

d.（t，s，S）策略。（t，s，S）策略是（t，S）策略和（s，S）策略的綜合，如圖 9.6 所示。這種補給策略有一個固定的檢查週期 t、最大庫存量 S、固定訂貨點水平 s。當經過一定的檢查週期 t 後，若庫存低於訂貨點，則發出訂貨，否則不訂貨。訂貨量的大小等於最大庫存量減去檢查時的庫存量。當經過固定的檢查時期到達 A 點時，此時庫存已降低到訂貨點水平線 s 之下，因而應發出一次訂貨，訂貨量等於最大庫存量 S 與當時的庫存量 I_1 的差 $S-I_1$。

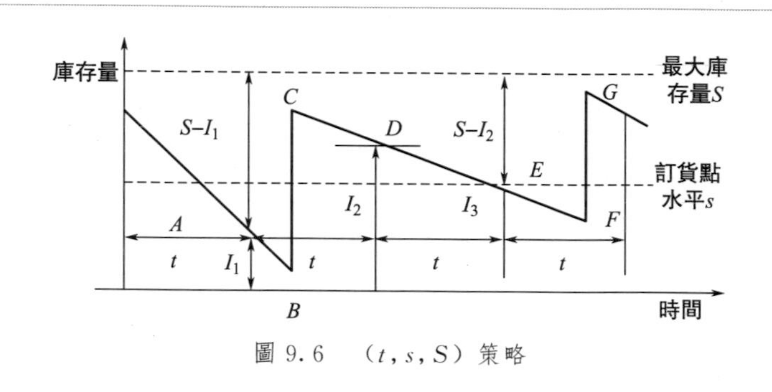

圖 9.6 （t，s，S）策略

經過一定訂貨提前期後在 B 點訂貨到達，庫存補充到 C 點，第二個檢查期到來時的庫存位置在 D 點，比訂貨點水平位置線高，無須訂貨。第三個檢查期到來時，庫存點在 E，等於訂貨點，又發出一次訂貨，訂貨量為 $S-I_3$。如此，週期進行下去，實現週期性庫存補給。

在上述 4 種基本庫存策略基礎上，又可以延伸出很多種備件庫存策略。而且，在通常的文獻中，備件庫存通常根據給定的需要來處理，因此忽略了底層的維護計劃，而多數的維護研究大都假設庫存中有無限數量的備件，對維護和庫存的聯合最佳化的文獻相對較少。

（4）維護策略及特徵

維護決策實踐中使用了許多類型的維護策略，並在不同情況下進行了廣泛的研究，維護策略可以分為故障檢修、預防性維護和預測性維護三大類。

① 故障檢修（Corrective Maintenance，CM）策略有時稱為基於失效的維護（Failure-based Maintenance，FBM），是一種被動式維護策略，故障一旦發生，零件盡可能替換或維修，如果備件不可用，維護將延遲或產生大範圍宕機。

② 預防性維護（Preventive Maintenance，PM）策略分為單部件系統和多部件系統。單部件系統的預防性維護策略包括：基於役齡或時間的預防性維護策略，包括年齡更換策略、隨機年齡更換策略等；基於部件使用次數 N 的塊更換策略、週期/定期預防性維護策略等；基於部件使用時間越久、零件越舊、維護週期越短的順序預防性維護策略；基於零件故障率或可靠性達到一個預訂水平時

更換零件的故障限制策略，以及維修時間限制策略、維修次數限制策略、維修成本限制策略、參考時間策略、混合年齡策略、防範維護策略等。對於多部件系統的預防性維護策略，如果部件間相互獨立，可以對各部件採取單部件系統的維護策略，如果各部件間存在經濟相關、故障相關或結構相關等關係，需要對部件間的關係綜合考慮，採用分組維護或機會維護的策略。

a. 分組維護策略是基於一個零件維護、整個部件也應維護思想的維護策略（根據邏輯相關的領域對維護項目進行分組或組群）。在許多實際情況下，系統由幾組相同部件組成。通過成組更換失效的部件，而不是單獨替換失效的部件，可以降低成本。這種成本節約來自規模經濟，主要是由於數量折扣或每個部件維護安裝成本減少。在分組維護模型中，Okumoto 和 Elsayed[8] 提出了獨立相同部件的分組維護策略，即在規定的時間間隔內進行分組維護。Gertsbakh[9] 發現當故障部件數量超過規定數量時，進行分組替換是最佳策略。Ritchken 和 Wilson[10] 提出了一個帶有兩個決策變量的分組維護策略，當固定的時間間隔過期或固定數量的單位失效時（以先出現的為準），進行分組維護。

b. 機會維護策略是基於子系統失效、其他同類零部件也要更換思想的維護策略等。當系統內某個部件發生故障時，通常會利用對故障部件維護的機會，對系統中短期內需要維護的其他部件進行提前預防性維護。這種提前預防性維護通常稱為機會維護，此做法可以大大減小系統的非計劃維修比例，降低停機時間和維護費用。機會維護的控制條件主要體現在：ⓐ以工作時間作為機會維護的控制條件，即當部件維護時，若另一部件工作時間超過了給定的閾值，則啓動機會維護；ⓑ採取可靠度閾值控制條件，即當有部件維護時，若另一部件在此時的失效率高於給定閾值，則啓動機會維護；ⓒ採用風險控制條件，即當有部件維護時，若某另外部件在此時的風險水平高於給定閾值，則啓動機會維護。這些帶控制條件的機會維護策略雖然都能在一定程度上保證系統的預防性維護效益，但往往忽略了部件自身最佳預防性維護資訊。

實踐中，可以將部件機會預防維護和計劃預防性維護資訊結合起來，以系統內故障時機為最佳化變量、部件維護費用率最小化為目標建立系統預防性維護的最佳化模型，實現 2 種預防性維護方式的優勢互補，從而有效地降低系統預防性維護費用。

③ 預測性維護（Predictive Maintenance，PdM）策略又稱狀態維護，維護部門通過監測不同的設備特徵，如振動、溫度等信號特徵，測量設備的狀態，當測量值達到某種閾值或系統的正常功能受到影響時，零件被替換。

與其他維護策略相比，預測性維護策略基於實際的系統狀態進行維護操作，可以更加高效、減少故障數量（從而降低停機時間）、最小化維護成本（但會增加檢測成本），並提高操作安全性。Ahmad[11]、Bousdekis[12]、Hong[13]、

Li[14]、Rasmekomen[15]等人都研究過狀態維護策略，Olde Keizer 等人[16]針對多部件系統開發了一個不考慮庫存決策的狀態策略。

在維護過程中，對於不可修部件採用失效後完全替換的維護策略，對於可修復部件，可以根據備件修復或恢復到正常狀態的程度來區分維護程度。維護程度可以分為以下幾種情況。

• 完美維護/維修（Perfect Maintenance/Repair）：維護後就像新的一樣好，例如，失效系統的替換。

• 最小維護/維修（Minimal Maintenance/Repair）：維護後故障率與原系統持平。

• 不完美維護/維修（Imperfect Maintenance/Repair）：介於完美維護/維修和最小維護/維修之間的維護。不完美維護/維修的主要原因在於：維修了失效零件；部分維修了失效零件；部分維修了失效零件，但損傷了其他零件；沒有正確評估、檢查單位/構件的狀況；維修活動不及時等。

• 糟糕維護/維修（Worse Maintenance/Repair）：維修活動使系統的故障率提高，但沒有宕機。主要原因在於：沒有檢查出隱藏的故障；人為錯誤導致進一步損傷；錯誤的零件替換。

• 最糟維護/維修（Worst Maintenance/Repair）：使系統宕機的維護或維修。

（5）維護延遲

維護延遲也稱為維護提前期/交貨期 LT（訂貨至交貨的時間），維護過程中診斷時間、補貨提前期、技術人員響應時間和啓動時間等可能會減少這些延遲。

（6）多級維護網路

為了保證響應和保持庫存低成本，可以通過多級網路的形式來組織和利用國家或區域內的倉庫。例如，可以採用兩級、多零售商、連續檢查的庫存系統。

（7）目標最佳化函數

最佳化目標關注於成本、停機時間、服務水平、環境影響、安全等，成本最小化是最常應用於這類問題的目標函數。維護成本由相應的維護活動帶來費用，包括庫存成本、替換成本、檢測成本、安全成本、經濟損失、役齡有關的生產成本等。庫存成本由持有成本、備件訂貨成本、缺貨成本 3 部分內容構成，替換成本包括備件採購成本、人工成本、系統停工成本、破損成本等，檢測成本由檢測系統的成本構成。

（8）最佳化、仿真技術

相關的仿真模型（例如蒙地卡羅模擬和離散事件模擬）、超啟發式演算法（例如模擬退火演算法、基因演算法和分散搜尋演算法）和全枚舉演算法都可以應用在維護最佳化問題的仿真過程，幫助找到（接近）最佳的問題解決方案。

9.2 維護與備件庫存的聯合最佳化策略

維護和備件庫存管理的相互連繫經常困擾著管理人員和研究人員，維護特徵和備件庫存控制策略等兩個方面的內容和標準決定了維護和備件庫存的聯合最佳化問題。

備件庫存是為了滿足維護和更換零件的需要，備件庫存的管理不同於其他在製品或完工成品的庫存管理，備件庫存水平在很大程度上取決於設備如何使用和如何維護。零件的失效過程一般遵循兩階段失效過程，第一個階段是新零件和早期辨識缺陷之間的時間間隔，第二個階段是從這個缺陷辨識點「篩」到最終完全失效（Major failure/State F）「•」，這一區間又稱為故障延遲時間（Wang，2012）[1]。在維護過程中，零件雖然沒有失效，但經過審查後，在圖 9.7 所示預防性維護 PM 的 t、$2t$、$3t$ 等時刻有缺陷的零件被替換（preventive replacement），備件庫存水平就隨著預防性替換而減少。

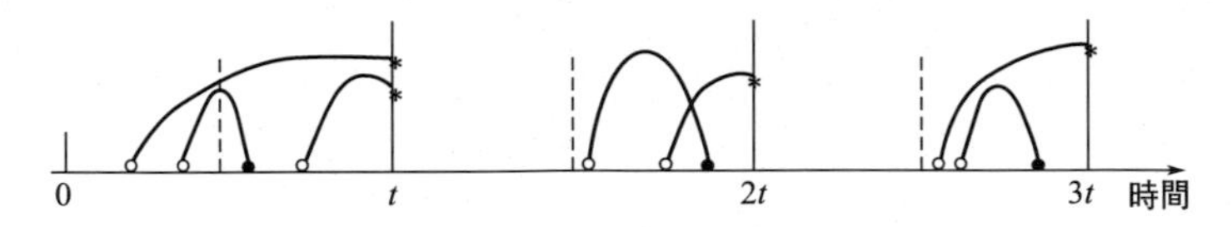

圖 9.7　維護過程中備件的替換策略

篩缺陷點；•失效點；*預防性維護週期 t 缺陷零件的替換點；

篩與•間的連接弧表示延遲時間；篩與*間的連接弧表示由於預防性替換而被審查的延遲時間

備件需要通常是由預測性、預防性或故障的維護需要產生的，這些需要很難根據過去備件使用的歷史數據進行預測，因此，最佳的備件庫存控制策略也很難獲得。然而，維護費用與備件的可用性和不可用備件的懲罰費用有關，例如，為等待備件而延長的停機成本和為購買備件而產生的緊急考察成本等。而且，適當的時基性維護介入可以減少零件失效的數量和相關的成本，但其績效取決於備件的可用性。Wang[1]提出了備件庫存控制和預防性維護檢查間隔的聯合最佳化方法，決策變量是訂貨間隔、PM 間隔和訂貨數量。由於故障的隨機性，可以利用隨機動態規劃求解有限時間內備件庫存和維護隨機成本的聯合最佳解，利用圖 9.7 所示為檢驗建模開發的延遲時間構造故障數量和在一個 PM 週期內所確定次品數量的機率。

因此，根據維護特徵（例如基於塊、基於役齡和基於狀態維護等維護策略）和備件的連續性、週期性/定期或準時制（JIT）等庫存控制策略，在考慮生產計劃產出率、訂單延誤成本和狀態監測成本的條件下，給出以下 5 種單一企業內維護與備件庫存的聯合最佳化模型與決策策略。

9.2.1 基於塊的維護策略和定期檢查庫存策略

Acharya 等人（1986）[17]開發了一個聯合塊替換和定期備件補充策略的最佳化模型，該模型分析了具有 n 個獨立且相同分布的部件系統。假設單週期模型的塊替換和庫存訂購間隔相同、多週期模型的訂購間隔是替換間隔的倍數。此外，備件採購提前期忽略不計，一個疊代過程被用於在一個單週期模型或多週期模型中最佳化這些重合區間。這個疊代過程從選擇間隔增量和替換間隔開始，在每次疊代中間隔都是遞增的。對於每一次疊代，都要計算備件的訂貨水平和總成本。備件的訂貨水平是建立在故障分布的拉普拉斯逆變換基礎之上的，k 個週期和 n 部件的訂購需要近似於正態分布，相應的預期總成本通過數學公式運算，包括持有成本、訂貨成本、短缺成本、維修和預防性維護成本。當滿足停止條件時，選擇總成本最小的解決方案。作者通過多週期模型，證明了庫存與維護策略之間存在著取捨。與 Acharya 利用更新函數和拉普拉斯變換運算一個時間間隔內故障數量的均值和方差不同，Chelbi 和 Ait-Kadi（2001）[18]利用卷積運算演算法運算不同設備壽命分布函數的均值和方差。雖然假設了不同的分布函數，但是這些研究人員使用的疊代過程非常相似。

此外，這兩篇論文的作者在他們的運算中假設備件需要遵循正態分布。Yoo（2001）[19]基於在一定時間間隔內故障替換總數量對備件的需要，利用 n 個統計上相同更新過程的高位值，它們能夠形式化為一個機率品質函數。這個函數用一種遞迴演算法進行評估，該演算法從零操作單位的表達式開始，然後運算到 N 個操作單位的表達式。一旦計算出該表達式，就可以最小化成本函數，以找到替換時間和備件庫存水平的最佳值。Brezavscek 和 Hudoklin（2003）[20]對斯洛文尼亞鐵路上的電力機車進行了聯合塊替換和定期檢查模型的測試，他們通過一個非確定性的提前期擴展了 Acharya 的論文，重新訂購的間隔等於替換間隔減去提前期。Huang 等人（2008）[21]不僅通過引入隨機提前期推廣了 Brezavscek 和 Hudoklin（2003）的模型，還證明了當目標函數中訂貨水平是唯一的決策變量時，模型中最小值的存在性和唯一性。通過對每次替換時間重複這個過程，可以推導出特定問題設置的最小成本，模型在 Brezavscek 和 Hudoklin（2003）提出的同一個例子中進行了測試。

9.2.2 基於塊的維護策略和連續檢查庫存策略

Sarker 和 Haque (2000)[22]開發了一個考慮基於塊的維護策略和連續庫存檢查策略的聯合最佳化模型。作者使用了伽馬分布的維護時間,並在 Kabir 和 Al-Olayan (1996)[23]的模型中引入了由幾個統計獨立部件組成的工作單位。通過有限枚舉,建立並最佳化了仿真模型。Ilgin 和 Tunali (2007)[24]在一家汽車工廠的馬達塊生產線上應用了一個基於基因演算法的仿真最佳化模型。他們研究基於塊的替換策略,並允許一個可變的提前期和多種類型的備件。此外,還執行單部件替換和多部件替換。廉價備件根據雙箱系統(又稱復倉法或兩箱系統,運用兩個箱子來掌控庫存與訂貨作業,當第一個箱子裡的物料耗盡的時候,就是開始訂貨的時間點,不會因第一個箱子的物料耗盡而造成缺貨,因為有第二箱備用,而且第二個箱子裡的物料可以維持供給直到第一個箱子的訂貨量到達)訂購,而昂貴備件則是根據連續檢查策略訂購。他們論文的重點是基因演算法的開發,相比目前特定汽車工廠的參數值,可以降低 53%的成本。

Nguyen 等人[25,26]重點研究了化工流程的工廠,不同的失效模式分配不同的費用和修理時間,故障檢修庫存中每個零件只有一個備件。由於這一假設,與存貨有關的決策只限於選擇是否保留一個單位的存貨。雖然他們在模型中使用了一些簡化的假設,但是他們是第一個在這種模型中加入額外勞動維度的。成本函數包括庫存成本、維護成本、經濟損失以及與勞動力相關的成本。此外,維護不僅受備件數量的限制,還受員工數量的限制。在綁定約束的情況下,優先級規則用於調度維護,並利用蒙地卡羅仿真對模型進行分析。在文獻 [25] 中,他們考慮了一種枚舉方法,以找到維護策略、庫存策略以及員工數量的最佳值。在文獻 [26] 中考慮了多部件備件的庫存,他們將預防性維護策略從定期更換改為隨年齡變化的順序預防性維護,還允許存在不完美預防性維護,並在模型中加入員工技能,通過基因演算法進行了最佳化。Sergent 等人 (2008)[27]通過允許不同類型的備件具有不同置換率來擴展 Nguyen 等人的工作。

9.2.3 基於役齡的維護策略和定期檢查庫存策略

Armstrong 和 Atkins (1996)[28]研究了單部件系統的年齡替換、定期檢查庫存策略,在該系統中,通過搜尋替換和訂購時間的最佳組合,實現成本最小化。他們考慮了破損或糾正替換成本,這使他們的模型成為聯合最佳化模型。基於他們的假設,建立了一個聯合成本函數,證明在每個替換和訂購時間的維度中都是單峰和擬凸。擬凸函數與求局部極小值的凸函數非常相似。一般來說，替換和訂購時間的全局最佳組合能夠在滿足庫恩-塔克條件的庫恩-塔克（KKT）點找到，這是求解非線性規劃最佳解決方案的必要條件，此處，訂購時間加上提前期小於放置時間。在他們的案例中，與聯合最佳化相比，單獨最佳化的成本增加了3%。Armstrong和Atkins在1998年擴展了這個模型，他們考慮了一個年齡替換策略和定期檢查庫存策略，在這個策略中，主要和次要故障是有區別的。一個主要故障通過更換機器（完美更換）來解決，一個小故障可以通過最小修復來解決。儘管增加了與年齡相關的替換成本、非減少的操作成本和服務約束，但擬凸性仍然存在。他們能夠證明增加計劃訂單和緊急訂單的確定性提前期也是一樣的，但是當一個或兩個（例如，計劃訂單和緊急訂單）訂單的交貨期允許是隨機的，他們並沒有成功地證明或否定這些結果。

9.2.4 基於役齡的維護策略和連續檢查庫存策略

Kabir等人[23]區分了緊急和常規訂貨成本，並在模型中基於韋伯分布加入了隨機提前期。此外，他們的模型處理了年齡替換和連續檢查庫存策略（t，s，S）的聯合最佳化，這不再允許同時的替換和訂購時間。組合離散事件仿真和有限枚舉來確定該策略的最佳值。他們的第一個模型包含不超過一個營運部件，這在其他論文中被擴展到多個機器系統。從他們的發現中可以得出的主要結論是：順序最佳化並不能保證全局最佳。Sarker和Haque（2000）[29]的研究沒有在模擬最佳化過程中添加任何元素來克服局部最佳下降的問題，基因演算法可以代替有限枚舉進一步最佳化（t,s,S）策略，並設法降低目標函數的成本和總運算時間。Chen等人（2006）[30]分析了一個多級網路系統，他們的供應鏈由多個供應商、一個分銷商和不同的用戶組成。這些用戶被分配了一定的優先級。研究人員研究了庫存配置、連續檢查和基於年齡的預防性替換的組合最佳化。基於聯合策略的方案與不包括存貨配置和/或預防性更換的其他三種方案進行了比較，採用基於散點搜尋的模擬最佳化方法對模型進行了最佳化，並使用Arena and Opt Quest軟體來執行這些運算。結果表明，從整個供應鏈的角度來看，聯合策略具有一定的優勢，但這並不一定適用於供應鏈的各個代理。

維護和備件庫存管理的相互連繫經常困擾著管理人員和研究人員，庫存的惡化影響了決策並增加損失，塊替換和定期檢查庫存策略被用於評估庫存惡化情況下多部件系統的聯合最佳化問題。Jiang等人[31]採用確定性退化庫存模型（Deterministic Deteriorating Inventory，DDI）模型描述庫存數據可用時的庫存退化情況，採用隨機退化庫存模型（Stochastic Deteriorating Inventory，SDI）描述庫存數據不可用時的庫存退化情況。以預防性替換間隔和最大庫存水平作為決策變量建立聯合最佳化模型，使總成本最小。該工作證明了存在最佳庫存水平，並給出了 DDI 模型的唯一性條件。通過數值分析，不僅驗證了模型的有效性，表明總成本率對最大庫存水平敏感，而且，降低了最佳預防性替代間隔，增加了最佳最大庫存水平以平衡庫存退化的影響。蒙地卡羅實驗表明，所提出的策略比不考慮庫存退化的策略要好。

9.2.5 狀態維護策略和定期與連續庫存檢查策略

當測量技術被用來猜想一個部件的狀態時，更實際的剩餘使用壽命分布取代了預防性維護模型中使用的基於全體構件種群的一般壽命分布。通過在每次檢測後動態地更新構件的壽命分布，可以獲得更準確的資訊來設置替換和備件訂購時間。將更新後的壽命分布整合到 Armstrong 和 Atkins（1996）[28] 的模型中，並依賴相同的非線性規劃解決方法來解決狀態維護策略、定期與連續庫存檢查策略問題。檢測費用作為維護相關費用的一部分添加到這個模型中，以便能夠與預防性維護案例進行準確的比較。

將檢測費用增加到成本公式中，許多學者研究了預測性維護和連續庫存檢查策略，該模型採用仿真和基因演算法相結合的方法求解聯合策略，數值算例顯示：與單獨最佳化相比，聯合最佳化的成本平均降低了 3.78%。Wang 等人[32,33] 寫了幾篇有關狀態替換和備件策略最佳化的論文。首先，他們考慮了一個單部件系統，這允許他們開發一個數學模型，運算過程是基於他們的分析數學模型，部分方程是通過疊代過程運算的，部分方程是精確運算的，最佳決策參數（訂購時間和替換時間）的推導是基於基因演算法求解。其次，對具有多個相同部件系統進行了擴展，系統的退化通過馬爾可夫鏈和蒙地卡羅仿真過程進行建模，結合枚舉演算法，求解決策變量的最佳值。在此基礎上，通過基於基因演算法的仿真最佳化，以確定連續庫存檢查（s,S）和狀態維護策略的最佳決策變量。傳統預防性維護模型中故障率通常是一個時間函數，該模型的故障率是系統退化程度函數，被稱為基於狀態的故障率。上述模型通過拖車發動機的油監測數據進行了測試，發現解決方法是有益的。

Jiang[31] 提出了多部件系統的預防性維護與庫存控制策略。備件的退化影響決策並增加損失。在備件退化的情況下，用塊替換和週期檢查庫存策略來評估多單位系統的聯合最佳化問題。在庫存數據可用時，利用確定性退化庫存（Deterministic Deteriorating Inventory，DDI）模型描述了的退化庫存，在庫存數據不存在時，採用隨機退化庫存（the Stochastic Deteriorating Inventory，SDI）模型。建立分析的聯合最佳化模型，以預防性替換間隔和最大庫存水平作為決策變量，使系統總成本最小化。該工作證明了最佳庫存水平的存在性，並給出了DDI模型下的唯一性條件。對斯洛文尼亞鐵路電機車進行了數值實驗，驗證了模型的有效性。結果表明，總成本率對最大庫存水平敏感，因此有必要對該工作進行研究。減少了最佳預防性替換間隔，增加了最佳庫存水平，以平衡庫存惡化的影響。蒙地卡羅實驗表明，所提出的策略比不考慮庫存惡化的策略要好。

Olde Keizer 等人[3]2017年將多部件系統狀態維護和備件計劃聯合最佳化問題形式化為一個馬爾可夫決策過程，並以單位時間內長期平均成本最小化為目標。數值結果表明，對於由少量部件組成的系統，(s,S) 庫存策略遠不能達到最佳，而通過基於狀態的維護決策和備件訂購時間選擇策略，可以獲得顯著的節約。

對於多部件系統，機會維護是一種有用的策略，在這種方法中，多組維護活動同時執行，不僅可以降低維護成本，還可以影響設備的可用性。研究表明，多部件系統機會最佳化維護建模受到了相當大的關注。在過去幾年裡，一些研究在多部件系統的維護建模中同時考慮CBM和機會維護策略。Alaswad 等[34]在考慮經濟相關性的同時，提出了一個具有連續隨機退化行為的多部件系統CBM策略。Koochaki 等人[35]通過模擬一個由三個部件組成的小系統，考察了機會維護對CBM的有效性。

利用CBM策略的及時維護和機會維護降低維護成本的有效方式，二者結合形成了狀態機會預防性維護（Condition-based Opportunistic Preventive Maintenance，CBOM）[36]。針對採用CBOM策略的多部件系統，提出了一種退化狀態空間劃分方法，分別對具有相同和不相同部件的連續退化系統進行機會維護建模。在建模過程中，推導出了每個維護決策點上所有可能的維護需要及其相應機率的表示方法。然而，當考慮對多部件系統進行維護和備件供應進行聯合最佳化時，備件庫存限制了維修需要的滿意度；因此，可以進行的維護活動以及備件的訂購和持有活動可由系統的觀察狀態和備件庫存聯合決定。因此，多部件系統的預防性維護最佳化和備件供應的聯合建模應結合系統級備件庫存和維護需要進行分析。針對一個已知相同部件數的通用多部件系統，提出了狀態機會維護和備件供應策略的聯合最佳化。根據建議的策略，維護活動和備件訂單都是根據系統觀察狀態與備件庫存共同構成的聯合狀態來確定的。首先，在每個維護決策點上，所有可能的維護需要及其相應的機率都由退化狀態空間劃分方法導出。然後，分析了一般維護需要的維護活動的可能場景，並對庫存狀態、備件的訂購和持有進行了限制。進一步，基於退化狀態的平穩規律和備件庫存機率，推導出這些活動的機率及其數值解。在這些機率基礎上，利用半再生過程理論建立了一個期望長期成本率模型，聯合確定最佳的維修和備件供應策略。

目前還沒有研究考慮維護、備件庫存和緩衝庫存的聯合最佳化[37]。維護活動在中間緩衝區和備件庫存之間有一個互動，如圖 9.8 所示，系統成本與維護決策、緩衝區大小和備件庫存水平相關。文獻［37］分析了一個涉及維護和備件訂單的雙機庫存系統的中間緩衝，並通過數學分析得出了與緩衝庫存相關的維護預期成本。

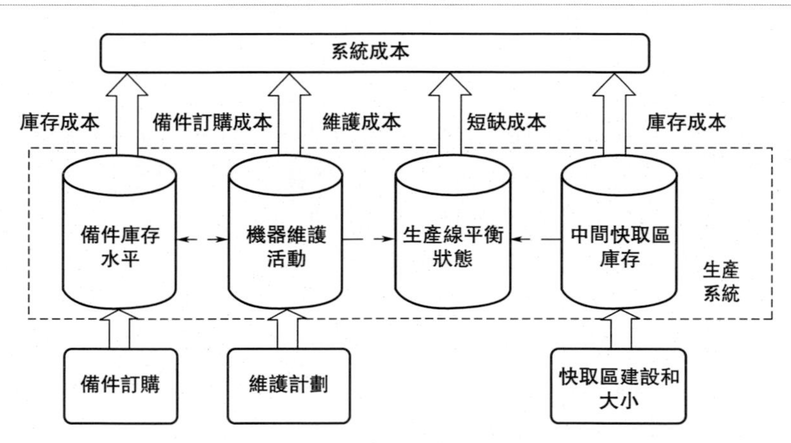

圖 9.8 維護、備件、中間緩衝之間的關係及其對系統成本的影響

對工廠備件的需要，至少在一定程度上是由維護需要驅動的。因此，必須使用最適當的維護和補充策略，聯合最佳化有計劃的維護和相關備件庫存。基於仿真的方法[38]解決了在週期（T）檢查時零部件的隨機故障和缺陷部件的更換問題，檢查使用延遲時間概念建模，同時對若干週期檢查和連續檢查補充的策略進行了比較，造紙廠提供了一個真實的環境。調查了與這類工廠合作的從業者，以收集真實的數據。模擬結果表明，在所研究的工廠環境中，備件訂購次數是檢測次數兩倍的週期檢查策略是成本最佳的。為了比較，還討論了各種所考慮策略的特點。使用模組化的方法，為週期和連續檢查庫存控制策略開發了仿真模型ProModel，一種基於過程的離散事件模擬語言被用來建模過程，將一個具有單設備的系統建模為一個考慮所有主要假設和成本數據情況的連續生產系統。

運維過程可以充分利用事件驅動的主動性思想，利用事件驅動的資訊系統處理感測器數據並提供積極建議。主動事件驅動的決策模型[39]用於預測性維護和備件庫存的聯合最佳化，解決了「檢測-預測-決策-行為」模型中的決策過程，可以嵌入到事件驅動架構（Event Driven Architecture，EDA）中，在 e-maintenance 概念框架下進行實時處理。該方法在汽車照明設備行業的實際生產場景中進行了測試，通過將公司的維護策略從基於時間的維護策略轉變為狀態維護策略（Condition-based Maintenance，CBM），可以顯著降低維護和庫存成本。

9.3 預測性維護與備件庫存聯合最佳化模型

在單部件系統的聯合 CBM 和庫存策略中，單調策略結構被證明是最佳的。在這樣一個策略中，退化閾值用於決定何時訂購一個備件、備件的到達時間以及何時替換構件。一些學者已經研究了單部件系統 CBM 與備件庫存的順序或聯合最佳化問題。

實踐中，系統經常包含多部件，將單部件系統策略應用到一個多部件系統通常不能實現最佳化，主要原因在於[40]：①多部件系統存在經濟、結構或失效相關等多種不同類型的相關性，維護和庫存最佳化決策依靠完整系統的狀態而不是單一構件；②多部件系統可以共享一組相同備件，不同子系統中相同備件在不同狀態下營運，具有不同失效率。共享備件的數量應該在系統層確定，構件層的分解方案將會導致更高的庫存水平和成本[41]。

許多學者對多部件系統的 CBM 和庫存整合方法進行了研究。Van Horenbeek 等人考慮了構件的經濟和結構相關性以及維護和庫存的順序最佳化[42]。然而，分開或順序維護和庫存最佳化不一定能夠產生全局的最佳策略，需要研究它們的聯合最佳化策略。上述論文考慮了（s,S）庫存策略，如前所述，該策略已應用在多數庫存控制的軟體包中。然而，在維護過程，只有備件接近失效時才需要被替換，何時採購備件是由用於調度維護活動的構件狀態資訊決定的，還沒有關於多部件系統狀態採購問題的研究，該問題具有明顯的成本節約潛力。Olde Keizer[3]研究了具有共享備件池的多部件系統的狀態維護與庫存決策聯合最佳化問題，並將之形式化為一個馬爾科夫決策過程（Markov Decision Process，MDP）[43]，Wang 等人[32,33]則將之形式化為基於仿真的方法，一些馬爾科夫維護過程模型已應用於單部件退化過程。

9.3.1 基於仿真的聯合最佳化模型

基於仿真的聯合最佳化模型由 n 個完全相同的獨立部件組成，每個部件的一般假設如下。

① 各部件劣化程度可以用隨機變量 X_t 描述，在部件的使用壽命內單調增加。為了方便起見，當部件被認為是新的狀態時，可以定義為 $t=0$：$X_0=0$。X_t 越大，系統越接近失效。

② 當部件故障發生時，在不同的生命週期中退化水平 X_f 是不同的。與時間

導致失效相比，X_f也被稱為退化失效。總之，X_f是隨機且不確定的，可以假設X_f遵循某種失效分布，如帕松分布、伽馬分布等。

③ 部件的退化程度可以由在離散時間點$t_k=k*\Delta t$（是檢測的單位時間長度）的瞬時和無損檢查確定，為了省錢，可能沒有必要每次都在t_k時刻檢查該單位。

④ X_t在兩個連續時間t_{k-1}、t_k之間的增量為：$\Delta X_k=X_k-X_{k-1}$。

假設這些增量ΔX_k是負的、靜止的和統計獨立的，並與X_f遵循相同的分布。在這些研究中，系統只考慮一個或兩個部件，每個部件都受到一個持續退化過程的影響。在許多情況下，一個系統可能由幾個相同部件組成。此外，在工業維護實踐中，這些相同的部件一起使用一個或多個相同的備件是很常見的，這樣就可以節省備件的訂購和庫存持有成本。

此外，值得一提的是，所考慮的多部件系統並不是文獻中常見的多部件系統，它們在維護決策中還應該考慮到部件之間的相互作用，包括經濟依賴、隨機依賴和結構依賴。

狀態維護策略是一種具有預防性替換閾值L_p（部件退化水平）的控制限制政策（Control Limit Policy，CLP），庫存策略是（s,S），S是最大庫存水平，s是再訂購水平。Kabir和Al-Olayan（1994）是第一個提出單部件系統連續檢查（s,S）策略，採用基於役齡的替換策略。Kabir等人[23]擴展了多部件系統的綜合年齡替換和備件供應策略，在這些系統中，各部件也是s相同和獨立的。未來減少備件的訂購和庫存成本，（s,S）庫存策略適用於一個具有多個相同部件的系統，這可能需要相同的備件。因此，（s,S）庫存策略被用於提出的維護策略。

下面給出了基於狀態的替換和備件訂單的一些相關假設和可能的決策。

① 每個部件在離散時間$t_{kT}=kT$，$k\in N$進行定期檢查，其中，$T=k_T*\Delta t$是固定的檢查間隔，部件j在每次檢查時間的退化水平記為X_j。每個部件每次檢查的單位成本為C_i，檢查時間可以忽略不計。在不損失通用性的情況下，Δt可以取為1，為了簡化，可以在公式中將k_T直接表示為T。此外，雖然系統中所有部件都有相同的檢查間隔，但它們可能不會同時被檢查，這是由於不同部件生命週期的起始點可能存在差異。

② 每個部件的可用維護操作是故障前的預防性替換和故障後的糾正性替換，這只能在離散時間t_k下實現。替換可以是整個部件替換或一次大修，替換後部件完好如初。假設維護是瞬時的。預防性替換的成本為C_p，糾正性替換成本C_c。在大多數實際情況下，可以認為是$C_c>C_p$。

③ 備件庫存採用（s,S）的庫存策略。在這種策略下，庫存水平最初設置為S，可以在離散的t_k時刻知道它，而不需要任何成本。糾正性替換和預防性替換

耗盡空閒的部件庫存，當庫存量下降到 s 時放置一個 $S-s$ 的採購訂單。如果一個訂單已放置，但訂購備件尚未交付，不用產生新的訂單，即在同一時間只有一個訂單是允許的。訂單交貨時間t_s被認為是常數並且獨立於訂購數量，其中，$t_s=k_s*\Delta t$，為了簡化，k_s直接標記為t_s。另外，在訂購的備件交付後，部分備件可立即用於更換舊件，其餘備件應入庫。而且，還認為庫存中的備件不會退化（即總是保持良好的狀態）。每單位時間的庫存持有成本為C_h、每單位備件訂購成本為C_s。

④ 根據備件的可用性、部件 j 在每次檢查時刻t_{kT}的退化情況觀察，應給出部件替換和備件訂購的決策。這些可能的決策如下。

a. 如果$x_j<L_p$，單位 j 保持原樣。

b. 如果發現$x_j \geqslant L_p$，並且庫存中至少有一個備件，則及時更換營運部件 j。

c. 如果發現$x_j \geqslant L_p$，並且庫存中沒有可用備件（在這種情況下，必須下達一份備件採購訂單），那麼部件 j 繼續運行。另外，在這次檢查之後，部件 j 將不再被檢查。在這種情況下，如果訂購的備件到達，原部件 j 仍在工作，則將立即執行預防性替換（又稱為延時的預防性替換）；如果原部件 j 在備件到達前出現故障，則在等待所需備件到達時，原部件 j 仍處於故障狀態，待備件到達後，立即對該部件 j 進行糾正性更換。

d. 在沒有檢查的情況下，可以立即發現每個營運部件的故障。在故障發生後的離散時刻t_k，如果庫存中至少有一個備用部件，則相應的單位將被正確地替換，而不會有任何延遲。否則，故障部件將等待訂購的備件，一旦訂購備件到達，將執行糾正性替換。C_d是在失敗狀態下，每單位時間內部件產生的成本損失。

e. 每次對部件 j 進行糾正/預防性更換後，必須決定是否應立即按照 (s,S) 庫存政策訂購 $S-s$ 的備件。

⑤ 更換後，重複部件 j 的另一個新的生命週期。

另外，假設下列事件是瞬時的，在每個離散點t_k時刻按照建議的訂單替換策略連續發生。

① 檢查庫存水平，在到貨前是否有訂購的備品備件。

② 將剛到的備件入庫。

③ 考慮第一個單位，看是否失效。如果它運行良好，根據上述策略建議的規則給出檢查和維護決策。

④ 根據上述策略建議制定備件訂購決策。

⑤ 依次對第 2、3、…、n 個單位重複以上步驟③和④。

圖 9.9 給出了一個具有兩個營運部件系統的部件退化演化實例和相應的備件單位情況。

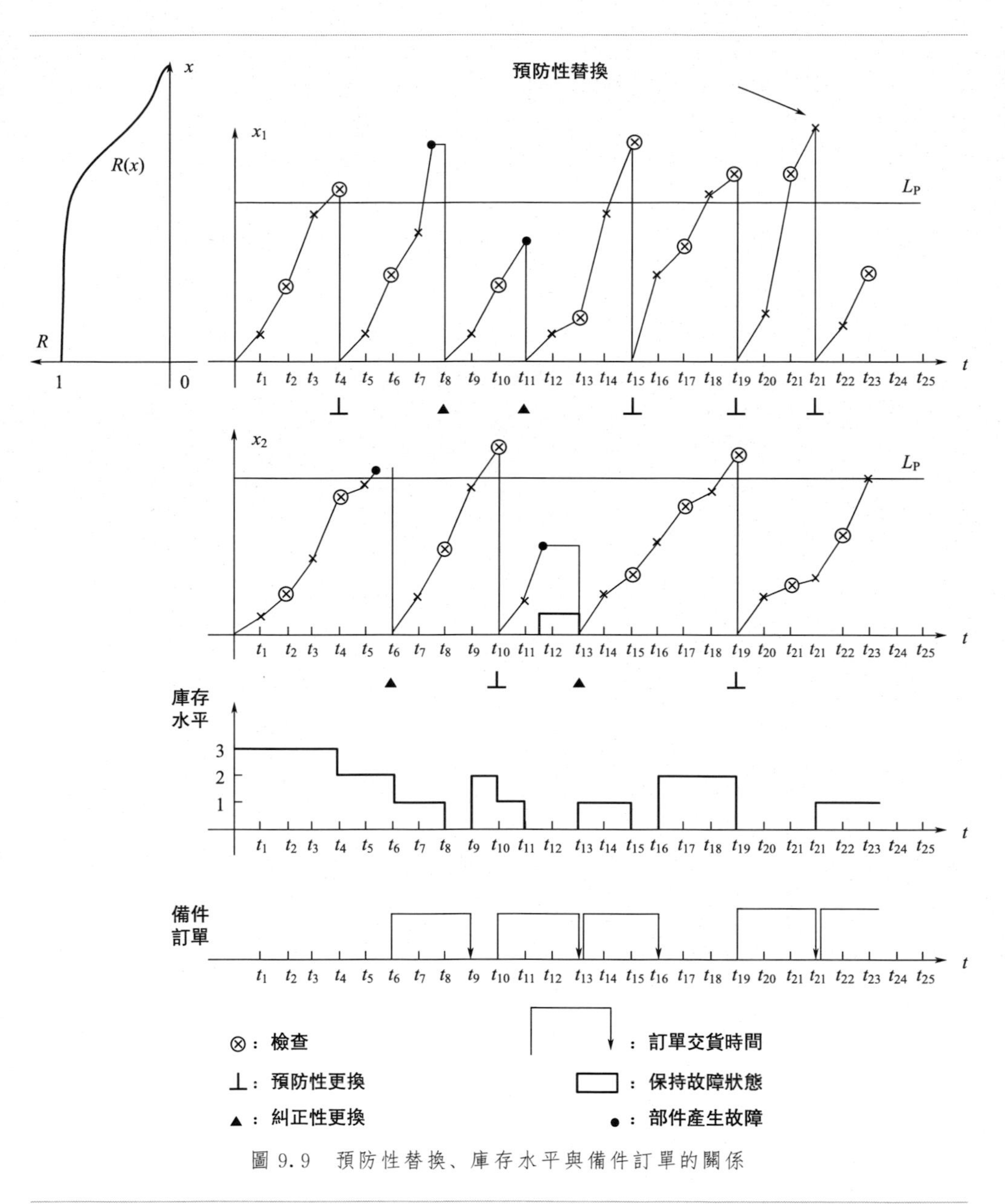

圖 9.9 預防性替換、庫存水平與備件訂單的關係

根據退化程度、基於狀態維護策略和（s, S）庫存策略，以下決策變量的選擇明顯影響所提策略的性能：檢查間隔 T、退化程度 L_p 的預防性閾值、重新訂購數量 s 和最大庫存水平 S。

對於一個緩慢退化的部件來說，過於頻繁地對其進行檢查是不必要和昂貴的；相反，當檢驗間隔 T 太大時，下一次檢驗前宕機機率增大。同樣，低預防性閾值L_p也會導致頻繁的預防性替換，並且不能充分利用老化但仍在工作部件的剩餘壽命。考慮到備件訂單，庫存持有成本可能會隨著高 s 和 S 而增加，但是低的 s 和 S 會導致備件的高不可用性，增加在決策更換備件時缺少備件的風險。最佳庫存水平可能大於系統中單位總數 n。當持有成本C_h遠低於訂購成本C_s，以及每單位時間內部件產生的成本損失C_d時，在庫存中儲存超過 n 個備件可能更經濟，部件的不可用會導致由C_d引起的利潤損失。因此，為了平衡更換/訂購/持有成本和部件的不可用性，也就是說降低總成本，維護經理和工程師必須選擇適當的 T、S、s 和L_p值。當成本率最小時，與最小成本率對應的具有最佳決策變量的狀態替換和備件供應策略稱為最佳策略。另外，如果平均成本率EC_∞可以表示為一個 T、S、s 和L_p的函數$f_{EC}(T,S,s,L_p)$，最佳化策略可以被定義為一個約束最佳化問題，即：

$$\min_{\substack{subject\ to \\ T=1,2,3\cdots \\ S=1,2,3\cdots \\ s<S,s=0,1,2,3\cdots \\ L_p>0}} \quad EC_\infty=\min f_{EC}(T,S,s,L_p)$$

由於訂單-替換策略的複雜性，很難推導出函數的解析公式$f_{EC}(T,S,s,L_p)$。然而，在無限的時間跨度內，單位時間的平均成本（即平均成本率）也可以簡單地表示為：

$$EC_\infty=\lim_{t_m\to\infty}\frac{C_i * N_i+C_p * N_p+C_c * N_c+C_s * N_s+C_d * \sum_{k=1}^{m}N_d(t_k)+C_h * \sum_{k=1}^{m}N_h(t_k)}{t_m * n}$$

式中，N_i為時間跨度t_m的總檢查次數；N_p為t_m時間內預防性替換的總數；N_c為在t_m時間跨度內的糾正性替換總數；N_s為t_m時間跨度內的備件訂購總數；$N_d(t_k)$ 為在t_k執行糾正性替換之前失效單位的數量；$N_h(t_k)$ 為在t_k執行糾正性和預防性替換之前庫存備件的數量。

可以通過仿真方法來評估平均成本率EC_∞，研究中沒有考慮金錢的時間價值。

（1）仿真模型

評估維護策略下系統相關成本（或可靠性或可用性）的方法主要有兩種：第一種，建立系統成本率的數學模型，從而得到成本率的精確值，並利用數學方法使成本率最小化，然而，許多維護策略並不是易於分析的，因此必須使用仿真來分析這些策略；第二種，通過仿真對維護策略進行最佳化，往往是利用演算法對確定性最佳化問題進行最佳化。當採用仿真方法時，只能求出成本率的近似值，而「最佳化」策略是最接近最佳解。

在建議的狀態替換和備件供應策略下，系統內各部件的維護活動是根據相應部件的退化情況和庫存水平而進行的，庫存水平由備件供應活動和部件替換產生的備用好用決定，很難建立一個計算成本率的數學模型。可以採用蒙地卡羅方法（Monte Carlo，MC）仿真方法來評估策略的性能——成本率。通過模擬大量的系統生命週期歷史數據，MC方法可以猜想相關量的總體平均值，用於運算策略性能標準。每個模擬的歷史都可以看作是一個虛擬實驗，在整個生命週期中，單位退化過程都被追蹤。

① 建模部件的退化和替換　首先，該過程需要對部件的退化進行建模：

$$x_j = x_j^{\text{last}} + \Delta x_j$$

式中，Δx_j是單位時間內部件j退化程度的一個隨機增量，根據給定函數$g_x(x)$隨機生成。

接下來，確定部件j在當前生命週期中是否失效：

$$F_j = \begin{cases} 0, & x_j < X_{fj} \\ 1, & x_j \geqslant X_{fj} \end{cases}$$

式中，X_{fj}基於已知的失效函數$F_x(x)$在當前生命週期的開始隨機生成。

根據提出的訂單替換策略的規則，下面的公式表示立即或延遲預防性替換的決策：

$$IPR_j = \begin{cases} 1, & (F_j=0, x_j \geqslant L_p, I_j=0, SL>0) \text{或} (F_j=0, x_j \geqslant L_p, IN_j=0, SL>0) \\ 0, & \text{其他} \end{cases}$$

式中，SL表示可用備件數量；I_j表示需要檢測的部件。

如果單位j失效，且至少有一個備用部件可用，則糾正性替換被決定，公式為：

$$ICR_j = \begin{cases} 1, & F_j=1, SL>0 \\ 0, & \text{其他} \end{cases}$$

那麼，可以設置$IR_j = \begin{cases} 1, & IPR_j=1 \text{或} ICR_j=1 \\ 0, & \text{其他} \end{cases}$

x_j^+應該可以獲得，用作下一個離散時間的x_j^{last}：

$$x_j^+ = \begin{cases} 1, & IPR_j=1 \text{或} ICR_j=1 \\ x_j, & \text{其他} \end{cases}$$

ST_j應該設置為表示部件j當前生命週期的開始時間：

$$ST_j = \begin{cases} t_k, & IR_j=1 \\ ST_j, & \text{其他} \end{cases}$$

② 建模部件的檢測　I_j表示需要檢測的部件j，應該在任何替換決策之前設置：

$$I_j = \begin{cases} 1, & t_k - ST_j \neq 0, (t_k - ST_j) \bmod T = 0, IN_j = 1 \\ 0, & \text{其他} \end{cases}$$

在建議的策略下，如果發現$x_j \geqslant L_p$並且沒有備用部件可用，則部件 j 繼續運行，在此檢測後不再進行檢測，具體如下：

$$IN_j = \begin{cases} 0, & ST_j \neq t_k, x_j \geqslant L_p, SL = 0, I_j = 1 \\ 1, & ST_j = t_k \\ IN_j, & \text{其他} \end{cases}$$

③ 建模備件訂單　在當前離散時間做出決定之前，如果之前下過訂單，請檢查訂購的備件是否在此時交付：

$$NA = \begin{cases} S - s, & t_k - LastOT = t, OC = 1 \\ 0, & \text{其他} \end{cases}$$

式中，$LastOT$ 表示上一次訂單時間。

設置 NA 後，立即更新可用備件數量：

$$SL = SL^- + NA$$

式中，SL^-可以根據最後一個離散時間剩餘備件的數量來推導實現。每次更換部件後，SL、OC 和 $LastOT$ 都要重新設置，如下所示：

$$SL = \begin{cases} SL - 1, & IR_j = 1 \\ SL, & IR_j = 0 \end{cases}$$

$$OC = \begin{cases} 1, & SL \leqslant s, OC = 0 \\ 0, & (t_k - LastOT = t, OC = 1) \text{或} t_k = 0 \\ OC, & \text{其他} \end{cases}$$

$$LastOT = \begin{cases} t_k, & SL \leqslant s, OC = 0 \\ LastOT, & \text{其他} \end{cases}$$

④ 建模平均成本率　在當前離散時間所有替換活動執行完之後，累積N_i、N_p、N_c和記錄N_s，表示為：

$$N_i = N_i + \sum_{j=1}^{n} I_j$$

$$N_p = N_p + \sum_{j=1}^{n} IPR_j$$

$$N_c = N_c + \sum_{j=1}^{n} ICR_j$$

$$N_s = N_s + NA$$

$$N_d(t_k) = \sum_{j=1}^{n} F_j$$

$$N_h(t_k) = N_c + SL^-$$

在模擬完時間跨度t_m內所有事件後，可以得到平均成本率。

為了進一步描述 MC 仿真，圖 9.10 給出了所提出的訂單替換策略的仿真程式流程圖。

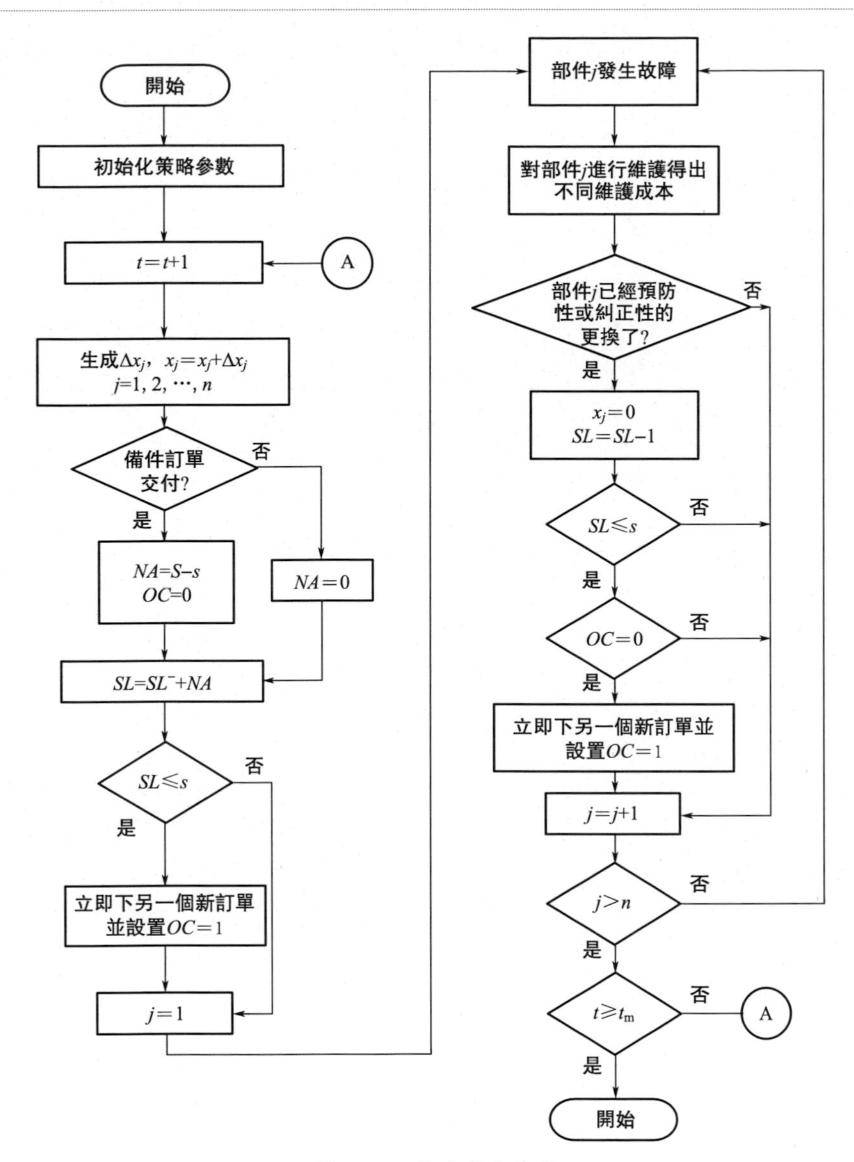

圖 9.10　仿真程式流程

第一步「初始化策略參數」是輸入系統參數C_i、C_p、C_c、C_h、C_s、C_d、t_s、w_x、w_y、L_p、T、S、s、n、t_m，並設置$F_j=0$、$I_j=0$、$ICR_j=0$、$IN_j=0$、$IPR_j=0$、$IR_j=0$、$LastOT=0$、$OC=0$、$SL=S$、$ST_j=0$、$t=0$、$x_j=0$，仿真時間跨度t_m應該設置得足夠大。在模擬所提出的訂單-更換策略時，也可以根

據圖 9.11 確定維護決策和相應的成本。

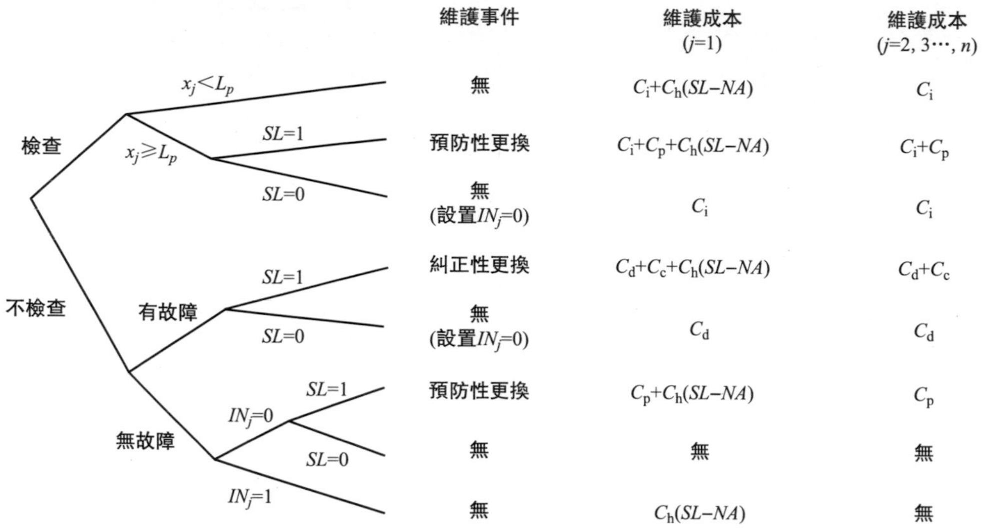

決策	狀態		維護事件	維護成本 (j=1)	維護成本 (j=2, 3⋯, n)
檢查	$x_j<L_p$		無	$C_i+C_h(SL-NA)$	C_i
檢查	$x_j\geqslant L_p$	SL=1	預防性更換	$C_i+C_p+C_h(SL-NA)$	C_i+C_p
檢查	$x_j\geqslant L_p$	SL=0	無 (設置IN_j=0)	C_i	C_i
不檢查	有故障	SL=1	糾正性更換	$C_d+C_c+C_h(SL-NA)$	C_d+C_c
不檢查	有故障	SL=0	無 (設置IN_j=0)	C_d	C_d
不檢查	無故障，IN_j=0	SL=1	預防性更換	$C_p+C_h(SL-NA)$	C_p
不檢查	無故障，IN_j=0	SL=0	無	無	無
不檢查	無故障，IN_j=1		無	$C_h(SL-NA)$	無

圖 9.11　訂單-更換策略仿真過程

由於用於建模訂單-替換策略的離散時間網格，無法準確確定失效單位狀態的時間。根據上述的仿真模型，當一個單位在 t 時刻（$t_{k-1}<t\leqslant t_k$）失效時，直到t_k時刻失效狀態的時間長度被認為是一個單位，而確切的結果應該是t_k-t（<1）個單位時間。因此，故障狀態下單位所產生的導出成本是一個近似的結果。

（2）技術優勢

基於狀態的更換和備件供應策略相對於 PHM 的優勢可以很容易地辨識出來，從而最佳化運輸卡車發動機的維護決策。首先，利用該策略可以最佳化電機的檢測頻率，PHM 方法不能得到最佳的檢測間隔。其次，基於狀態的更換-備件供應策略是為了聯合最佳化電機維護和管理備件，PHM 不考慮備件可用性，而備件對於維護活動是重要的。最後，新的更換-備件供應策略可以最佳化整個運輸車隊所有電機的維護和備件訂購活動，而 PHM 只關注一個電機。

① 基於狀態的可靠性理論能夠表徵不確定的失效退化。基於這一理論，可以根據系統的實際劣化情況來評估系統的可靠性，這與傳統的只涉及系統工作年齡的基於時間的可靠性相比是一個優勢。

② 在多單位系統中通過最佳化維護和備用供應決策並應用所建議的訂單-替換策略可以發現：當提前期大大增加時，成本率的增加可能很小。這一結論表明，聯合最佳化基於狀態的維護和備件訂購活動是必要和有益的，成本參數的評

估對於最佳化基於狀態的替換和備件供應策略或多或少具有重要意義。

③ 在備用電機始終可用的情況下，可以發現：與現有礦井電機維護策略相比，建議策略的實施可以節省資金。實踐證明，應用維護模型可以有效降低維護成本。

關於進一步工作的建議如下；

① 部件劣化過程與劣化失效分布的關係有待進一步研究；

② 基於狀態的定期檢查替換和備件供應策略可以擴展到非週期檢查的訂單替換策略；

③ 最佳化基於狀態的維護和備件供應策略以適應多個不同部件的惡化系統，還應包括部件之間的經濟、隨機、結構等依賴；

④ 最小維修或維護也可納入訂貨-更換政策；

⑤ 將恆定的交貨期和可忽略的維修/檢查時間延長到隨機交貨期和隨機的維修/檢查時間似乎是另一項具有挑戰性的任務。

9.3.2 基於馬爾科夫決策過程 MDP 的聯合最佳化模型

考慮一個由 N 個功能和退化獨立部件組成的離散時間系統，可以使用 L_j+1 個不同的狀態（$0,1,\cdots,L_j$）建模一個部件 j 的（$j=1,2,\cdots,N$）狀態模型。此處，狀態 0 表示構建與新的一樣好，狀態 L_j 表示部件已經失效。部件共享一個備件池，雖然部件相同，但它們可能包含在不同的子系統中，這些子系統可能運行在不同的狀態下，可能導致不同的故障率。如果一個部件被替換，舊的部件就會被丟棄，而新部件狀態是狀態 0。與部件的預期壽命（年）和備件的提前期(月）相比，修理時間通常較短（天），因此，替換過程被認為是瞬時的，但只有在所需的備件在倉庫時才能安排。備件可以訂購任何數量，並在固定 T 時間單位的提前期後到達（通常以月為數量級）。在執行了可能的維護和庫存操作後，部件 j 可能會出現退化。假定部件狀態退化加劇，而不是改善，假設部件 j 退化遵循具有參數 μ_j 的帕松分布。

事件的順序如下：在每個時間單位的開始，一個備件訂單到達（訂單已經在 T 時間單位之前下了）。接下來，對每個部件產生營運成本，該成本取決於部件的狀態。令$\boldsymbol{C}_0^j=(O_0^j,O_1^j,\cdots,O_{L_j}^j)$ 表示部件 j 的營運成本向量，如果部件 j 處於狀態 u，那麼每一次的營運成本為O_u^j。通過這種方式，不僅可以包括失效部件的停機成本（通過為$O_{L_j}^j$ 選擇一個高值），還包括由於部件退化造成的收入損失成本。在產生營運成本後，只要有足夠的備件，就可以更換部件。在實踐中，故障替換有時比預防性替換更昂貴，因為部件故障也會對系統的其他部分造成損害，Bouvard[44]、Park[45]、de Jonge[46] 等人都考慮過這個區別。定義部件

j 與狀態相關的替換成本向量$\boldsymbol{R}^j=(R_0^j,R_1^j,\cdots,R_{L_j}^j)$，包括新部件的購買價格，對於 $u>v$，$R_u^j \geqslant R_v^j$。在執行了可能的維護操作之後，就可以訂購備件，每個訂單的固定成本 F 產生，這個成本與訂購的備件數量無關。對於每一個在時間單位結束時仍在手邊的備件，會產生一個庫存持有成本 H。

(1) 模型

馬爾可夫決策過程（Markov Decision Process，MDP）模型由一組可能的初始狀態 τ 組成，在狀態 $i(i\in\tau)$ 時的可執行活動集合為A_i，定義系統在狀態 $i(i\in\tau)$ 執行活動 $\alpha(\alpha\in A_i)$ 後到狀態$\bar{i}(\bar{i}\in\tau)$ 的轉移機率為$p^{\alpha}(i:\bar{i})$，系統在狀態 $i(i\in\tau)$ 執行活動 $\alpha(\alpha\in A_i)$ 後的期望成本函數是$c^{\alpha}(i)$。為限制狀態空間大小，假設庫存水平（已有備件加上訂購備件的數量）不能超過最大$\overline{S}$，這個最大值只是需要確保狀態空間的有界性，並且在數值實驗中會設置得足夠大，以確保它不會影響結果。

① 狀態空間　狀態空間追蹤每個部件$(x_1,x_2,\cdots,x_N)$的狀態、每個訂單的狀態$(s_1,s_2,\cdots,s_{T-1})$，s_l表示 $l(l=1,2,\cdots,T-1)$ 時間單位之前訂購的備件數量，s_h表示現有備件數量。$N+T$ 維狀態空間：

$$\tau=\{(x_1,x_2,\cdots,x_N,s_1,s_2,\cdots,s_{T-1},s_h)\}$$

式中，$j=1,2,\cdots,N$，$l=1,2,\cdots,T-1$；$x_j\in\{0,1,\cdots,L_j\}$ 是部件 j 的狀態；$s_l\in\{0,1,\cdots,\overline{S}\}$ 是 l 時間單位之前訂購的備件數；$s_h\in\{0,1,\cdots,\overline{S}\}$ 是現有的備件數量。

狀態空間的大小受邏輯約束的限制，庫存水平不能超過最大值$\overline{S}$，有$s_1+s_2+\cdots+s_{T-1}+s_h\leqslant\overline{S}$。

② 活動空間　在每次活動開始時，都需要決定是否更換一些部件以及需要訂購的備件數量。因此，$N+1$ 維活動空間可以表示為：

$$A=\{(\delta_1,\delta_2,\cdots,\delta_N,\omega)\}$$

式中，$j=1,2,\cdots,N$，$\delta_j=\begin{cases}1, & \text{如果部件 } j \text{ 被替換}\\ 0, & \text{其他}\end{cases}$，備件訂購數量 $\omega\in\{0,1,\cdots,\overline{S}\}$。

對於任何可能的$x_j\in\{0,1,\cdots,L_j\}$、$s_l\in\{0,1,\cdots,\overline{S}\}$ 和s_h，對於狀態空間的不同狀態允許使用以下活動集：

$$A_{\{(x_1,x_2,\cdots,x_N,s_1,s_2,\cdots,s_{T-1},s_h)\}}$$
$$=\left\{(\delta_1,\delta_2,\cdots,\delta_N,\omega):\sum_{j=1}^{N}\delta_j\leqslant s_h,\omega\leqslant\overline{S}-s_h-\sum_{l=1}^{T-1}s_l+\sum_{j=1}^{N}\delta_j\right\}$$

③ 轉移機率　如果不進行維護，部件 j 從狀態x_j轉移到狀態$\overline{x_j}$的機率為$p_{x_j\overline{x_j}}^j$。如果部件 j 被替換，其狀態將變為新狀態 0，它從狀態 0 轉移到$\overline{x_j}$的機率為$p_{0\overline{x_j}}^j$。因此，可以定義在維護活動δ_j的作用下，從狀態x_j轉移到狀態$\overline{x_j}$的轉

移機率$p^{j}_{x_j \overline{x_j}}(\delta_j)$：

$$p^{j}_{x_j \overline{x_j}}(\delta_j)=\begin{cases}p^{j}_{x_j \overline{x_j}}, & \text{如果}\delta_j=0\\ p^{j}_{0\overline{x_j}}, & \text{如果}\delta_j=1\end{cases}$$

在數值實驗中，假設部件 j 的退化增量（兩個時間單位內的退化量）遵循具有參數$\mu_j(j=1,2,\cdots,N)$的帕松分布。為了說明這一點，讓x_j是具有均值μ_j的帕松分布，部件 j 的轉移機率：

$$p^{j}_{x_j \overline{x_j}}=\begin{cases}p(X_j=\overline{x_j}-x_j), & \text{如果}\overline{x_j}<L_j\\ p(X_j\geqslant\overline{x_j}-x_j), & \text{如果}\overline{x_j}=L_j\end{cases}$$

活動$(\delta_1,\delta_2,\cdots,\delta_N,\omega)$執行後，系統從狀態$(x_1,x_2,\cdots,x_N,s_1,s_2,\cdots,s_{T-1},s_h)$轉移到狀態$(\overline{x_1},\overline{x_2},\cdots,\overline{x_N},\overline{s_1},\overline{s_2},\cdots,\overline{s_{T-1}},\overline{s_h})$的轉移機率：

$$p^{j(\delta_1,\delta_2,\cdots,\delta_N,\omega)}_{(x_1,x_2,\cdots,x_N,s_1,s_2,\cdots,s_{T-1},s_h)(\overline{x_1},\overline{x_2},\cdots,\overline{x_N},\overline{s_1},\overline{s_2},\cdots,\overline{s_{T-1}},\overline{s_h})}$$

$$=\begin{cases}\prod_{j=1}^{N} p^{j}_{x_j \overline{x_j}}(\delta_j), & \text{如果}\overline{s_1}=\omega,\overline{s_h}=s_h-\sum\limits_{j=1}^{N}\delta_j+s_{T-1},\overline{s_l}=s_{l-1}(l\in\{0,1,\cdots,T-1\})\\ 0, & \text{其他}\end{cases}$$

④ 期望成本　在每個時間單位中，都會產生成本。在狀態$(x_1,x_2,\cdots,x_N,s_1,s_2,\cdots,s_{T-1},s_h)$執行活動$(\delta_1,\delta_2,\cdots,\delta_N,\omega)$的成本是由營運成本、部件替換成本（如果發生替換）、訂購成本（如果產生備件訂單）和持有成本（庫存有備件）構成的，例如：

$$c^{(\delta_1,\delta_2,\cdots,\delta_N,\omega)}(x_1,x_2,\cdots,x_N,s_1,s_2,\cdots,s_{T-1},s_h)$$

$$=\sum_{j=1}^{N}O^{j}_{x_l}+\sum_{j=1}^{N}\delta_j R^{j}_{x_l}+F\,I_{(\omega>0)}+\left(s_h-\sum_{j=1}^{N}\delta_j\right)H$$

式中，$I_{(\omega>0)}$表示如果括號之間的表達式為真，則指示符函數為 1，否則為 0。注意，這個 MDP 公式是針對提前時間為 $T>1$ 的情況構建的。在 $T=1$ 的情況下，不需要追蹤下訂單的時間，因為在做出下一個決定之前，訂單就已經到了。因此，狀態空間可以縮小為 $N+1$ 維空間，僅追蹤每個部件狀態和現有備件數量。活動空間和轉移機率也簡化為 $T=1$。

⑤ (s,S)庫存策略　庫存水平（用 IP 表示）包括可用備件$(s_h-\sum_{j=1}^{N}\delta_j)$和已訂單數量$\sum_{l=1}^{T-1}s_l$。只要庫存水平小於或等於 s，(s,S)庫存策略就發出一個 $S-IP$ 備件訂單。它可被看作是 MDP 的一個特殊情況，通過限制在每個狀態中允許的活動集，對於任何$x_j(j=0,1,\cdots,N)$、$s_l(l=0,1,\cdots,T-1)$和s_h：

$$A_{\{(x_1,x_2,\cdots,x_N,s_1,s_2,\cdots,s_{T-1},s_h)\}}=\Bigg\{(\delta_1,\delta_2,\cdots,\delta_N,\omega):\sum_{j=1}^{N}\delta_j\leqslant s_h,$$

$$\omega = I_{\{s_h + \sum_{l=1}^{T-1} s_l - \sum_{j=1}^{N} \delta_j \leqslant s\}} \left(S - s_h - \sum_{l=1}^{T-1} s_l + \sum_{j=1}^{N} \delta_j \right) \Bigg\}$$

（2）演算法流程

作為一個性能標準，企業關心的是長期平均單位時間成本。庫存水平不能超過$\overline{S}$的最大值假設保證了狀態空間和動作空間都是有限的，成本函數也是有定義的。如果模型是單鏈的，則存在一個平穩的平均最佳策略，可以使用值疊代演算法來找到該策略。然而，提出的 MDP 模型包含多個循環狀態。例如 $N=2$ 和 $T=3$，對於所有的狀態 $i \in \tau$ 考慮固定政策 $f(i)=(0,0,0)$（不進行維護，不需要訂購備件）。在這種策略下，從長遠來看每個部件都將處於失效狀態L_j，並且庫存的初始備件數量將保持不變。這樣，產生的轉移矩陣將包含$\overline{S}+1$ 個循環狀態，而要處理的模型是多鏈而不是單鏈。然而，現實的假設是：任何最佳策略都會為每個被替換的部件（在某個時間點）訂購一個新的備用部件，並且只要有一個備用部件可用，故障部件就會被替換，因為故障部件帶來的營運成本足夠高（例如停機成本）。因此，每個時間單位的最小平均成本獨立於初始狀態，可以通過應用值疊代演算法有效地確定。v_n 表示第 n 次疊代得到的值函數。

步驟 0：初始化。

對於所有的 $i \in \tau$，選擇一個 $\varepsilon > 0$ 和$v_0(i)$（$0 \leqslant v_0(i) \leqslant \min_{\alpha \in A(i)} c^{\alpha}(i)$，設置 $n := 1$；

步驟 1：對於所有的 $i \in \tau$，運算價值函數$v_n(i)$：

$$v_n(i) := \min_{\alpha \in A(i)} \{c^{\alpha}(i) + \textstyle\sum_{i \in \tau} p^{\alpha}(i;\bar{i}) v_{n-1}(\bar{i})\}$$

並且選擇一個最小化$v_n(i)$ 的靜態策略f_n：

$$f_n(i) \in \arg \min_{\alpha \in A(i)} \left\{ c^{\alpha}(i) + \sum_{i \in \tau} p^{\alpha}(i;\bar{i})\, v_{n-1}(\bar{i}) \right\}$$

步驟 2：讓$M_n := \max_{i \in \tau}\{v_n(i) - v_{n-1}(i)\}$ 和$m_n := \min_{i \in \tau}\{v_n(i) - v_{n-1}(i)\}$，如果 $0 \leqslant M_n - m_n \leqslant \varepsilon\, m_n$，演算法停止，否則，設置 $n := n+1$，繼續步驟 1 和 2。

（3）數值分析

考慮一個由兩個部件組成的系統，故障率相同、獨立退化。通過考慮兩個部件，得到的最佳維護和庫存決策可以在二維上表示。該系統基本說明了最佳策略的一些特徵以及將可能的庫存操作限制在（s,s）庫存策略的影響。

考慮一個固定的故障級別 $L=4$，每個部件可以處於五種不同的狀態之一。假設 1 年檢查 4 次，一個時間單位的長度為 3 個月。雖然目前的技術允許系統通過放置感測器進行連續監測，但實踐中應用了週期性和連續性的混合庫存檢查策略。在流程工業中，由於安全原因，可禁止使用 Wi-Fi 感測器，而在一些其他系統（如鐵路網路等大型系統）上安裝感測器可能還不划算。此外，有效的狀態維護需要一個可測量的參數，該參數與故障的發生密切相關，這往往是有問題的。例如，天然氣分銷公司缺乏合適的將熱交換器的內部汙垢與有用的過程數據（如溫度、流量）連繫起來的模型[47]，採用定期（週期性）目視檢查成為適當確定該資產狀況的唯一合適方法。因此，在不久的將來定期和連續的庫存檢查將繼續共存。

參數	解釋	值
L	失效水平	4
O	狀態 0、1、2、3、4 的營運成本	(0，0，0，0，100)
R	狀態 0、1、2、3、4 的替換成本	(5，5，5，5，5)
F	每個訂單的固定成本	0
H	每個備件單位時間的庫存持有成本	0.5
T	固定提前期	3
μ	退化參數	0.2

預期壽命 E 年相當於選擇單位時間內的退化參數 $\mu=\frac{1}{E}$。假設每個部件單位時間內的退化增量遵循具有參數 $\mu=0.2$ 的帕松分布。這意味著，當不進行維護時，每個部件在一個時間單位內從狀態 u 轉移到狀態 v 的轉移機率服從於以下上三角轉移矩陣 $\boldsymbol{P}$：

$$\boldsymbol{P}=\begin{bmatrix} 0.82 & 0.16 & 0.02 & 0.00 & 0.00 \\ 0.00 & 0.82 & 0.16 & 0.02 & 0.00 \\ 0 & 0 & 0.82 & 0.16 & 0.02 \\ 0 & 0 & 0 & 0.82 & 0.18 \\ 0 & 0 & 0 & 0 & 1 \end{bmatrix}$$

應用價值疊代演算法求出基於聯合狀態維護和庫存策略的單位時間長期平均營運成本。用 $\varepsilon=0.0005$ 為停止準則，這意味著最終的平均成本與實際平均成本相差最多 0.05%。此外，對於所有的狀態 $i\in\tau$，使用 $v_0(i)=0$ 作為初始值。結果表明，最大庫存 $\overline{S}-2$ 是足夠高水平位置，增加這個值不會改變最佳策略和相應的平均成本。所有的實驗都是在一臺帶有 3.30GHz 四核處理器和 16.0GB RAM 的電腦上使用 Python 3.4.3 進行處理的。對於本例，狀態空間由 250 個狀態組成，值疊代演算法經過 24 次疊代後收斂，大約需要 0.04s。圖 9.12 顯示的收斂序列為 $\{M_n, n\geqslant 1\}$ 和 $\{m_n, n\geqslant 1\}$。這些序列表現得很好，而且收斂得相對較快。

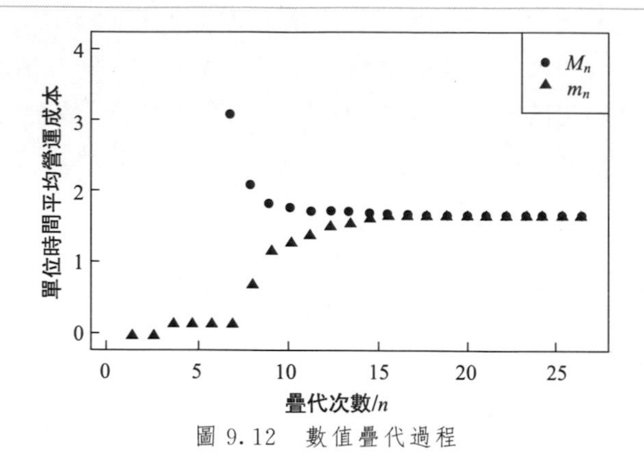

圖 9.12　數值疊代過程

圖 9.13 顯示了基本情況下得到的最佳維護和庫存策略。在這個圖中，最佳的維護和庫存活動顯示部件 1 和 2 狀態x_1、x_2的任意組合，分別給出了實現備件的數量要求 l 時間單位前s_l（$l=0,1$）和備件的數量s_h。

$(s_1, s_2, s_h)=(0, 0, 0)$

x_1 \ x_2	0	1	2	3	4
0	00	00	00	00	00
1	00	00	00	00	00
2	00	00	00	00	00
3	00	00	00	00	00
4	00	00	00	00	00

$(s_1, s_2, s_h)=(0, 0, 0), (0, 1, 0)$

x_1 \ x_2	0	1	2	3	4
0	00	00	00	00	00
1	00	00	00	00	00
2	00	00	00	00	00
3	00	00	00	00	00
4	00	00	00	00	00

$(s_1, s_2, s_h)=(2, 0, 0), (0, 2, 0), (1, 1, 0)$

x_1 \ x_2	0	1	2	3	4
0	00	00	00	00	00
1	00	00	00	00	00
2	00	00	00	00	00
3	00	00	00	00	00
4	00	00	00	00	00

$(s_1, s_2, s_h)=(0, 0, 1)$

x_1 \ x_2	0	1	2	3	4
0	00	00	01	01	01
1	00	00	01	01	01
2	10	10	00	01	01
3	10	10	10	00	01
4	10	10	10	10	10

$(s_1, s_2, s_h)=(1, 0, 1)$

x_1 \ x_2	0	1	2	3	4
0	00	00	01	01	01
1	00	00	01	01	01
2	10	10	00	01	01
3	10	10	10	01	01
4	10	10	10	10	10

$(s_1, s_2, s_h)=(0, 1, 1)$

x_1 \ x_2	0	1	2	3	4
0	00	00	01	01	01
1	00	00	01	01	01
2	10	10	10	01	01
3	10	10	10	10	01
4	10	10	10	10	10

$(s_1, s_2, s_h)=(0, 0, 2)$

x_1 \ x_2	0	1	2	3	4
0	00	00	01	01	01
1	00	00	01	01	01
2	10	10	11	11	11
3	10	10	11	11	11
4	10	10	11	11	11

代碼	說明
00	不替換
10	替換部件1
01	替換部件2
11	全部替換

白色：不需訂單；灰色：部件1備用；黑色：部件2備用

圖 9.13　數值案例

注意，$\overline{S}$選擇決定了實現的數量(s_1, s_2, s_h)。最佳策略的平均單位時間成本等於1.57單位時間。可以看出，由於共享一個備件池，一個部件的最佳維護決策取決於兩個部件的狀態。當手頭有足夠備件時$s_h=2$，部件$j(j=1,2)$的最佳替換決定單獨依賴自己的退化水平x_j（如果$x_j \geqslant 2$）發生替換。然而，當手頭只有一個備件時，這個決定取決於完整的系統狀態。例如，$(s_1, s_2, s_h)=(0,0,1)$表示只剩下一個備件，沒有未完成的採購訂單。原則上，退化程度最高的部件將被替換，只要該部件至少處於退化狀態2。然而，當部件1和2在狀態2或狀態3中都接近失效時，不執行替換。相反，備件將會為不久的將來最容易損壞的部件準備著，並訂購額外的備件。如果一個新的備件已經在兩個時間單位之前訂購，即$(s_1, s_2, s_h)=(0,1,1)$，不保留備件，因為下次檢查前會有新的備件到達。因此，部件的最佳替換決策取決於每個部件的狀態，以及手邊的備件數量和每個訂單的狀態。

9.3.3 基於預測事件的聯合最佳化模型

製造過程設備失效為人類安全、環境影響和可靠性工業過程帶來了重大問題，製造設備非預期故障具有不確定性，其退化過程也是隨機的，這導致了維護決策過程高度的不確定性[48]。因此，為了減少設備的非預期故障、消除計劃外的停機時間以及減少維護相關的成本，需要相應的維護管理政策以及相關的資訊系統[39]。由於維護和備件庫存管理是緊密連繫的[2]，備件的準確可靠性評估是保證可靠性維護建模和備件庫存計劃決策的基礎[2,39,48]。

設備的預測性維護決策需要在過早更換成本和意外失效成本之間取得平衡，而且，備件的訂購時間和庫存數量應加以規劃，以便盡量減少持有成本，同時避免發生缺貨。由於最新技術和資訊系統的發展，基於來自設備實時狀態數據（通過感測器採集）的預測資訊（例如剩餘使用壽命RUL，剩餘壽命分布），各種維護和庫存聯合最佳化的預測方法和決策模型開始出現。最具代表性的工作Elwany 2008[48]改進了Armstrong（1996）[28]的決策模型，每次採集測量數據時，都根據RUL猜想實時更新。

由於來自各種來源高頻事件生成大量數據的可用性，為耦合基於預測的決策方法與基於感測器事件驅動的框架鋪平了道路，事件驅動的架構能夠支持有效的處理事件和改善可伸縮性，同時具有處理機率分布函數的能力，而不是參數（例如RUL）。Bousdekis等人[39]考慮狀態維護（CBM）的框架、e-maintenance的概念和主動的事件驅動原則，利用事件驅動的架構（Event Driven Architecture，EDA），開發了一個基於預測事件的維護和備件庫存聯合最佳化決策模型，模型可以部署在一個基於感測器的實時工業大數據環境中，作為「檢測-預測-決策-執行」循環的決策功能。

企業保持備件庫存，以便在維護時可用。庫存中備件的數量取決於維護需要，即需要相關備件的故障檢修、預防性維護或預測性維護操作。因此，維護過程和備件庫存管理是緊密連繫的，在最佳化企業的營運時應該同時考慮這兩個方面[2]。有關維護和庫存聯合最佳化決策的大部分研究工作依賴於失效到達時間或可靠性分布（這些參數或分布來源於實驗設置或製造企業的規範），而不是實時數據。因此，無法根據實際的和/或預測的設備健康狀態更新維護建議。雖然，近年來已經發表了許多關於實時預測的論文，但由於 CBM 框架缺乏有效的決策步驟，尚未有文獻探索基於實時預測的維護和備件庫存聯合決策模型。另外，在聯合最佳化決策領域，幾乎所有發表的論文都是針對零件實際退化程度的 CBM 策略，而不是針對未來退化、未來失效或其他資訊的預測。由於有可用的預測資訊，可以推薦預測性維護和準時制（JIT）訂購備件[2]。預測性維護和庫存的聯合最佳化決策具有很大的潛力，以驗證預測性維護實踐和使用預測資訊對庫存成本的影響。

（1）模型

結合成本風險分析和可靠性分析，基於預測事件的維護和備件庫存聯合最佳化決策模型旨在對維護的最佳時間和備件訂購的最佳時間提供及時可靠的建議。為了提供故障發生的機率分布函數及其參數，決策模型由預測事件觸發（預測事件基於複雜事件模式開發），包括機器學習、統計和資料探勘演算法。退化模型通常遵循指數、伽馬分布或韋伯分布[48]，在某些情況下，累積損傷並不會顯著影響退化率，可以直接使用線性退化模型[48]，而不需要屬於指數家族的機率分布函數。

決策模型中長期維護和庫存成本方程的每個因素都代表了基於實時預測事件輸入的成本風險。在每個時間週期，都有不同的關聯成本表示為維護活動執行時間的函數，活動的持續時間可能是未知的或隨機的，並且每個時間單位都有成本。另外，在 $t=0$ 時接收預測事件，並提供推薦。長期維護成本作為時間的函數，如式(9.1）所示，而長期庫存成本作為時間的函數，則由式(9.2）得到。此外，表 9.1 給出了對每個變量的解釋。

$$C_{\mathrm{m}}(t)=c_{\mathrm{f}}(t)P^{\varepsilon}(0,t)+(c_{\mathrm{f}}(t)+c_{\mathrm{p}}(t))P_{\alpha}^{\varepsilon}(t,T)+c_{\mathrm{p}}(t)\overline{P}^{\varepsilon}(0,T) \quad (9.1)$$

$$C_{\mathrm{o}}(t)=c_{\mathrm{s}}(t)P^{\varepsilon}(0,t+L)+(c_{\mathrm{s}}(t)+c_{\mathrm{p}}(t))P_{\alpha}^{\varepsilon}(t+L,T)+c_{\mathrm{p}}(t)\overline{P}^{\varepsilon}(0,T) \quad (9.2)$$

表 9.1　變量的說明

變量	說明
$P^{\varepsilon}(t_1,t_2)$	在t_1時間沒有發生失效的條件下，失效 ε 在(t_1,t_2)時間間隔內發生的機率分布函數
$P_{\alpha}^{\varepsilon}(t_1,t_2)$	在t_1時間沒有發生失效且動作 α 在t_1時刻已經實施的條件下，失效 ε 在(t_1,t_2)時間間隔內發生的機率分布函數

續表

變量	說明
$\overline{P}^{\varepsilon}(t_1,t_2)$	在t_1時間沒有發生失效的條件下,失效 ε 在(t_1,t_2)時間間隔內沒有發生的機率分布函數
$c_f(t)$	實施時間的失效和更新成本
$c_p(t)$	實施時間的時基性維護成本
$c_s(t)$	時間函數的缺貨成本
L	訂貨提前期
T	到下一次時基性維護的時間

根據可靠性分析的術語，一個事件 ε 的密度函數 $g^{\varepsilon}(t)$ 表示 ε 在時間 t 發生的機率，$g^{\varepsilon}(t)$ 的累積分布函數表示為 $G^{\varepsilon}(t)$，稱為 ε 的壽命分布函數。$G^{\varepsilon}(t)$ 表示 ε 事件在時間 0～t 之間發生的機率[39]。當一個活動 α 應用減少一個不受歡迎事件的機率時，α 與一個新的事件密度函數 $g_{\alpha}^{\varepsilon}(t)$ 相關聯，這表明 ε 在時間 t 內發生的機率，儘管 α 在時間 t 之前已經發生，這是因為活動 α 並不能阻止 ε 的發生。因此，機率分布運算公式如式(9.3) 和式(9.4) 所示。

$$P^{\varepsilon}(t_1,t_2)=\frac{G^{\varepsilon}(t_2)-G^{\varepsilon}(t_1)}{1-G^{\varepsilon}(t_1)} \tag{9.3}$$

$$P_{\alpha}^{\varepsilon}(t_1,t_2)=\frac{G_{\alpha}^{\varepsilon}(t_2)-G_{\alpha}^{\varepsilon}(t_1)}{1-G^{\varepsilon}(t_1)} \tag{9.4}$$

最小化公式［式(9.1)］：$C_m(t)$ 可以得到提供最佳的維護時間t_m，採用這種方式，當長期替換成本最低時，通過應用相同的預確定活動，基於時間的維護可以變成狀態維護。該公式由三個表示成本風險的因素組成。

① 在維護活動執行之前，由於存在故障發生的機率而產生的成本。這個因素表明，等待執行某個維護的時間越長，發生故障的可能性就越大。

② 儘管採取了緩解措施，由於存在故障發生的機率而產生的成本。這一因素表明，發生故障的機率隨著時間的推移逐漸減小。

③ 下一次時基性維護結束時執行維護活動的費用。考慮這個因素，主要因為儘管已經預測故障，但沒有發生故障。

最小化公式［式(9.2)］：$C_o(t)$ 可以得到提供訂購備件的最佳時間t_o，這樣，備件就可以按 JIT 的方式訂購，使長期庫存成本降到最低。該公式考慮了影響庫存成本的備件報廢問題，也包含了三個成本風險因素：

① 在備件訂購時刻加上提前期時間之前，由於存在發生故障的機率而產生的成本；

② 儘管採取了行動，但由於缺少更多備件，存在發生故障的機率而產生的成本；

③ 下一個時基性維護結束時執行維護活動的費用。考慮到這一因素，儘管已經預測到了故障，但在決策週期內沒有發生故障，已訂購的備件仍留存在倉庫中直到下一次時基性維護。

（2）案例

模型在汽車照明設備行業的生產場景中進行了驗證。生產過程包括汽車前照燈組件的生產和自動化運輸裝配，將感測器和測量設備嵌入到品質評估設備來收集各個生產階段的數據。由於生產過程量大，複雜零件生產設備昂貴，檢測、預測和消除故障或減輕其影響的改進可以用數萬歐元來衡量。前照燈的一個組成部分是覆蓋鏡頭，製作過程包括兩個步驟：成形和上漆。成形過程確保鏡頭的幾何形狀，噴漆為了外部車輛環境。應減少的故障是報廢率的 25％。公司實行時基性維護，每週一和週四 9：00 對注塑機進行除塵清洗。目的將時基性維護轉換為基於預測的維護，以減少維護成本，同時在沒有足夠庫存條件下採用 JIT 訂購備件。

感測器測量工廠灰塵水平、環境因素，如溫度和溼度等已知影響成形機功能的因素，以及覆蓋鏡頭的報廢率。在檢測（診斷）階段，一個複雜事件處理（Complex Event Processing，CEP）引擎（圖 9.14）檢測到一個複雜模式，表明設備的異常行為和退化過程的開始。它發送一個事件到預測階段，並觸發在線預測分析服務，該服務使用統計/機器學習方法來提供報廢率超過 25％的預測。這個預測事件觸發了決策階段，在線制定並給出清潔的最佳時間和訂購相關備件最佳時間的建議。執行階段處理關鍵績效指標的配置和持續監控，以及「檢測-預測-決策-執行」流程週期中所有階段的適應性，該流程可以導致業務性能的持續改善。聯合最佳化決策模型解決了決策階段的問題。

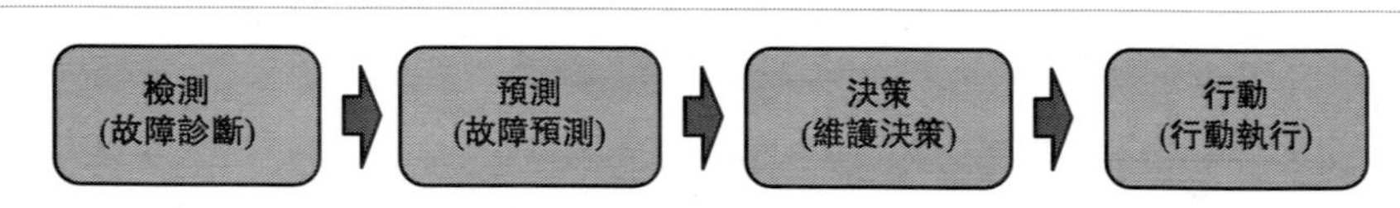

圖 9.14　事件驅動的決策模型

案例中，時基性維護成本是 325 歐元，持續 1h，而故障成本，即報廢率（也包括糾正措施的成本）是 85 歐元每小時。因此，固定的時基性維護成本等於 325 歐元，線性增加的故障和糾正成本等於 $85t$。短缺成本是每小時 140 歐元，持有成本是每小時 65 歐元，交貨期 L 等於 2h。下一次時基性維護（模具清洗）是在 10h 內。5h 後，感測器測量粉塵含量高，並檢測到異常，採用預期失效時間為 4h($\lambda=0.25$) 的指數分布函數預測可用壽命分布，預測過程觸發決策過程。因此，將式(9.1)、式(9.2) 與式(9.3)、式(9.4) 相結合，得到了預期維護費用的決策模型，如式(9.5)所示，式(9.6)為預期備件訂貨費用。

$$C_{\mathrm{m}}(t)=(85t)(1-\mathrm{e}^{-0.25t})+(85t+325)(1-\mathrm{e}^{1-0.25(s-t)})+325(\mathrm{e}^{-0.25t}+\mathrm{e}^{1-0.25(s-t)}-1) \tag{9.5}$$

$$C_{\mathrm{o}}(t)=(140t)(1-\mathrm{e}^{-0.25(t+2)})+(140t)(1-\mathrm{e}^{1-0.25(s-t-2)})+75t(\mathrm{e}^{-0.25(t+2)}+\mathrm{e}^{1-0.25(s-t-2)}-1) \tag{9.6}$$

通過對式(9.5)進行最佳化，建議維護的最佳時間為3.54h，費用為348.8歐元。通過對公式(9.6)進行最佳化，建議訂購備件的最佳時間為1.32h，成本為616.6歐元。結果如圖9.15所示。

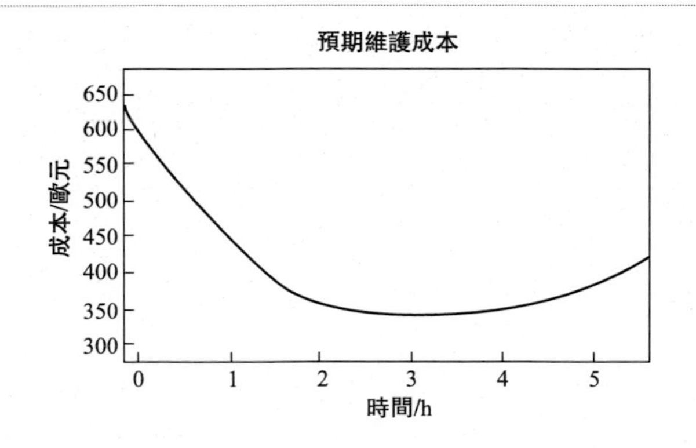

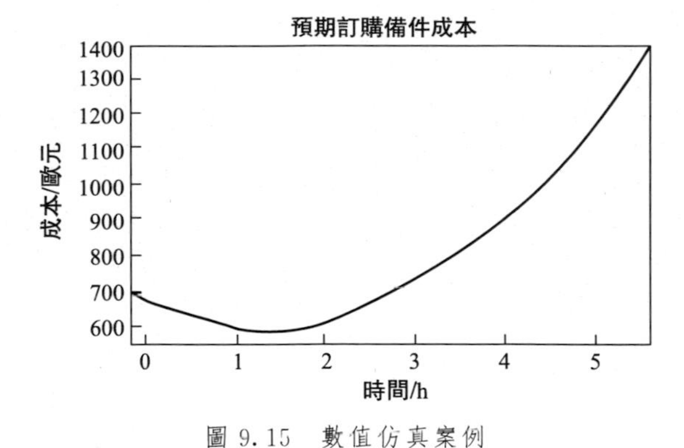

圖9.15 數值仿真案例

參考文獻

[1] WANG Wenbin. A stochastic model for joint spare parts inventory and planned maintenance optimisation. European Journal of Operational Research, 2012 (216): 127-139.

[2] HORENBEEK A V, BURE J, CATTRYSSE D, et al. Joint maintenance and inventory optimization systems: A review. Int. J. Production Economics, 143 (2013): 499-508.

[3] OLDE KEIZER M, TEUNTER R, VELDMAN J. Joint condition-based maintenance and inventory optimization for systems with multiple components. European Journal of Operational Research, 2017 (257): 209-222.

[4] WANG Hongzhou. A survey of maintenance policies of deteriorating systems. European Journal of Operational Research, 2002 (139): 469-489.

[5] WU S, ZUO M J. Linear and nonlinear preventive maintenance. IEEE Transactions on Reiability, 2010, 59 (1): 242-249.

[6] BASTEN R, VAN HOUTUM G. System-oriented inventory models for spare parts. Surveys in Operations Research and Management Science, 2014, 19 (1), 34-55.

[7] VAN HOUTUM G, KRANENBURG B. Spare parts inventory control under system availability constraints. International Series in Operations Research and Management Science, 2015, 227.

[8] OKUMOTO K, ELSAYED E. An optimal group replacement policy. Naval Research Logistics Quarterly, 1983, 30: 667-674.

[9] GERTSBAKH, I B. Optimal group maintenance of a system with observable state parameter. Advances in Applied Probability, 1984, 16: 623-625.

[10] RITCHKEN P, WILSON J. (m, T) Group maintenance polices. Management Science, 1990, 36: 632-639.

[11] AHMAD R, KAMARUDDIN S. An overview of time-based and condition-based maintenance in industrial application. Computers and Industrial Engineer-ing, 2012, 63 (1): 135-149.

[12] BOUSDEKIS A, MAGOUTAS B, APOSTOLOU D, et al. A proactive decision making framework for condition-based maintenance. Industrial Management and Data Systems, 2015, 115 (7): 1225-1250.

[13] HONG H, ZHOU W, ZHANG S, et al. Optimal condition-based mainte-nance decisions for systems with dependent stochastic degradation of compo-nents. Reliability Engineering and System Safety, 2014, 121: 276-288.

[14] LI H, DELOUX E, DIEULLE L. A condition-based maintenance policy for multi-component systems with Lévy copulas dependence. Reliability Engineering and System Safety, 2016, 149: 44-55.

[15] RASMEKOMEN N, PARLIKAD A. Condition-based maintenance of multi-component systems with degradation state-rate interactions. Reliability Engi-

neering and System Safety, 2016, 148: 1-10.

[16] OLDE KEIZER M, TEUNTER R, VELDMAN J. Clustering condition-based maintenance for systems with redundancy and economic dependencies. European Journal of Operational Research, 2016, 251 (2): 531-540.

[17] ACHARYA D, NAGABHUSHANAM G, ALAM S. Jointly optimal block-replacement and spare provisioning policy. IEEE Transactions on Reliability, 1986, 35 (4): 447-451.

[18] CHELBI A, AIT-KADI D. Spare provisioning strategy for preventively replaced systems subjected to random failure. International Journal of Production Economics, 2001, 74 (1-3): 183-189.

[19] YOO, Y K, KIM K J, SEO J. Optimal joint spare stocking and block replacement policy (cost modelling of spare stocking and block replacement). International Journal of Advanced Manufacturing Technology, 2001, 18 (12): 906-909.

[20] BREZAVSCEK A, HUDOKLIN, A. Joint optimization of block-replacement and periodic-review spare-provisioning policy. IEEE Transactions on Reliability, 2003, 52 (1): 112-117.

[21] HUANG R, et al. Modeling and analyzing a joint optimization policy of block-replacement and spare inventory with random-leadtime. IEEE Transactions on Reliability, 2008, 57 (1): 113-124.

[22] SARKER R, HAQUE A. Optimization of maintenance and spare provisioning policy using simulation. Applied Mathematical Modelling, 2000, 24 (10): 751-760.

[23] KABIR A B M Z, AL-OLAYAN A S. A stocking policy for spare part provisioning under age based preventive replacement. European Journal of Operational Research, 1996, 90 (1): 171-181.

[24] ILGIN M A, TUNALI S. Joint optimization of spare parts inventory and maintenance policies using genetic algorithms. the International Journal of Advanced Manufacturing Technology, 2007, 34 (5-6): 594-604.

[25] NGUYEN D Q, BRAMMER C, BAGAJEWICZ M. New tool for the evaluation of the scheduling of preventive maintenance for chemical process plants. Industrial and Engineering Chemistry Research, 2008, 47 (6): 1910-1924.

[26] NGUYEN D Q, BAGAJEWICZ, M. Optimization of preventive maintenance scheduling in processing plants. Proceedings of the 18th European Symposium on Computer Aided Process Engineering. Elsevier Science Ltd, 2008: 319-324.

[27] SERGENT L, SORENSON J, BAGAJEWICZ, M. Optimal perventive maintenance scheduling in process plants. Working Paper, 2008.

[28] ARMSTRONG M J, ATKINS, D A. Joint optimization of maintenance and inventory policies for a simple system. IIE transactions, 1996, 28: 415-424.

[29] SARKER R, HAQUE A. Optimization of maintenance and spare provisioning policy using simulation. Applied Mathematical Modelling, 2000, 24 (10): 751-760.

[30] CHEN, M C, HSU C M, CHEN S W. Optimizing joint maintenance and stock provisioning policy for a multi-echelon spare part logistics network. Journal of the

Chinese Institute of Industrial Engineers, 2006, 23 (4) : 289-302.

[31] JIANG Y, CHEN M, Zhou D H. Joint optimization of preventive maintenance and inventory policies for multi-unit systems subject to deteriorating spare part inventory. Journal of Manufacturing Systems, 2015 (35) : 191-205.

[32] WANG L, CHU J, MAO W. A condition-based order-replacement policy for a single-unit system. Applied Mathematical Modelling, 2008, 32 (11) : 2274-2289.

[33] WANG L, CHU J, MAO W. A condition-based replacement and spare provisioning policy for deteriorating systems with uncertain deterioration to failure. European Journal of Operational Research, 2009, 194 (1) : 184-205.

[34] ALASWAD S, XIANG Y. A review on condition-based maintenance optimization models for stochastically deteriorating system. Reliability Engineering & System Safety, 2016, 157: 54-63.

[35] KOOCHAKI J, BOKHORST J A, WORTMANN H, et al. Condition based maintenance in the context of opportunistic maintenance. International Journal of Production Research, 2012, 50 (23) : 6918-6929.

[36] ZHANG X, ZENG J. Joint optimization of condition-based opportunistic maintenance and spare parts provisioning policy in multiunit systems. European Journal of Operational Research, 2017 (262) : 479-498.

[37] GAN S, ZHANG Z, ZHOU Y, et al. Joint optimization of maintenance, buffer, and spare parts for a production system. Applied Mathematical Modelling, 2015 (39) : 6032-6042.

[38] ZAHEDI-HOSSEINI F, SCARF P, SYNTETOS A. Joint optimisation of inspection maintenance and spare parts provisioning: a comparative study of inventory policies using simulation and survey data. Reliability Engineering and System Safety, 2017 (168) : 306-316.

[39] BOUSDEKIS A, PAPAGEORGIOU N, MAGOUTAS B, et al. A proactive event-driven decision model for joint equipment predictive maintenance and spare parts inventory optimization. Procedia CIRP, 2017 (59) : 184-189.

[40] CHO D, PARLAR M. A survey of maintenance models for multi-unit systems. European Journal of Operational Research, 1991, 51 (1) : 1-23.

[41] KARSTEN F, BASTEN R. Pooling of spare parts between multiple users: How to share the benefits. European Journal of Operational Research, 2014, 233 (1) : 94-104.

[42] VAN HORENBEEK A, PINTELON L. A joint predictive maintenance and inventory policy. //P W TSE, J MATHEW, K Wong, et al. Engineering asset management systems, professional practices and certification. In Lecture notes in mechanical engineering, 2015: 387-399.

[43] BORRERO J, AKHAVAN-TABATABAEI R. Time and inventory dependent optimal maintenance policies for single machine workstations: An MDP approach. European Journal of Operational Research, 2013, 228 (3) : 545-555.

[44] BOUVARD K, ARTUS S, BÉRENGUER C, et al. Condition-based dy-namic maintenance operations planning & group-

ing. Application to commer-cial heavy vehicles. Reliability Engineering and System Safety, 2011, 96 (6) : 601-610.

[45] PARK M, PHAM H. A generalized block replacement policy for a k-out-of-n system with respect to threshold number of failed components and risk costs. IEEE Transactions on Systems, Man and Cybernetics, Part A: Systems and Humans, 2012, 42 (2) : 453-463.

[46] DE JONGE B, KLINGENBERG W, TEUNTER R, et al. Optimum maintenance strategy under uncertainty in the lifetime distribution. Reliability Engineering and System Safety, 2015, 133 (0) : 59-67.

[47] VELDMAN J, WORTMANN H, KLINGENBERG W. Typology of condition based maintenance. Journal of Quality in Maintenance Engineering, 2011, 17 (2) : 183-202.

[48] ElWANY A, GEBRAEEL N. Sensor-driven prognostic models for equipment replacement and spare parts inventory. IIE Transactions, 2008, 40 (7) : 629-639.

第10章

大範圍維護服務預測與最佳化配置

圍遶設備 MRO 營運網路涉及的服務需要預測與最佳化，本章依次介紹了 MRO 營運網路的服務需要預測與最佳化、需要預測與服務提供模型、服務提供商管理、服務備件預測與管理模型以及服務資源配置等大範圍智慧預測性維護服務預測與最佳化配置模型和方法。

10.1 MRO 營運網路的服務需要預測與最佳化問題

由於生產系統故障的高隨機性，MRO 行業具有多方參與、維護需要的高不確定性及快速響應等特點，如何面向 MRO 網路中多個不確定性的合作主體（設備製造商、備件供應商、維修商、設備使用商，以及面向特定應用領域具有設備維護特長的領域維護專家）和高隨機性的備件需要，準確地預測維護需要（備件供需不對稱問題），最大限度地降低安全庫存（甚至「零庫存」），同時又能滿足備品備件的供應需要；如何在有限的服務資源下最大限度地響應維護需要，並提供匹配的 MRO 維護服務（服務資源難匹配問題），建立與客戶長期、全面的合作關係。這些問題成為 MRO 網路中備件供應商、設備製造商、維修商、專業從業人員的共同訴求。為了動態地預測維護需要、合理地調度服務資源、實時地部署維護服務，以智慧預測性維護（Smart Predictive Maintenance，SPdM）網路中不確定性維護需要為背景，研究動態網路環境中不確定性服務需要管理及預測模型、服務提供商選擇與評價、基於改進隨機規劃的服務備件預測與管理、基於模糊隨機規劃和利潤共享模式的服務資源配置等內容，建立圖 10.1 所示面向智慧 PdM 網路的大規模維護服務預測與最佳化配置理論和方法。

（1）服務需要管理方面

需要管理是 MRO 營運服務的核心內容之一，所有的產品服務提供活動都是基於科學合理的需要計劃和相關的營運策略。當前，敏捷、高效的服務供應鏈應該是由需要驅動的，被動地對用戶需要做出反應導致人力、設備等服務資源行動頻繁，必然會降低服務資源利用率，增加服務成本。只有準確地預測不確定需要才能將被動的服務提供過程主動化。然而，傳統的服務需要管理研究大都關注於影響需要本身的特性，如服務價格、服務水平、庫存等，很少考慮不確定需要產生的根源。所以，現有服務需要管理策略很難得到市場和用戶認可。

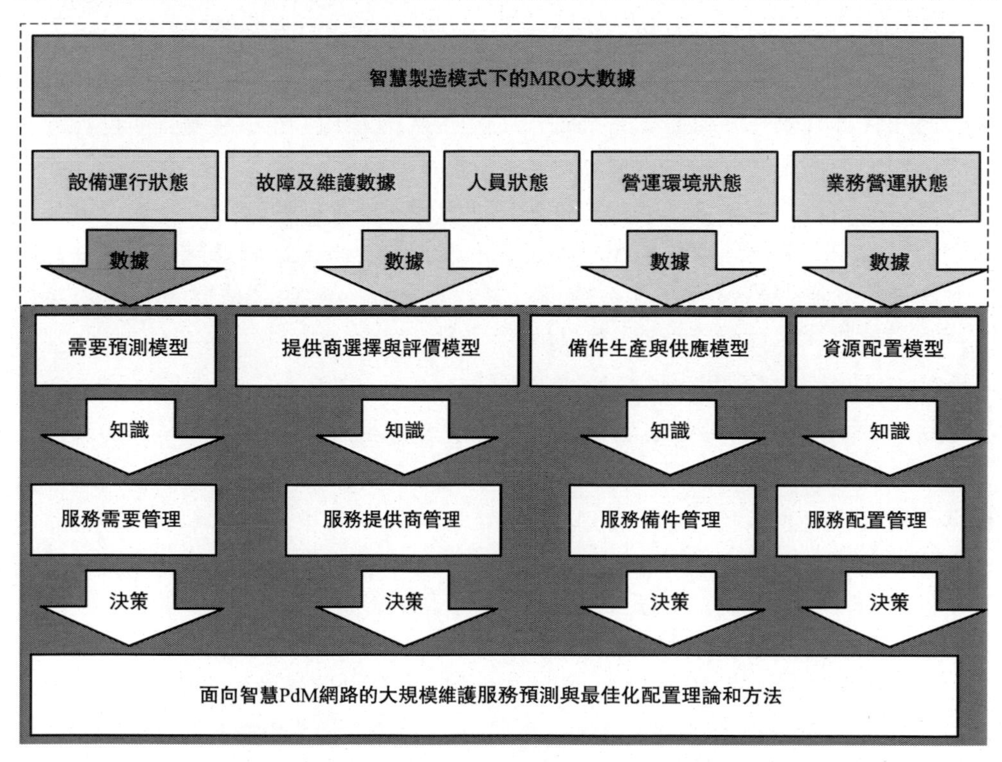

圖 10.1　MRO 網路維護服務協同調度與最佳化決策

對製造企業來說，因設備故障導致的停產會使企業損失巨大，因此，對設備的主動預防性維護比被動更正性維護更有意義。MRO 服務鏈需要管理的目標就是通過預測不確定需要，為用戶主動提供 MRO 服務，最大限度地提高設備可用性及可靠性，降低故障機率。然而，如何準確地預測服務需要，是 MRO 服務鏈所有成員共同研究的課題。就面向工業產品的 MRO 服務來說，其需要的不確定性主要來自產品劣化過程的隨機性，因此，量化產品劣化過程是預測服務需要的必要前提。由此看來，選擇合適的隨機過程模型來刻畫產品劣化並根據劣化狀態來預測需要，對於最佳化服務需要管理具有重要的意義。

(2) 服務提供商管理方面

MRO 服務鏈是一個以產品主製造商為核心、多合作夥伴參與的服務網路。這些合作夥伴包括備件供應商、第三方專業服務供應商等。不同利益訴求的多方共同參與使得合作夥伴能力參差不齊，他們在服務規模、能力、品質等方面差別顯著，這無形中給服務提供商的管理帶來了巨大的挑戰。另外，MRO 服務提供商與傳統的零部件供應商差別很大，選擇合適服務提供商要充分考慮用戶對服務的可獲得性、服務成本及服務品質等因素。在 MRO 服務鏈環境下，如何客觀、動態地選擇和評價提供商是目前服務提供商管理急待解決的問題。

雖然已有的服務提供商管理理論和方法已經比較成熟和完善，也具有不同領域的適用性和有效性，但是，它們並不能直接應用 MRO 服務提供商的選擇與評價。不同於有形產品的提供，MRO 服務的提供不僅需要評估提供商的客觀實力（如資金儲備），還需要評估其主觀能力（如服務水平）。由於主觀能力的模糊性及波動性，現有的靜態評價模型已不能適用於服務提供商的動態評估與選擇。量化提供商服務能力的模糊性及不確定性，並以之作為動態評估與選擇的決策依據，是對提供商進行科學高效管理的重要手段。

（3）服務備件管理方面

MRO 服務備件管理水平的高低直接影響著服務能力的高低，備件管理已經成為世界範圍內的研究焦點。事實上，企業間的競爭、提高服務水平的要求、服務備件的巨大利潤以及其科學合理的管理計劃給企業帶來的低成本，都促使企業進行更好的服務備件管理。隨著製造企業將 MRO 服務外包，如何制定科學有效的備件生產及銷售計劃，在滿足用戶備件可用性的同時又將服務總成本降到最低，是 MRO 服務鏈管理的核心問題。

與一般的服務備件不同，MRO 服務備件裝配於大型製造設備，通常這些製造設備的工作環境極端惡劣（高溫、高壓、高負荷），對生產精度與儲存環境的要求更為苛刻。例如，作為 MRO 服務的主要用戶之一，鋼鐵企業資金密集、投入產出大，其生產系統設備所占資產一般是固定資產的一半以上，而備件的可用性是保障生產系統正常運行及維修工作的重要前提。連續鑄造機是鋼鐵企業主要生產系統設備，其零部件在高溫及高振盪的工作環境下運行，這無疑對相關備件的耐高溫、抗衝擊能力提出了極高要求，也導致了備件生產及儲存過程中的不確定性。因此，在對 MRO 服務備件生產及銷售計劃進行最佳化建模時，必須充分考慮備件生產和儲存過程中的不確定性，才能制定出更符合實際情況的備件管理策略。

（4）服務配置管理方面

MRO 服務資源的配置與最佳化是實現服務鏈各成員價值共創的關鍵，其核心問題是如何利用有限的服務資源來最大化用戶滿意度。這裡的資源不僅包括有形產品（如備件），也包括無形服務（如專家知識）。MRO 服務資源配置主要是解決如何獲得服務交付能力的問題，如何確保服務資源的可用性，如何科學有效地配置資源並使其達到最佳。在當前服務鏈的環境下，諸多隨機性因素及不確定性因素並存，例如用戶需要的隨機性、服務提供商能力的不確定性，導致其服務策略很難最大限度地響應用戶需要及提供與之匹配的專業服務。因此，在服務資源配置與最佳化管理上還有很大的提升空間。

雖然大部分的服務資源配置模型會將用戶需要作為關鍵輸入變量，但是它們大都假設其需要是確定性的。另外，已有的資源配置模型幾乎都沒有考慮服務提供商能力的模糊性，而是假設他們在任何情況下都能「有求必應」。事實上，MRO 服務鏈是一個以產品主製造商為核心、多合作夥伴參與的服務網路，其服務的提供也是一個多方參與的過程，因此，合作夥伴能力的參差不齊必然會導致服務水平的模糊性。可見，同時量化需要的不確定性及提供商能力的模糊性是實現資源柔性配置的關鍵。

10.2 基於產品劣化狀態的需要預測與服務提供模型

在 MRO 服務鏈中，高效的服務提供過程應該是由需要驅動的，事實上，幾乎所有服務提供活動的成功實施都依賴於合理且準確的需要計劃。但是，由於設備隨機劣化過程導致的高度不確定性，面向大型製造設備的 MRO 需要不同於普通工業產品的維護需要。近年來，雖然在 SSC 和 IPS2 領域已有許多關於服務策略最佳化的研究成果，但是，這些研究成果大都關注於通過需要模式的複合特性進行被動的服務提供，目前還鮮有通過需要產生的根源進行服務需要量化，進而發展更為主動且有效服務提供策略的有益嘗試。

雖然相關研究成果為服務與需要策略提供了很好的最佳化理論與方法，但是，它們有一個共同特徵：將需要屬性（例如價格、服務水平、庫存水平等）進行最好的建模，但是卻不問需要自身的產生過程，這恐怕並不適合 MRO 服務提供策略的最佳化。只有將不確定需要的產生過程進行建模才能有助於將被動的服務管理轉化為主動。以連續鑄造設備（Continuous Caster，CC）的 MRO 服務為例，CC 是鋼鐵企業的主要生產設備，服役週期很長，一般在八年以上。為了確保產量和利潤，MRO 服務外包是企業降低成本和風險的主要手段。由 CC 故障導致的生產中斷會給企業帶來巨大損失，因此，能夠保證 CC 可靠性的主動 MRO 服務（如預防性維護、預防性更換等）比被動的故障後維修更重要，建模 MRO 服務需要來源——設備的退化過程和可靠性是尋求最佳服務提供策略的更有效的方法。

通過基於產品劣化的工業維護過程來制定最佳的 MRO 服務提供和需要策略，擬解決兩個問題：如何建模產品劣化的隨機過程？如何利用提出的模型預測服務需要，進而制定最佳服務提供計劃？為此，將幾何過程與伽馬過程結合，利用幾何過程的隨機單調性來建模產品的加速劣化過程。進一步地，基於提出的加速劣化模型，推導包含確定服務計劃和隨機服務計劃的二維聯合決策的解析表達式，最後利用離散近似疊代演算法得到最佳解。

10.2.1 生產設備的加速劣化模型

在這一節中，將構建生產設備的加速劣化模型：①給出模型描述和模型假設；②提出結合幾何過程和伽馬過程的加速劣化模型。

(1) 模型描述和模型假設

考慮一個需要 MRO 服務的生產系統（一臺生產設備或一個設備群）。為了保證該生產系統的可靠性，MRO 服務提供商（如原始設備製造商）會根據需要對生產系統實施週期的和隨機的 MRO 服務。基於生產設備的工業維護特性，在這裡考慮三種類型的 MRO 服務：週期性檢測、預防性更換和故障後更換。雖然不能準確預測系統何時故障（即何時需要故障後更換的服務），但是可以通過週期性檢測和預防性更換來推遲故障的發生時間，而且週期性檢測和預防性更換的需要可利用系統可靠性進行預測。決策問題就是尋找最佳的檢測週期和預防性更換時間，進而制定最佳服務提供策略。

正如前面討論的，可基於系統可靠性對週期性檢測和預防性更換的服務需要進行預測，而系統可靠性可由系統劣化的隨機過程來量化。因此，建模系統劣化過程是進行服務策略最佳化的前提。為了更方便地構建模型，先給出以下模型假設。

假設 10.1 生產系統隨著使用及役齡逐漸劣化，其劣化可用一個隨機過程來刻畫。設 $X(t), t>0$ 表示時刻 t 的劣化狀態，其中 $X(0)$ 表示系統處於全新狀態。隨著時間的推移，系統性能逐漸退化，即 $X(t)$ 是一個單調遞增的隨機過程。設系統的故障閾值為 L，即當 $X(t)\geqslant L$ 時系統故障。系統的停機時間為 T_D，單位時間的停機損失為 C_D。通過故障後更換（Corrective Replacement，CR），系統可以被修復如新，故障後更換的費用為 C_{CR}。

假設 10.2 在工作期間系統需要進行定期檢測，檢測週期記為 T，每次檢測的費用為 C_i。

假設 10.3 設 ξ，$\xi<L$ 為預防性維護（Preventative Maintenance，PM）的閾值。在系統被檢測時，如果 $X(t)\in(0,\xi)$，則系統不需要 PM，繼續運行；如果 $X(t)\in[\xi,L)$，則對系統實施 PM，且在 PM 之後將 $X(t)$ 歸零，但是系統的劣化會加快。設單位時間的 PM 費用為 C_{PM}，第 i 次 PM 的時間為 Y_i，且 Y_i 與 $X(t)$ 有關，即 $Y_i=h(X(t))$，其中 $h(\cdot)$ 是一個單調遞增的函數。

假設 10.4 隨著役齡及維護次數的增加，系統劣化逐漸加快。在第 N 次 PM 時，對系統實施預防性更換（Preventative Replacement，PR），之後系統修復如新。假設 PR 的費用為 C_{PR}。

基於以上模型假設，圖 10.2 直觀地刻畫了對系統實施 MRO 服務的過程。

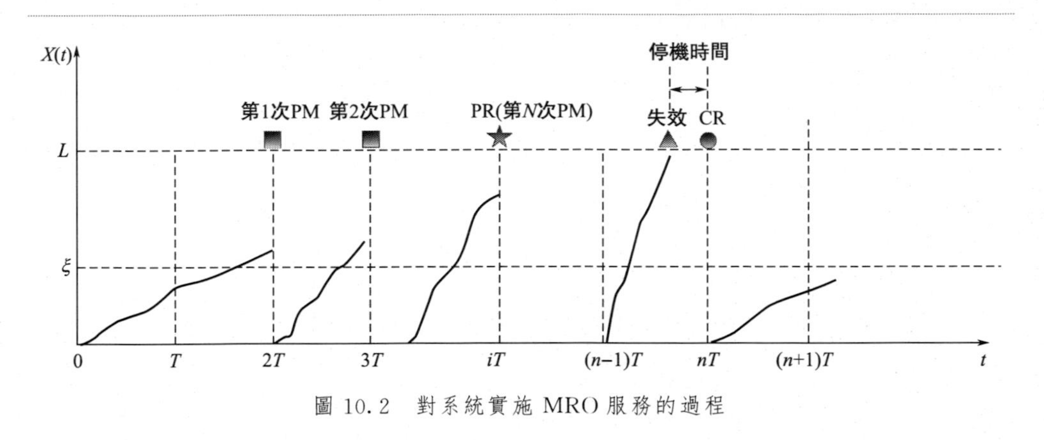

圖 10.2 對系統實施 MRO 服務的過程

關於以上四條模型假設，有以下兩點需要說明。

① 在假設 10.3 中，假設 Y_i 是 $X(t)$ 的單調遞增函數，這表明系統劣化得越嚴重，則 PM 所花費的時間就越長。

② 在假設 10.4 中，假設隨著役齡和維護次數的增加，系統的劣化會逐漸加快，這一點在圖 10.2 中也可以看到。隨著時間的推移，$X(t)$ 的斜率越來越大，直到系統故障。儘管在 PM 後不會有殘餘損傷，但是劣化的進程卻會加快。這意味著劣化是不可逆的，也就是說劣化是損傷的累積。

(2) 加速劣化的數學模型

在上文中提到，系統劣化是以累積損傷的形式出現的，而伽馬過程很適合用來描述這一特徵。伽馬過程具有單調的退化路徑，而且已被廣泛應用。除此之外，還需要描述系統的加速劣化，這裡的加速劣化指的是從狀態 0 變化到狀態 x 的時間 t_x 隨機遞減。為此，將應用典型的隨機單調過程——幾何過程來描述這種加速劣化。在這一小節中，首先給出伽馬過程和幾何過程的基本概念。然後，將伽馬過程與幾何過程結合，提出加速劣化的數學模型。

① 伽馬過程和幾何過程的基本概念

定義 10.1 伽馬過程模型 $\{X(t), t \geqslant 0\}$ 是一個隨機過程，其機率密度函數為[1]：

$$f_t(x)=\frac{\beta^{\alpha t} x^{\alpha t-1}}{\Gamma(\alpha t)} \mathrm{e}^{-\beta x}, x \geqslant 0 \tag{10.1}$$

式中，α 和 β 分別為形狀參數和尺度參數；$\Gamma(\cdot)$ 為伽馬函數 $\Gamma(s)=\int_0^{+\infty} u^{s-1} \mathrm{e}^{-u} \mathrm{d}u, s>0$。伽馬過程的期望和方差分別是 $\frac{\alpha}{\beta}$ 和 $\frac{\alpha}{\beta^2}$。

定義 10.2 設有兩個隨機變量 X 和 Y，如果 $P(X>\alpha)\geqslant P(Y>\alpha)$，$\forall\alpha\in R$，則稱 X 隨機地大於 Y，記作 $X\geqslant_{st}Y$[2]。如果對於所有的 $n=1,2,\cdots$，有 $X_n\geqslant_{st}X_{n+1}$（或者 $X_n\leqslant_{st}X_{n+1}$），則稱 $\{X_n,n=1,2,\cdots\}$ 是隨機遞減的（或者隨機遞增的）。

定義 10.3 設 $\{\zeta_n,n=1,2,\cdots\}$ 是相互獨立、非負的隨機變量序列。如果 ζ_n 的分布函數是 $U_n(t)=U(a^{n-1}t),n=1,2,\cdots$，其中 $U(t)$ 是 ζ_1 的累積分布函數，a 是一個正的常數，則稱 $\{\zeta_n,n=1,2,\cdots\}$ 是一個幾何過程，a 為其比例係數。

注意，根據定義 10.2 和定義 10.3，如果 $a>1$，則 $\{\zeta_n,n=1,2,\cdots\}$ 是隨機遞減的；如果 $a<1$，則 $\{\zeta_n,n=1,2,\cdots\}$ 是隨機遞增的；當 $a=1$，則幾何過程 $\{\zeta_n,n=1,2,\cdots\}$ 退化為更新過程。

② 加速劣化的數學模型 根據定義 10.1，從狀態 0 變化到狀態 x 的時間 t_x 的分布函數 $F_x(t)$ 可表示為：

$$F_x(t)=P\{X(t)\geqslant x\}=\frac{\Gamma(\alpha t,x\beta)}{\Gamma(\alpha t)} \tag{10.2}$$

式中，$\Gamma(s,b)=\int_b^{+\infty}u^{s-1}\mathrm{e}^{-u}\mathrm{d}u,s>0,b\geqslant 0$。

在第 $i-1$ 次 MRO 服務之後，系統進入第 i 個服務週期，$i=1,2,\cdots,N$。令隨機變量 $t_x^{(i)}$ 表示在第 i 個服務週期中系統狀態 0 變化到狀態 x 的時間。基於前面的討論，$t_x^{(i)}$ 隨機遞減，即由定義 10.2 有：$t_x^{(i)}\leqslant_{st}t_x^{(i-1)}$。

記 $t_x^{(i)}$ 的分布函數為 $F_x^{(i)}(t)$，根據定義 10.3 和式(10.2)，有：

$$F_x^{(i)}(t)=F_x^{(1)}(a^{i-1}t)=\frac{\Gamma(\alpha a^{i-1}t,x\beta)}{\Gamma(\alpha a^{i-1}t)},a>1 \tag{10.3}$$

因此，可以得到第 i 個服務週期的伽馬過程 $X_i(t)$ 的機率密度函數：

$$f_t^{(i)}(x)=\frac{\beta^{\alpha a^{i-1}t}x^{\alpha a^{i-1}t-1}}{\Gamma(\alpha a^{i-1}t)}\mathrm{e}^{-\beta x},x\geqslant 0 \tag{10.4}$$

式(10.4) 就是加速劣化的數學模型，其中 $a^{i-1}\alpha$ 和 β 分別為形狀參數和尺度參數。由該模型可以看出，在第 i 個服務週期內，其平均劣化率 μ_i 可以表示為 $\mu_i=\frac{\alpha a^{i-1}}{\beta}=\frac{\alpha}{\beta}\mu_1$，其中 μ_1 是第一個服務週期的平均劣化率。由於 $a>1$，說明 μ_i 隨著 i 的增加而增加。這表示隨著 MRO 服務週期的增加，系統劣化逐漸加快。可見，式(10.4) 很好地刻畫了系統加速劣化的特徵。

10.2.2 基於產品劣化狀態的需要預測及服務提供模型

這一節中將考慮二維聯合策略 (T,N)，其中 T 是檢測週期，N 是在 PR 之前所實施 PM 的總次數。決策目標是尋求最佳的策略 (T^*,N^*)，使得系統的平均費用率 $C(T,N)$ 達到最小。接下來推導 $C(T,N)$ 的解析表達式，然後利用離散近似疊代演算法尋找最佳數值解。

(1) 平均費用率 $C(T,N)$ 的運算

假設在策略 (T,N) 下，系統在 PR 後重新運行的時刻為 $\tau_n(n\geqslant 1)$，則 $\{\tau_1,\tau_2-\tau_1,\cdots,\tau_n-\tau_{n-1}\}$ 構成一個更新過程。設 $C(t)$ 為在時間區間 $[0,t]$ 內產生的總費用，則根據更新酬勞定理，有：

$$C(T,N)=\lim_{t\to\infty}\frac{C(t)}{t}=\frac{E(C)}{E(\tau)} \tag{10.5}$$

式中，$E(C)$ 為一個更新週期的期望總費用；$E(\tau)$ 為一個更新週期的期望總長度。

根據假設 10.1 和假設 10.4，系統會在第 N 次 PM 或故障後進行更換，於是有：

$$\begin{aligned}E(\tau)=&E\left(\sum_{i=1}^{N}K_iT+\sum_{i=1}^{N-1}Y_i\right)\chi\{系統在第\ i\ 次\ \mathrm{PM}\ 時沒有故障,i=1,2,\cdots,N\}+\\&\sum_{m=1}^{N}E\left(\sum_{i=1}^{m}K_iT+\sum_{i=1}^{m-1}Y_i\right)\chi\{系統在第\ m\ 次\ \mathrm{PM}\ 時已經故障\}\\=&\left[T\sum_{i=1}^{N}E(K_i)+\sum_{i=1}^{N-1}E(Y_i)\right]P_N+\sum_{m=1}^{N}\left[T\sum_{i=1}^{m}E(K_i)+\sum_{i=1}^{m-1}E(Y_i)\right]P_m\end{aligned} \tag{10.6}$$

式中，$\chi(\cdot)$ 為特徵函數；$P_N=P\{系統在第\ i\ 次\ \mathrm{PM}\ 時沒有故障,i=1,2,\cdots,N\}$；$P_m=P\{系統在第\ m\ 次\ \mathrm{PM}\ 時已經故障\}$；$K_i,i=1,2,\cdots,N$ 為第 i 個服務週期內的檢測次數。

類似地，可以得到 $E(C)$ 如下：

$$\begin{aligned}E(C)=&\left[C_i\sum_{i=1}^{N}E(K_i)+C_{\mathrm{PM}}\sum_{i=1}^{N-1}E(Y_i)+C_{\mathrm{PR}}\right]P_N+\\&\sum_{m=1}^{N}\left[C_i\sum_{i=1}^{m}E(K_i)+C_{\mathrm{PM}}\sum_{i=1}^{m}E(Y_i)+C_{\mathrm{D}}E(T_{\mathrm{D}}^{(m)})+C_{\mathrm{CR}}\right]P_m\end{aligned} \tag{10.7}$$

式中，$T_{\mathrm{D}}^{(m)}$ 為從系統故障到第 m 次 PM 的時間。

由式(10.6) 和式(10.7) 可知，要得到 $E(\tau)$ 和 $E(C)$ 的解析表達式，需要先運算 $E(K_i)$、$E(T_{\mathrm{D}}^{(m)})$、P_N、P_m 和 $E(Y_i)$。

① 運算在第 i 個服務週期內的平均檢測次數 $E(K_i)$ 設 $X_i(t)$ 為第 i 個服務週期時刻 t 的劣化狀態，由於劣化會在 PM 後歸零，故有 $X_i(0)=0$，因此：

$$E(K_i)=\sum_{k=1}^{\infty}kP\{\text{系統在前 }k-1\text{ 次檢測時不需要進行 PM,在第 }k\text{ 次檢測時需要進行 PM}\}$$

$$=\sum_{k=1}^{\infty}kP\{X_i((k-1)T)<\xi,\xi\leqslant X_i(kT)<L\} \tag{10.8}$$

由於伽馬過程 $X_i(t)$ 有伽馬分布的獨立增量，故式(10.8) 也可以寫成：

$$E(K_i)=\sum_{k=1}^{\infty}kP\{X_i((k-1)T)<\xi,\xi\leqslant X_i((k-1)T)+X_i(T)<L\}$$

$$=\sum_{k=1}^{\infty}k\int_0^{\xi}f^{i}_{(k-1)T}(x)\left[\int_{\xi-x}^{L-x}f^{i}_{T}(y)\mathrm{d}y\right]\mathrm{d}x \tag{10.9}$$

式中，$f^{(i)}_{T}(x)$ 為伽馬過程 $X_i(t)$ 的機率密度函數，其形式如式(10.4)所示。

② 運算從系統故障到第 m 次 PM 的平均時間 $E(T_{\mathrm{D}}^{(m)})$　設系統發生故障的時間為 t_{D}，則 t_{D} 的分布函數 $H_{t_{\mathrm{D}}}^{(m)}(t)$ 可以寫成：

$$H_{t_{\mathrm{D}}}^{(m)}(t)=P\{t_{\mathrm{D}}<t\}=P\{X_m(t)>L\}=F_{L}^{(m)}(t)=\frac{\Gamma(\alpha a^{m-1}t,L\beta)}{\Gamma(\alpha a^{m-1}t)} \tag{10.10}$$

如果 $(j-1)T<t_{\mathrm{D}}\leqslant jT, j=1,2,\cdots$，則直到更換前的停機時間為 $jT-t_{\mathrm{D}}$，因此有：

$$E(T_{\mathrm{D}}^{(m)})=\sum_{j=1}^{\infty}E[(jT-t_{\mathrm{D}})\mid(j-1)T<t_{\mathrm{D}}\leqslant jT]$$

$$=\sum_{j=1}^{\infty}P\{X_m((j-1)T)<\xi\}\int_{(j-1)T}^{jT}(jT-x)\mathrm{d}H_{t_{\mathrm{D}}}^{(m)}(x)$$

$$=\sum_{j=1}^{\infty}\int_0^{\xi}f^{(m)}_{(j-1)T}(y)\mathrm{d}y\int_{(j-1)T}^{jT}(jT-x)\mathrm{d}F_{L}^{(m)}(x) \tag{10.11}$$

式中，$f^{(m)}_{(j-1)T}(y)$ 的形式如式(10.4) 所示，$F_{L}^{(m)}(x)$ 的形式如式(10.10)所示。

③ 運算機率值 P_N 和 P_m　P_N 表示在第 i 次 PM 時系統沒有故障的機率，所以可運算如下：

$$P_N=\prod_{j=1}^{N}P\{系統在第\,j\,次\,\mathrm{PM}\,時沒有故障\}$$
$$=\prod_{j=1}^{N}\left(\sum_{K_j=1}^{\infty}P\{系統在第\,j\,次\,\mathrm{PM}\,時沒有故障,且實施第\,j\,次\,\mathrm{PM}\,的時間是\,K_jT\}\right)$$
$$=\prod_{j=1}^{N}\left(\sum_{K_j=1}^{\infty}P\{X_j((K_j-1)T)<\xi,\xi\leqslant X_j(K_jT)<L\}\right)$$
$$=\prod_{j=1}^{N}\left\{\sum_{K_j=1}^{\infty}\int_0^{\xi}f_{(K_j-1)T}^{(j)}(x)\left[\int_{\xi-x}^{L-x}f_T^{(j)}(y)\mathrm{d}y\right]\mathrm{d}x\right\}$$

(10.12)

類似地，可以得到：

$$P_m=P\{系統在第\,m\,次\,\mathrm{PM}\,時故障\}$$
$$=\prod_{j=1}^{m-1}P\{系統在第\,j\,次\,\mathrm{PM}\,沒有故障\}P\{系統在第\,m\,次\,\mathrm{PM}\,時故障\}$$
$$=\prod_{j=1}^{m-1}\left\{\sum_{K_j=1}^{\infty}\int_0^{\xi}f_{(K_j-1)T}^{(j)}(x)\left[\int_{\xi-x}^{L-x}f_T^{(j)}(y)\mathrm{d}y\right]\mathrm{d}x\right\}$$
$$\left\{\sum_{K_m=1}^{\infty}\int_0^{\xi}f_{(K_m-1)T}^{(j)}(x)\left[\int_{L-x}^{\infty}f_T^{(m)}(y)\mathrm{d}y\right]\mathrm{d}x\right\}$$

(10.13)

④ 運算第 i 次 PM 的平均時間 $E(Y_i)$　根據假設 10.3，Y_i 與 $X(t)$ 有關，且 $Y_i=h(X(t))$，於是有：

$$E(Y_i)=E(h[X_i(t)])=\sum_{K_i=1}^{\infty}E(h[X_i(K_iT)])P\{實施第\,i\,次\,\mathrm{PM}\,的時間為\,K_iT\}$$
$$=\sum_{K_i=1}^{\infty}E(h[X_i(K_iT)])P\{X_i((K_i-1)T)<\xi,\xi\leqslant X_i((K_i-1)T)+X_i(T)<L\}$$
$$=\sum_{K_i-1}^{\infty}\int_0^{\xi}f_{(K_i-1)T}^{(i)}(x)\left[\int_{\xi-x}^{L-x}h(x+y)f_T^{(i)}(y)\mathrm{d}y\right]\mathrm{d}x$$

(10.14)

基於以上運算的 $E(K_i)$、$E(T_D^{(m)})$、P_N、P_m 和 $E(Y_i)$，可以得到如下 $C(T,N)$ 的解析表達式：

$$C(T,N)=\frac{\left[C_i\sum_{i=1}^{N}E(K_i)+C_{\mathrm{PM}}\sum_{i=1}^{N-1}E(Y_i)+C_{\mathrm{PR}}\right]P_N+\sum_{m=1}^{N}\left[C_i\sum_{i=1}^{m}E(K_i)+C_{\mathrm{PM}}\sum_{i=1}^{m}E(Y_i)+C_{\mathrm{D}}E(T_{\mathrm{D}}^{(m)})+C_{\mathrm{CR}}\right]P_m}{\left[T\cdot\sum_{i=1}^{N}E(K_i)+\sum_{i=1}^{N-1}E(Y_i)\right]\cdot P_N+\sum_{m=1}^{N}\left[T\cdot\sum_{i=1}^{m}E(K_i)+\sum_{i=1}^{m-1}E(Y_i)\right]\cdot P_m}$$

(10.15)

式中，$E(K_i)$、$E(T_D^{(m)})$、P_N、P_m 和 $E(Y_i)$ 的表達式分別如式(10.9)、

式(10.11)～式(10.14) 所示。

(2) 尋找使得 $C(T,N)$ 達到最小的最佳數值解

這一小節的決策目標是尋找最佳的聯合策略 (T^*,N^*)，使得 $C(T,N)$ 達到最小。從 $C(T,N)$ 的推導過程可以看出，所考慮的最佳化問題非常複雜，而且具有非線性性質，因此在理論上很難找到其解析最佳解。鑑於此，利用離散近似疊代演算法來尋找最佳數值解 (T^*,N^*)，表 10.1 給出了該演算法的具體步驟。

表 10.1 離散近似疊代演算法具體步驟

步驟序號	內容
1	選擇三個正整數：最大檢測週期 T_{max}、最小檢測週期 T_{min} 以及步長 ΔT
2	分別初始化檢測週期 $T_i=T_{min}$，以及實施 PR 的時刻 $N=1$
3	根據式(10.15)開始運算 $C(T_i,N)$，賦值 $C(T_i,N^*)=C(T_i,N)$
4	賦值 $N=N+1$，再次運算 $C(T_i,N)$
5	如果 $C(T_i,N^*)>C(T_i,N)$，賦值 $C(T_i,N^*)=C(T_i,N)$，且獲得 $N^*=N$，然後轉到步驟 4；否則，記錄 $C(T_i,N^*)$ 和 N，然後轉到步驟 6
6	賦值 $T_i=T_i+\Delta T$。如果 $T_i\leqslant T_{max}$，轉到步驟 2；否則，轉到步驟 7
7	對所有的 $T_i\in[T_{min},T_{max}]$，運算 $C(T_i,N^*)$，返回最小的平均費用率 $C(T^*,N^*)=\min\limits_{T_i\in[T_{min},T_{max}]}\{C(T_i,N^*)\}$，獲得最佳的聯合策略 (T^*,N^*)

10.2.3 算例分析

這一節將通過一個算例來驗證所提模型的可行性及有效性。

(1) 參數設置

假設生產設備某部件的振幅（或裂紋）可以反映其劣化程度，即振幅越大，設備劣化越嚴重，當振幅超過一定閾值時，設備故障停機。表 10.2 給出了在不同維護週期的振幅數據。

表 10.2 不同維護週期的振幅數據 mm

週期	工作時長/天											
	0	30	60	90	120	150	180	210	240	270	300	330
Ⅰ	1.004	1.193	1.389	1.391	1.405	1.418	1.433	1.442	1.468	1.512	1.611	1.702
Ⅱ	1.006	1.205	1.411	1.422	1.445	1.469	1.494	1.503	1.549	1.604	1.713	1.814
Ⅲ	1.011	1.213	1.422	1.437	1.463	1.489	1.519	1.533	1.584	1.642	1.756	1.864

續表

週期	工作時長/天											
	0	30	60	90	120	150	180	210	240	270	300	330
Ⅳ	1.023	1.233	1.453	1.48	1.519	1.559	1.601	1.633	1.704	1.772	1.916	2.068
Ⅴ	1.076	1.315	1.614	1.646	1.691	1.754	1.825	1.896	2.018	2.102	2.263	2.473

此外，設備的故障閾值 $L=6$，維修閾值 $\xi=3$。檢測的最大週期 $T_{\max}=15$，最小週期 $T_{\min}=1$。考慮到實際的預防維護活動，設置步長 $\Delta T=1$。在系統壽命週期內，檢測費用 $C_i=150$，單位時間維修費用 $C_{PM}=100$，預防性更換費用 $C_{PR}=3000$，故障後更換費用 $C_{CR}=4000$，單位時間停機損失 $C_D=40$。第 i 次維修時間 Y_i 與檢測時的設備劣化狀態 x 有關，二者的函數關係設為 $Y_i=h(x)=1+\sqrt{\frac{x-\xi}{\xi}}=1+\sqrt{\frac{x}{4}-1}$。

(2) 最佳服務提供策略

為了運算平均費用率 $C(T,N)$，需要獲得第 i 個服務週期的伽馬過程 $X_i(t)$ 的機率密度函數 $f_t^{(i)}(x)=\frac{\beta^{\alpha a^{i-1}t}x^{\alpha a^{i-1}t-1}}{\Gamma(\alpha a^{i-1}t)}e^{-\beta x}$。因此，根據表 10.2 中的振幅數據來猜想 $f_t^{(i)}(x)$ 中的參數 α、β 和 a。設 α_i 和 β_i 分別為 $X_i(t)$ 的形狀參數和尺度參數，t_{ij} 和 x_{ij} 分別表示第 i 個服務週期的第 j 次檢測時間和相應的振幅值，$i=1,2,\cdots,n$；$j=1,2,\cdots,m$。在這個算例中，$x_{23}=1.411$，$n=5$ 以及 $m=12$。由於增量分別為 $\Delta t_{ij}=t_{ij}-t_{i,j-1}$ 和 $\Delta x_{ij}=x_{ij}-x_{i,j-1}$，有如下的對數似然函數：

$$\ln L(\alpha_i,\beta_i)=\sum_{j=1}^{m}(\alpha_i\Delta t_{ij}-1)\ln\Delta x_{ij}-\alpha_i t_{im}\ln\beta_i-\sum_{j=1}^{m}\ln\Gamma(\alpha_i\Delta t_{ij})-\frac{x_{im}}{\beta_i} \tag{10.16}$$

對 $\ln L(\alpha_i,\beta_i)$ 分別關於 α_i 和 β_i 求偏導，可得如下極大似然方程組：

$$\begin{cases}\dfrac{\partial\ln L(\alpha_i,\beta_i)}{\partial\alpha_i}=\displaystyle\sum_{j=1}^{m}\Delta t_{ij}(\ln x_{ij}-\psi(\alpha_i\cdot\Delta t_{ij})-\ln\beta_i)=0\\ \dfrac{\partial\ln L(\alpha_i,\beta_i)}{\partial\beta_i}=\dfrac{x_{im}}{\beta_i^2}-\dfrac{\alpha_i t_{im}}{\beta_i}=0\end{cases} \tag{10.17}$$

式中，$\psi(\cdot)=\frac{\Gamma'(\cdot)}{\Gamma(\cdot)}$為雙伽馬函數。

求解式(10.17)，可以得到 α_i 和 β_i 的極大似然猜想值。進一步地，根據平均劣化率 $\mu_i=\frac{\alpha_i}{\beta_i}$以及 $\mu_i=a^{i-1}\mu_1$，可利用普通最小平方法得到 a 的猜想值。

基於以上的極大似然猜想法以及表 10.2 中的振幅數據，可以得到猜想值：

$\alpha=0.0266$、$\beta=0.0795$ 以及 $a=1.492$，於是有：

$$f_i^{(i)}(x)=\frac{0.0795^{0.0266\times1.492^{i-1}t}\cdot x^{0.0266\times1.492^{i-1}t-1}}{\Gamma(0.0266\times1.492^{i-1}t)}\mathrm{e}^{-0.0795x} \tag{10.18}$$

根據表 10.1 中的離散近似疊代演算法，可以得到在不同檢測週期 T_i 下的最佳更換策略 N^* 以及相應的平均費用率 $C(T_i,N^*)$，其結果列於表 10.3 中。

表 10.3　不同檢測週期 T_i 下的最佳更換策略 N^* 和平均費用率 $C(T_i,N^*)$

項目	檢測週期 T_i														
	1	2	3	4	5	6	7	8	9	10	11	12	13	14	15
N^*	4	4	5	5	6	7	6	5	7	7	8	8	9	10	9
$C(T_i,N^*)$	301.6	292.3	280.5	263.4	229.2	275.7	316.8	340.4	369.0	402.2	457.1	450.4	513.8	607.0	644.2

從表 10.3 中可以看出，最佳的聯合策略（T^*,N^*）是（5,6），最小的平均費用率 $C(T^*,N^*)$ 是 229.2。因此，在這個算例中，最佳的服務提供策略是對設備進行週期性檢測，其檢測週期為 5，而且，設備需要在第 6 次 PM 時進行更換。

（3）參數分析

在模型中，有三組參數與最佳的服務供需策略有關。第一組參數反映產品的可靠性，如 L、α、a 等；第二組反映服務提供者的利益，如 C_{PM}、C_{PR} 等；最後一組反映服務需要者的利益，如 C_D。不失一般性，在每組參數中挑選一個進行以下實驗，以分析這些參數對最佳策略（T^*,N^*）的影響。

① 設置 a 為不同的值　為了分析參數 a 對 T^*、N^* 以及 $C(T^*,N^*)$ 的影響，令 a 從 1.05 變化到 1.85，其步長為 0.05。運算的結果列於表 10.4，圖 10.2更直觀展現了 T^*、N^* 及 $C(T^*,N^*)$ 隨 a 的變化趨勢。

表 10.4　T^*、N^* 以及 $C(T^*,N^*)$ 隨參數 a 的變化趨勢

a	T^*	N^*	$C(T^*,N^*)$
1.05	8	10	184.0
1.10	8	9	184.6
1.15	7	9	185.9
1.20	7	9	188.7
1.25	7	8	193.6
1.30	6	8	201.0
1.35	6	8	209.5
1.40	5	7	219.2
1.45	5	7	230.2
1.50	5	6	243.8
1.55	4	6	262.5

續表

a	T^*	N^*	$C(T^*,N^*)$
1.60	4	5	297.4
1.65	3	5	335.1
1.70	2	4	372.0
1.75	1	3	404.9
1.80	1	3	453.3
1.85	1	3	486.2

從表 10.4 和圖 10.3 中可以看出，當 a 的值較小時，最佳的檢測週期 T^* 較長，最佳的更換時間 N^* 較大。這是因為 a 的大小直接反映了設備的劣化程度，即 a 的值越小，系統的劣化程度越低。在這種情形下，系統並不需要頻繁地進行檢測和更換。隨著 a 的增大，T^* 和 N^* 逐漸減小。這表明當系統劣化率增大時，MRO 服務提供者需要縮短檢測週期以更好地把控系統劣化狀態，並進行及時更換以減小系統故障的機率。另外，平均費用率 $C(T^*,N^*)$ 隨著 a 的增大而增大，這表明系統劣化得越嚴重，其運維費用會越高。

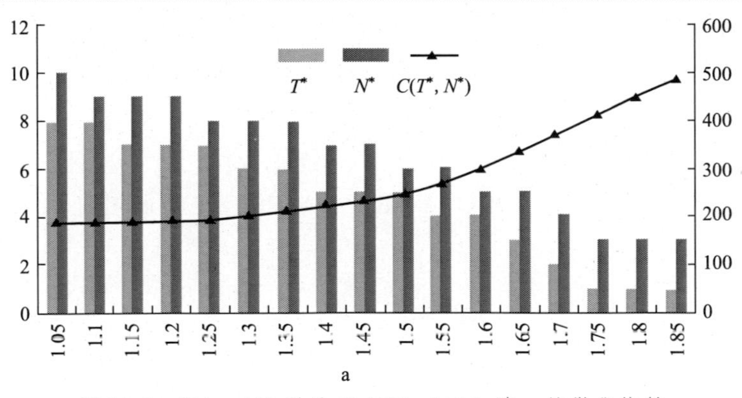

圖 10.3 T^*、N^* 以及 $C(T^*,N^*)$ 隨 a 的變化趨勢

② 設置 C_{PR} 為不同的值　為了研究預防性更換費用 C_{PR} 對 T^*、N^* 以及 $C(T^*,N^*)$ 的影響，令 C_{PR} 從 1000 變化到 4200，步長取為 200，將重新運算後的結果列於表 10.5，圖 10.3 更直觀地展現了 T^*、N^* 以及 $C(T^*,N^*)$ 隨 C_{PR} 的變化趨勢。

表 10.5　T^*、N^* 以及 $C(T^*,N^*)$ 隨參數 C_{PR} 的變化趨勢

C_{PR}	T^*	N^*	$C(T^*,N^*)$
1000	9	3	139.9
1200	8	3	147.8

續表

C_{PR}	T^*	N^*	$C(T^*,N^*)$
1400	8	4	153.3
1600	8	4	160.2
1800	7	4	168.9
2000	7	4	174.0
2200	7	5	181.5
2400	6	5	188.4
2600	6	5	193.6
2800	5	6	201.3
3000	5	6	229.2
3200	4	6	248.7
3400	4	7	275.8
3600	3	7	328.0
3800	3	8	360.4
4000	2	8	416.5
4200	2	9	473.6

從表 10.5 和圖 10.4 中可以看出，最佳檢測週期 T^* 隨著 C_{PR} 的增大而減小，但是最佳更換時間 N^* 隨著 C_{PR} 的增大而增大。這一現象可以解釋為，當 PR 的費用 C_{PR} 較高時，MRO 服務提供者應該縮短檢測週期以提高系統可靠性，從而推遲系統的更換。N^* 的增大表明當 PR 的費用 C_{PR} 增加時，對系統的 PR 應該被延遲以降低 PR 的總次數，這也符合 PR 的費用占據總費用的大部分這一事實。此外，$C(T^*,N^*)$ 曲線的斜率越來越大，說明其增加率隨著 C_{PR} 的增加也在提高。

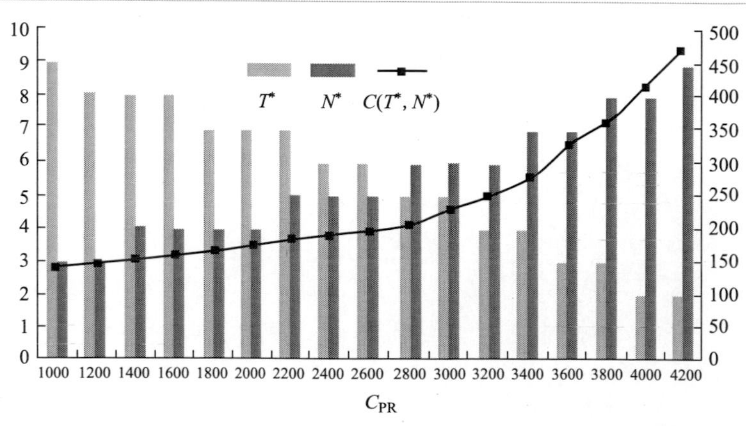

圖 10.4　T^*、N^* 以及 $C(T^*,N^*)$ 隨 C_{PR} 的變化趨勢

③ 設置 C_D 為不同的值　為了分析停機損失對 T^*、N^* 以及 $C(T^*,N^*)$ 的影響，令 C_D 從 8 變化到 72，步長取為 4，將重新運算後的結果列於表 10.6，

圖 10.4 更直觀地展現了 T^*、N^* 以及 $C(T^*,N^*)$ 隨 C_D 的變化趨勢。

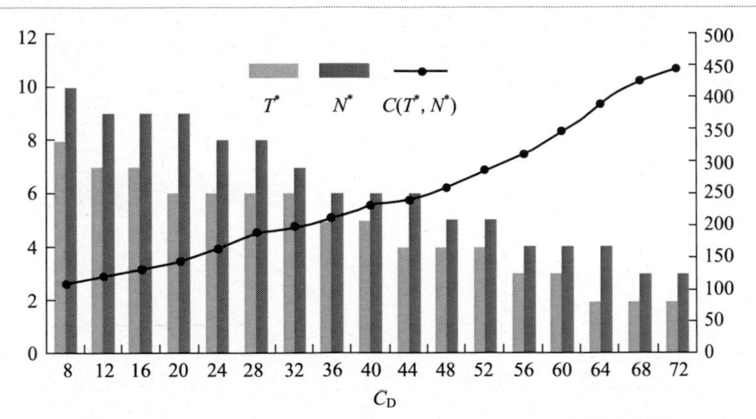

圖 10.5 T^*、N^* 以及 $C(T^*,N^*)$ 隨 C_D 的變化趨勢

表 10.6 T^*、N^* 以及 $C(T^*,N^*)$ 隨參數 C_D 的變化趨勢

C_D	T^*	N^*	$C(T^*,N^*)$
8	8	10	109.4
12	7	9	121.8
16	7	9	135.7
20	6	9	142.9
24	6	8	163.2
28	6	8	187.1
32	6	7	195.0
36	5	6	208.3
40	5	6	229.2
44	4	6	236.9
48	4	5	258.0
52	4	5	285.4
56	3	4	311.6
60	3	4	342.5
64	2	4	389.0
68	2	3	428.4
72	2	3	447.6

從表 10.6 和圖 10.5 中可以看出，當停機損失很高時，MRO 服務提供者不僅需要縮短檢測週期，而且還需要較早進行預防性更換，以降低因故障而導致系統停機的機率。可以看出的另一個結論是，當檢測週期 T^* 較小時，平均費用率 $C(T^*,N^*)$ 較高，這是由於系統被頻繁地檢測，導致了費用的增加。

10.3 基於 DSSI 理論和 FAHP 賦權模式的服務提供商管理

MRO 服務外包是現代製造企業降低營運成本和風險的主要手段，服務提供商關係管理是管理企業與提供商互動作用的複雜過程，其目標是使兩者間的服務活動更為有效。因此，服務提供商選擇是一個複雜且棘手的決策問題。目前，在不同研究領域已提出許多關於提供商評估和選擇的方法及理論，例如運籌學理論、人工智慧、決策分析理論等。一些學者曾指出，最常用的建模方法有層次分析法（Analytic Hierarchy Process，AHP）、資料包絡分析（Data Envelopment Analysis，DEA）、多目標規劃（Multiple Objective Programming，MOP）、模糊邏輯（Fuzzy Logic，FL）、基因演算法（Genetic Algorithms，GA）以及人工人工類神經網路（Artificial Neural Networks，ANN）。但是，在使用這些方法時，生成相關準則和確定其權重的過程具有一定的挑戰性。由於專業知識的局限性，決策者不一定能夠確定評估準則並為其精確地賦予權重，而且，選擇結果高度依賴於決策者的主觀判斷。此外，文獻［3］和［4］指出提供商很難在不同服務週期保持相同的服務水平，一方面，他們經歷著不同階段能力的波動，另一方面，市場環境也在不斷變化。因此，為了長期與提供商的合作關係，有效的服務提供商選擇模型絕不能忽視這一問題的動態性。

基於以上分析，本節將給出一種有效、簡單的方法，一方面，強調與提供商長期合作的動態特性；另一方面，充分考慮用戶需要的隨機性。不同於有形商品的需要，MRO 服務需要一般來自預防性維護（preventive maintenance，PM）和故障後維修（Corrective Maintenance，CM）。PM 的需要可以被計劃，但是 CM 的需要具有很強的隨機性和不確定性，原因在於 CM 一般發生在設備故障之後，而設備劣化與很多因素有關，如役齡、使用狀態、工作環境等，是一個隨機過程[5,6]。因此，在服務提供商選擇模型中必須考慮需要的隨機性。除此之外，由於提供商完成服務能力的不確定性，在模型中也需要考慮其服務性能的隨機性。基於這兩點考慮，將基於通用母函數（Universal Generating Function，UGF）方法和離散應力強度干擾（Discrete Stress-Strength Interference，DSSI）

理論，引入一個新穎且通用的準則——需要實現水平（Demand Fulfillment Level，DFL）。將 DFL 定義為提供商隨機完成的服務數量大於用戶隨機需要的服務數量的機率，因此，選擇過程中的隨機性和不確定性都在模型中有所反映。值得一提的是，選擇模型的實施過程簡易，而且由於 DFL 的運算依據為實際的記錄數據而非主觀判斷，因此決策結果更為客觀，且會隨著數據的更新而更新，具有動態性，有助於決策者在不同階段，對於不同類型 MRO 服務，選擇最合適服務提供商。

為了促進服務提供商之間的良性競爭及有針對性地提高服務品質，建立基於模糊層次分析法（Fuzzy Analytical Hierarchy Process，FAHP）的多維服務品質評價機制。首先建立包含雙重品質屬性（客觀屬性和主觀評價）的模糊階層結構，以全面考量主客觀服務品質屬性對提供商評價的影響；然後，構造了可根據決策者的偏好與側重動態調整權重解析度的 FAHP 賦權模式，與傳統的賦權模式不同，該賦權模式下的權向量不是唯一的（但權重的排序唯一），而是一個包含可調參數的函數，通過參數的調整，可保留（或剔除）決策者偏好（或放棄）的候選提供商，一方面使決策者在選擇提供商時更理智，另一方面也促使服務提供商進一步完善服務品質；最後，利用組合權向量及序數效用函數值得到各候選服務提供商的評價結果。

10.3.1 理論背景

在建立服務提供商選擇和評價模型之前，首先給出模型建立過程中需要用到的理論知識和相關概念，並把重點放在這些知識和概念的陳述上，不深究其數學原理或推導。

(1) UGF 方法概述

UGF 的概念最早在文獻［7］中提出，後來應用到可靠性分析及多狀態系統的最佳化領域。

設 X 為一個離散型的隨機變量，其分布律可以表示成為一個向量 $\boldsymbol{x}$ 和另一個向量 $\boldsymbol{p}$，向量 $\boldsymbol{x}$ 包含 X 的所有可能取值，而向量 $\boldsymbol{p}$ 包含取相應值的機率，即 $\boldsymbol{x}=(x_1,x_2,\cdots,x_k)$，$\boldsymbol{p}=(p_1,p_2,\cdots,p_k)$，$p_i=Pr(X=x_i)$，$i=1,2,\cdots,k$。

定義 10.4 離散隨機變量的 UGF。

X 的 UGF 定義為變量 z 的一個多項式函數 $u_X(z)$，且：

$$u_X(z)=p_1z^{x_1}+p_2z^{x_2}+\cdots+p_kz^{x_k}=\sum_{i=1}^{k}p_iz^{x_i} \tag{10.19}$$

需要注意的是，對於一個離散性隨機變量，其分布律與 UGF 之間存在一一對應關係。

定義 10.5 離散隨機變量函數的 UGF。

考慮 n 個相互獨立的離散隨機變量 X_1，X_2，…，X_n，每個隨機變量的 UGF 分別為 $u_{X_1}(z),u_{X_2}(z),\cdots,u_{X_n}(z)$，設 $f(X_1,X_2,\cdots,X_n)$ 為 $X_1,X_2,\cdots,X_n$ 的一個任意涵數。引入複合算子 $\otimes$，則函數 $f(X_1,X_2,\cdots,X_n)$ 的 UGF$u_f(z)$ 定義如下：

$$u_f(z)=\otimes(u_{X_1}(z),u_{X_2}(z),\cdots,u_{X_n}(z)) \tag{10.20}$$

定義 10.6 複合算子 $\otimes$。

根據定義 10.4，有 $u_{X_i}(z)=\sum_{j_i=1}^{k_i}p_{ij_i}z^{x_{ij_i}}$，$i=1,2,\cdots,n$，其中 $k_1,k_2,\cdots,k_n$ 分別是每個隨機變量可能取值的個數。為了得到 $u_f(z)$，複合算子 $\otimes$ 定義為：

$$\begin{aligned}&\otimes\left(\sum_{j_1=1}^{k_1}p_{1j_1}z^{x_{1j_1}},\sum_{j_2=1}^{k_2}p_{2j_2}z^{x_{2j_2}},\cdots,\sum_{j_n=1}^{k_n}p_{nj_n}z^{x_{nj_n}}\right)\\&=\sum_{j_1=1}^{k_1}\sum_{j_2=1}^{k_2}\cdots\sum_{j_n=1}^{k_n}\left(\prod_{i=1}^{n}p_{ij_i}z^{f(x_{1j_1},x_{2j_2},\cdots,x_{nj_n})}\right)\end{aligned} \tag{10.21}$$

性質 10.1 UGF 的運算滿足交換律和結合律，即：

$$\begin{aligned}u_f(z)&=\otimes(u_{X_1}(z),u_{X_2}(z),\cdots,u_{X_i}(z),u_{X_{i+1}}(z),\cdots,u_{X_n}(z))\\&=\otimes(u_{X_1}(z),u_{X_2}(z),\cdots,u_{X_{i+1}}(z),u_{X_i}(z),\cdots,u_{X_n}(z)),\end{aligned}$$

$$\begin{aligned}u_f(z)&=\otimes(u_{X_1}(z),u_{X_2}(z),\cdots,u_{X_i}(z),u_{X_{i+1}}(z),\cdots,u_{X_n}(z))\\&=\otimes(\otimes(u_{X_1}(z),u_{X_2}(z),\cdots,u_{X_{i+1}}(z)),\otimes(u_{X_i}(z),\cdots,u_{X_n}(z)))\end{aligned}$$

(2) DSSI 模型概述

應力強度干擾（Stress-Strength Interference，SSI）模型已經廣泛地應用於「部件」的可靠性分析，這裡的「部件」可以是一個抽象的系統。應力強度干擾分析是可靠性工程領域的一種有效工具。

定義 10.7 「部件」可靠性。

設 S_1 和 S_2 分別表示作用在一個「部件」上的壓力和該「部件」自身的應力，則「部件」可靠性 R 可定義為：

$$R=Pr(S_2>S_1) \tag{10.22}$$

式(10.22) 是 SSI 模型的基本表達形式，它表明「部件」可靠性定義為應力大於壓力的機率。

如果 S_1 和 S_2 為兩個離散隨機變量，其分布律如下：

$$S_1=(S_{11},S_{12},\cdots,S_{1k_1}),p_1=(p_{11},p_{12},\cdots,p_{1k_1}) \tag{10.23}$$

$$S_2=(S_{21},S_{22},\cdots,S_{2k_2}),p_2=(p_{21},p_{22},\cdots,p_{2k_2}) \tag{10.24}$$

式中，k_1 和 k_2 分別為 S_1 和 S_2 可能取值的個數。因此，根據定義 10.7，

S_1 和 S_2 的 UGF 分別為 $u_{S_1}(z)=\sum_{j_1=1}^{k_1} p_{1j_1} z^{S_{1j1}}$ 和 $u_{S_2}(z)=\sum_{j_2=1}^{k_2} p_{2j_2} z^{S_{2j2}}$ 。

如果 $f(S_1,S_2)$ 是 S_1 和 S_2 的一個函數，基於前面介紹的 UGF 方法，可以得到函數 $f(S_1,S_2)$ 的 UGF 為

$$u_f(z)=\otimes(u_{S_1}(z),u_{S_2}(z))=\sum_{j_1=1}^{k_1}\sum_{j_2=1}^{k_2}\left(\prod_{i=1}^{2} p_{ij_i} z^{f(S_{1j1},S_{2j2})}\right)=\sum_{j=1}^{K} P_j z^{f_j} \tag{10.25}$$

式中，f_j 和 P_j，$j=1,2,\cdots,K$ 分別為函數 $f(S_1,S_2)$ 的可能取值以及取相應值的機率，且 $K\leqslant k_1k_2$。

定義 10.8 DSSI 模型。

如果 $f(S_1,S_2)=S_2-S_1$，則「部件」可靠性可以寫成：

$$R=Pr(f(S_1,S_2)>0)=\sum_{j=1}^{K} P_j\sigma(f_j) \tag{10.26}$$

式(10.26) 被稱為 DSSI 模型，其中 $\sigma(f_j)$ 是一個定義在 $f(S_1,S_2)$ 可能取值集合上的二元值函數，且 $\sigma(f_j)=\begin{cases}1, & f_j>0\\0, & f_j\leqslant 0\end{cases}$。

(3) FAHP 方法概述

AHP 是美國運籌學家 Satty 創立的一種多目標決策方法[8]，該方法將定性與定量分析相結合，既能有效地分析目標評價準則相關體系層次之間的非序列關係，又能有效地綜合度量決策者的比較和判斷。模糊層次分析法（Fuzzy Analytical Hierarchy Process，FAHP）是對傳統 AHP 的一種改進，它提出了一種更為合理、科學的權向量運算方法，並且可以根據參數的選擇來調整決策者對權重的分辨能力[9]。

定義 10.9 一致性矩陣。

如果一個成對比較矩陣 $\mathbf{A}=[a_{ij}]_{n\times n}$ 滿足：

$$a_{ij}a_{jk}=a_{ik},i,j,k=1,2,\cdots,n \tag{10.27}$$

則稱 $\mathbf{A}$ 為一致性矩陣，簡稱一致陣。

定理 10.1 若 $\mathbf{A}=[a_{ij}]_{n\times n}$ 是一致的成對比較矩陣，則 $\boldsymbol{R}=[r_{ij}(\alpha)]_{n\times n}$，$\alpha\geqslant 81$ 是模糊一致判斷矩陣。這裡 $r_{ij}(\alpha)=\log_\alpha a_{ij}+0.5$。

注意：

① 定理 10.1 提供了一種將一致陣轉化為模糊一致陣的方法，這裡要求 $\alpha\geqslant 81$ 是為了保證 $0\leqslant r_{ij}(\alpha)\leqslant 1$，不失一般性，在本章的運算中，取 $\alpha=243$；

② 模糊標度值的大小依賴於決策者對 α 取值的選擇，特別地，$\lim_{\alpha\to\infty}\log_\alpha x=0$，$1/9\leqslant x\leqslant 9$；這樣，一個一致陣 $\mathbf{A}=[a_{ij}]_{n\times n}$ 對應於一族模糊一致陣 $\boldsymbol{R}=$

$[r_{ij}(\alpha)]_{n\times n}$，其中 $r_{ij}(\alpha)=\log_{\alpha}a_{ij}+0.5$，且 $\alpha\geqslant 81$。

定義 10.10 模糊權向量。

設 $\boldsymbol{R}=[r_{ij}]_{n\times n}$ 是模糊一致陣，則其模糊權向量 $\boldsymbol{\omega}=(\omega_1,\omega_2,\cdots,\omega_n)^{\mathrm{T}}$ 可由下面約束規劃問題確定：

$$\mathrm{P1}:\begin{cases}\min z=\sum_{i=1}^{n}\sum_{j=1}^{n}(\log_{\beta}\omega_i-\log_{\beta}\omega_j+0.5-r_{ij})^2\\ \mathrm{s.t.}\ \sum_{j=1}^{n}\omega_j=1\\ \omega_j>0,j=1,2,\cdots,n\end{cases} \tag{10.28}$$

這裡 $\beta>1$。

定義 10.11 組合模糊權向量。

設 $\boldsymbol{R_P}$ 的權向量為 $(\omega_1^{\boldsymbol{R_P}},\omega_2^{\boldsymbol{R_P}})^{\mathrm{T}}$，$\boldsymbol{R_{Q_1}}$ 的權向量為 $(\omega_1^{\boldsymbol{R_{Q1}}},\omega_2^{\boldsymbol{R_{Q1}}},\cdots,\omega_n^{\boldsymbol{R_{Q1}}})^{\mathrm{T}}$，$\boldsymbol{R_{Q_2}}$ 的權向量為 $(\omega_1^{\boldsymbol{R_{Q2}}},\omega_2^{\boldsymbol{R_{Q2}}},\cdots,\omega_n^{\boldsymbol{R_{Q2}}})^{\mathrm{T}}$，則組合模糊權向量為 $\omega^*=(\omega_1^*,\omega_2^*\cdots,\omega_n^*)$，其中 $\omega_i^*=\omega_i^{\boldsymbol{R_{Q1}}}\omega_1^{\boldsymbol{R_P}}+\omega_i^{\boldsymbol{R_{Q2}}}\omega_2^{\boldsymbol{R_P}}$，$i=1,2,\cdots,n$。

10.3.2 基於 DSSI 理論的提供商選擇模型

這一節將基於 DSSI 理論建立服務提供商選擇的數學模型。首先，給出模型描述和模型假設。然後，基於 DSSI 模型，引入一種新穎的評估準則——需要實現水平（Demand Fulfillment Level，DFL），並給出 DFL 的運算步驟。最後，制定提供商的動態選擇規則。

（1）模型描述和模型假設

在模型中，考慮一位用戶（決策者）和多位 MRO 服務提供商。用戶將不同種類的 MRO 服務（例如配電系統維護、自動化儀表校準等）外包給這些提供商。在每個服務階段，決策者需要制定服務計劃，包括需要進行預防性維護的設備數量，以及相應服務的訂購數量。該模型的決策問題是在每個服務階段，應該選擇哪一位提供商執行哪一類 MRO 服務。為了建立模型的需要，給出以下模型假設。

假設 10.5 候選提供商的集合用 $S=\{S_1,S_2,\cdots S_I\}$ 表示，其中 $S_i,i=1,2,\cdots,I$ 表示第 i 個提供商。在每個階段（除第一個階段），其決策目標是根據提供商在前一階段的服務表現，從集合 S 中挑選出最合適的供應商，並將相應種類的服務外包給他。

假設 10.6 在第一個階段，用戶（企業）在集合 S 中隨機挑選提供商簽訂 MRO 服務外包合約。

假設 10.7 用戶有能力和技術記錄各種維護活動的資訊及數據。

假設 10.8 在每個時間節點，用戶訂購服務的數量及提供商完成服務的數量能分別被記錄。前者可基於預防性維護計劃資訊，而後者可基於已實施的維護活動資訊。

假設 10.9 提供商選擇模型考慮多個週期，每個週期包含多個時間節點。圖 10.6 直觀地刻畫了記錄數據的時間節點以及更新外包合約的週期節點。

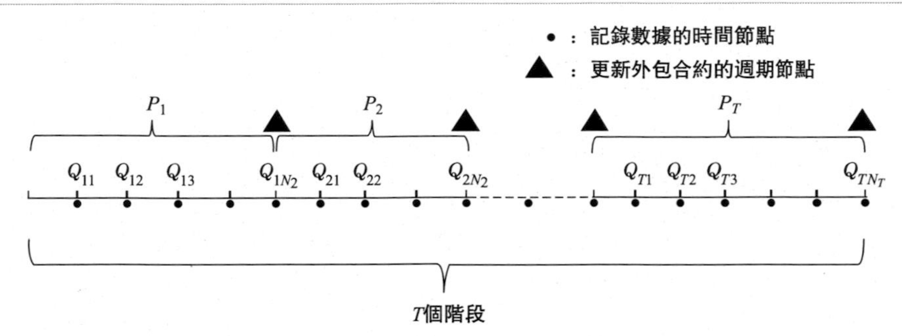

圖 10.6 記錄數據的時間節點以及更新外包合約的週期節點

為清晰起見，表 10.7 列出了模型中用到的符號及相應的符號說明。

表 10.7 模型中用到的符號及說明

i	提供商下標
j	MRO 服務下標
t	週期下標
n_t	第 t 個週期的時間節點下標
S_i	第 i 個提供商
M_j	第 j 種 MRO 服務
P_t	第 t 個階段
Q_{tn_t}	第 t 個階段的第 n_t 個時間節點
O_{ijtn_t}	在時間區間$[Q_{t,n_t-1},Q_{t,n_t}]$內向提供商 S_i 訂購的服務 M_j 的累積數量，它是在時間節點 Q_{tn_t} 的記錄參數
F_{ijtn_t}	在時間區間$[Q_{t,n_t-1},Q_{t,n_t}]$內提供商 S_i 完成服務 M_j 的累積數量，它是在時間節點 Q_{tn_t} 的記錄參數
X_{ijt}	在第 t 個階段內向提供商 S_i 訂購的服務 M_j 的數量，它是一個隨機變量
Y_{ijt}	提供商 S_i 在第 t 個階段完成服務 M_j 的數量，它是一個隨機變量
DFL_{ijt}	在第 t 個階段，提供商 S_i 關於服務 M_j 的需要實現水平
I	提供商的個數
J	維護服務的種類數
T	階段的個數

續表

N_t	第 t 個階段的時間節點的個數

(2) 需要實現水平 DFL 的定義

這一節將引入一個新穎且通用的準則——DFL，來評估提供商的表現。DFL 的定義主要基於前面介紹的 DSSI 理論和 UGF 方法。正如前面介紹的，DSSI 模型考慮兩個隨機變量，分別是施加於系統的外部壓力和維持系統不失效的自身應力。在這裡，將服務提供商 $S_i, i=1,2,\cdots,I$ 等價於一個系統，用戶隨機的服務訂購數量 X_{ijt} 等價為壓力，而提供商完成的隨機服務數量 Y_{ijt} 等價為應力。進一步地，DFL 定義為系統（提供商）可靠性，即有：

定義 10.12 需要實現水平 DFL。

假設用戶的服務訂購數量 X_{ijt} 和提供商完成的服務數量 Y_{ijt} 是隨機變量，則在第 t 個階段，提供商 S_i 關於服務 M_j 的需要實現水平 DFL_{ijt} 定義為 Y_{ijt} 大於 X_{ijt} 的機率，即：

$$DFL_{ijt}=Pr(Y_{ijt}>X_{ijt}) \tag{10.29}$$

關於 DFL 的定義，有以下幾點說明。

① 隨機變量 X_{ijt} 的統計特徵基於一組觀測/記錄數據，即記錄參數 O_{ijtn_t}；類似地，隨機變量 Y_{ijt} 的統計特徵基於另一組觀測/記錄數據，即記錄參數 F_{ijtn_t}。這表明 X_{ijt} 的分布律和 Y_{ijt} 的分布律可分別從它們的記錄參數獲得。

② 由於觀測/記錄數據是客觀的，因此 DFL_{ijt} 不會依賴於決策者的主觀判斷。而且，觀測/記錄數據越多，以 DFL_{ijt} 來評估提供商的表現就會越準確。

③ 雖然模型中只有一個評估準則 DFL_{ijt}，但是影響提供商表現的其他因素（如價格、品質等）與 DFL_{ijt} 之間的關係會涵蓋在變量 X_{ijt} 和 Y_{ijt} 的隨機性中。換句話說，在長期的 MRO 服務營運過程中，這些因素的影響會反映在 DFL_{ijt} 中。舉個例子，如果一個提供商在某一階段提供了品質較差的服務，那麼，用戶在下個階段就不會再向他訂購服務，這就會導致數據 O_{ijtn_t} 的降低。如果一個提供商的服務能力較弱，也會導致數據 F_{ijtn_t} 的降低。

(3) DFL 的運算步驟

基於前面介紹的 UGF 方法和 DSSI 模型，給出下面運算 DFL 的具體步驟。

① 推導 X_{ijt} 的分布律和 Y_{ijt} 的分布律　假設 X_{ijt} 的記錄數據為 $O_{ijt1}, O_{ijt2}, \cdots, O_{ijtN_t}$，$Y_{ijt}$ 的記錄數據為 $F_{ijt1}, F_{ijt2}, \cdots, F_{ijtN_t}$，這兩組記錄數據的直方圖如圖 10.7 所示，從直方圖中可以直接得到其組距區間以及相應的相對頻數。由於 X_{ijt} 的分布律由兩個要素確定，一是 X_{ijt} 的可能取值，二是每個可能取值的相應機率。為此，將每個組距區間 $[O_{ijt}^{l_t-1}, O_{ijt}^{l_t}]$，$l_t=2,3,\cdots,L_t$ 的中點值作為 X_{ijt} 的可能取值，每個組距區間的相對頻數作為相應機率值。因此，可以得到如

下的 X_{ijt} 的分布律：

$$X_{ijt}=\left(\frac{O_{ijt}^{2}-O_{ijt}^{1}}{2},\frac{O_{ijt}^{3}-O_{ijt}^{2}}{2},\cdots,\frac{O_{ijt}^{L_t}-O_{ijt}^{L_t-1}}{2}\right)\triangleq(X_{ijt}^{1},X_{ijt}^{2},\cdots,X_{ijt}^{L_t}) \tag{10.30}$$

$$p_{ijt}=(p_{ijt}^{1},p_{ijt}^{2},\cdots,p_{ijt}^{L_t}) \tag{10.31}$$

式中，$X_{ijt}^{l_t}=\frac{O_{ijt}^{l_t}-O_{ijt}^{l_t-1}}{2}$，$l_t=1,2,\cdots,L_t$。

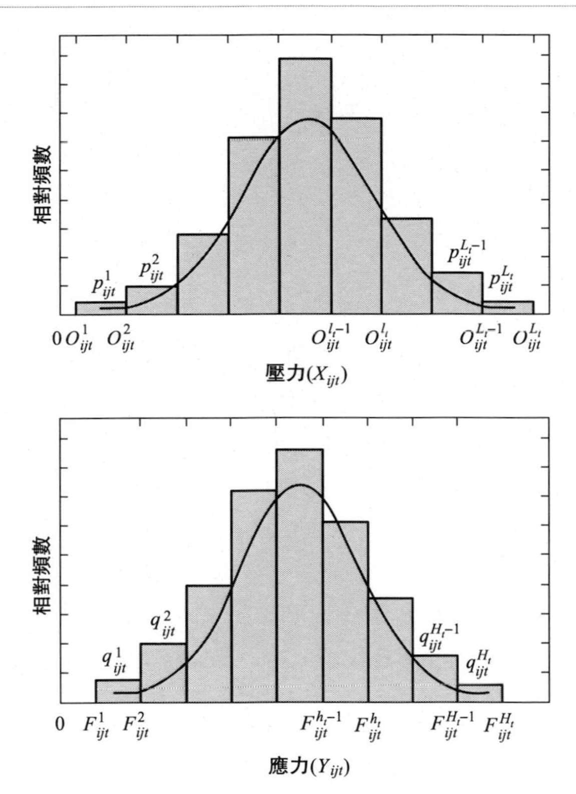

圖 10.7　壓力和應力數據的直方圖

類似地，將每個組距區間 $[F_{ijt}^{h_t-1},F_{ijt}^{h_t}]$，$h_t=2,3,\cdots,H_t$ 的中點值作為 Y_{ijt} 的可能取值，每個組距區間的相對頻數作為相應機率值。因此，可以得到如下的 Y_{ijt} 的分布律：

$$Y_{ijt}=\left(\frac{F_{ijt}^{2}-F_{ijt}^{1}}{2},\frac{F_{ijt}^{3}-F_{ijt}^{2}}{2},\cdots,\frac{F_{ijt}^{H_t}-F_{ijt}^{H_t-1}}{2}\right)\triangleq(Y_{ijt}^{1},Y_{ijt}^{2},\cdots,Y_{ijt}^{H_t}) \tag{10.32}$$

$$q_{ijt}=(q_{ijt}^{1},q_{ijt}^{2},\cdots,q_{ijt}^{H_t}) \tag{10.33}$$

式中，$Y_{ijt}^{h_t}=\dfrac{F_{ijt}^{h_t}-F_{ijt}^{h_t-1}}{2}$，$h_t=1,2,\cdots,H_t$。

② 推導 X_{ijt} 的 UGF、Y_{ijt} 的 UGF 以及 $f(X_{ijt},Y_{ijt})$ 的 UGF　根據定義 10.4，離散隨機變量的 UGF 與其分布律一一對應，而在上一步已經得到 X_{ijt} 和 Y_{ijt} 的分布律，因此，它們的 UGF 可分別寫成：

$$u_{X_{ijt}}(z)=p_{ijt}^{1}z^{X_{ijt}^{1}}+p_{ijt}^{2}z^{X_{ijt}^{2}}+\cdots+p_{ijt}^{L_t}z^{X_{ijt}^{L_t}}=\sum_{l_t=1}^{L_t}p_{ijt}^{l_t}z^{X_{ijt}^{l_t}} \quad (10.34)$$

$$u_{Y_{ijt}}(z)=q_{ijt}^{1}z^{Y_{ijt}^{1}}+q_{ijt}^{2}z^{Y_{ijt}^{2}}+\cdots+q_{ijt}^{H_t}z^{Y_{ijt}^{H_t}}=\sum_{h_t=1}^{H_t}q_{ijt}^{h_t}z^{Y_{ijt}^{h_t}} \quad (10.35)$$

由於 $f(X_{ijt},Y_{ijt})$ 是 X_{ijt} 和 Y_{ijt} 的一個函數，根據定義 10.5 和定義 10.6，可得到 $f(X_{ijt},Y_{ijt})$ 的 UGF 如下：

$$\begin{aligned}u_f(z)&=\otimes(u_{X_{ijt}}(z),u_{Y_{ijt}}(z))=\otimes\left(\sum_{l_t=1}^{L_t}p_{ijt}^{l_t}z^{X_{ijt}^{l_t}},\sum_{h_t=1}^{H_t}q_{ijt}^{h_t}z^{Y_{ijt}^{h_t}}\right)\\&=\sum_{l_t=1}^{L_t}\sum_{h_t=1}^{H_t}(p_{ijt}^{l_t}z^{f(X_{ijt}^{l_t},Y_{ijt}^{h_t})}q_{ijt}^{h_t}z^{f(X_{ijt}^{l_t},Y_{ijt}^{h_t})})=\sum_{a=1}^{A}\lambda_a z^{f_a}\end{aligned} \quad (10.36)$$

式中，f_a 和 λ_a，$a=1,2,\cdots,A$ 分別為函數 $f(X_{ijt},Y_{ijt})$ 的可能取值和相應機率，且有 $A\leqslant L_tH_t$。

③ 根據 DSSI 模型運算 DFL_{ijt}　假設 $f(X_{ijt},Y_{ijt})=Y_{ijt}-X_{ijt}$，根據定義 10.5，$DFL_{ijt}$ 可根據下式運算：

$$DFL_{ijt}=Pr(f(X_{ijt},Y_{ijt})>0)=\sum_{a=1}^{A}\lambda_a\sigma(f_a) \quad (10.37)$$

式中，$\sigma(f_a)$ 是一個定義在函數 $Y_{ijt}-X_{ijt}$ 可能取值集合上的二元值函數，即 $\sigma(f_a)=\begin{cases}1, & f_a>0\\0, & f_a\leqslant 0\end{cases}$。可以看出，式(10.37) 將 DFL 定義中的機率轉化為一個 λ_a 和 $\sigma(f_a)$ 相乘相加的函數表達式，這樣會更有利於電腦處理運算和決策過程。

(4) 提供商選擇的動態決策規則

不失一般性，給出服務 M_j 的提供商選擇和更新過程。根據前一小節給出的 DFL 運算方法，可以運算得到不同階段每個提供商關於服務 M_j 的 DFL 如下：

DFL_{1j1}，DFL_{2j1}，…，DFL_{Ij1}，

DFL_{1j2}，DFL_{2j2}，…，DFL_{Ij2}，　而且

…

DFL_{1jT}，DFL_{2jT}，…，DFL_{IjT}，

$DFL_{i_1j1}=\max\limits_{1\leqslant i\leqslant I}\{DFL_{ij1}\}$，$1\leqslant i_1\leqslant I$

$$DFL_{i_2j2}=\max_{1\leqslant i\leqslant I}\{DFL_{ij2}\},\ 1\leqslant i_2\leqslant I$$

$$\vdots$$

$$DFL_{i_TjT}=\max_{1\leqslant i\leqslant I}\{DFL_{ijT}\},\ 1\leqslant i_T\leqslant I$$

根據以上各式，可以在不同階段為服務 M_j 動態選擇最合適（DFL 值最大）的服務提供商。例如，在第一階段，服務 M_j 外包給提供商 S_{i_1}，但是，到了第二個階段，當 $i_1\neq i_2$ 時則需要更新外包合約，將服務 M_j 外包給提供商 S_{i_2}。可以看出，影響決策結果的不是每個提供商 DFL 值的大小，而是這些值的排序。因此，在不同規模的記錄數據集合下，雖然同一個提供商的 DFL 值大小會有所不同（因為精確度不同），但是所有提供商的 DFL 值排序差異不大，因為一旦確定了記錄數據集合，所有提供商 DFL 值的精度都是一樣的。

在現實的決策過程中，如果需要根據實際情況為相應的 MRO 服務選擇更多的提供商，決策者只需將DFL_{ijt}，$t=1,2,\cdots,T$；$i=1,2,\cdots,I$ 進行排序，然後設定閾值選擇排序靠前的DFL_{ijt}，進而選擇相應的多個提供商。

(5) 算例分析

這一節將通過一個算例來驗證所提模型的可行性及有效性。不失一般性，假設用戶可將三種 MRO 服務（即 $J=3$）外包給四個服務提供商（即 $I=4$）。服務過程包含四個階段（即 $T=4$），每個階段包含三十個時間節點（即 $N_t=30$，$t=1,2,3,4$）。決策目標是根據提供商的服務表現，在不同階段，選擇最合適的提供商，並確定應該將何種 MRO 服務外包給他。為清晰起見，表 10.8 和表 10.9 分別列出了記錄參數 O_{ijtn_t} 和 F_{ijtn_t}。

表 10.8　記錄參數 O_{ijtn_t}

$t=1$					$t=2$				
項目	S_1	S_2	S_3	S_4	項目	S_1	S_2	S_3	S_4
M_1	37,36,41,29,34,26,40,39,44,36,33,47,32,36,37,28,22,31,33,46,51,45,37,38,42,48,44,46,41,42	35,37,39,30,33,27,39,40,45,34,32,46,34,37,39,29,23,33,35,44,53,41,39,37,44,47,43,46,40,39	36,34,44,31,32,28,39,41,46,38,33,46,31,37,35,27,21,32,34,45,50,38,36,39,43,49,39,45,40,41	37,36,41,26,29,34,36,38,39,44,47,36,36,32,44,28,22,31,37,33,46,51,38,43,46,42,48,44,42,41	M_1	41,37,36,26,33,29,31,37,39,23,24,33,38,36,44,39,33,48,33,47,54,43,37,39,31,41,43,48,43,44	39,37,37,39,43,49,44,39,36,29,34,29,33,39,37,29,24,34,34,49,53,43,37,39,31,44,44,47,43,42	34,48,44,43,38,39,38,36,36,37,42,44,32,39,39,27,23,33,54,39,37,29,34,28,33,43,41,49,44,42	34,49,45,47,38,40,35,39,37,29,24,34,38,38,37,40,45,43,53,45,38,29,34,34,32,35,43,47,44,45
$t=1$					$t=2$				
項目	S_1	S_2	S_3	S_4	項目	S_1	S_2	S_3	S_4

續表

M_2	35,37,39,36,33,47,41,37,36,28,34,26,31,31,36,36,28,22,41,41,48,43,52,45,33,47,51,43,37,37	39,37,42,24,33,28,39,37,43,38,34,49,34,38,40,29,24,33,33,48,53,44,37,39,44,47,42,49,44,44	38,37,44,28,33,29,36,38,42,38,32,48,31,39,39,26,24,34,31,49,55,44,39,39,31,46,41,47,41,42	36,36,37,27,33,29,36,36,41,37,34,48,31,39,39,29,24,33,34,46,51,43,36,39,31,41,42,47,44,41	M_2	42,36,38,26,34,29,33,36,38,27,23,34,39,37,41,37,34,49,35,49,51,43,37,37,32,41,44,49,43,42	35,48,51,42,39,38,38,39,37,37,42,48,31,37,37,27,24,33,54,38,36,26,34,28,32,43,44,49,44,41	31,38,37,29,24,34,33,49,42,44,38,38,39,38,37,38,43,43,52,38,36,29,34,30,30,33,42,49,45,41	31,50,44,49,36,39,31,37,40,29,23,35,37,39,37,39,44,41,54,43,37,24,34,35,35,35,45,49,41,41
M_3	39,37,42,28,36,28,40,37,42,38,31,49,34,38,38,29,24,33,31,47,52,44,39,39,45,47,44,47,42,41	38,38,44,27,32,29,37,36,41,39,31,49,34,38,36,29,24,34,31,49,52,43,39,39,41,53,41,49,42,44	39,36,39,29,31,28,38,37,44,39,35,49,33,38,38,27,22,32,34,46,52,45,37,38,34,47,43,49,44,43	37,39,37,29,34,27,39,36,41,39,31,46,33,38,38,24,24,31,32,46,53,41,39,39,33,41,44,49,44,44	M_3	38,36,37,37,33,48,41,37,39,27,33,28,34,37,39,29,23,33,33,47,54,43,36,38,33,41,43,47,41,44	33,49,54,44,36,37,39,39,39,36,42,41,33,36,37,29,23,34,53,38,38,28,34,29,31,43,42,47,44,44	35,47,44,48,39,40,34,38,39,27,25,33,37,39,36,40,43,44,51,37,39,29,35,32,33,34,44,47,45,44	35,39,40,28,24,34,38,39,39,40,44,42,32,49,44,50,36,40,55,44,38,25,34,34,39,35,44,47,44,42
$t=3$					$t=4$				
項目	S_1	S_2	S_3	S_4	項目	S_1	S_2	S_3	S_4
M_1	31,49,45,49,36,39,32,37,42,28,29,35,36,40,37,38,45,41,53,44,36,24,34,35,40,35,42,49,44,43	32,39,45,25,29,35,38,38,38,37,44,42,33,49,45,48,38,53,48,44,37,25,35,35,38,35,45,50,45,43	34,40,41,29,27,34,49,40,37,24,32,34,34,49,39,50,39,55,37,38,38,42,44,45,44,31,42,50,45,42	40,39,37,37,43,45,50,41,41,24,32,34,32,44,43,50,39,52,31,39,41,27,27,35,36,34,41,37,43,42	M_1	37,37,44,27,35,29,38,39,39,36,34,46,31,37,37,28,25,33,31,47,51,44,37,39,43,48,45,46,44,44	34,37,37,29,24,32,38,39,44,30,34,27,41,37,45,39,34,49,35,47,53,44,36,39,43,49,41,47,43,41	38,37,41,30,32,27,39,37,45,36,33,46,34,37,36,29,25,33,35,37,52,43,37,39,43,49,41,47,38,41	37,36,41,36,44,49,38,38,37,28,45,27,33,49,38,28,29,33,35,46,47,44,38,37,33,37,44,31,42,33
M_2	37,39,37,39,44,43,34,48,44,49,37,52,33,37,44,29,30,34,54,42,36,25,34,34,39,35,44,50,44,44	33,50,45,49,38,51,34,37,45,27,27,34,39,38,39,37,45,45,49,45,37,24,35,34,39,34,44,48,43,41	50,45,37,24,34,33,33,41,44,48,37,52,34,37,43,27,30,32,37,37,39,39,43,45,36,35,42,37,43,43	36,40,39,39,45,41,49,41,44,25,31,35,33,45,44,50,40,54,32,37,41,30,27,34,39,35,45,37,45,44	M_2	40,37,38,37,33,49,39,37,43,30,34,28,33,37,39,28,24,34,35,47,53,45,38,39,44,50,51,47,43,44	39,38,43,26,35,27,39,37,37,37,33,46,33,36,36,29,25,33,32,46,53,44,37,39,44,49,41,47,36,45	37,37,39,28,35,27,39,39,45,38,33,49,31,37,36,29,24,33,32,47,53,44,37,37,44,49,42,52,43,44	35,48,37,28,28,34,36,37,44,37,44,48,36,38,36,29,44,29,34,47,47,45,38,38,31,36,43,34,44,35
$t=3$					$t=4$				
項目	S_1	S_2	S_3	S_4	項目	S_1	S_2	S_3	S_4

續表

M_3	32,39,45, 25,29,35, 38,38,38, 37,44,42, 33,49,45, 48,38,53, 51,44,37, 25,35,35, 38,35,45, 50,45,43	50,44,39, 21,31,35, 35,47,41, 48,38,53, 35,39,41, 30,29,31, 36,38,37, 40,45,44, 37,35,41, 49,45,45	46,41,36, 25,35,31, 35,44,45, 49,37,53, 35,40,41, 29,29,34, 39,38,40, 40,43,44, 38,32,44, 36,45,41	35,44,43, 49,40,55, 39,40,36, 39,44,34, 39,43,42, 23,32,33, 35,38,41, 29,27,35, 40,32,41, 36,41,45	M_3	34,36,39, 29,25,33, 39,37,41, 30,34,27, 38,39,45, 38,33,48, 35,47,54, 45,37,39, 45,48,45, 47,41,44	34,47,55, 43,36,40, 37,39,45, 27,35,28, 38,37,39, 37,34,47, 35,37,39, 30,24,34, 41,48,41, 41,38,42	38,37,41, 37,33,50, 36,38,36, 28,34,26, 32,37,37, 26,25,31, 34,48,52, 43,38,36, 45,49,45, 54,45,34	37,39,38, 24,45,27, 34,42,36, 24,28,35, 37,38,45, 36,43,49, 32,49,46, 44,39,39, 32,37,41, 34,42,31

表 10.9 記錄參數 F_{ijtn_t}

$t=1$					$t=2$				
項目	S_1	S_2	S_3	S_4	項目	S_1	S_2	S_3	S_4
M_1	23,35,26, 31,29,41, 39,54,51, 49,38,28, 33,44,33, 38,37,38, 39,41,40, 41,48,50, 43,46,41, 45,46,53	22,36,27, 32,28,43, 37,55,50, 48,39,29, 30,46,35, 40,37,39, 40,39,42, 43,49,51, 44,45,42, 44,48,52	24,35,27, 33,30,39, 41,53,50, 48,39,29, 34,45,32, 39,36,37, 40,42,39, 42,47,51, 42,45,39, 44,47,54	23,36,26, 31,30,38, 41,51,50, 48,36,39, 31,42,32, 33,37,38, 42,40,41, 45,38,44, 44,47,41, 48,46,54	M_1	33,44,36, 46,35,40, 29,36,26, 31,35,41, 41,38,41, 38,45,49, 39,54,50, 51,40,30, 39,44,38, 45,46,55	35,46,36, 44,44,40, 30,36,25, 30,36,41, 41,54,50, 50,41,31, 40,38,39, 41,46,46, 38,46,41, 45,46,50	41,54,50, 50,41,29, 33,45,36, 45,44,41, 25,35,26, 30,36,40, 44,38,39, 40,39,46, 40,44,40, 44,45,43	42,47,39, 46,44,45, 40,56,51, 51,43,36, 34,46,35, 46,47,42, 27,36,28, 30,42,37, 50,41,38, 44,36,46
M_2	28,39,54, 51,49,28, 38,36,25, 31,29,41, 50,39,41, 40,41,45, 36,33,44, 34,39,38, 52,43,46, 41,45,45	28,36,25, 30,30,39, 38,53,50, 50,39,29, 35,45,34, 40,34,39, 39,40,41, 39,49,51, 44,45,39, 44,45,54	26,36,25, 30,36,40, 40,53,50, 50,39,30, 34,46,35, 39,34,39, 40,40,41, 41,50,50, 43,45,40, 45,45,53	29,36,25, 30,36,40, 39,53,48, 51,40,30, 33,44,35, 46,34,41, 41,40,41, 39,48,48, 43,45,38, 46,44,55	M_2	30,35,25, 31,36,40, 35,43,35, 46,36,41, 38,53,51, 51,41,31, 40,39,41, 39,45,45, 38,43,41, 44,45,55	41,39,38, 40,41,45, 36,44,35, 45,44,41, 26,35,26, 31,35,40, 40,55,51, 50,40,30, 39,45,41, 43,45,51	42,57,51, 50,40,31, 35,46,36, 46,44,42, 27,35,25, 30,36,41, 46,38,38, 41,39,45, 41,44,39, 44,46,47	40,46,41, 47,43,46, 41,54,50, 52,43,37, 36,47,36, 46,44,46, 26,37,26, 32,41,36, 51,41,40, 46,35,44
M_3	37,35,40, 28,35,25, 39,44,43, 35,35,47, 32,34,37, 29,22,30, 35,45,50, 44,37,39, 42,49,43, 46,40,42	24,36,25, 29,31,40, 41,56,54, 48,40,30, 35,47,36, 39,34,41, 38,39,39, 40,46,51, 45,43,39, 46,44,55	25,35,26, 31,34,41, 41,56,51, 50,41,31, 36,46,36, 45,36,38, 41,41,40, 41,51,49, 44,46,38, 45,46,53	34,45,35, 46,36,41, 30,36,25, 32,36,40, 40,39,41, 39,49,49, 40,55,49, 51,40,31, 41,45,38, 46,44,55	M_3	36,45,35, 45,35,41, 31,36,26, 31,35,39, 40,55,49, 50,40,29, 41,41,40, 40,46,45, 39,45,39, 43,46,51	39,54,51, 50,41,31, 46,38,38, 39,40,45, 35,46,35, 46,44,40, 26,36,26, 29,35,38, 41,45,40, 43,46,50	49,40,39, 44,37,44, 41,57,52, 50,43,35, 36,47,35, 47,46,41, 26,36,26, 31,37,40, 42,46,38, 44,45,46	37,47,35, 47,46,45, 41,44,42, 47,45,47, 40,55,51, 52,40,39, 29,36,26, 31,41,35, 49,41,39, 46,37,45
$t=3$					$t=4$				
項目	S_1	S_2	S_3	S_4	項目	S_1	S_2	S_3	S_4

續表

<table>
<tr><td>M_1</td><td>41,56,50,
51,42,38,
36,47,34,
46,46,46,
40,45,42,
46,45,44,
29,35,28,
32,41,36,
50,42,39,
45,37,46</td><td>38,44,42,
46,55,43,
45,53,52,
48,44,38,
36,46,35,
46,44,46,
28,34,32,
30,40,35,
51,41,38,
46,35,47</td><td>40,45,42,
45,55,47,
48,42,39,
45,39,46,
49,45,51,
49,43,42,
37,46,34,
44,45,45,
32,34,31,
30,41,35</td><td>50,44,49,
49,46,41,
40,44,36,
45,43,43,
40,46,41,
46,57,42,
49,41,38,
47,39,46,
32,34,31,
28,42,37</td><td>M_1</td><td>26,35,41,
32,29,40,
38,55,51,
48,38,29,
34,45,33,
39,37,39,
40,39,41,
42,48,51,
44,46,40,
46,45,55</td><td>38,55,51,
48,38,32,
26,37,41,
30,31,40,
36,45,34,
39,35,40,
40,39,39,
41,49,41,
44,43,41,
44,46,53</td><td>41,39,39,
40,48,39,
39,54,52,
49,38,31,
27,35,41,
30,29,39,
34,45,35,
39,36,41,
44,44,26,
45,45,43</td><td>40,38,39,
41,48,38,
35,45,36,
39,37,38,
38,54,51,
49,38,31,
36,36,42,
28,31,38,
43,45,27,
44,45,47</td></tr>
<tr><td>M_2</td><td>39,57,49,
51,41,40,
34,46,35,
45,46,47,
41,44,42,
45,54,46,
28,36,30,
31,41,35,
49,41,38,
47,37,47</td><td>46,54,52,
49,46,39,
39,46,42,
47,55,45,
52,42,39,
45,35,46,
35,46,34,
47,44,47,
29,35,32,
31,41,36</td><td>35,45,36,
47,46,47,
41,46,39,
44,54,42,
49,41,38,
46,41,44,
51,46,52,
49,45,39,
30,34,32,
32,40,36</td><td>48,39,39,
46,38,45,
49,45,49,
51,45,42,
38,44,37,
43,43,45,
41,45,42,
46,55,38,
25,36,30,
29,39,34</td><td>M_2</td><td>41,38,40,
41,49,50,
25,37,41,
31,28,38,
39,55,52,
48,39,30,
35,45,36,
38,37,41,
45,47,41,
45,46,47</td><td>41,38,39,
40,48,42,
39,55,50,
49,39,31,
27,36,40,
31,30,41,
35,46,35,
38,36,41,
45,44,40,
45,47,55</td><td>36,46,34,
38,37,40,
40,38,40,
41,48,38,
38,53,51,
49,39,32,
26,36,41,
31,29,38,
45,44,25,
46,46,44</td><td>39,40,38,
40,49,39,
33,46,37,
38,37,54,
39,53,50,
49,39,32,
35,37,40,
29,25,41,
44,43,26,
43,46,44</td></tr>
<tr><td>M_3</td><td>43,56,50,
49,42,39,
35,45,35,
47,45,44,
38,43,41,
46,54,45,
29,35,31,
29,40,34,
50,42,39,
44,34,46</td><td>50,41,38,
46,38,47,
47,43,50,
48,43,41,
38,44,41,
47,56,46,
36,45,33,
46,43,44,
31,36,32,
32,42,33</td><td>38,47,35,
46,45,44,
39,44,40,
45,56,41,
48,42,39,
47,40,45,
49,43,51,
48,44,40,
31,37,30,
29,41,33</td><td>41,46,36,
43,46,47,
49,41,38,
44,38,45,
50,45,48,
50,47,40,
39,46,45,
45,54,39,
27,35,30,
31,38,36</td><td>M_3</td><td>39,56,52,
49,39,31,
25,36,42,
31,30,41,
35,46,34,
38,36,41,
41,38,40,
40,48,52,
46,45,39,
45,47,54</td><td>39,40,38,
41,49,40,
38,53,51,
48,38,32,
26,36,41,
32,31,42,
33,47,36,
39,35,39,
43,43,41,
47,46,54</td><td>37,45,35,
40,37,39,
41,39,38,
40,49,41,
39,53,50,
48,39,30,
35,35,40,
29,31,39,
44,43,26,
45,46,45</td><td>34,36,25,
32,29,40,
38,54,50,
35,38,29,
34,46,33,
39,37,40,
41,38,41,
41,46,49,
45,44,39,
43,45,42</td></tr>
</table>

根據上一節提出的 DFL 運算方法，可以運算得到在不同階段，每個提供商關於相應 MRO 服務的 DFL 值。作為一個運算步驟的演範例子，給出DFL_{111}的運算過程如下。

基於表 10.8 和表 10.9 中的記錄參數，可以得到兩組數據（O_{1111}和 F_{1111}）的直方圖，如圖 10.8 所示。因此，可以得到 X_{111}和Y_{111}的分布律如下：

$X_{111}=(22.5,27.5,32.5,37.5,42.5,47.5,52.5)$，$p_{111}=(0.03,0.10,0.17,0.30,0.23,0.13,0.03)$

$Y_{111}=(24.5,29.5,34.5,39.5,44.5,49.5,54.5)$，$q_{111}=(0.06,0.10,0.13,0.33,0.17,0.13,0.06)$

因此，有：

$$DFL_{111} = Pr(f(X_{111}, Y_{111}) > 0) = \sum_{a=1}^{A} \lambda_a \sigma(f_a)$$

$$= 0.06 \times 0.03 + 0.10 \times (0.03 + 0.10) + 0.13 \times (0.03 + 0.10 + 0.17) +$$
$$0.33 \times (0.03 + 0.10 + 0.17 + 0.30) +$$
$$0.17 \times (0.03 + 0.10 + 0.17 + 0.30 + 0.23) +$$
$$0.13 \times (0.03 + 0.10 + 0.17 + 0.30 + 0.23 + 0.13) +$$
$$0.06 \times (0.03 + 0.10 + 0.17 + 0.30 + 0.23 + 0.13 + 0.03)$$
$$= 0.59$$

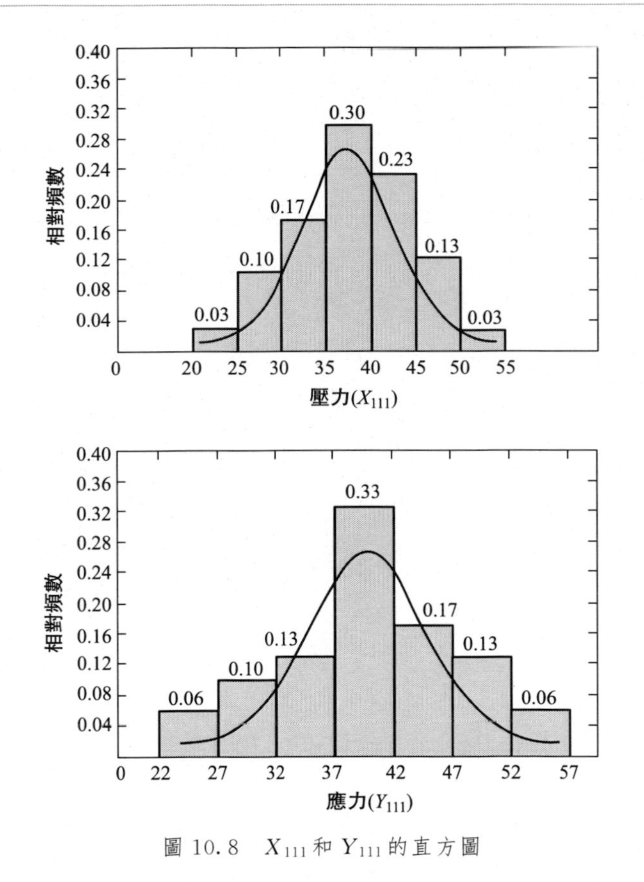

圖 10.8 X_{111} 和 Y_{111} 的直方圖

於是，可以得到所有的 DFL_{ijt} ($i=1,2,3,4; j=1,2,3; t=1,2,3,4$)，其結果列於表 10.10，其中灰色區域表示每一行的最大值。

表 10.10 所有的 DFL_{ijt} ($i=1,2,3,4; j=1,2,3; t=1,2,3,4$)

$t=1$					$t=2$				
項目	S_1	S_2	S_3	S_4	項目	S_1	S_2	S_3	S_4
M_1	0.5900	0.6244	0.5322	0.5456	M_1	0.6189	0.5889	0.5900	0.5922
M_2	0.6044	0.5944	0.6122	0.6389	M_2	0.6144	0.5689	0.6078	0.5856
M_3	0.6078	0.5822	0.6289	0.6333	M_3	0.6244	0.5822	0.6000	0.5767
$t=3$					$t=4$				
項目	S_1	S_2	S_3	S_4	項目	S_1	S_2	S_3	S_4
M_1	0.5778	0.5811	0.6011	0.5944	M_1	0.6100	0.5867	0.5844	0.6089
M_2	0.5622	0.5800	0.5956	0.5911	M_2	0.5933	0.6111	0.5700	0.6156
M_3	0.5711	0.5744	0.6067	0.6344	M_3	0.5989	0.6167	0.5967	0.5978

從表 10.10 中可以看出，在第一階段，M_1 應該外包給 S_2，M_2 和 M_3 應該外包給 S_4；但是到了第二階段，用戶需要更新外包合約，應該將 M_1、M_2 和 M_3 都外包給 S_1；類似地，在第三階段，M_1 和 M_2 應該外包給 S_3，M_3 外包給 S_4；在最後一個階段，M_1 外包給 S_1，M_2 和 M_3 分別外包給 S_4 和 S_2。

這一結果表明，在不同階段，需要動態地評估每個提供商的服務水平，即使對於同一服務，也要根據其相應的客觀 DFL 值來制定外包合約，而不能長期將某一服務固定外包給某一提供商。另外，表 10.10 中的數據也說明了不同提供商在不同階段服務水平的波動性。圖 10.9 直觀地展示了不同提供商對於相應服務的平均 DFL 值。從整體長期的角度來看，S_1 是 M_1 的最佳提供商，而 M_2 和 M_3 的最佳提供商為 S_4。此外，S_3 和 S_4 對不同服務的平均 DFL 值相差較大，特別是 S_3，這也反映出其服務水平的較大波動性；相比之下，S_1 和 S_2 對不同服務的平均 DFL 值則相差較小，其服務水平較為穩定。

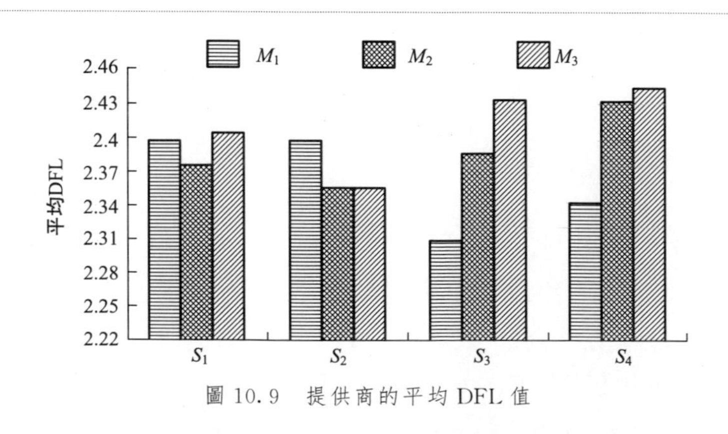

圖 10.9　提供商的平均 DFL 值

10.3.3 基於FAHP賦權模式的提供商評價方法

上一節中提出了基於DSSI理論的服務提供商選擇模型，該模型具有以下幾個特點。首先，選擇的評估指標通用且唯一，簡化了決策過程；其次，在模型中同時考慮了用戶需要的隨機性和提供商服務能力的波動性；最後，決策結果客觀而且動態，可以在不同階段動態地選擇最合適的提供商。儘管具有這些優點，但是該模型也存在一定的局限性，例如，它雖然量化了提供商服務能力的波動性，但並不能給出導致其波動的原因。換句話說，對於那些由於DFL值較低而無法得到外包服務合約的提供商來說，他們可能不知道自己是在哪些方面（價格、技術等）做得不夠好，應該如何改進從而提高自身的競爭力。

基於以上分析，這一節將給出基於FAHP賦權模式的多維服務品質（Quality of Service，QoS）評價方法。首先，定義包含真實度屬性的多維QoS向量，並以QoS的多種屬性及其相應的真實度建立模糊階層結構；其次，利用FAHP賦權模式運算各層次模糊權向量及組合模糊權向量；最後，利用組合模糊權向量及序數效用函數值得到評價結果。

（1）多維QoS向量及候選提供商集合上的序數效用函數

假設服務提供商的集合為$S=\{s_1,s_2,\cdots,s_m\}$，其中s_i，$i=1,2,\cdots,m$為第i個提供商，m為提供商的個數。在模型中考慮的服務品質屬性用q_i，$i=1,2,\cdots,n$表示，在不引起混淆的情況下，也用q_i表示該屬性的取值。QoS真實度$q_{fid}(s)$定義為用戶對服務提供商關於相應QoS屬性的評價，即$q_{fid}(s)=(fid_1(s), fid_2(s),\cdots,fid_n(s))$，其中$fid_i(s)=\sum_{i=1}^{m_i} r_{ij}(s)/m_i$表示用戶對第$i$個QoS屬性的評價，$r_{ij}(s)$表示第$j$次提供服務時第$i$個QoS屬性被給出的評價值，$m_i$表示第$i$個QoS屬性被評價的總次數。

定義10.13 多維QoS向量。

設多維QoS向量$\boldsymbol{M}$是一個$2n$維可擴充的向量，形式為：

$$\boldsymbol{M}=(q_1,q_2,\cdots,q_n,fid_{q_1},fid_{q_2},\cdots,fid_{q_n}) \tag{10.38}$$

式中，$\boldsymbol{M}$的前n個分量q_i，$i=1,2,\cdots,n$為QoS客觀屬性值（其數據由服務提供商公布或第三方監測得到），後n個分量fid_{q_i}，$i=1,2,\cdots,n$為相應QoS主觀評價值（其數據來自服務使用者的評價）。

注意：

① 對於某些具有模糊性的屬性指標，如服務態度、信譽度等，在實際中往往採用等級來簡單描述。因此，在用這些數據進行模型運算之前，需要先將這些數據量化——去模糊化，可採用模糊集理論中的α－cut和隸屬函數來處理，具

體過程就不在這裡詳細描述了。

② QoS 屬性值可以為正向屬性，如服務可靠性，其值越大，表示品質越高；也可以為負向屬性，如服務時間，其值越大則表示品質越低。因此，需要進行規範化處理以使屬性值在同一範圍內操作，其規範化處理過程可由如下公式表示：

$$q'_{ik}=\begin{cases}\dfrac{q_{ik}-q_{ik}^{\min}}{q_{ik}^{\max}-q_{ik}^{\min}}, & q_{ik}^{\max}-q_{ik}^{\min}\neq 0\\ 1, & q_{ik}^{\max}-q_{ik}^{\min}=0\end{cases}\text{（正向屬性）}\tag{10.39}$$

$$q'_{ik}=\begin{cases}\dfrac{q_{ik}^{\max}-q_{ik}}{q_{ik}^{\max}-q_{ik}^{\min}}, & q_{ik}^{\max}-q_{ik}^{\min}\neq 0\\ 1, & q_{ik}^{\max}-q_{ik}^{\min}=0\end{cases}\text{（負向屬性）}\tag{10.40}$$

式中，q_{ik} 表示提供商 s_i 在第 k 個 QoS 屬性上的值；$q_{ik}^{\min}=\min_{\forall s_i\in S}(q_{ik})$ 表示提供商集合 S 中所有提供商在第 k 個 QoS 屬性上的最小值；$q_{ik}^{\max}=\max_{\forall s_i\in S}(q_{ik})$ 表示提供商集合 S 中所有提供商在第 k 個 QoS 屬性上的最大值。

定義 10.14 集合 S 上的序數效用函數。

設 $f_1(q_1(s_i)),f_2(q_2(s_i)),\cdots,f_n(q_n(s_i))$ 分別是集合 $S=\{s_1,s_2,\cdots,s_m\}$ 上滿足弱序關係「•」的實值序數效用函數，則單調遞增複合函數 $f(s)=f(f_1(q_1(s_i)),f_2(q_2(s_i)),\cdots,f_n(q_n(s_i)))$ 是 S 上的序數效用函數。

注意：

① 這裡的弱序關係「•」指的是集合 S 上的一個二元關係，對於集合 S 中的任意兩個 s_i 和 s_j 滿足：a. 連通性，$\forall s_i,s_j\in S,s_i\cdot s_j$ 或 $s_j\cdot s_i$ 或兩者都滿足；b. 傳遞性，$\forall s_i,s_j,s_k\in S$，若 $s_i\cdot s_j$ 且 $s_j\cdot s_k$，則 $s_i\cdot s_k$；c. 無差異性，$s_i\cong s_j$ 當且僅當 $s_i\cdot s_j$ 且 $s_j\cdot s_i$。

② 當「•」是 S 上的一個弱序關係時，則存在實值的序數效用函數 f，對於 $\forall s_i,s_j\in S$，有 $f(s_i)\geqslant f(s_j)\Leftrightarrow s_i\cdot s_j$。而且 a. 若 t 是 f 的嚴格單增函數，則有 $t(f(s_i))\geqslant t(f(s_j))\Leftrightarrow s_i\cdot s_j$；b. 若 $g=f_1+f_2$，其中 $f_i,i=1,2$ 是序數效用函數，則有 $g(s_i)\geqslant g(s_j)\Leftrightarrow s_i\cdot s_j$。

（2）多維 QoS 的 FAHP 階層結構及模糊權向量

基於前面的定義 10.13，可以建立多維 QoS 的 FAHP 階層結構，如圖 10.10 所示，給出 QoS 屬性的模糊權向量的運算方法。

① 構造各層次的成對比較矩陣　記 B 層對 A 層的成對比較矩陣為 $\boldsymbol{P}=\begin{bmatrix}p_{11} & p_{12}\\ p_{21} & p_{22}\end{bmatrix}_{2\times 2}$，其中 p_{12} 表示客觀屬性值相對於主觀評價值的重要程度，p_{21} 則相反；在大部分情況下，可取 $p_{12}=p_{21}=1$，即它們在提供商評價模型中同等重

要。q 層對 B 層的成對比較矩陣為 $\boldsymbol{Q}_1=\begin{bmatrix} q_{11}^1 & q_{12}^1 & \cdots & q_{1n}^1 \\ q_{21}^1 & q_{22}^1 & \cdots & q_{2n}^1 \\ & & \ddots & \\ q_{n1}^1 & q_{n2}^1 & \cdots & q_{nn}^1 \end{bmatrix}_{n\times n}$ 和 $\boldsymbol{Q}^2=\begin{bmatrix} q_{11}^2 & q_{12}^2 & \cdots & q_{1n}^2 \\ q_{21}^2 & q_{22}^2 & \cdots & q_{2n}^2 \\ & & \ddots & \\ q_{n1}^2 & q_{n2}^2 & \cdots & q_{nn}^2 \end{bmatrix}_{n\times n}$，其中 $q_{ij}^1=\dfrac{q_i'}{q_j'}$，而 q_i' 和 q_j' 分別是 q_i 和 q_j 標準化後的均值；$q_{ij}^2=\dfrac{fid_{q_i'}}{fid_{q_j'}}$，$fid_{q_i'}$ 和 $fid_{q_j'}$ 分別是 fid_{q_i} 和 fid_{q_j} 標準化後的均值。

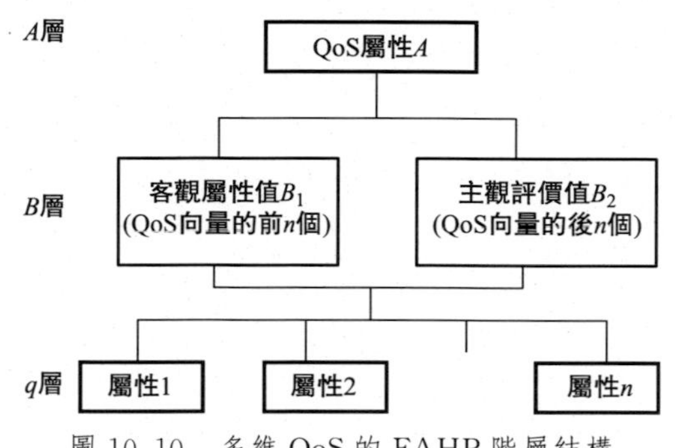

圖 10.10　多維 QoS 的 FAHP 階層結構

② 判斷以上各成對比較矩陣的一致性　對於二階成對比較矩陣 $\boldsymbol{P}$，因為 $p_{12}=\dfrac{1}{p_{21}}$，$p_{21}=\dfrac{1}{p_{12}}$，故有 $p_{12}p_{21}=1=p_{11}$，$p_{21}p_{12}=1=p_{22}$，根據定義 10.9，矩陣 $\boldsymbol{P}$ 為一致陣。

對於 $\boldsymbol{Q}^1$，$\boldsymbol{Q}^2$，因 $q_{ik}^1=\dfrac{q_i'}{q_k'}=\dfrac{q_i'}{q_j'}\dfrac{q_j'}{q_k'}=q_{ij}^1q_{jk}^1$，$q_{ik}^2=\dfrac{fid_{q_i'}}{fid_{q_k'}}=\dfrac{fid_{q_i'}}{fid_{q_j'}}\dfrac{fid_{q_j'}}{fid_{q_k'}}=q_{ij}^2q_{jk}^2$，故根據定義 10.9，矩陣 $\boldsymbol{Q}^1$、$\boldsymbol{Q}^2$ 也為一致陣。

③ 將 $\boldsymbol{P}$、$\boldsymbol{Q}^1$、$\boldsymbol{Q}^2$ 轉化為模糊一致陣　根據定理 10.1，$\boldsymbol{P}$、$\boldsymbol{Q}^1$、$\boldsymbol{Q}^2$ 對應的模糊一致陣分別為 $\boldsymbol{R_P}=[\log_a p_{ij}+0.5]_{2\times2}$，$\boldsymbol{R}_{\boldsymbol{Q}_1}=[\log_a q_{ij}^1+0.5]_{n\times n}$，$\boldsymbol{R}_{\boldsymbol{Q}_2}=[\log_a q_{ij}^2+0.5]_{n\times n}$。

④ 運算各層次模糊權向量及組合模糊權向量　根據定義 10.10，模糊一致陣 $\boldsymbol{R}=[r_{ij}]_{n\times n}$ 的權向量 $\boldsymbol{\omega}=(\omega_1,\omega_2,\cdots,\omega_n)^{\mathrm{T}}$ 可由約束規劃問題 P1［即式(10.28)］確定。為了求解權向量 $\boldsymbol{\omega}=(\omega_1,\omega_2,\cdots,\omega_n)^{\mathrm{T}}$，可將約束規劃問題 P1 應用拉格朗日函數轉化為下述無約束規劃問題 P2：

$$P2: \min L(\omega,\lambda)=\sum_{i=1}^{n}\sum_{j=1}^{n}(\log_{\beta}\omega_i-\log_{\beta}\omega_j+0.5-r_{ij})^2+2\lambda\left(\sum_{j=1}^{n}\omega_j-1\right) \tag{10.41}$$

令 $\frac{\partial L(\omega,\lambda)}{\partial \omega_i}=0$，可得 $4\sum_{j=1}^{n}\frac{(\log_{\beta}\omega_i-\log_{\beta}\omega_j+0.5-r_{ij})}{\omega_i \ln\beta}+2\lambda=0$，整理後可得 $2\sum_{j=1}^{n}(\log_{\beta}\omega_i-\log_{\beta}\omega_j+0.5-r_{ij})+\lambda\omega_i\ln\beta=0, i=1,2,\cdots,n$，於是有：

$$\sum_{i=1}^{n}\left[\sum_{j=1}^{n}2(\log_{\beta}\omega_i-\log_{\beta}\omega_j+0.5-r_{ij})+\lambda\omega_i\ln\beta\right]=0 \tag{10.42}$$

由於模糊成對比較矩陣的所有元素之和為 $n^2/2$[9] 及 $\sum_{j=1}^{n}\omega_j=1$，可得 $\lambda\ln\beta=0$，而 $\beta>1$，從而 $\lambda=0$。於是可由下列方程組：

$$\sum_{j=1}^{n}(\log_{\beta}\omega_i-\log_{\beta}\omega_j+0.5-r_{ij})^2=0$$

$$\sum_{i=1}^{n}\omega_i=1, \omega_i>0 \tag{10.43}$$

解得：

$$\omega_i=\frac{\beta^{\frac{1}{n}\sum_{j=1}^{n}r_{ij}}}{\sum_{k=1}^{n}\beta^{\frac{1}{n}\sum_{j=1}^{n}r_{kj}}}, i=1,2,\cdots,n \tag{10.44}$$

注意：

① 權重 $\omega_i=\frac{\beta^{\frac{1}{n}\sum_{j=1}^{n}r_{ij}}}{\sum_{k=1}^{n}\beta^{\frac{1}{n}\sum_{j=1}^{n}r_{kj}}}$，$i=1,2,\cdots,n$ 是底數 β，($\beta>1$) 的函數，因而對於 $\boldsymbol{R}=[r_{ij}]_{n\times n}$，有一族權重向量：

$$W=\left\{(\omega_1(\beta),\omega_2(\beta),\cdots,\omega_n(\beta))^{\mathrm{T}} \mid \omega_i(\beta)=\frac{\beta^{\frac{1}{n}\sum_{j=1}^{n}r_{ij}}}{\sum_{k=1}^{n}\beta^{\frac{1}{n}\sum_{j=1}^{n}r_{kj}}}, \beta>1, i=1,2,\cdots,n\right\} \tag{10.45}$$

式中，$\frac{\omega_i(\beta)}{\omega_j(\beta)}$是關於 β 的嚴格增函數，且 $\lim\limits_{\beta\to\infty}\frac{\omega_i(\beta)}{\omega_j(\beta)}=\infty$，$\lim\limits_{\beta\to 1}\frac{\omega_i(\beta)}{\omega_j(\beta)}=1$，這也說明可以通過增大 β 的值來提高各權重大小的解析度，當 β 很大時，某些權重

值會趨於零，這樣會不利於電腦處理。因此 β 的取值可根據決策者的偏好而定。

② 權重向量的分量排序與 β 的取值無關，但可以通過調整 β 的取值來調整各權重大小的解析度。下面通過一個具體的例子來說明這一點。

設 $\boldsymbol{R}=\begin{bmatrix} 0.5 & 0.5738 & 0.4070 \\ 0.4271 & 0.5 & 0.3332 \\ 0.5933 & 0.6668 & 0.5 \end{bmatrix}$ 為一個模糊一致陣，分別取 $\beta=\mathrm{e}$，$\beta=\mathrm{e}^{10}$，$\beta=\mathrm{e}^{20}$，則可求得對應的權向量分別為：

$$\omega(\mathrm{e})=(0.3304, 0.3070, 0.3626)$$

$$\omega(\mathrm{e}^{10})=(0.2490, 0.1194, 0.6316)$$

$$\omega(\mathrm{e}^{20})=(0.1305, 0.030, 0.8395)$$

可以看出，一方面，權向量的分量排序（第三個分量、第一個分量、第二個分量）與 β 的取值無關；另一方面，隨著 β 取值的增大，各分量值的差距（解析度）越來越大，最大的分量值會接近於 1，而最小的分量值則會接近於 0。

根據定義 10.11，可得各層次權向量和組合權向量之間的對應關係，為清晰起見，用表 10.11 直觀地展示了其對應關係。

表 10.11 各層次權向量和組合權向量之間的對應關係

權向量（B 對 A）		ω_1^{RP}	ω_2^{RP}	
	q 層 \ B 層	客觀數據（B_1）	主觀數據（B_2）	組合權向量（q 對 A）
權向量（q 對 B）	屬性 q_1	ω_1^{RQ1}	ω_1^{RQ2}	$\omega_1^*=\omega_1^{RQ1}\omega_1^{RP}+\omega_1^{RQ2}\omega_2^{RP}$
	屬性 q_2	ω_2^{RQ1}	ω_2^{RQ2}	$\omega_2^*=\omega_2^{RQ1}\omega_1^{RP}+\omega_2^{RQ2}\omega_2^{RP}$
	…	…	…	…
	屬性 q_n	ω_n^{RQ1}	ω_n^{RQ2}	$\omega_n^*=\omega_n^{RQ1}\omega_1^{RP}+\omega_n^{RQ2}\omega_2^{RP}$

(3) 基於模糊權向量及序數效用函數的提供商評價方法

這一節中將利用前面運算的組合模糊權向量及序數效用函數對提供商的服務品質進行綜合評價。根據前面定義的提供商集合 S，多維 QoS 向量 $\boldsymbol{M}$，以及一組序數效用函數 $f_k(q_k(s_i)), k=1,2,\cdots,n$，則各提供商 $s_1, s_2, \cdots, s_m$ 的綜合服務品質以 $f(s)$ 的值為評價依據。為簡便起見，可選取嚴格單調遞增的線性函數作為每個 QoS 屬性的序數效用函數，即 $f_k(q_k(s_i))=\omega_k \cdot q_k(s_i), k=1,2,\cdots,n$。

設 $\boldsymbol{H}=[h_{ij}]_{m\times n}$ 表示 QoS 屬性矩陣，其中 $h_{ij}=q_i(s_j)$ 是提供商 $s_j\in S$ 在 QoS 屬性 $q_i\in\{q_1, q_2, \cdots, q_n\}$ 的取值，設 $\boldsymbol{L}$ 是 $\boldsymbol{H}$ 經過去模糊化及規範化後的標

準矩陣，將 $\boldsymbol{L}$ 進行分割，得到 $\boldsymbol{L}=[L_1,L_2,\cdots,L_m]^{\mathrm{T}}$，取 $f(s_i)=\sum_{j=1}^{n}\omega_j \cdot q_j(s_i)$ $=L_i \cdot \omega$，則有：

$$s_i \cdot s_j \Leftrightarrow L_i \cdot \boldsymbol{\omega} \geqslant L_j \cdot \boldsymbol{\omega}, \boldsymbol{\omega}=(\omega_1,\omega_2,\cdots\omega_n)^{\mathrm{T}}, i,j=1,2,\cdots,m \quad (10.46)$$

公式(10.46) 表明，提供商 s_i 優於 s_j 的充要條件是 $L_i \cdot \boldsymbol{\omega} \geqslant L_j \cdot \boldsymbol{\omega}$，其中 $\boldsymbol{\omega}$ 為上一小節中運算的模糊權向量，因此，FAHP 賦權模式是進行服務品質評價的主要依據。

此外，在具體的評價決策模型中，由於權向量各分量值代表著各 QoS 屬性的權重，則決策者（服務使用者）可根據自己的偏好和側重來調整參數 β 的取值，以使決策方案更符合自己的需要。例如，若在 QoS 屬性的權向量中，其服務可靠性權重較大，而服務價格權重較小，此時，決策者可根據自身需要（生產計劃、維護難度等），若更注重服務的可靠性，則可通過增大 β 的取值來放大相應屬性的權重，而同時減小其他屬性的權重。

(4) 算例分析

在這一小節中，將通過一個算例來驗證所提方法的可行性及有效性。不失一般性，假設有十個候選服務提供商，即 $S=\{s_1,s_2,\cdots,s_{10}\}$，考慮到 MRO 服務的工業特性，採用四個 QoS 屬性，分別是價格 q_1、時間 q_2、技能 q_3 以及可靠性 q_4，組成八維 QoS 向量：$\boldsymbol{M}=(q_1,q_2,q_3,q_4,fid_{q_1},fid_{q_2},fid_{q_3},fid_{q_4})$，其 FAHP 階層結構如圖 10.11 所示。

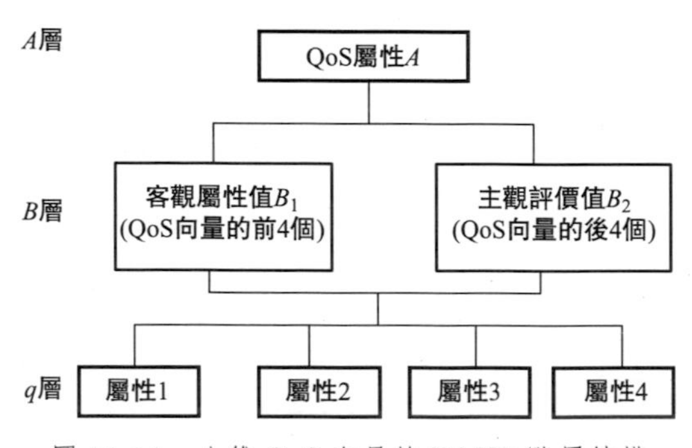

圖 10.11　八維 QoS 向量的 FAHP 階層結構

隨機生成十個提供商的服務品質資訊數據如表 10.12 所示。將服務品質資訊數據做規範化處理，如表 10.13 所示。

表 10.12　提供商的服務品質資訊

項目	q_1	q_2	q_3	q_4	q_{fid}
s_1	0.14	175	0.90	0.92	0.99 0.94 0.90 0.95

續表

項目	q_1	q_2	q_3	q_4	q_{fid}
s_2	0.20	150	0.95	0.98	0.95 0.89 0.93 0.92
s_3	0.10	158	0.92	0.91	0.95 0.85 0.90 0.91
s_4	0.15	152	0.85	0.95	0.88 0.90 0.90 0.88
s_5	0.18	165	0.92	0.98	0.85 0.90 0.95 0.95
s_6	0.20	175	0.90	0.88	0.99 0.94 0.92 0.90
s_7	0.15	190	0.94	0.92	0.95 0.95 0.92 0.95
s_8	0.16	155	0.88	0.96	0.95 0.88 0.95 0.95
s_9	0.18	150	0.92	0.92	0.92 0.92 0.90 0.95
s_{10}	0.15	145	0.92	0.88	0.92 0.90 0.92 0.90

表 10.13 規範化後的提供商服務品質資訊

項目	q_1	q_2	q_3	q_4	q_{fid}			
s_1	0.6	0.3333	0.5	0.4	1	0.9	0	1
s_2	0	0.8889	1	1	0.7143	0.4	0.6	0.57144
s_3	1	0.7111	0.7	0.3	0.7143	0	0	0.4286
s_4	0.5	0.8444	0	0.7	0.2143	0.5	0	0
s_5	0.2	0.5556	0.7	1	0	0.5	1	1
s_6	0	0.3333	0.5	0	1	0.9	0.4	0.2587
s_7	0.5	0	0.9	0.4	0.7143	1	0.4	1
s_8	0.4	0.7778	0.3	0.8	0.7143	0.3	1	0.2587
s_9	0.2	0.8889	0.7	0.4	0.5	0.7	0	1
s_{10}	0.5	1	0.7	0	0.5	0.5	0.4	0.2587
平均值	0.39	0.6333	0.6	0.5	0.6071	0.57	0.38	0.5857

對於圖 10.11 中的階層結構，其各層次成對比較矩陣並運算其模糊一致陣分別為：

$$\boldsymbol{P}=\begin{bmatrix}1 & 1\\ 1 & 1\end{bmatrix},\ \boldsymbol{R}_{\boldsymbol{P}}=\begin{bmatrix}0.5 & 0.5\\ 0.5 & 0.5\end{bmatrix}$$

$$\boldsymbol{Q}_1=\begin{bmatrix}1 & 0.6158 & 0.65 & 0.78\\ 1.6238 & 1 & 1.0555 & 1.2666\\ 1.5385 & 0.9474 & 1 & 1.2\\ 1.2821 & 0.7895 & 0.8333 & 1\end{bmatrix},$$

$$\boldsymbol{R}_{\boldsymbol{Q}_1}=\begin{bmatrix}0.5 & 0.4117 & 0.4216 & 0.4548\\ 0.5883 & 0.5 & 0.5098 & 0.5430\\ 0.5784 & 0.4902 & 0.5 & 0.5332\\ 0.5452 & 0.4570 & 0.4668 & 0.5\end{bmatrix}$$

$$Q_2=\begin{bmatrix}1 & 1.0651 & 1.5976 & 1.0365\\ 0.9389 & 1 & 1.5 & 0.9732\\ 0.6259 & 0.6667 & 1 & 0.6488\\ 0.9648 & 1.0275 & 1.5413 & 1\end{bmatrix},$$

$$R_{Q_2}=\begin{bmatrix}0.5 & 0.5115 & 0.5853 & 0.5065\\ 0.4885 & 0.5 & 0.5738 & 0.4950\\ 0.4147 & 0.4262 & 0.5 & 0.4212\\ 0.4934 & 0.5049 & 0.5788 & 0.5\end{bmatrix}$$

根據公式(10.45)可運算 R_P、R_{Q_1}、R_{Q_2} 的權向量及組合權向量，這裡取 $\beta=e^{10}$（β 的值可根據決策者的偏好和側重調整），則有：

$$\omega_{R_p}=(0.5,0.5)$$

$$\omega_{R_{Q1}}=(0.1393,0.3367,0.3051,0.2189)$$

$$\omega_{R_{Q2}}=(0.3082,0.2717,0.1314,0.2887)$$

$$\omega^*=(0.2238,0.3042,0.2183,0.2538)$$

根據公式(10.46)，$f(s_i)=L_i\omega$，可得各個服務提供商的效用函數值為：

$f(s_1)=0.4463, f(s_2)=0.7424, f(s_3)=0.6690, f(s_4)=0.5464, f(s_5)=0.6203,$
$f(s_6)=0.2105, f(s_7)=0.4098, f(s_8)=0.5946, f(s_9)=0.5694, f(s_{10})=0.5688$

因此可得這十名候選提供商的服務品質綜合排序是 s_2 • s_3 • s_5 • s_8 • s_9 • s_{10} • s_4 • s_1 • s_7 • s_6。

前面提到，參數 β 對決策結果有一定的影響，為了直觀地說明這一點，將對參數 β 進行敏感性分析實驗。現分別運算在不同 β 取值下的層次權向量、組合權向量、各候選提供商效用函數值及排序，其結果分別列於表 10.14～表 10.16。圖 10.12 直觀地刻畫了候選提供商效用函數值隨 β 取值的變化規律。

表 10.14　層次權向量隨 β 取值的變化

β	ω_{RQ1}	ω_{RQ2}
e	(0.2370,0.2588,0.2563,0.2479)	(0.2565,0.2532,0.2355,0.2548)
e^2	(0.2243,0.2676,0.2624,0.2456)	(0.2628,0.2562,0.2216,0.2594)
e^3	(0.2122,0.2765,0.2684,0.2430)	(0.2690,0.2590,0.2083,0.2638)
e^4	(0.2004,0.2852,0.2742,0.2401)	(0.2750,0.2615,0.1955,0.2679)
e^5	(0.1891,0.2940,0.2799,0.2371)	(0.2809,0.2638,0.1834,0.2719)
e^6	(0.1782,0.3026,0.2853,0.2338)	(0.2867,0.2658,0.1719,0.2757)
e^7	(0.1678,0.3113,0.2906,0.2303)	(0.2923,0.2676,0.1609,0.2792)
e^8	(0.1579,0.3198,0.2956,0.2267)	(0.2978,0.2692,0.1505,0.2826)
e^9	(0.1484,0.3283,0.3005,0.2229)	(0.3031,0.2705,0.1407,0.2857)

續表

β	ω_{RQ1}	ω_{RQ2}
e^{10}	(0.1393,0.3366,0.3051,0.2189)	(0.3082,0.2717,0.1314,0.2887)
e^{11}	(0.1307,0.3339,0.3096,0.2149)	(0.3133,0.2727,0.1226,0.2915)
e^{12}	(0.1225,0.3531,0.3138,0.2107)	(0.3181,0.2734,0.1143,0.2941)
e^{13}	(0.1147,0.3611,0.3178,0.2064)	(0.3229,0.2740,0.1065,0.2965)
e^{14}	(0.1073,0.3690,0.3216,0.2021)	(0.3275,0.2744,0.0992,0.2988)
e^{15}	(0.1003,0.3768,0.3252,0.1977)	(0.3320,0.2747,0.0924,0.3009)
e^{16}	(0.0937,0.3845,0.3286,0.1932)	(0.3364,0.2748,0.0859,0.3029)
e^{17}	(0.0875,0.3921,0.3318,0.1887)	(0.3406,0.2748,0.0799,0.3047)
e^{18}	(0.0816,0.3995,0.3347,0.1842)	(0.3447,0.2746,0.0743,0.3064)
e^{19}	(0.0761,0.4068,0.3375,0.1796)	(0.3487,0.2744,0.0690,0.3079)
e^{20}	(0.0709,0.4139,0.3401,0.1751)	(0.3526,0.2740,0.0640,0.3093)

表 10.15 組合權向量及提供商排序隨 β 取值的變化

β	ω^*	候選提供商排序
e	(0.2467,0.2560,0.2459,0.2514)	$s_2 \cdot s_3 \cdot s_5 \cdot s_8 \cdot s_{10} \cdot s_9 \cdot s_4 \cdot s_1 \cdot s_7 \cdot s_6$
e^2	(0.2436,0.2619,0.2420,0.2525)	$s_2 \cdot s_3 \cdot s_5 \cdot s_8 \cdot s_{10} \cdot s_9 \cdot s_4 \cdot s_1 \cdot s_7 \cdot s_6$
e^3	(0.2406,0.2677,0.2383,0.2534)	$s_2 \cdot s_3 \cdot s_5 \cdot s_8 \cdot s_{10} \cdot s_9 \cdot s_4 \cdot s_1 \cdot s_7 \cdot s_6$
e^4	(0.2377,0.2734,0.2349,0.2540)	$s_2 \cdot s_3 \cdot s_5 \cdot s_8 \cdot s_{10} \cdot s_9 \cdot s_4 \cdot s_1 \cdot s_7 \cdot s_6$
e^5	(0.2350,0.2789,0.2316,0.2545)	$s_2 \cdot s_3 \cdot s_5 \cdot s_8 \cdot s_9 \cdot s_{10} \cdot s_4 \cdot s_1 \cdot s_7 \cdot s_6$
e^6	(0.2325,0.2842,0.2286,0.2547)	$s_2 \cdot s_3 \cdot s_5 \cdot s_8 \cdot s_9 \cdot s_{10} \cdot s_4 \cdot s_1 \cdot s_7 \cdot s_6$
e^7	(0.2300,0.2894,0.2257,0.2548)	$s_2 \cdot s_3 \cdot s_5 \cdot s_8 \cdot s_9 \cdot s_{10} \cdot s_4 \cdot s_1 \cdot s_7 \cdot s_6$
e^8	(0.2278,0.2945,0.2231,0.2546)	$s_2 \cdot s_3 \cdot s_5 \cdot s_8 \cdot s_9 \cdot s_{10} \cdot s_4 \cdot s_1 \cdot s_7 \cdot s_6$
e^9	(0.2257,0.2994,0.2208,0.2543)	$s_2 \cdot s_3 \cdot s_5 \cdot s_8 \cdot s_9 \cdot s_{10} \cdot s_4 \cdot s_1 \cdot s_7 \cdot s_6$
e^{10}	(0.2238,0.3042,0.2183,0.2538)	$s_2 \cdot s_3 \cdot s_5 \cdot s_8 \cdot s_9 \cdot s_{10} \cdot s_4 \cdot s_1 \cdot s_7 \cdot s_6$
e^{11}	(0.2220,0.3088,0.2161,0.2532)	$s_2 \cdot s_3 \cdot s_5 \cdot s_8 \cdot s_9 \cdot s_{10} \cdot s_4 \cdot s_1 \cdot s_7 \cdot s_6$
e^{12}	(0.2203,0.3132,0.2141,0.2534)	$s_2 \cdot s_3 \cdot s_5 \cdot s_8 \cdot s_9 \cdot s_{10} \cdot s_4 \cdot s_1 \cdot s_7 \cdot s_6$
e^{13}	(0.2188,0.3176,0.2122,0.2515)	$s_2 \cdot s_3 \cdot s_5 \cdot s_8 \cdot s_{10} \cdot s_9 \cdot s_4 \cdot s_1 \cdot s_7 \cdot s_6$
e^{14}	(0.2174,0.3217,0.2104,0.2504)	$s_2 \cdot s_3 \cdot s_5 \cdot s_8 \cdot s_{10} \cdot s_9 \cdot s_4 \cdot s_1 \cdot s_7 \cdot s_6$
e^{15}	(0.2161,0.3258,0.2088,0.2493)	$s_2 \cdot s_3 \cdot s_5 \cdot s_8 \cdot s_{10} \cdot s_9 \cdot s_4 \cdot s_1 \cdot s_7 \cdot s_6$
e^{16}	(0.2150,0.3297,0.2073,0.2480)	$s_2 \cdot s_3 \cdot s_5 \cdot s_8 \cdot s_{10} \cdot s_9 \cdot s_4 \cdot s_1 \cdot s_7 \cdot s_6$
e^{17}	(0.2140,0.3334,0.2058,0.2467)	$s_2 \cdot s_3 \cdot s_5 \cdot s_8 \cdot s_{10} \cdot s_9 \cdot s_4 \cdot s_1 \cdot s_7 \cdot s_6$
e^{18}	(0.2132,0.3371,0.2045,0.2453)	$s_2 \cdot s_3 \cdot s_5 \cdot s_8 \cdot s_{10} \cdot s_9 \cdot s_4 \cdot s_1 \cdot s_7 \cdot s_6$
e^{19}	(0.2124,0.3406,0.2032,0.2438)	$s_2 \cdot s_3 \cdot s_5 \cdot s_8 \cdot s_{10} \cdot s_9 \cdot s_4 \cdot s_1 \cdot s_7 \cdot s_6$
e^{20}	(0.2118,0.3439,0.2021,0.2422)	$s_2 \cdot s_3 \cdot s_5 \cdot s_8 \cdot s_{10} \cdot s_9 \cdot s_4 \cdot s_1 \cdot s_7 \cdot s_6$

表 10.16 候選提供商效用函數值隨 β 取值的變化

β	候選提供商效用函數值									
	s_1	s_2	s_3	s_4	s_5	s_6	s_7	s_8	s_9	s_{10}
e	0.46	0.72	0.68	0.52	0.62	0.21	0.45	0.57	0.54	0.55
e^2	0.46	0.73	0.67	0.52	0.62	0.21	0.44	0.58	0.54	0.55
e^3	0.45	0.73	0.67	0.52	0.62	0.21	0.44	0.58	0.55	0.56
e^4	0.45	0.73	0.67	0.53	0.62	0.21	0.43	0.58	0.55	0.56
e^5	0.45	0.73	0.67	0.53	0.62	0.21	0.43	0.58	0.56	0.55
e^6	0.45	0.74	0.67	0.53	0.62	0.21	0.42	0.59	0.56	0.55
e^7	0.45	0.74	0.67	0.54	0.62	0.21	0.42	0.59	0.56	0.55
e^8	0.45	0.74	0.67	0.54	0.62	0.21	0.42	0.59	0.56	0.55
e^9	0.45	0.74	0.67	0.54	0.62	0.21	0.41	0.59	0.57	0.56
e^{10}	0.45	0.74	0.67	0.55	0.62	0.21	0.41	0.59	0.57	0.56
e^{11}	0.45	0.74	0.67	0.55	0.62	0.21	0.41	0.60	0.57	0.56
e^{12}	0.44	0.74	0.67	0.55	0.62	0.21	0.40	0.60	0.57	0.56
e^{13}	0.44	0.75	0.67	0.55	0.62	0.21	0.40	0.60	0.57	0.58
e^{14}	0.44	0.75	0.67	0.56	0.62	0.21	0.40	0.60	0.57	0.58
e^{15}	0.44	0.75	0.67	0.56	0.62	0.21	0.40	0.60	0.57	0.58
e^{16}	0.44	0.75	0.67	0.56	0.62	0.21	0.39	0.60	0.58	0.59
e^{17}	0.44	0.75	0.67	0.56	0.62	0.21	0.39	0.60	0.58	0.59
e^{18}	0.44	0.75	0.67	0.56	0.62	0.21	0.39	0.61	0.58	0.59
e^{19}	0.44	0.75	0.67	0.56	0.62	0.22	0.39	0.61	0.58	0.59
e^{20}	0.44	0.75	0.67	0.57	0.62	0.22	0.38	0.61	0.58	0.59

從表 10.14 和表 10.15 中可以看出，隨著 β 取值的增大，一方面，層次權向量及組合權向量各分量間的數值差距越來越大，通俗地說，就是數值大的變得更大，數值小的變得跟小，即「優劣」更明顯化；另一方面，β 的取值對候選提供商排序有一定的影響，但影響微小，這種影響主要體現在 s_9 和 s_{10} 的排序上。從表 10.16 中可以看出，s_9 和 s_{10} 的各項數據十分接近，s_9 的可靠性及其相應真實度高於 s_{10}，但 s_{10} 的時間優於 s_9，所以當 β 的取值變化導致可靠性屬性的權重增加時，s_9 就優於 s_{10}；類似地，當 β 的取值變化導致時間屬性的權重增加時，s_{10} 就優於 s_9。由此可見，參數 β 取值的變化不會影響候選提供商中較優及較差提供商的排序，但會影響中間提供商的排序，其效用函數值也會隨 β 取值的變化波動明顯，如圖 10.12 所示。

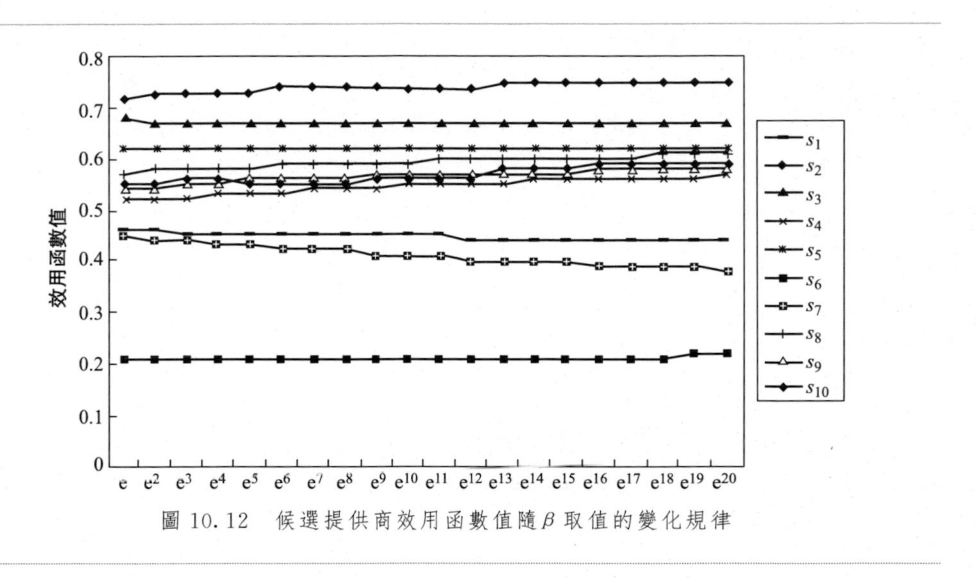

圖 10.12　候選提供商效用函數值隨 β 取值的變化規律

10.4　基於改進隨機規劃的服務備件預測與管理模型

在 MRO 服務鏈中，科學合理的備件管理（生產、儲存及銷售供應）是保障服務鏈高效運行的必要前提，其管理目標是有效協調備件提供過程中的各項活動，在確保備件可用性的同時，最小化故障設備的停機時間以及整體費用。利用有限資源實現最大程度的需要響應，是服務鏈中所有成員的共同訴求。

服務備件管理的相關研究成果大致可以分為兩類：第一類是備件的需要預測及庫存控制；第二類是備件的生產及供應計劃。從已有的研究成果可以看出，由於備件管理的決策目標是在最小化費用的同時最大化滿意度水平，因此，數學規劃模型是最常用的最佳化方法。由於它們大都針對的是一般服務備件的管理最佳化問題，因此這些規劃模型是確定性的，即其輸入參數和約束參數都是確定變量。但是，MRO 備件是不同於普通備件的，它們的工作環境極端惡劣（如高溫、高壓、高負荷），這必然會導致其生產及儲存的特殊性和不確定性[10]。因此，在 MRO 服務備件的最佳化管理問題中，必須考慮這種特殊性和不確定性。

為此，基於 MRO 服務備件的工業特性，將在本節中給出一種改進的隨機規劃模型，將備件管理的主要活動（生產、儲存和供應）融合在一個統一建模框架的同時，充分考慮備件生產和儲存過程中的隨機性和不確定性，並在數學模型中分別將其量化。模型將隨機規劃和多選擇參數規劃結合，為了刻畫備件生產過程中的隨機性，將生產時間能力量化為一個機率分布「已知」的隨機變量；另外，為了刻畫備件儲存過程中的不確定性，將儲存費用量化為一個多選擇參數變量，即將約束參數設置為一組數的集合，而不是一個固定的數，並且該集合的元素可由決策者根據實際需要進行調整。對於改進後的隨機規劃模型，由於不能直接利用常規數學軟體進行求解，先通過拉格朗日插值多項式法將其轉化為一個等價的非線性混合整數規劃模型，然後利用 LINGO 軟體求解得到了最佳的備件管理計劃。

10.4.1 基於改進隨機規劃的備件管理模型

針對 MRO 備件管理的最佳化問題，建立一種新穎的包含多選擇參數的隨機規劃模型。首先給出模型描述和模型假設，在此基礎上研究和討論模型的目標函數及約束條件，進而給出相應的數學模型。

(1) 模型描述和模型假設

考慮 MRO 服務鏈中多產品、多層次、多週期的備件管理，圖 10.13 刻畫了其運作框架。

用戶收集和管理設備的狀態數據，利用統計分析工具猜想其備件需要，需要分別到達分配中心和備件製造廠商。產品由製造商供應到分配中心，然後再由分配中心供應到備件用戶。同時考慮了備件生產和儲存中的隨機性和不確定性，在相應的數學規劃模型中它們分別被量化為隨機變量和多選擇參數變量。模型的最佳化目標是最小化備件管理的總費用，決策變量包括產量、儲存量以及產品流。值得一提的是，模型中的約束參數是一個多選擇變量，其可供選擇的變量集合可根據實際需要進行調整，這是對現有隨機規劃模型的一種改進。此外，由於模型同時量化了備件生產和儲存過程中的不確定性，其決策結果更科學且符合實際。

為了建立模型的需要，給出如下的模型假設。

假設 10.10 備件製造廠商和分配中心都能夠儲存備件。

假設 10.11 由於備件生產中的隨機因素，將生產時間能力量化為一個機率分布「已知」的隨機變量。

假設 10.12 為了處理備件儲存過程中的不確定性，將製造廠商的儲存費用量化為一個多選擇參數變量。

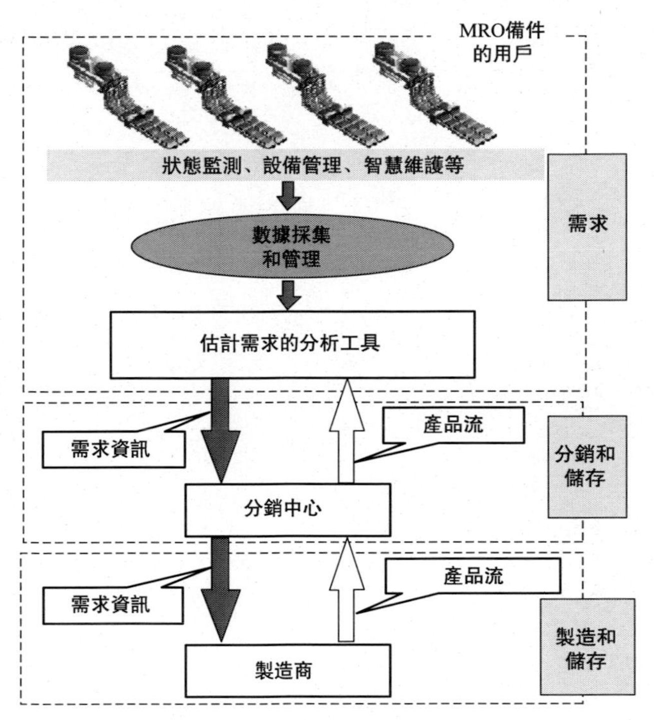

圖 10.13 MRO 備件管理運作框架

表 10.17 列出了模型中用到的符號及說明。

表 10.17 模型中用到的符號及說明

下標	說明
i	MRO 備件
j	備件製造廠商
n	分配中心
m	用戶
t	階段
決策變量	說明
α_{it}	階段 t 對備件 i 是否組裝，它是一個 0-1 變量
β_{it}	階段 t 對備件 i 的產量
γ_{ijt}	階段 t 在備件製造廠商 j 的備件 i 的儲存量
μ_{int}	階段 t 在分配中心 n 的備件 i 的儲存量
T^1_{ijnt}	階段 t 從備件製造廠商 j 到分配中心 n 的備件 i 的產品流
T^2_{inmt}	階段 t 從分配中心 n 到用戶 m 的備件 i 的產品流

續表

輸入變量	說明
C_{it}^{setup}	階段 t 對備件 i 的組裝費用
C_{it}^{prod}	階段 t 對備件 i 的生產費用
C_{ij}^{stor}	在備件製造廠商 j 對備件 i 的儲存費用
C_{in}^{stor}	在分配中心 n 對備件 i 的儲存費用
C_{j}^{stor}	備件製造廠商 j 儲存費用的上界，它是一個多選擇參數變量，即 $C_j^{stor}=\{C_j^{stor(1)},C_j^{stor(2)},\cdots,C_j^{stor(hj)}\}$
T_{i}^{prod}	備件 i 的生產時間
T_{i}^{setup}	備件 i 的組裝時間
M_{imt}^{demand}	階段 t 用戶 m 對備件 i 的需要矩陣
$C_t^{prod\ time}$	階段 t 的生產時間能力，它是一個隨機變量，其機率密度為 $f(C_t^{prod\ time})$
C_{jn}^{trans}	從備件製造廠商 j 到分配中心 n 的物流費用
C_{mn}^{trans}	從分配中心 n 到用戶 m 的物流費用
L	一個很大的數
I	備件的種類個數
T	階段個數
J	製造廠商個數
N	分配中心個數
M	用戶個數

(2) 包含多選擇參數的隨機規劃模型

決策目標是總費用最小化，這些費用包括生產費用（備件的生產和組裝）、儲存費用、物流費用等。除此之外，在目標函數中還會考慮實際生產時間和生產時間能力間的差異，這裡的差異有兩種情形：第一種是前者大於後者，第二種則相反。在實際中，這兩種情形都會阻礙生產效率的最大化。因此，希望實際生產時間和生產時間能力間差異的期望值達到最小，即 $E\left(\sum_{t=1}^{T} p_t \left| C_t^{prod\ time} - \sum_{i=1}^{I}(T_i^{setup}\alpha_{it} + T_i^{prod}\beta_{it})\right|\right)$ 的值達到最小，其中 p_t 是 $C_t^{prod\ time}$ 和 $\sum_{i=1}^{I}(T_i^{setup}\alpha_{it} + T_i^{prod}\beta_{it})$ 間差異的懲罰成本。基於以上的分析，最小化目標函數為：

$$\sum_{i=1}^{I}\sum_{t=1}^{T}(C_{it}^{setup}\alpha_{it}+C_{it}^{prod}\beta_{it})+\sum_{i=1}^{I}\sum_{t=1}^{T}\sum_{j=1}^{J}C_{ij}^{stor}\gamma_{ijt}+\sum_{i=1}^{I}\sum_{t=1}^{T}\sum_{n=1}^{N}C_{in}^{stor}\mu_{int}+$$
$$\sum_{i=1}^{I}\sum_{j=1}^{J}\sum_{n=1}^{N}\sum_{t=1}^{T}C_{jn}^{trans}T_{ijnt}^{1}+\sum_{i=1}^{I}\sum_{n=1}^{N}\sum_{m=1}^{M}\sum_{t=1}^{T}C_{nm}^{trans}T_{inmt}^{2}+$$
$$E\left(\sum_{t=1}^{T}p_t\left|C^{prod\ time}-\sum_{i=1}^{I}(T_i^{setup}\alpha_{it}+T_i^{prod}\beta_{it})\right|\right) \tag{10.47}$$

從表達式(10.47)中可以看到，由於 $C^{prod\ time}$ 是一個隨機變量，目標函數中的最後一項 $E\left(\sum_{t=1}^{T}p_t\left|C^{prod\ time}-\sum_{i=1}^{I}(T_i^{setup}\alpha_{it}+T_i^{prod}\beta_{it})\right|\right)$ 是決策變量的期望值，在目標函數中增加此項是對現有關於備件管理的線性規劃模型的一種改進。

下面給出相應的模型約束。

約束 10.1 備件製造廠商 j 儲存費用的上界約束。

$$\sum_{i=1}^{I}C_{ij}^{stor}\leqslant C_j^{stor}=\{C_j^{stor(1)},C_j^{stor(2)},\cdots,C_j^{stor(h_j)}\} \tag{10.48}$$

注意：約束 10.1 右邊的參數 C_j^{stor} 是一個多選擇變量的集合，而不是一個固定的數。將模型中的約束參數設置為一個多選擇變量，這是對現有關於備件管理的線性規劃模型的另一種改進。

約束 10.2 如果備件的各部分正在被生產則限制組裝參數為 1。

$$\beta_{it}-L\alpha_{it}\leqslant 0 \tag{10.49}$$

約束 10.3 組裝變量定義為 0-1 變量。

$$\alpha_{it}\in\{0,1\} \tag{10.50}$$

約束 10.4 決策變量 β_{it} 為非負整數。

$$\beta_{it}\geqslant 0,\beta_{it}\in Z \tag{10.51}$$

約束 10.5 備件製造商的產品平衡約束。

$$\gamma_{ijt}=\gamma_{i,j,t-1}+\beta_{it}-\sum_{n=1}^{N}T_{ijnt}^{1} \tag{10.52}$$

約束 10.6 分配中心的產品平衡約束。

$$\mu_{int}=\mu_{i,n,t-1}+\sum_{j=1}^{J}T_{ijnt}^{1}-\sum_{m=1}^{M}T_{inmt}^{2} \tag{10.53}$$

約束 10.7 階段 t 用戶 m 對備件 i 的需要是分配中心 n 產品流的總和。

$$M_{imt}^{demand}=\sum_{n=1}^{N}T_{inmt}^{2} \tag{10.54}$$

約束 10.8 所有生產的備件都將被配送。

$$\sum_{t=1}^{T}\beta_{it}=\sum_{n=1}^{N}\sum_{m=1}^{M}\sum_{t=1}^{T}T_{inmt}^{2} \tag{10.55}$$

約束 10.9 供應到分配中心的所有產品都會被配送到用戶。

$$\sum_{j=1}^{J}\sum_{n=1}^{N}\sum_{t=1}^{T}T_{ijnt}^{1}=\sum_{n=1}^{N}\sum_{m=1}^{M}\sum_{t=1}^{T}T_{inmt}^{2} \tag{10.56}$$

約束 10.10 配送決策變量均為非負整數。

$$\gamma_{ijt},\mu_{int},T_{ijnt}^{1},T_{inmt}^{2}\geqslant 0,\gamma_{ijt},\mu_{int},T_{ijnt}^{1},T_{inmt}^{2}\in Z \tag{10.57}$$

將以上目標函數和約束條件結合起來，就可得到改進後的包含多選擇參數的隨機規劃模型如下：

$$\begin{aligned}\min\quad z=&\sum_{i=1}^{I}\sum_{t=1}^{T}(C_{it}^{setup}\alpha_{it}+C_{it}^{prod}\beta_{it})+\sum_{i=1}^{I}\sum_{t=1}^{T}\sum_{j=1}^{J}C_{ij}^{stor}\gamma_{ijt}+\sum_{i=1}^{I}\sum_{t=1}^{T}\sum_{n=1}^{N}C_{in}^{stor}\mu_{int}+\\&\sum_{i=1}^{I}\sum_{j=1}^{J}\sum_{n=1}^{N}\sum_{t=1}^{T}C_{jn}^{trans}T_{ijnt}^{1}+\sum_{i=1}^{I}\sum_{n=1}^{N}\sum_{m=1}^{M}\sum_{t=1}^{T}C_{nm}^{trans}T_{inmt}^{2}+\\&E\left(\sum_{t=1}^{T}p_{t}\left|C^{prod\ time}-\sum_{i=1}^{I}(T_{i}^{setup}\alpha_{it}+T_{i}^{prod}\beta_{it})\right|\right)\end{aligned} \tag{10.58}$$

s. t.

$$\sum_{i=1}^{I}C_{ij}^{stor}\leqslant C_{j}^{stor}=\{C_{j}^{stor(1)},C_{j}^{stor(2)},\cdots,C_{j}^{stor(h_{j})}\} \tag{10.59}$$

$$\beta_{it}-L\alpha_{it}\leqslant 0 \tag{10.60}$$

$$\alpha_{it}\in\{0,1\} \tag{10.61}$$

$$\beta_{it}\geqslant 0 \tag{10.62}$$

$$\beta_{it}\in Z \tag{10.63}$$

$$\gamma_{ijt}=\gamma_{i,j,t-1}+\beta_{it}-\sum_{n=1}^{N}T_{ijnt}^{1} \tag{10.64}$$

$$\mu_{int}=\mu_{i,n,t-1}+\sum_{j=1}^{J}T_{ijnt}^{1}-\sum_{m=1}^{M}T_{inmt}^{2} \tag{10.65}$$

$$M_{imt}^{demand}=\sum_{n=1}^{N}T_{inmt}^{2} \tag{10.66}$$

$$\sum_{t=1}^{T}\beta_{it}=\sum_{n=1}^{N}\sum_{m=1}^{M}\sum_{t=1}^{T}T_{inmt}^{2} \tag{10.67}$$

$$\sum_{j=1}^{J}\sum_{n=1}^{N}\sum_{t=1}^{T}T_{ijnt}^{1}=\sum_{n=1}^{N}\sum_{m=1}^{M}\sum_{t=1}^{T}T_{inmt}^{2} \tag{10.68}$$

$$\gamma_{ijt},\mu_{int},T_{ijnt}^{1},T_{inmt}^{2}\geqslant 0,\ \forall i;\forall j;\forall n;\forall m;\forall t \tag{10.69}$$

$$\gamma_{ijt},\mu_{int},T^1_{ijnt},T^2_{inmt}\in Z,\forall i;\forall j;\forall n;\forall m;\forall t \qquad (10.70)$$

10.4.2 模型求解

在這一節中，首先分析上一節中建立的數學模型，並討論如何求解。然後，基於模型分析和討論，給出具體的模型求解步驟。

(1) 模型分析

在模型的目標函數式(10.58) 中，$C_t^{prod\ time}$ 是一個帶有機率分布的隨機變量；此外，在式(10.59) 中，C_j^{stor} 是一個多選擇參數變量，因此，模型式(10.58)～式(10.70)是一個包含多選擇參數的隨機規劃模型，不能直接運用常規的數學軟體對其進行求解。為此，需要先將其轉化為一個等價的確定性模型，然後用 LINGO Version 11.0 或者 MAPLE 12.0 進行求解，進而獲得模型的最佳解。

為了得到與所提隨機規劃模型等價的確定性模型，首先需要推導目標函數中 $E\left(\sum_{t=1}^{T}p_t\left|C_t^{prod\ time}-\sum_{i=1}^{I}(T_i^{setup}\alpha_{it}+T_i^{prod}\beta_{it})\right|\right)$ 的解析表達式；另外，還需要處理約束條件中的多選擇參數 C_j^{stor}。在這一過程中，使用隨機變量期望的性質以及拉格朗日插值多項式法。

(2) 模型求解

基於上面的模型分析和討論，給出如下具體的模型求解步驟。

① 推導 $E\left(\sum_{t=1}^{T}p_t\left|C_t^{prod\ time}-\sum_{i=1}^{I}(T_i^{setup}\alpha_{it}+T_i^{prod}\beta_{it})\right|\right)$ 的解析表達式

假設 $C_t^{prod\ time}$ 的機率密度函數是 $f(C_t^{prod\ time})$，其中 $0\leqslant C_t^{prod\ time}<+\infty$。為簡便起見，將 $\sum_{i=1}^{I}(T_i^{setup}\alpha_{it}+T_i^{prod}\beta_{it})$ 記為 g_t，即 $g_t=\sum_{i=1}^{I}(T_i^{setup}\alpha_{it}+T_i^{prod}\beta_{it})$。運用期望的性質，有：

$$E\left(\sum_{t=1}^{T}p_t\left|C_t^{prod\ time}-g_t\right|\right)=\sum_{t=1}^{T}p_tE(\left|C_t^{prod\ time}-g_t\right|) \qquad (10.71)$$

為了進一步推出 $E\left(\sum_{t=1}^{T}p_t\left|C_t^{prod\ time}-\sum_{t=1}^{T}(T_i^{setup}\alpha_{it}+T_i^{prod}\beta_{it})\right|\right)$ 的解析表達式，首先推導 $E(\left|C_t^{prod\ time}-g_t\right|)$ 如下：

$$
\begin{aligned}
&E(|C^{prod\ time}-g_t|)\\
&=\int_0^{+\infty}|C^{prod\ time}-g_t|f(C^{prod\ time})\mathrm{d}C^{prod\ time}\\
&=\int_0^{g_t}(g_t-C^{prod\ time})f(C^{prod\ time})\mathrm{d}C^{prod\ time}+\\
&\quad\int_{g_t}^{+\infty}(C^{prod\ time}-g_t)f(C^{prod\ time})\mathrm{d}C^{prod\ time}\\
&=\int_0^{+\infty}g_tf(C^{prod\ time})\mathrm{d}C^{prod\ time}-\int_0^{+\infty}C^{prod\ time}f(C^{prod\ time})\mathrm{d}C^{prod\ time}+\\
&\quad 2\left[\int_{g_t}^{+\infty}C^{prod\ time}f(C^{prod\ time})\mathrm{d}C^{prod\ time}-\int_{g_t}^{+\infty}g_tf(C^{prod\ time})\mathrm{d}C^{prod\ time}\right]\\
&=g_t-E(C^{prod\ time})+2\left[\int_{g_t}^{+\infty}C^{prod\ time}f(C^{prod\ time})\mathrm{d}C^{prod\ time}-\right.\\
&\quad\left.\int_{g_t}^{+\infty}g_tf(C^{prod\ time})\mathrm{d}C^{prod\ time}\right]
\end{aligned}
\tag{10.72}
$$

因此，可以得到：

$$
\begin{aligned}
&E\left(\sum_{t=1}^{T}p_t|C^{prod\ time}-g_t|\right)\\
&=\sum_{t=1}^{T}p_t\left\{g_t-E(C^{prod\ time})+2\left[\int_{g_t}^{+\infty}C^{prod\ time}f(C^{prod\ time})\mathrm{d}C^{prod\ time}-\right.\right.\\
&\quad\left.\left.\int_{g_t}^{+\infty}g_tf(C^{prod\ time})\mathrm{d}C^{prod\ time}\right]\right\}
\end{aligned}
\tag{10.73}
$$

② 轉化包含多選擇參數的約束條件　下面利用拉格朗日插值多項式法來處理多選擇參數。

由約束 10.1，有：

$$\sum_{i=1}^{I}C_{ij}^{stor}\leqslant C_j^{stor}=\{C_j^{stor(1)},C_j^{stor(2)},\cdots,C_j^{stor(h_j)}\}\tag{10.74}$$

設 $f(t_j)$ 是一個實值函數，$0,1,2,\cdots,h_j-1$ 是 h_j 個節點。令 $C_j^{stor(1)}$，$C_j^{stor(2)},\cdots,C_j^{stor(h_j)}$ 分別為插值多項式在 h_j 個不同節點的相應函數值，即：

$$f(t_j)=C_j^{stor(t_j+1)},t_j=0,1,2,\cdots,h_j-1\tag{10.75}$$

設 $P_{h_j-1}(t_j)$ 是一個 h_j-1 次的插值多項式，將其在給定的節點處插入，即有：

$$P_{h_j-1}(v)=C_j^{stor(v+1)},v=0,1,2,\cdots,h_j-1,j=1,2,\cdots,J\tag{10.76}$$

因此，根據拉格朗日插值公式，可以構造出第 j 個多選擇參數的一個插值多項式：

$$P_{h_j-1}(t_j)=\sum_{r=0}^{h_j-1}C_j^{stor(r+1)}\prod_{\substack{k=0\\k\neq r}}^{h_j-1}\frac{t_j-k}{r-k},j=1,2,\cdots,J \tag{10.77}$$

於是，得到了一個等價的確定性約束：

$$\sum_{i=1}^{I}C_{ij}^{stor}\leqslant\sum_{r=0}^{h_j-1}C_j^{stor(r+1)}\prod_{\substack{k=0\\k\neq r}}^{h_j-1}\frac{t_j-k}{r-k},j=1,2,\cdots,J \tag{10.78}$$

③ 基於以上兩個步驟得到等價的確定性數學規劃模型　將式(10.73)和式(10.78)代入模型式(10.58)～式(10.70)中，最終得到確定性模型：

$$\begin{aligned}\min\quad z=&\sum_{i=1}^{I}\sum_{t=1}^{T}(C_{it}^{setup}\alpha_{it}+C_{it}^{prod}\beta_{it})+\sum_{i=1}^{I}\sum_{t=1}^{T}\sum_{j=1}^{J}C_{ij}^{stor}\gamma_{ijt}+\sum_{i=1}^{I}\sum_{t=1}^{T}\sum_{n=1}^{N}C_{in}^{stor}\mu_{int}+\\&\sum_{i=1}^{I}\sum_{j=1}^{J}\sum_{n=1}^{N}\sum_{t=1}^{T}C_{jn}^{trans}T_{ijnt}^{1}+\sum_{i=1}^{I}\sum_{n=1}^{N}\sum_{m=1}^{M}\sum_{t=1}^{T}C_{nm}^{trans}T_{inmt}^{2}+\\&\sum_{t=1}^{T}p_t\Bigg[g_t-E(C^{prod\ time})+2\bigg(\int_{g_t}^{+\infty}C^{prod\ time}f(C^{prod\ time})\mathrm{d}C^{prod\ time}-\\&\int_{g_t}^{+\infty}g_t f(C^{prod\ time})\mathrm{d}C^{prod\ time}\bigg)\Bigg]\end{aligned} \tag{10.79}$$

s. t.

$$\sum_{i=1}^{I}C_{ij}^{stor}\leqslant\sum_{r=0}^{h_j-1}C_j^{stor(r+1)}\prod_{\substack{k=0\\k\neq r}}^{h_j-1}\frac{t_j-k}{r-k},\forall j \tag{10.80}$$

$$\beta_{it}-L\alpha_{it}\leqslant 0 \tag{10.81}$$

$$\alpha_{it}\in\{0,1\} \tag{10.82}$$

$$\beta_{it}\geqslant 0 \tag{10.83}$$

$$\beta_{it}\in Z \tag{10.84}$$

$$\gamma_{ijt}=\gamma_{i,j,t-1}+\beta_{it}-\sum_{n=1}^{N}T_{ijnt}^{1} \tag{10.85}$$

$$\mu_{int}=\mu_{i,n,t-1}+\sum_{j=1}^{J}T_{ijnt}^{1}-\sum_{m=1}^{M}T_{inmt}^{2} \tag{10.86}$$

$$M_{imt}^{demand}=\sum_{n=1}^{N}T_{inmt}^{2} \tag{10.87}$$

$$\sum_{t=1}^{T}\beta_{it}=\sum_{n=1}^{N}\sum_{m=1}^{M}\sum_{t=1}^{T}T_{inmt}^{2} \tag{10.88}$$

$$\sum_{j=1}^{J}\sum_{n=1}^{N}\sum_{t=1}^{T}T_{ijnt}^{1}=\sum_{n=1}^{N}\sum_{m=1}^{M}\sum_{t=1}^{T}T_{inmt}^{2} \tag{10.89}$$

$$\gamma_{ijt},\mu_{int},T_{ijnt}^{1},T_{inmt}^{2}\geqslant 0,\forall i;\forall j;\forall n;\forall m;\forall t \tag{10.90}$$

$$\gamma_{ijt}, \mu_{int}, T^1_{ijnt}, T^2_{inmt} \in Z, \forall i; \forall j; \forall n; \forall m; \forall t \qquad (10.91)$$

式中，$g_t = \sum_{i=1}^{I}(T_i^{setup}\alpha_{it} + T_i^{prod}\beta_{it}), \forall t$ 。

④ 利用 LINGO Version 11.0 或者 MAPLE 12.0 求解以上非線性混合整數規劃模型式(10.79)～式(10.91)。

10.4.3 算例分析

在這一節中，將通過一個算例來驗證所提模型的可行性及有效性。首先，給出相關的參數設置；然後，基於提出的模型及求解方法，給出決策結果並進行參數的敏感性分析；最後，通過對比實驗說明對傳統規劃模型改進的有效性。

(1) 參數設置

假設兩個 MRO 備件製造商（即 $J=2$）生產兩種不同的備件，備件 1 和備件 2（即 $I=2$），生產出的備件可以儲存於製造商和分配中心。進一步地，假設有三個分配中心（即 $N=3$）和四個用戶（即 $M=4$），考慮六個月的備件管理，每個月對應於一個階段（即 $T=6$），用戶的備件需要資訊如表 10.18 所示。

表 10.18 用戶的備件需要資訊

項目	第一個月	第二個月	第三個月	第四個月	第五個月	第六個月
用戶 1/備件 1	38	27	2	174	22	78
用戶 2/備件 1	11	23	116	184	168	17
用戶 3/備件 1	192	120	90	147	118	7
用戶 4/備件 1	192	17	164	71	114	179
用戶 1/備件 2	4	67	153	19	10	68
用戶 2/備件 2	72	97	166	178	76	125
用戶 3/備件 2	29	88	179	20	85	26
用戶 4/備件 2	26	90	130	70	86	155

在不同階段，備件 1 的生產費用分別為 \$150、\$120、\$110、\$130、\$120、\$140；組裝費用分別為 \$40、\$50、\$50、\$70、\$60、\$70。相應地，在不同階段備件 2 的生產費用和組裝費用分別為 \$80、\$60、\$70、\$60、\$50、\$80 以及 \$50、\$40、\$50、\$60、\$40、\$50。備件 1 和備件 2 的生產時間分別為 8h 和 6h，兩種備件的組裝時間均為 6h。

兩種備件在製造商處的儲存費用為 \$80，製造商 1 和製造商 2 的可調儲存費用上界集合（多選擇參數變量）分別為 {\$600,800} 和 {\$800,\$1000}。備件 1 在三個分配中心的儲存費用分別為 \$80、\$60 和 \$70，備件 2 的分別為 \$90、\$70 和 \$80。

不失一般性，假設在階段 t 的生產時間能力 $C^{prod\ time}$ 服從截尾正態分布(決策者可根據需要選擇其他隨機分布)，即 $C^{prod\ time}$ 的機率密度函數為：

$$f(C^{prod\ time})=\frac{1}{K_t\sigma_t\sqrt{2\pi}}\exp\left[-\frac{1}{2}\left(\frac{C^{prod\ time}-\mu_t}{\sigma_t}\right)^2\right],0\leqslant C^{prod\ time}<+\infty \tag{10.92}$$

式中，σ_t 和 μ_t 為分布參數；K_t 為正規化常數，$K_t>0$，且滿足 $\int_0^{+\infty}f(C^{prod\ time})\mathrm{d}C^{prod\ time}=1$。值得說明的是，機率分布的設置會對算例的數值結果產生一定的影響，但不會影響對模型的驗證，因為所提模型是獨立於該變量的機率分布設置的。

根據 $\int_0^{+\infty}f(C^{prod\ time})\mathrm{d}C^{prod\ time}=1$，可得：

$$K_t=\frac{1}{\sigma_t\sqrt{2\pi}}\int_0^{+\infty}\exp\left[-\frac{1}{2}\left(\frac{C^{prod\ time}-\mu_t}{\sigma_t}\right)^2\right]\mathrm{d}C^{prod\ time}=1-\Phi\left(\frac{-\mu_t}{\sigma_t}\right)=\Phi\left(\frac{\mu_t}{\sigma_t}\right) \tag{10.93}$$

式中，$\Phi(z)$ 是標準正態分布的分布函數。

因此，基於式(10.73) 和式(10.93)，可以運算得到：

$$\begin{aligned}&E\left(\sum_{t=1}^{T}p_t\mid C^{prod\ time}-g_t\mid\right)\\&=\sum_{t=1}^{T}p_t\left\{g_t\left\{1-\frac{1-\sqrt{1-\exp\left[-\left(\frac{g_t-\mu_t}{\sigma_t}\right)^2\right]}}{\sqrt{2}K_t}\right\}+\right.\\&\frac{\sigma_t}{\sqrt{2\pi}K_t}\left\{2\exp\left[-\frac{1}{2}\left(\frac{g_t-\mu_t}{\sigma_t}\right)^2\right]-\exp\left[-\frac{1}{2}\left(\frac{\mu_t}{\sigma_t}\right)^2\right]\right\}+\\&\left.\frac{\mu_t}{2\sqrt{2}K_t}\left\{1+\sqrt{1-\exp\left[-\left(\frac{\mu_t}{\sigma_t}\right)^2\right]}-2\sqrt{1-\exp\left[-\left(\frac{g_t-\mu_t}{\sigma_t}\right)^2\right]}\right\}\right\}\end{aligned} \tag{10.94}$$

假設 $\mu_t=27.86$，$\sigma_t=1.15$（決策者可根據需要調整其取值)，則 $K_t=\Phi\left(\frac{\mu_t}{\sigma_t}\right)=1$。進一步假設懲罰成本 $p_t=1$，即為簡單的單位資源成本。

從每個製造商到每個分配中心的物流費用為＄60，從分配中心到用戶的物流費用列於表 10.19。

表 10.19 分配中心到用戶的物流費用資訊

項目	用戶 1	用戶 2	用戶 3	用戶 4
分配中心 1	\$30	\$50	\$70	\$45
分配中心 2	\$60	\$35	\$48	\$55
分配中心 3	\$65	\$52	\$46	\$40

（2）結果和參數分析

由於等價的確定性模型式(10.79)～式(10.91）是一個非線性混合整數規劃模型，可以直接運用 LINGO Version 11.0 或者 MAPLE 12.0 進行求解。儘管不同的參數設置會影響模型的複雜度，但並不會改變模型的類型和性質，因此，也能夠在短時間內獲得模型最佳解。鑑於此，在下面的參數分析實驗中，並沒有考慮模型的求解時間這一項。

這裡，運用 LINGO Version 11.0 求解算例中的模型，可得到最佳解為 \$881635，非零的決策變量列於表 10.20，因此，通過該模型得到了備件管理（生產、組裝、儲存等）的最佳策略。下面以決策變量 α_{25}、β_{25}、γ_{2j5}、μ_{2n5}、T^1_{2jn5} 和 T^2_{2nm5} 的取值為例來具體地說明如何得到最佳的管理策略。

表 10.20 截尾常態分布算例的非零決策變量值

α_{11}	α_{12}	α_{13}	α_{14}	α_{15}	α_{16}	α_{21}	α_{22}	α_{23}	α_{24}	α_{25}	α_{26}	β_{11}	β_{12}	β_{13}	β_{14}
1	1	1	1	1	1	1	1	1	1	1	1	433	187	372	576
β_{15}	β_{16}	β_{21}	β_{22}	β_{23}	β_{24}	β_{25}	β_{26}	γ_{215}	γ_{121}	γ_{221}	γ_{122}	γ_{222}	γ_{123}	γ_{223}	γ_{124}
422	281	131	342	628	287	267	364	10	433	131	620	473	992	1101	1568
γ_{224}	γ_{125}	γ_{225}	γ_{126}	γ_{226}	T^1_{1111}	T^1_{1121}	T^1_{1131}	T^1_{2111}	T^1_{2121}	T^1_{2131}	T^1_{1112}	T^1_{1122}	T^1_{1132}	T^1_{2112}	T^1_{2122}
1388	1990	1655	2271	2019	38	11	384	4	72	55	27	23	137	67	97
T^1_{2132}	T^1_{1113}	T^1_{1123}	T^1_{1133}	T^1_{2113}	T^1_{2123}	T^1_{2133}	T^1_{1114}	T^1_{1124}	T^1_{1134}	T^1_{2114}	T^1_{2124}	T^1_{2134}	T^1_{1115}	T^1_{1125}	T^1_{1135}
178	2	116	254	153	166	309	174	184	218	19	178	90	22	168	232
T^1_{2115}	T^1_{2125}	T^1_{2135}	T^1_{1116}	T^1_{1126}	T^1_{1136}	T^1_{2116}	T^1_{2126}	T^1_{2136}	T^2_{1111}	T^2_{1221}	T^2_{1331}	T^2_{1341}	T^2_{1112}	T^2_{1222}	T^2_{1332}
10	76	171	78	17	186	68	125	181	38	11	192	192	27	23	120
T^2_{1342}	T^2_{1113}	T^2_{1223}	T^2_{1333}	T^2_{1343}	T^2_{1114}	T^2_{1224}	T^2_{1334}	T^2_{1344}	T^2_{1115}	T^2_{1225}	T^2_{1335}	T^2_{1345}	T^2_{1116}	T^2_{1226}	T^2_{1336}
17	2	116	90	164	174	184	147	71	22	168	118	114	78	17	7
T^2_{1346}	T^2_{2111}	T^2_{2221}	T^2_{2331}	T^2_{2341}	T^2_{2112}	T^2_{2222}	T^2_{2332}	T^2_{2342}	T^2_{2113}	T^2_{2223}	T^2_{2333}	T^2_{2343}	T^2_{2114}	T^2_{2224}	T^2_{2334}
179	4	72	29	26	67	97	88	90	153	166	179	130	19	178	20
T^2_{2344}	T^2_{2115}	T^2_{2225}	T^2_{2335}	T^2_{2345}	T^2_{2116}	T^2_{2226}	T^2_{2336}	T^2_{2346}	t_1						
70	10	76	85	86	68	125	26	155	1						

從表 10.20 中可以看出，$\alpha_{25}=1$ 以及 $\beta_{25}=267$，這表明在第五個階段，備件 2 應該被組裝，而且產量是 267。$\gamma_{215}=10$ 以及 $\gamma_{225}=1665$ 說明在第五個階段，備件 2 在製造商 1 和 2 處的儲存量分別為 10 和 1665。$T^1_{2115}=10$、$T^1_{2125}=$

76 以及 $T_{2135}^{1}=171$ 表明在第五個階段，從製造商 1 到分配中心 1、2、3 的備件 2 產品流分別為 10、76 和 171。$T_{2225}^{2}=76$、$T_{2335}^{2}=85$ 以及 $T_{2345}^{2}=86$ 表明在第五個階段，從分配中心 2 到用戶 2 的備件 2 產品流為 76，從分配中心 3 到用戶 3 和用戶 4 的備件 2 產品流分別為 85 和 86。對於表 10.20 中未列出的零決策變量，其取值為零表示在相應的階段，相應的備件不需要被組裝，並且沒有產量、庫存及產品流。這樣一來，可根據所有決策變量的取值，得到最佳的備件管理策略。

值得一提的是，決策者可根據實際情況生成不同的隨機約束並擴展多選擇參數的集合。在算例分析中，與隨機變量相關的參數有三個，分別是 p_t、μ_t 和 σ_t，為了分析這些參數對目標函數最佳值的影響，將進行以下參數分析實驗。

① 設置 p_t 為不同的值　將重新運算的最佳值列於表 10.21，可以看出，目標函數的最佳值隨著 p_t 的增大而增大，圖 10.14 更直觀地刻畫了這一變化趨勢，並給出了趨勢曲線的近似解析表達式。

表 10.21　最佳值隨著 p_t 的變化趨勢

p_t	1	2	3	4	5	6	7	8	9	10
最佳值	88.1635	91.1989	94.2343	97.2697	100.305	103.341	106.376	109.411	112.4467	115.4821

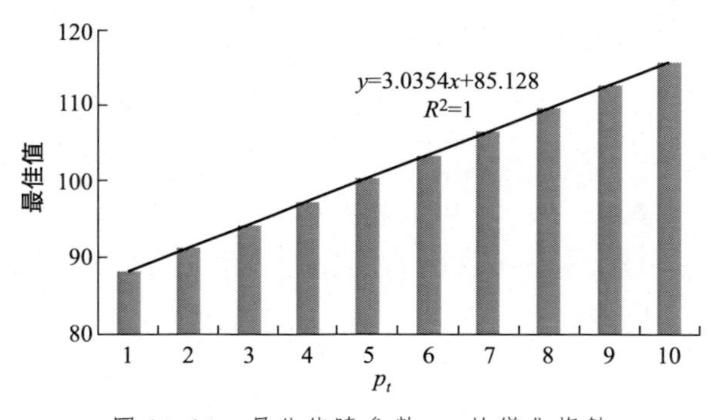

圖 10.14　最佳值隨參數 p_t 的變化趨勢

② 設置 $C^{prod\ time}$ 服從不同機率分布，即具有不同的機率密度函數。

a. 指數分布。假設隨機變量 $C^{prod\ time}$ 的機率密度函數為：

$$f(C^{prod\ time})=\begin{cases}\lambda_t \exp(-\lambda_t C^{prod\ time}), & C^{prod\ time}\geq 0\\ 0, & C^{prod\ time}<0\end{cases} \tag{10.95}$$

式中，λ_t 為分布參數，被稱為率參數，且 $\lambda_t>0$。

類似前面的推導，可以運算 $E\left(\sum_{t=1}^{T} p_t \left|C^{prod\ time}-g_t\right|\right)$ 如下：

$$E\left(\sum_{t=1}^{T} p_t \left| C^{prod\ time} - g_t \right|\right) \tag{10.96}$$
$$= \sum_{t=1}^{T} p_t E(\left| C^{prod\ time} - g_t \right|) = \sum_{t=1}^{T} p_t \left[\left(\frac{2}{\lambda_t}\right) e^{-\lambda_t g_t} + g_t - \frac{1}{\lambda_t}\right]$$

在指數分布下重新運算的目標函數最佳值為＄881037，其中懲罰成本 $p_t=1$，率參數 $\lambda_t=0.01$。同樣地，分析這兩個參數對最佳值的影響，將結果列於表 10.22。

表 10.22　最佳值隨著 p_t 和 λ_t 的變化趨勢

λ_t \ p_t	1	2	3	4	5	6	7	8	9	10
0.01	88.1037	91.1391	94.1745	97.2099	100.2453	103.2807	106.3161	109.3515	112.3869	115.4243
0.02	88.0439	91.0792	94.1146	97.1503	100.1857	103.2208	106.2563	109.2917	112.3272	115.3626
0.03	87.9841	91.0194	94.0548	97.0905	100.1259	103.1610	106.1964	109.2318	112.2674	115.3028
0.04	87.9243	90.9597	93.9951	97.0306	100.0660	103.1013	106.1367	109.1721	112.2075	115.2429
0.05	87.8644	90.8999	93.9353	96.9709	100.0061	103.0415	106.0769	109.1123	112.1479	115.1833
0.06	87.8045	90.8401	93.8754	96.9111	99.9465	102.9819	106.0170	109.0524	112.0882	115.1236
0.07	87.7488	90.7803	93.8157	96.8512	99.8866	102.9221	105.9574	108.9928	112.0284	115.0638
0.08	87.6850	90.7205	93.7559	97.7914	99.8268	102.8622	105.8976	108.9330	111.9687	115.0041
0.09	87.6251	90.6609	93.6963	96.7317	99.7671	102.8025	105.8379	108.8733	111.9091	114.9495
0.1	87.5652	90.6011	93.6365	96.6718	99.7072	102.7426	105.7780	108.8134	111.8493	114.8847

正如表 10.22 所示，最佳值隨著 p_t 的增大而增大，但是隨著 λ_t 的增大而減小。除此之外，最佳值隨 p_t 增大的速率大於其隨 λ_t 而減小的速率，這表明參數 p_t 對模型最佳值的影響大於參數 λ_t。圖 10.15 和圖 10.16 更直觀地說明了這一點。

b. 均勻分布。假設隨機變量 $C^{prod\ time}$ 的機率密度函數為：

$$f(C^{prod\ time}) = \begin{cases} \dfrac{1}{b-a}, & a \leqslant C^{prod\ time} \leqslant b \\ 0, & \text{其他} \end{cases} \tag{10.97}$$

式中，a、b 為常數。

可以運算得到：

$$\sum_{t=1}^{T} E(p_t \left| C^{prod\ time} - g_t \right|) = \sum_{t=1}^{T} \frac{p_t}{b-a}\left[\frac{1}{2}(a^2+b^2) - g_t(a+b) + g_t^2\right] \tag{10.98}$$

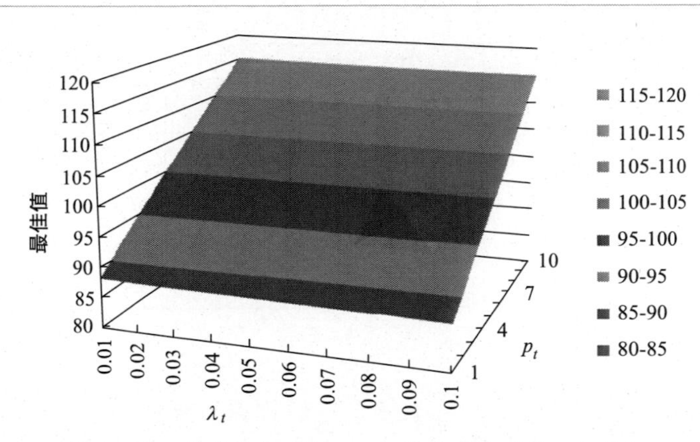

圖 10.15 最佳值隨參數 p_t 和 λ_t 的變化趨勢（三維）

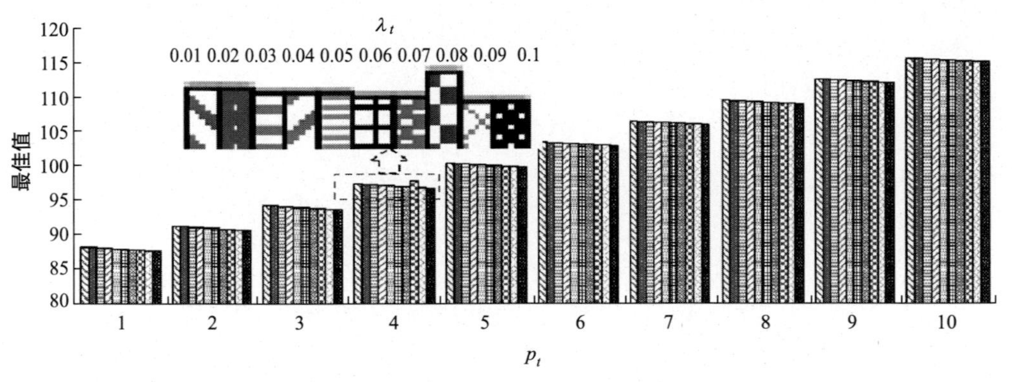

圖 10.16 最佳值隨參數 p_t 和 λ_t 的變化趨勢（二維）

重新運算得到的目標函數最佳值為＄12754960，其中懲罰成本 $p_t=1$，兩個分布參數分別為 $a=26$、$b=31$。表 10.23 列出了均勻分布下的非零決策變量值。

表 10.23 均勻分布下的非零決策變量值

α_{11}	α_{14}	α_{15}	α_{21}	α_{22}	α_{23}	α_{26}	β_{11}	β_{14}	β_{15}	β_{21}	β_{22}	β_{23}	β_{26}	γ_{216}	γ_{121}
1	1	1	1	1	1	1	992	576	703	121	342	1172	384	10	992
γ_{221}	γ_{122}	γ_{222}	γ_{123}	γ_{223}	γ_{124}	γ_{224}	γ_{125}	γ_{225}	γ_{126}	γ_{226}	μ_{111}	μ_{121}	μ_{131}	μ_{122}	μ_{213}
111	992	453	992	1625	1568	1625	2271	1625	2271	2009	27	515	17	372	19
μ_{223}	μ_{233}	μ_{224}	μ_{115}	μ_{125}	μ_{135}	T^1_{1111}	T^1_{1121}	T^1_{1131}	T^1_{2111}	T^1_{2121}	T^1_{2131}	T^1_{2231}	T^1_{2112}	T^1_{2122}	T^1_{2132}
455	70	257	78	24	179	65	526	401	4	72	45	10	67	97	178
T^1_{2113}	T^1_{2123}	T^1_{2133}	T^1_{1132}	T^1_{1114}	T^1_{1124}	T^1_{1134}	T^1_{1115}	T^1_{1125}	T^1_{1135}	T^1_{2116}	T^1_{2126}	T^1_{2136}	T^2_{1111}	T^2_{1221}	T^2_{1331}
172	621	379	137	174	184	218	100	192	411	68	125	181	38	11	192

續表

T^2_{1341}	T^2_{1112}	T^2_{1222}	T^2_{1332}	T^2_{1342}	T^2_{1213}	T^2_{1223}	T^2_{1233}	T^2_{1243}	T^2_{1114}	T^2_{1224}	T^2_{1334}	T^2_{1344}	T^2_{1115}	T^2_{1225}	T^2_{1335}
192	27	23	120	17	2	116	90	164	174	184	147	71	22	168	118
T^2_{1345}	T^2_{1116}	T^2_{1226}	T^2_{1236}	T^2_{1346}	T^2_{2111}	T^2_{2221}	T^2_{2331}	T^2_{2341}	T^2_{2112}	T^2_{2222}	T^2_{2332}	T^2_{2342}	T^2_{2113}	T^2_{2223}	T^2_{2333}
114	78	17	7	179	4	72	29	26	67	97	88	90	153	166	179
T^2_{2343}	T^2_{2114}	T^2_{2224}	T^2_{2334}	T^2_{2344}	T^2_{2215}	T^2_{2225}	T^2_{2235}	T^2_{2245}	T^2_{2116}	T^2_{2226}	T^2_{2336}	T^2_{2346}	t_1		
130	19	178	20	70	10	76	85	86	68	125	26	155	1		

(3) 對比實驗

在前面曾提到，與已有的關於備件管理的數學規劃模型相比，本章所提的包含多選擇參數的隨機規劃模型主要有兩方面的改進，一是針對 MRO 備件生產的不確定性，將生產時間能力建模為一個機率分布「已知」的隨機變量；二是針對 MRO 備件儲存的不確定性，將製造商的儲存費用建模為多選擇參數變量。為了說明以上兩個改進的有效性，進行了下面的模型對比實驗。

① 將生產時間能力分別設置為一個普通變量和隨機變量　如果目標函數式(10.47)中的生產時間能力是一個普通變量 $C^{*\,prod\ time}$，則在目標函數中無隨機變量的新模型可寫成：

$$\min \quad z = \sum_{i=1}^{I}\sum_{t=1}^{T}(C_{it}^{setup}\alpha_{it} + C_{it}^{prod}\beta_{it}) + \sum_{i=1}^{I}\sum_{t=1}^{T}\sum_{j=1}^{J}C_{ij}^{stor}\gamma_{ijt} + \sum_{i=1}^{I}\sum_{t=1}^{T}\sum_{n=1}^{N}C_{in}^{stor}\mu_{int} + \sum_{i=1}^{I}\sum_{j=1}^{J}\sum_{n=1}^{N}\sum_{t=1}^{T}C_{jn}^{trans}T_{ijnt}^{1} + \sum_{i=1}^{I}\sum_{n=1}^{N}\sum_{m=1}^{M}\sum_{t=1}^{T}C_{nm}^{trans}T_{inmt}^{2} + \sum_{t=1}^{T}p_t\left|C^{*\,prod\ time} - \sum_{i=1}^{I}(T_i^{setup}\alpha_{it} + T_i^{prod}\beta_{it})\right| \tag{10.99}$$

服從於：式(10.80)～式(10.91)。

為簡便起見，帶有隨機變量的所提模型記為 Ω_r，無隨機變量的新模型記為 Ω_o。不失一般性，這裡假設 Ω_r 中的 $C^{prod\ time}$ 服從截尾正態分布，即 $C^{prod\ time}$ 的機率密度函數如式(10.92) 所示，其中 σ_t 和 μ_t 為分布參數，且 $K_t=\Phi\left(\frac{\mu_t}{\sigma_t}\right)$。為了對比實驗的公平性，模型 Ω_r 和 Ω_o 的運算都基於 10.4.1 小節中的參數設置。此外，當 $C^{prod\ time}$ 的分布給定時，取 $C^{*\,prod\ time}$ 為 $C^{prod\ time}$ 的期望$\frac{\sigma_t}{K_t}\varphi\left(\frac{\mu_t}{\sigma_t}\right)+\mu_t$。表 10.24列出了兩個模型的對比結果。不同模型下最佳值（O_1 和 O_2）的差距可以評估隨機規劃的價值，可以衡量在做決策時忽略不確定性所付出的代價。

表 10.24 模型 Ω_0 和 Ω_r 的對比

生產時間能力				
在 Ω_0 中：建模為一個普通變量 $C^{*prod\ time}$		在 Ω_r 中：建模為一個隨機變量 $C^{prod\ time}$		改進率
$C^{*prod\ time}$	最佳值 O_1	$C^{prod\ time}$ 的分布參數	最佳值 O_2	$\frac{O_1-O_2}{O_1}\times 100\%$
24.00	87.66	$\mu_t=24,\sigma_t=1$	84.54	3.56%
25.00	89.13	$\mu_t=25,\sigma_t=3$	85.08	4.54%
26.00	92.47	$\mu_t=26,\sigma_t=5$	86.96	5.96%
27.00	93.98	$\mu_t=27,\sigma_t=7$	88.83	5.48%
28.03	98.82	$\mu_t=28,\sigma_t=9$	91.52	7.39%
29.14	104.34	$\mu_t=29,\sigma_t=11$	95.15	8.81%
30.39	115.05	$\mu_t=30,\sigma_t=13$	101.94	11.40%
31.75	122.79	$\mu_t=31,\sigma_t=15$	109.61	10.73%
33.28	144.22	$\mu_t=32,\sigma_t=17$	120.38	16.53%
34.76	168.54	$\mu_t=33,\sigma_t=19$	135.20	19.78%

從表 10.24 中可以看出，雖然最佳值 O_1 和 O_2 都隨著生產時間能力的增加而增加，但是 O_2 明顯優於 O_1，其改進率近似從 3% 到 20%，這說明了將生產時間能力建模為一個隨機變量來刻畫備件生產的隨機因素的有效性。此外，最佳值 O_2 的優勢還受到生產時間能力（反映在參數 μ_t 上）及其波動（反映在參數 σ_t 上）的影響，波動越大，越能體現模型 Ω_r 的優勢。圖 10.17 展示了模型 Ω_r 的優勢，模型 Ω_r 尤其適合於具有高度隨機性的備件生產環境。

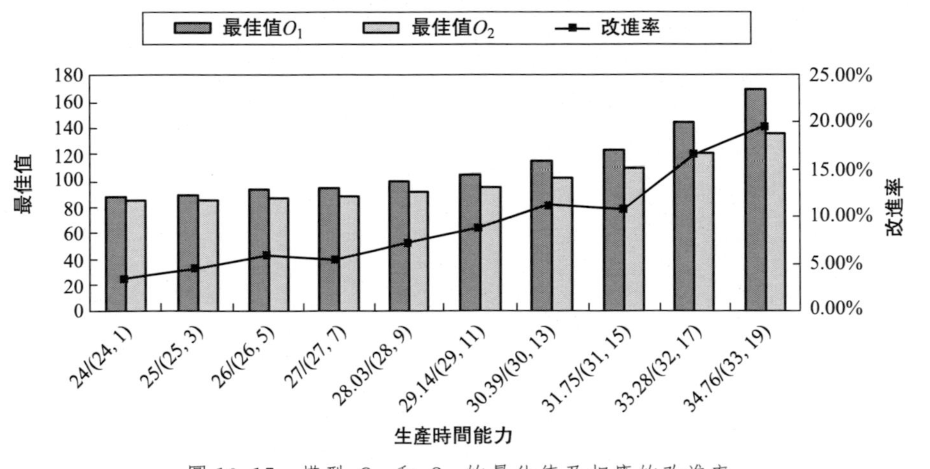

圖 10.17 模型 Ω_0 和 Ω_r 的最佳值及相應的改進率

② 將儲存費用上界分別設置為一個普通變量和多選擇參數變量　如果在約束（10.1）中將儲存費用上界建模為一個普通變量 $C_j^{*\ stor}$，則該約束可重新寫成

$$\sum_{i=1}^{I} C_{ij}^{stor} \leqslant C_j^{*\ stor}, \forall j \tag{10.100}$$

因此，在約束中無多選擇參數變量的新模型為：

min　式(10.79)

s. t.　式(10.100)，式(10.81)～式(10.91)

為簡便起見，將所提帶有多選擇參數變量的模型記為 Ω_{M}，將無多選擇參數變量的新模型記為 Ω_{o}'。為公平起見，模型 Ω_{M} 和 Ω_{o}'的運算都基於 10.4.1 小節中的參數設置。此外，當多選擇參數變量 C_j^{stor} 給定時（即集合 C_j^{stor} 的元素 $C_j^{stor(1)}, C_j^{stor(2)}, \cdots, C_j^{stor(h_j)}$ 給定），將 $C_j^{*\ stor}$ 設置為這些元素的平均值，即 $\frac{1}{h_j}\sum_{\xi=1}^{h_j} C_j^{stor(\xi)}$。兩個模型 Ω_{o}'和 Ω_{M} 的對比結果列於表 10.25。

表 10.25　模型 Ω_{M} 和 Ω_{o}'的對比

儲存費用上界				
在 Ω_{o}'中：建模為一個普通變量 $C_j^{*\ stor}$		在 Ω_{M} 中：建模為一個多選擇參數變量 $C_j^{stor}=\{C_j^{stor(1)}, C_j^{stor(2)}, \cdots, C_j^{stor(h_j)}\}$		改進率
$C_j^{*\ stor}$	最佳值 O_3	集合 C_j^{stor} 的各元素	最佳值 O_4	$\frac{O_3-O_4}{O_3}\times 100\%$
410	86.07	{400,420}	83.94	2.47%
480	86.82	{460,500}	84.17	3.05%
540	89.93	{510,570}	84.66	5.86%
620	90.45	{580,660}	85.33	5.66%
730	93.22	{680,780}	86.14	7.59%
860	93.94	{800,920}	87.03	7.36%
1010	100.68	{940,1080}	89.75	10.86%
1180	104.51	{1100,1260}	91.26	12.68%
1390	108.06	{1300,1480}	94.58	12.47%
1600	120.17	{1500,1700}	99.49	17.21%

從表 10.25 中可以看出，在兩個模型中，最佳值 O_3 和 O_4 都隨著儲存費用上界的增加而增加，而且 O_4 明顯優於 O_3。更重要的是，改進率也隨著儲存費用上界的增加而增加，近似地從 2%到 17%，這驗證了將儲存費用上界建

模為一個多選擇參數變量來刻畫儲存不確定因素的有效性。此外，最佳值 O_4 的優勢也受到集合 C_j^{stor} 各元素間的差異程度的影響，元素的差異越大，越能體現模型 Ω_M 的優勢。圖 10.18 直觀地展示了模型 Ω_M 的優勢，這意味著帶有多選擇參數變量的模型 Ω_M 尤其適合於具有高度不確定性的備件儲存環境。

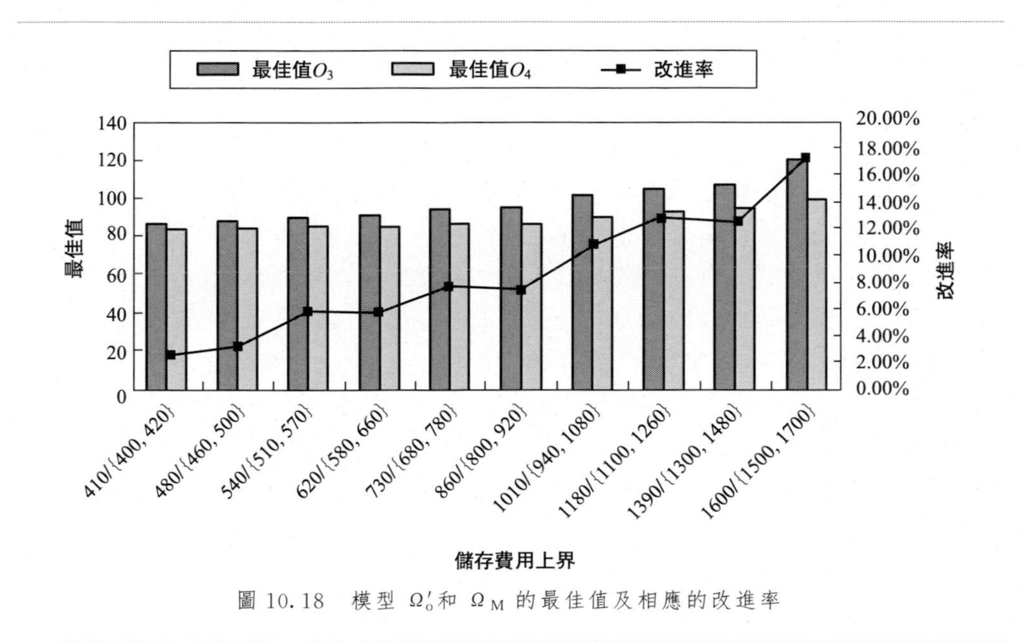

圖 10.18 模型 Ω_0' 和 Ω_M 的最佳值及相應的改進率

10.5 基於模糊隨機規劃和利潤共享模式的服務資源配置

在經歷事後維修、預防維修、生產維修等多種維修管理模式後，現代生產設備管理進入一個全新的階段，相應地，設備維修也進入全新的發展時期。由於大型工業裝備具有結構複雜、零部件多、涉及面廣及運行週期長等特點，面向大型工業裝備的 MRO 服務勢必成為製造業和製造服務領域向高端發展的重點及難點，也逐漸成為海內外學術界研究的焦點。早期關於 MRO 服務的研究主要集中在航空工業領域，現在已經逐步向各行業擴展。科學合理的 MRO 服務對於流程製造型企業（如冶金廠、化工廠、能源業等）來說，是企業能夠不間斷生產的必要保障。另外，對於一些典型的服務類行業（如運輸業、電信業等）來說，保障營運設備正常運轉的 MRO 服務是它們正常營業、降低成本、提高服務品質的關鍵因素。因此，越來越多的企業開始重視 MRO 服務的採購與使用管理。

MRO 服務資源的配置與最佳化是實現服務鏈各成員價值共創的關鍵，其核心問題是如何利用有限的服務資源來最大化用戶滿意度。這裡的資源不僅包括有形產品（如備件），也包括無形服務（如專家知識）。MRO 服務資源配置主要是解決如何獲得服務交付能力的問題，如何確保服務資源的可用性，如何科學有效地配置資源並使其達到最佳。在當前服務鏈的環境下，諸多隨機性因素及不確定性因素並存，例如用戶需要的隨機性，服務提供商能力的不確定性，導致其服務策略很難最大限度地響應用戶需要及提供與之匹配的專業服務。因此，在服務資源配置與最佳化管理上還有很大的提升空間。

雖然大部分的服務資源配置模型會將用戶需要作為關鍵輸入變量，但是它們大都假設其需要是確定性的。另外，已有的資源配置模型幾乎都沒有考慮服務提供商能力的模糊性，而是假設他們在任何情況下都能「有求必應」。事實上，MRO 服務鏈是一個以產品主製造商為核心、多合作夥伴參與的服務網路，其服務的提供也是一個多方參與的過程，因此，合作夥伴能力的參差不齊必然會導致服務水平的模糊性。可見，同時量化需要的不確定性及提供商能力的模糊性是實現資源柔性配置的關鍵。

針對這些問題，將提出一種基於模糊隨機規劃和利潤共享模式的服務資源配置方案。首先，根據實際的 MRO 服務鏈營運模式抽象出由 MRO 服務使用者（用戶）、服務管理平臺（Service Management Platform，SMP）及服務配置系統（Service Allocation System，SAS）構成的 MRO 服務管理框架。然後，將用戶需要建模為一個模糊隨機變量以量化服務需要的隨機性；另外，將資源配置費用及提供商的費用預算分別建模為模糊隨機變量和多選擇參數變量，以量化其服務能力的模糊性和不確定性。進一步地，以 SMP 和 SAS 的期望利潤為最佳化目標，以相應時期、相應 MRO 服務的價格及與其匹配的資源數量作為決策變量建立包含多選擇參數的多目標模糊隨機規劃模型，並在模型中引入利潤共享模式。最後，利用拉格朗日插值多項式法及全局準則法求解模型，得到最佳的服務資源配置方案。

10.5.1 基於模糊隨機規劃和利潤共享式的服務資源配置

在這一節中，將針對 MRO 服務資源配置問題，提出一種包含多選擇參數的多目標模糊隨機規劃模型。在此基礎上，研究和討論模型的目標函數及約束條件，進而給出相應的數學模型，並進行模型分析和對比。

(1) 模型描述和模型假設

圖 10.19 刻畫了模型中考慮的 MRO 服務管理框架，右側給出了相應層面所用到的建模方法。在用戶層面，當其需要對設備進行預防性維護或設備出現隨機故障需及時維修時，便產生了 MRO 服務的需要。服務管理平臺 SMP 是該服務鏈的核心成員，對來自用戶的隨機需要進行管理，包括對需要資訊的收集和響應，並根據用戶的需要為其提供有償的 MRO 服務。服務配置系統 SAS 是該服務鏈的服務資源保障機構，是 MRO 服務、備件及專家知識的儲備庫，並對其中的資源進行管理與配置，為 SMP 有償提供與用戶需要匹配的 MRO 服務。

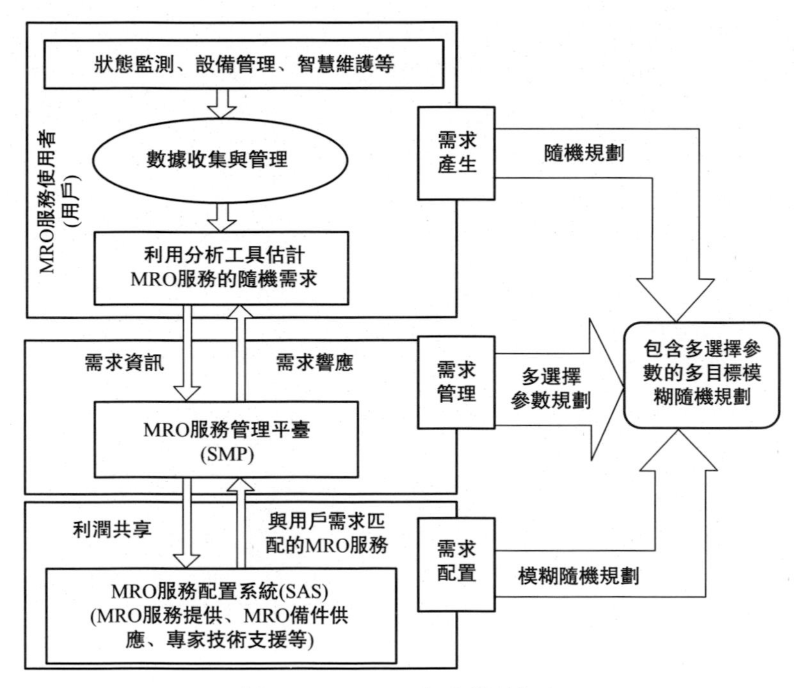

圖 10.19 MRO 服務管理框架

可以看出，SMP 在 MRO 服務鏈中起主導作用，負責收集並管理需要，而 SAS 是 SMP 的服務儲備庫（包括 MRO 服務提供、MRO 備件供應、專家技術支持等），用以完成需要的配置。SMP 和 SAS 分工合作、互利共贏；在競爭性市場的環境中，為保證具有穩定的服務配置來響應用戶需要，SMP 願意拿出一定比例利潤與 SAS 共享，以達成雙方長期合作共贏。

考慮一個週期（包含多個時期）的 MRO 服務鏈運作，以 SMP 和 SAS 各自的期望利潤作為最佳化目標，以相應時期、相應 MRO 服務的價格及與其匹配的資源數量作為決策變量，以 SMP 和 SAS 共享利潤的標準差及 SMP 的費用預算作為約束條件，建立包含多選擇參數的多目標模糊隨機規劃模型，模型包含表示隨機 MRO 服務需要的隨機變量、表示 SMP 模糊費用預算的多選擇參數變量及表示 SAS 模糊資源配置費用的多元模糊隨機變量。通過求解模型，最終得到使雙方利潤達到最佳的資源配置方案，即可使 SMP 和 SAS 達成共贏的服務價格及相應的資源匹配數量。

在建立數學規劃模型之前，進行如下模型假設。

假設 10.13 在不同時期，SMP 可根據用戶需要提供多種類的 MRO 服務，並收取相關服務費用。

假設 10.14 SAS 為 SMP 有償提供相關 MRO 服務所需的資源（如 MRO 服務、備件、專家知識等），為量化隨機因素對資源價格的影響，假設每單位的資源價格是一個非負的、服從正態分布的隨機變量。

假設 10.15 SAS 需要對相關 MRO 服務所需的資源進行管理與配置，為量化其服務能力的不確定性，假設相關費用是一個多元模糊隨機變量。

假設 10.16 為量化 MRO 服務用戶需要的隨機性，假設它是一個機率密度函數已知的隨機變量。

假設 10.17 為達成長期合作的共贏局面，SMP 同意與 SAS 利潤共享，且雙方共同承擔一定的風險。

模型中用到的符號及含義如表 10.26 所示。

表 10.26 模型中用到的符號及含義

下標	含義
i	MRO 服務
t	時期
決策變量	含義
d_{it}	時期 tMRO 服務 i 的價格
q_{it}	時期 t 與 MRO 服務 i 匹配的資源數量
輸入變量	含義
m_{it}	時期 t 與 MRO 服務 i 匹配的資源價格，是一個隨機變量，且 $m_{it} \sim N(\mu_{it}, \sigma_{it}^2)$
f_{it}	時期 t 應用於 MRO 服務 i 的資源配置費用，是一個模糊隨機變量
α_{it}	時期 t 由 MRO 服務 i 產生的利潤共享比例，$(0<\alpha_{it}<1)$
r_{it}	時期 t 用戶對 MRO 服務 i 的隨機需要，且機率密度函數為 $f(r_{it})$
RT_{M}	利潤共享模式下服務管理平臺 SMP 的最大風險承受值
RT_{A}	利潤共享模式下資源配置系統 SAS 的最大風險承受值
B_t	時期 tSMP 的費用預算，是一個多選擇參數，$B_t \in \{B_t^1, B_t^2, \cdots, B_t^{k_t}\}$
L_t	時期 tSAS 滿足預算約束的機率，$(0<L_t<1)$
N	MRO 服務的種類數
T	時期的個數

(2) 包含多選擇參數的多目標模糊隨機規劃模型

對於 MRO 服務鏈中的成員 SMP 和 SAS，模型的最佳化目標是使其整體利潤期望達到最大，同時滿足共享利潤標準差的約束，即最大風險承受值的約束。下面分別給出總期望利潤及共享利潤標準差的表達式：

$$P_M = \sum_{i=1}^{N}\sum_{t=1}^{T}\{(1-\alpha_{it})[d_{it}E(r_{it}) - E(m_{it})q_{it}]\} \tag{10.101}$$

$$P_A = \sum_{i=1}^{N}\sum_{t=1}^{T}\{[E(m_{it}) - E(\tilde{f}_{it})]q_{it} + \alpha_{it}[d_{it}E(r_{it}) - E(m_{it})q_{it}]\} \tag{10.102}$$

$$S_M = \sum_{i=1}^{N}\sum_{t=1}^{T}\left[(1-\alpha_{it})\sqrt{d_{it}Var(r_{it}) - q_{it}Var(m_{it})}\right] \tag{10.103}$$

$$S_A = \sum_{i=1}^{N}\sum_{t=1}^{T}\left[\alpha_{it}\sqrt{d_{it}Var(r_{it}) - q_{it}Var(m_{it})}\right] \tag{10.104}$$

式中，$E(\cdot)$ 和 $Var(\cdot)$ 分別為隨機變量的數學期望和方差；P_M 和 P_A 分別為 SMP 和 SAS 的總期望利潤；S_M 和 S_A 分別為 SMP 和 SAS 的共享利潤標準差。於是可得到如下包含多選擇參數的多目標模糊隨機規劃模型：

$$\max \quad P_M = \sum_{i=1}^{N}\sum_{t=1}^{T}\{(1-\alpha_{it})[d_{it}E(r_{it}) - E(m_{it})q_{it}]\} \tag{10.105}$$

$$\max \quad P_A = \sum_{i=1}^{N}\sum_{t=1}^{T}\{[E(m_{it}) - E(\tilde{f}_{it})]q_{it} + \alpha_{it}[d_{it}E(r_{it}) - E(m_{it})q_{it}]\} \tag{10.106}$$

s. t.

$$\sum_{i=1}^{N}\sum_{t=1}^{T}\left[(1-\alpha_{it})\sqrt{d_{it}Var(r_{it}) - q_{it}Var(m_{it})}\right] \leqslant RT_M \tag{10.107}$$

$$\sum_{i=1}^{N}\sum_{t=1}^{T}\left[\alpha_{it}\sqrt{d_{it}Var(r_{it}) - q_{it}Var(m_{it})}\right] \leqslant RT_A \tag{10.108}$$

$$Pr\left(\sum_{i=1}^{N} m_{it}q_{it} \leqslant B_t\right) \geqslant L_t, B_t \in \{B_t^1, B_t^2, \cdots, B_t^{k_t}\}, t=1,2,\cdots,T \tag{10.109}$$

$$q_{it}, d_{it} \geqslant 0, i=1,2,\cdots,N; t=1,2,\cdots,T \tag{10.110}$$

$$q_{it}, d_{it} \in Z, i=1,2,\cdots,N; t=1,2,\cdots,T \tag{10.111}$$

其中，式(10.105）和式(10.106）表示模型的最佳化目標是 SMP 和 SAS 的期望利潤最大；式(10.107）和式(10.108）表示需滿足共享利潤標準差的約束；式(10.109）表示 SMP 的費用約束，$Pr(\cdot)$ 表示事件發生的機率，$B_t \in \{B_t^1, B_t^2, \cdots, B_t^{k_t}\}$ 表示 B_t 是一個多選擇參數變量；式(10.110）和式(10.111）表示決策變量是非負的且為整數。

（3）模型對比與分析

可以看出，模型式(10.105)～式(10.111）在形式上屬於數學規劃模型，與傳統求解此類問題的數學規劃模型相比，主要有以下改進。

① 目標函數即式(10.106）中包含模糊隨機變量，可量化資源配置費用的不確定性。

在實際 MRO 服務鏈的運作中，資源配置費用會隨著人員、材料、環境等不確定因素的變化而變化，如果在數學規劃模型中將其設置為一個常數，則很難量化其不確定性，因此得到的決策結果在一定程度上缺乏合理性。在本章的模型中，資源配置費用 f_{it} 不是一個常數，而是一個形如（$f_{it}^1, f_{it}^2, f_{it}^3, f_{it}^4$）的多維變量。決策者可根據實際情況為每個變量 f_{it}^k，$k=1,2,3,4$ 設置相應的取值，以體現資源配置費用的不確定性。在後面的算例分析中，將通過參數的敏感性分析實驗來討論模糊隨機變量 f_{it} 對模型最佳解的影響。

② 約束條件式(10.109）中含有隨機參數 m_{it} 和多選擇參數 B_t，可量化 SMP 服務能力的不確定性。

約束條件式(10.109）是一個隨機約束，它將隨機事件發生的機率約束在一定的範圍內。與傳統的確定性約束相比，隨機約束能更好地量化隨機因素對決策變量的影響，使決策結果更符合實際。更值得一提的是，在這個隨機約束中，SMP 的費用預算 B_t 被設置為一個多選擇參數，即決策者在不確定費用預算精確值的情況下，可以為其設置一組可供選擇的取值集合 $\{B_t^1, B_t^2, \cdots, B_t^{k_t}\}$，從而使 SMP 費用預算的不確定性在模型中得以體現，進而量化了其服務能力的不確定性。

從以上分析中可以看出，通過在模型的隨機約束中設置多選擇參數，可以較好地量化實際生活中的不確定因素，這也是本書模型對現有求解此類問題的數學規劃模型的改進。在大部分數學規劃模型中，約束條件都是確定性的［若將約束條件式(10.109）設置為確定性約束則為 $\sum_{i=1}^{N} m_{it} \cdot q_{it} \leqslant B_t, t=1,2,\cdots,T$，其中 m_{it} 和 B_t 為一般參數］，確定性約束條件雖然可以簡化求解過程，但是不能量化模型輸入參數的不確定性，因此決策結果的最佳性有待進一步提高。

10.5.2 模型求解

正如前面所分析的，所提模型能較好地量化實際 MRO 服務鏈運作中的不確定因素，如資源配置費用、SMP 的服務能力等，但是要求解這種帶有多選擇參數的多目標隨機規劃模型，不能直接運用傳統的求解方法，而是需要先將其轉化為與之等價的確定性單目標規劃模型，因此需要：

① 推導目標函數中 $E(f_{it})$ 的解析表達式；

② 轉化包含多選擇參數的隨機約束式(10.109) 為確定性約束；

③ 轉化多目標最佳化問題為單目標最佳化問題。

基於以上分析，下面首先給出模型求解過程中用到的定義及命題，然後給出模型求解的具體步驟。

(1) 定義及命題

基於文獻 [11-15]，給出以下基本定義及命題。

定義 10.15 模糊隨機變量 ζ 的期望。

對於模糊隨機變量 ζ，若其隸屬函數為 $\mu:R\rightarrow[0,1]$，則其期望為

$$E(\zeta)=\int_0^{+\infty} Cr\{\zeta\geqslant r\}\mathrm{d}r-\int_{-\infty}^0 Cr\{\zeta\leqslant r\}\mathrm{d}r \tag{10.112}$$

式中：

$$Cr\{\zeta\geqslant r\}=\frac{1}{2}(Pos\{\zeta\geqslant r\}+Nec\{\zeta\geqslant r\}),Cr\{\zeta\leqslant r\}=1-Cr\{\zeta\geqslant r\} \tag{10.113}$$

在上式中的 $Pos\{\zeta\geqslant r\}$ 和 $Nec\{\zeta\geqslant r\}$ 的定義如下：

$$Pos\{\zeta\geqslant r\}=\sup_{\zeta\geqslant r}\mu(\zeta),Nec\{\zeta\geqslant r\}=1-Pos\{\zeta<r\} \tag{10.114}$$

式中，sup(・) 表示上確界，r 是一個實數。

定義 10.16 拉格朗日插值中的基函數。

設區間 $[a,b]$ 上有一個三角陣列如下：

$$\begin{matrix} x_1^{(1)} & & & & \\ x_1^{(2)}, & x_2^{(2)} & & & \\ \vdots & & & & \\ x_1^{(n)}, & x_2^{(n)}, & \cdots, & x_n^{(n)} \\ \vdots & & & & \end{matrix} \tag{10.115}$$

由式(10.115) 可以構造一個多項式：

$$l_k^{(n)}(x)=\prod_{\substack{l=1\\l\neq k}}^{n}\left(\frac{x-x_l^{(n)}}{x_k^{(n)}-x_l^{(n)}}\right)=\frac{\omega_n(x)}{\omega'_n(x_k^{(n)})(x-x_k^{(n)})},1\leqslant k\leqslant n \quad (10.116)$$

式中，$\omega_n(x)=\prod_{l=1}^{n}(x-x_l^{(n)})$，則 $l_k^{(n)}(x)$ 被稱為拉格朗日插值中的基函數。

命題 10.1 拉格朗日插值中的基函數 $l_k^{(n)}(x)$ 是一個 $n-1$ 次多項式，且滿足：

$$l_k^{(n)}(x_l^{(n)})=\delta_{kl}=\begin{cases}1, & l=k\\0, & l\neq k\end{cases},l,k=1,2,\cdots,n \quad (10.117)$$

定義 10.17 拉格朗日插值多項式。

對任意 n 個值 y_k，$1\leqslant k\leqslant n$，構造如下次數$\leqslant n-1$ 的多項式：

$$L_n(x)=\sum_{k=1}^{n}y_k l_k^{(n)}(x) \quad (10.118)$$

式中，$l_k^{(n)}(x)$ 為拉格朗日插值中的基函數，則 $L_n(x)$ 稱為拉格朗日插值多項式。

命題 10.2 全局準則法。

對於如下多目標規劃問題：

$$\begin{aligned}\max\quad & Z=[Z_1(x),Z_2(x),\cdots,Z_K(x)]^{\mathrm{T}}\\ \text{s.t.}\quad & x\in X\end{aligned}$$

其中 $x\in R^n$ 表示 n 維決策變量，X 是滿足約束條件的可行解集合。可根據以下步驟將其轉換為等價的單目標規劃問題：

① 對於每個目標函數 $Z_k(x),k=1,2,\cdots,K$，運算相應的 $Z_k^{\max}$，$Z_k^{\max}=\max\{Z_k(x^1),Z_k(x^2),\cdots,\}$，其中 $x^i,i=1,2,\cdots$為可行解。

② 轉換後的單目標規劃問題為：

$$\begin{aligned}\min\quad & G(x)=\left\{\sum_{k=1}^{K}\left[\frac{Z_k^{\max}-Z_k(x)}{Z_k^{\max}}\right]^P\right\}^{\frac{1}{P}}\\ \text{s.t.}\quad & x\in X\end{aligned} \quad (10.119)$$

其中 $1\leqslant P\leqslant+\infty$，一般情況下 P 取為 2。

(2) 模型求解步驟

如前所述，對於模型式(10.105)～式(10.111) 的求解，不能直接運用數學規劃模型求解的常規方法。因此，在求解該模型的過程中，會分別用到模糊隨機變量的期望、拉格朗日插值多項式法及全局準則法等定義或命題。下面給出模型求解的具體步驟。

① 推導模糊隨機變量 $\widetilde{f}_{it}$ 期望 $E(\widetilde{f}_{it})$ 的解析表達式 假設 $\widetilde{f}_{it}$ 一個四維模糊隨機變量，即 $\widetilde{f}_{it}=(f_{it}^1,f_{it}^2,f_{it}^3,f_{it}^4)$，且其梯形隸屬函數為 $\mu_{\widetilde{f}_{it}}(x)$，即：

$$\mu_{\widetilde{f}_{it}}(x)=\begin{cases}0, & x\leqslant f_{it}^1\\ \dfrac{x-f_{it}^1}{f_{it}^2-f_{it}^1}, & f_{it}^1\leqslant x\leqslant f_{it}^2\\ 1, & f_{it}^2\leqslant x\leqslant f_{it}^3\\ \dfrac{f_{it}^4-x}{f_{it}^4-f_{it}^3}, & f_{it}^3\leqslant x\leqslant f_{it}^4\\ 0, & x\geqslant f_{it}^4\end{cases} \tag{10.120}$$

根據式(10.112)，要得到 $E(\widetilde{f}_{it})$ 的解析表達式，需要分別運算 $Cr\{\widetilde{f}_{it}\geqslant r\}$ 和 $Cr\{\widetilde{f}_{it}\leqslant r\}$，由式(10.113) 可知，首先需要運算 $Cr\{\widetilde{f}_{it}\geqslant r\}$，為此先根據式(10.114)運算可得：

$$Pos\{\widetilde{f}_{it}\geqslant r\}=\sup_{x\geqslant r}\mu_{\widetilde{f}_{it}}(x)=\begin{cases}1, & r\leqslant f_{it}^3\\ \dfrac{f_{it}^4-r}{f_{it}^4-f_{it}^3}, & f_{it}^3\leqslant r\leqslant f_{it}^4\\ 0, & r\geqslant f_{it}^4\end{cases} \tag{10.121}$$

$$\begin{aligned}Nec\{\widetilde{f}_{it}\geqslant r\}&=1-Pos\{\widetilde{f}_{it}<r\}\\ &=1-\begin{cases}0, & r\leqslant f_{it}^1\\ \dfrac{r-f_{it}^1}{f_{it}^2-f_{it}^1}, & f_{it}^1\leqslant r\leqslant f_{it}^2\\ 1, & r\geqslant f_{it}^2\end{cases}=\begin{cases}1, & r\leqslant f_{it}^1\\ \dfrac{f_{it}^2-r}{f_{it}^2-f_{it}^1}, & f_{it}^1\leqslant r\leqslant f_{it}^2\\ 0, & r\geqslant f_{it}^2\end{cases}\end{aligned} \tag{10.122}$$

再由式(10.113) 運算得到：

$$Cr\{\widetilde{f}_{it}\geqslant r\}=\frac{1}{2}(Pos\{\widetilde{f}_{it}\geqslant r\}+Nec\{\widetilde{f}_{it}\geqslant r\})=\begin{cases}1, & r\leqslant f_{it}^1\\ \dfrac{2f_{it}^2-f_{it}^1-r}{2(f_{it}^2-f_{it}^1)}, & f_{it}^1\leqslant r\leqslant f_{it}^2\\ \dfrac{1}{2}, & f_{it}^2\leqslant r\leqslant f_{it}^3\\ \dfrac{f_{it}^4-r}{2(f_{it}^4-f_{it}^3)}, & f_{it}^3\leqslant r\leqslant f_{it}^4\\ 0, & r\geqslant f_{it}^4\end{cases} \tag{10.123}$$

$$
Cr\{\widetilde{f}_{it}\leqslant r\}=1-Cr\{\widetilde{f}_{it}\leqslant r\}=\begin{cases}0, & r\leqslant f_{it}^{1}\\ \dfrac{r-f_{it}^{1}}{2(f_{it}^{2}-f_{it}^{1})}, & f_{it}^{1}\leqslant r\leqslant f_{it}^{2}\\ \dfrac{1}{2}, & f_{it}^{2}\leqslant r\leqslant f_{it}^{3}\\ \dfrac{f_{it}^{4}-2f_{it}^{3}+r}{2(f_{it}^{4}-f_{it}^{3})}, & f_{it}^{3}\leqslant r\leqslant f_{it}^{4}\\ 1, & r\geqslant f_{it}^{4}\end{cases}
\tag{10.124}
$$

因此，根據式(10.112)、式(10.123)以及式(10.124)可以得到：

$$
\begin{aligned}
E(\widetilde{f}_{it})&=\int_{0}^{+\infty}Cr\{\widetilde{f}_{it}\geqslant r\}\mathrm{d}r-\int_{-\infty}^{0}Cr\{\widetilde{f}_{it}\leqslant r\}\mathrm{d}r\\
&=\int_{0}^{f_{it}^{1}}\mathrm{d}r+\int_{f_{it}^{1}}^{f_{it}^{2}}\frac{2f_{it}^{2}-f_{it}^{1}-r}{2(f_{it}^{2}-f_{it}^{1})}\mathrm{d}r+\int_{f_{it}^{2}}^{f_{it}^{3}}\frac{1}{2}\mathrm{d}r+\int_{f_{it}^{3}}^{f_{it}^{4}}\frac{f_{it}^{4}-r}{2(f_{it}^{4}-f_{it}^{3})}\mathrm{d}r-\\
&\quad\int_{f_{it}^{1}}^{f_{it}^{2}}\frac{r-f_{it}^{1}}{2(f_{it}^{2}-f_{it}^{1})}\mathrm{d}r-\int_{f_{it}^{2}}^{f_{it}^{3}}\frac{1}{2}\mathrm{d}r-\int_{f_{it}^{3}}^{f_{it}^{4}}\frac{f_{it}^{3}-r}{2(f_{it}^{4}-f_{it}^{3})}\mathrm{d}r-\int_{f_{it}^{4}}^{f_{it}^{0}}\mathrm{d}r\\
&=f_{it}^{1}+\int_{f_{it}^{1}}^{f_{it}^{2}}\frac{f_{it}^{2}-r}{f_{it}^{2}-f_{it}^{1}}\mathrm{d}r+\int_{f_{it}^{3}}^{f_{it}^{4}}\frac{f_{it}^{3}-r}{f_{it}^{4}-f_{it}^{3}}\mathrm{d}r+f_{it}^{4}\\
&=\frac{1}{2}(f_{it}^{1}+f_{it}^{2}+f_{it}^{3}+f_{it}^{4})
\end{aligned}
\tag{10.125}
$$

由式(10.125)可以看出，四維模糊隨機變量 $\widetilde{f}_{it}$ 的期望 $E(\widetilde{f}_{it})$ 與各分量之間呈線性關係，且各分量的地位在期望的解析表達式中相同。在後面的算例分析中將進一步討論 $\widetilde{f}_{it}$ 各分量的變化對其期望的影響，進而分析它們對模型最佳解的影響。

② 轉換隨機約束 $Pr\left[\sum_{i=1}^{N}m_{it}q_{it}\leqslant B_{t}\right]\geqslant L_{t},B_{t}\in\{B_{t}^{1},B_{t}^{2},\cdots,B_{t}^{k_{t}}\},t=1,2,\cdots,T$　所提模型的特點之一是在約束條件中包含隨機變量 m_{it} 和多選擇參數 B_{t}，其中 m_{it} 體現了服務資源價格的隨機性，B_{t} 體現了 SMP 費用預算的模糊性，因此該約束較好地量化了網路環境下 MRO 服務鏈運作的不確定性因素。但是，要求解包含此類約束條件的數學規劃問題，需要先將該約束轉換為確定性約束，具體過程如下：

a. 將隨機約束轉換為確定性約束。令 $A_{t}=\sum_{i=1}^{N}m_{it}q_{it},t=1,2\cdots,T$，其中 $m_{it}\sim$

$N(\mu_{it},\sigma_{it}^2)$ 且相互獨立，則 A_t 也是一個服從正態分布的隨機變量，於是有：

$$E(A_t)=E\left(\sum_{i=1}^{N}m_{it}q_{it}\right)=\sum_{i=1}^{N}E(m_{it}q_{it})=\sum_{i=1}^{N}q_{it}E(m_{it})=\sum_{i=1}^{N}q_{it}\mu_{it} \tag{10.126}$$

$$Var(A_t)=Var\left(\sum_{i=1}^{N}m_{it}q_{it}\right)=\sum_{i=1}^{N}Var(m_{it}q_{it})=\sum_{i=1}^{N}q_{it}^2Var(m_{it})=\sum_{i=1}^{N}q_{it}^2\sigma_{it}^2 \tag{10.127}$$

利用式(10.26) 和式(10.27) 及標準正態分布的分布函數 $\Phi(z)$ 單調不減的性質，可將約束 $Pr\left[\sum_{i=1}^{N}m_{it}q_{it}\leqslant B_t\right]\geqslant L_t, B_t\in\{B_t^1,B_t^2,\cdots,B_t^{k_t}\}, t=1,2,\cdots,T$ 化簡為：

$$\sum_{i=1}^{N}q_{it}\mu_{it}+u_{L_t}\sqrt{\sum_{i=1}^{N}q_{it}^2\sigma_{it}^2}\leqslant B_t, B_t\in\{B_t^1,B_t^2,\cdots,B_t^{k_t}\}, t=1,2,\cdots,T \tag{10.128}$$

式中，u_{L_t} 是標準正態分布的上（$1-L_t$）分位點。

b. 利用拉格朗日插值多項式處理多選擇參數 $B_t\in\{B_t^1,B_t^2,\cdots,B_t^{k_t}\}$。設 $g(w_t)$為一實值函數，$0,1,2,\cdots,k_t-1$ 是 k_t 個節點，令 $B_t^1,B_t^2,\cdots,B_t^{k_t}$ 是插值多項式在 k_t 個不同節點的相應函數值，即 $g(w_t)=B_t^{w_t+1}, w_t=0,1,2,\cdots,k_t-1$。

令 $P_{k_t-1}(w_t)$ 為 k_t-1 階插值多項式，且 $P_{k_t-1}(v)=B_t^{v+1}, v=0,1,2,\cdots,k_t-1; t=1,2,\cdots,T$，於是根據拉格朗日插值公式［即式(10.118)］，可以構造出第 t 個多選擇參數的插值多項式：

$$P_{k_t-1}(w_t)=\sum_{h=0}^{k_t-1}B_t^{h+1}\prod_{\substack{\theta=0\\ \theta\neq h}}^{k_t-1}\frac{w_t-\theta}{h-\theta}, t=1,2,\cdots,T, w_t=0,1,2,\cdots,k_t-1 \tag{10.129}$$

c. 得到轉換後的確定性約束。基於轉換過程 a 和 b，可得轉化後的約束為：

$$\sum_{i=1}^{N}q_{it}\mu_{it}+u_{L_t}\sqrt{\sum_{i=1}^{N}q_{it}^2\sigma_{it}^2}\leqslant\sum_{h=0}^{k_t-1}B_t^{h+1}\prod_{\substack{\theta=0\\ \theta\neq h}}^{k_t-1}\frac{w_t-\theta}{h-\theta},$$
$$t=1,2,\cdots,T, w_t=0,1,2,\cdots,k_t-1 \tag{10.130}$$

③ 由①和②得到等價的確定性模型　已知 r_{it} 的機率密度函數為 $f(r_{it})$，則：

$$E(r_{it})=\int_0^{+\infty}r_{it}f(r_{it})\mathrm{d}r_{it} \tag{10.131}$$

$$Var(r_{it})=E(r_{it}{}^2)-[E(r_{it})]^2=\int_0^{+\infty} r_{it}^2 f(r_{it})\mathrm{d}r_{it}-\left[\int_0^{+\infty} r_{it} f(r_{it})\mathrm{d}r_{it}\right]^2 \tag{10.132}$$

將式(10.125)、式(10.130)～式(10.132) 代入原模型式(10.105)～式(10.111)，可以得到等價的多目標確定性模型如下：

$$\max \quad P_{\mathrm{M}}=\sum_{i=1}^{N}\sum_{t=1}^{T}\left\{(1-\alpha_{it})\left[d_{it}\int_0^{+\infty} r_{it} f(r_{it})\mathrm{d}r_{it}-\mu_{it}q_{it}\right]\right\} \tag{10.133}$$

$$\begin{aligned}\max \quad P_{\mathrm{A}}=\sum_{i=1}^{N}\sum_{t=1}^{T}\Bigg\{&\left[\mu_{it}-\frac{1}{2}(f_{it}^1+f_{it}^2+f_{it}^3+f_{it}^4)\right]q_{it}\\&+\alpha_{it}\left[d_{it}\int_0^{+\infty} r_{it} f(r_{it})\mathrm{d}r_{it}-\mu_{it}q_{it}\right]\Bigg\}\end{aligned} \tag{10.134}$$

s. t.

$$\sum_{i=1}^{N}\sum_{t=1}^{T}\left\{(1-\alpha_{it})\sqrt{d_{it}\left[\int_0^{+\infty} r_{it}^2 f(r_{it})\mathrm{d}r_{it}-\left(\int_0^{+\infty} r_{it} f(r_{it})\mathrm{d}r_{it}\right)^2\right]-q_{it}\sigma_{it}^2}\right\}\leqslant RT_{\mathrm{M}} \tag{10.135}$$

$$\sum_{i=1}^{N}\sum_{t=1}^{T}\left\{\alpha_{it}\sqrt{d_{it}\left[\int_0^{+\infty} r_{it}^2 f(r_{it})\mathrm{d}r_{it}-\left(\int_0^{+\infty} r_{it} f(r_{it})\mathrm{d}r_{it}\right)^2\right]-q_{it}\sigma_{it}^2}\right\}\leqslant RT_{\mathrm{A}} \tag{10.136}$$

$$\sum_{i=1}^{N} q_{it}\mu_{it}+u_{L_t}\sqrt{\sum_{i=1}^{N} q_{it}^2\sigma_{it}^2}\leqslant\sum_{h=0}^{k_t-1}B_t^{h+1}\prod_{\substack{\theta=0\\ \theta\neq h}}^{k_t-1}\frac{w_t-\theta}{h-\theta},$$

$$t=1,2,\cdots,T,w_t=0,1,2,\cdots,k_t-1 \tag{10.137}$$

$$q_{it},d_{it}\geqslant 0,i=1,2,\cdots,N;t=1,2,\cdots,T \tag{10.138}$$

$$q_{it},d_{it}\in Z,i=1,2,\cdots,N;t=1,2,\cdots,T \tag{10.139}$$

可以看出，在轉換後的等價模型中，目標函數式(10.134) 中不再含有模糊隨機變量，約束條件式(10.137) 不再含有隨機約束及多選擇參數變量，此時的模型式(10.133)～式(10.139) 為多目標確定性模型，下一步需要將其轉換為單目標模型。

④ 利用全局準則法將多目標轉化為單目標　對於每個目標函數 P_{M} 和 P_{A}，分別運算各自作為單目標規劃問題的最佳函數值 $P_{\mathrm{M}}^{\max}$ 和 $P_{\mathrm{A}}^{\max}$，因此，由全局準則法可以獲得轉化後的單目標規劃問題的目標函數：

$$\min \quad G=\left[\left(\frac{P_{\mathrm{M}}^{\max}-P_{\mathrm{M}}}{P_{\mathrm{M}}^{\max}}\right)^{\lambda}+\left(\frac{P_{\mathrm{A}}^{\max}-P_{\mathrm{A}}}{P_{\mathrm{A}}^{\max}}\right)^{\lambda}\right]^{\frac{1}{\lambda}} \tag{10.140}$$

s. t.

$$\sum_{i=1}^{N}\sum_{t=1}^{T}\left\{(1-\alpha_{it})\sqrt{d_{it}\left[\int_{0}^{+\infty}r_{it}^{2}f(r_{it})\mathrm{d}r_{it}-\left(\int_{0}^{+\infty}r_{it}f(r_{it})\mathrm{d}r_{it}\right)^{2}\right]-q_{it}\sigma_{it}^{2}}\right\}\leqslant RT_{\mathrm{M}}$$

(10. 141)

$$\sum_{i=1}^{N}\sum_{t=1}^{T}\left\{\alpha_{it}\sqrt{d_{it}\left[\int_{0}^{+\infty}r_{it}^{2}f(r_{it})\mathrm{d}r_{it}-\left(\int_{0}^{+\infty}r_{it}f(r_{it})\mathrm{d}r_{it}\right)^{2}\right]-q_{it}\sigma_{it}^{2}}\right\}\leqslant RT_{\mathrm{A}}$$

(10. 412)

$$\sum_{i=1}^{N}q_{it}\mu_{it}+u_{L_t}\sqrt{\sum_{i=1}^{N}q_{it}^{2}\sigma_{it}^{2}}\leqslant\sum_{h=0}^{k_t-1}B_t^{h+1}\prod_{\substack{\theta=0\\ \theta\neq h}}^{k_t-1}\frac{w_t-\theta}{h-\theta},$$

$$t=1,2,\cdots,T,w_t=0,1,2,\cdots,k_t-1 \tag{10. 143}$$

$$q_{it},d_{it}\geqslant 0,i=1,2,\cdots,N;t=1,2,\cdots,T \tag{10. 144}$$

$$q_{it},d_{it}\in Z,i=1,2,\cdots,N;t=1,2,\cdots,T \tag{10. 145}$$

轉換後的目標函數只有一個，即單目標，且最佳化目標轉換為目標函數最小化，其實際意義是最小化函數的理想解與最佳解之間的偏差。對於確定性非線性混合整數規劃模型式(10. 140)～式(10. 145)，可利用常見的數學最佳化軟體進行求解。

⑤ 利用 LINGO 11. 0 或 MAPLE 12. 0 求解上述非線性混合整數規劃模型。

10. 5. 3 算例分析

這一節將通過一個算例來驗證所提模型的可行性及有效性。首先，給出相關的參數設置；然後，基於提出的模型及求解方法，給出決策結果並進行參數的敏感性分析。

(1) 參數設置

不失一般性，假設服務管理平臺可向用戶提供三種不同的 MRO 服務（例如鋼包臺車服務、連續鑄造主體設備服務及盾構服務），分析六個月的服務鏈運作，每個月對應於一個時期。假設隨機的用戶需要 r_{it} 服從較為常見的雙側截尾正態分布（決策者可根據實際情況來選擇其他機率分布），即 r_{it} 的機率密度函數可表示為：

$$f(r_{it})=\frac{1}{K_{r_{it}}\sigma_{r_{it}}\sqrt{2\pi}}\exp\left[-\frac{1}{2}\left(\frac{r_{it}-\mu_{r_{it}}}{\sigma_{r_{it}}}\right)^{2}\right] \tag{10. 146}$$

式中，$\sigma_{r_{it}}$ 和 $\mu_{r_{it}}$ 為該分布的兩個參數；$K_{r_{it}}$（$K_{r_{it}}>0$）被稱作正規化常數，滿足條件 $\int_{a_{it}}^{b_{it}}f(r_{it})\mathrm{d}r_{it}=1$，$a_{it}\leqslant r_{it}\leqslant b_{it}$，於是可推出：

$$K_{r_{it}}=\frac{1}{\sigma_{r_{it}}\sqrt{2\pi}}\int_{a_{it}}^{b_{it}}\exp\left[-\frac{1}{2}\left(\frac{r_{it}-\mu_{r_{it}}}{\sigma_{r_{it}}}\right)^2\right]\mathrm{d}r_{it}=\Phi\left(\frac{b_{it}-\mu_{r_{it}}}{\sigma_{r_{it}}}\right)-\Phi\left(\frac{a_{it}-\mu_{r_{it}}}{\sigma_{r_{it}}}\right) \tag{10.147}$$

式中，$\Phi(z)$ 是標準正態分布的分布函數。

根據式(10.147) 及隨機變量數學期望的性質，可得：

$$E(r_{it})=\frac{\sigma_{r_{it}}}{K_{r_{it}}}\left[\varphi\left(\frac{b_{it}-\mu_{r_{it}}}{\sigma_{r_{it}}}\right)-\varphi\left(\frac{a_{it}-\mu_{r_{it}}}{\sigma_{r_{it}}}\right)\right]+\mu_{r_{it}} \tag{10.148}$$

式中，$\varphi(z)$ 為標準正態分布的機率密度函數。

由於 $Var(r_{it})=E(r_{it}^2)-[E(r_{it})]^2$，於是先推導出 $E(r_{it}^2)$ 的解析表達式如下：

$$E(r_{it}^2)=\sigma_{r_{it}}^2+\frac{\sigma_{r_{it}}^2}{K_{r_{it}}}\left[\frac{a_{it}-\mu_{r_{it}}}{\sigma_{r_{it}}}\varphi\left(\frac{a_{it}-\mu_{r_{it}}}{\sigma_{r_{it}}}\right)-\frac{b_{it}-\mu_{r_{it}}}{\sigma_{r_{it}}}\varphi\left(\frac{b_{it}-\mu_{r_{it}}}{\sigma_{r_{it}}}\right)\right]+ \\ \mu_{r_{it}}^2+\frac{2\sigma_{r_{it}}\cdot\mu_{r_{it}}}{K_{r_{it}}}\left[\varphi\left(\frac{a_{it}-\mu_{r_{it}}}{\sigma_{r_{it}}}\right)-\varphi\left(\frac{b_{it}-\mu_{r_{it}}}{\sigma_{r_{it}}}\right)\right] \tag{10.149}$$

由式(10.148) 和式(10.149) 可得：

$$\begin{aligned}Var(r_{it})&=E(r_{it}^2)-[E(r_{it})]^2\\&=\sigma_{r_{it}}^2+\frac{\sigma_{r_{it}}^2}{K_{r_{it}}}\left[\frac{a_{it}-\mu_{r_{it}}}{\sigma_{r_{it}}}\varphi\left(\frac{a_{it}-\mu_{r_{it}}}{\sigma_{r_{it}}}\right)-\frac{b_{it}-\mu_{r_{it}}}{\sigma_{r_{it}}}\varphi\left(\frac{b_{it}-\mu_{r_{it}}}{\sigma_{r_{it}}}\right)\right]+\\&\quad\mu_{r_{it}}^2+\frac{2\sigma_{r_{it}}\mu_{r_{it}}}{K_{r_{it}}}\left[\varphi\left(\frac{a_{it}-\mu_{r_{it}}}{\sigma_{r_{it}}}\right)-\varphi\left(\frac{b_{it}-\mu_{r_{it}}}{\sigma_{r_{it}}}\right)\right]-\\&\quad\left\{\frac{\sigma_{r_{it}}}{K_{r_{it}}}\left[\varphi\left(\frac{b_{it}-\mu_{r_{it}}}{\sigma_{r_{it}}}\right)-\varphi\left(\frac{a_{it}-\mu_{r_{it}}}{\sigma_{r_{it}}}\right)\right]+\mu_{r_{it}}\right\}^2\end{aligned} \tag{10.150}$$

為得到模型的最佳解，表 10.27 列出了模型的輸入參數。其中 μ_{it} 和 σ_{it} 為隨機變量 m_{it} 的分布參數，分別表示資源價格的均值和標準差，用於運算目標函數式(10.105) 和式(10.106) 中的 $E(m_{it})$、約束條件式(10.107) 和式(10.108) 中的 $Var(m_{it})$ 以及約束條件式(10.109) 中的 $Pr\left[\sum_{i=1}^{N}m_{it}q_{it}\leqslant B_t\right]$；$\tilde{f}_{it}$ 是一個四維模糊隨機變量，$\tilde{f}_{it}=(f_{it}^1,f_{it}^2,f_{it}^3,f_{it}^4)$，其中每個分量表示資源配置費用可能的取值，用於運算目標函數式(10.106) 中的 $E(\tilde{f}_{it})$；$\alpha_{1t}=0.2$、$\alpha_{2t}=0.3$、$\alpha_{3t}=0.25$ 表示由三種 MRO 服務產生利潤的共享比例分別為 0.2、0.3 和 0.25，用於約束條件式(10.107) 和式(10.108)；a_{it}、b_{it}、$\mu_{r_{it}}$ 和 $\sigma_{r_{it}}$ 為隨機變量的分布參數［見式(10.146) 和式(10.147)］，分別表示用戶需要的下限、上限、

均值和標準差，用於運算目標函數式(10.105)和式(10.106)中的$E(r_{it})$、約束條件式(10.107)和式(10.108)中的$Var(r_{it})$；RT_{M}和RT_{A}分別表示SMP和SAS的最大風險承受值，用於約束條件式(10.107)和式(10.108)；L_t和B_t為約束條件式(10.109)的參數，分別表示SMP滿足預算約束的機率及預算費用值的集合；N為MRO服務種類的數目；T為運作週期的數目。

表 10.27 模型的輸入參數

資源價格的分布參數	$\mu_{it}=60, \sigma_{it}=7, i=1,2,3; t=1,2,\cdots,6$
資源配置費用	$\widetilde{f}_{it}=(10,12,13,15), i=1,2,3; t=1,2,\cdots,6$
利潤共享比例	$\alpha_{1t}=0.2, \alpha_{2t}=0.3, \alpha_{3t}=0.25, t=1,2,\cdots,6$
需要的分布參數	$a_{it}=66, b_{it}=80, \mu_{rit}=72, \sigma_{rit}=4, t=1,2,\cdots,6$
SMP的最大風險承受值	$RT_{\mathrm{M}}=5000$
SAS的最大風險承受值	$RT_{\mathrm{A}}=1000$
SMP滿足預算約束的機率	$L_t=0.95$
全局準則法參數	$\lambda=2$
SMP預算費用值集合	$B_t\in\{80000,100000\}, t=1,2,\cdots,6$
MRO服務種類的數目	$N=3$
運作週期的數目	$T=6$

(2) 運算結果及參數的敏感性分析

將表10.27中的輸入參數代入模型，求解模型求解步驟中前三個步驟的相應解析表達式，得到與原模型等價的多目標非線性混合整數規劃模型。根據10.5.2中的步驟，需要先求解$P_{\mathrm{M}}^{\max}$和$P_{\mathrm{A}}^{\max}$。具體來說，可將函數式(10.133)和式(10.134)分別作為兩個獨立的單目標非線性混合整數規劃模型的目標函數，約束條件均為式(10.135)～式(10.139)。

由於轉換後的模型是確定性的，可直接用LINGO軟體求解，得到$P_{\mathrm{M}}^{\max}$和$P_{\mathrm{A}}^{\max}$分別為520886和843259，再利用式(10.140)構造新的目標函數（此時即將多目標模型轉換為單目標模型），同樣用Lingo軟體求解，最終得到模型的最佳解G^*為0.9943，各決策變量的取值列於表10.28。其中，d_{it}為第t個時期第i種MRO服務的價格，q_{it}為第t個時期與第i種MRO服務匹配的資源數量。例如，$d_{25}=423$表示第5個時期第2種MRO服務的價格為423；$q_{36}=203$表示第6個時期與第3種MRO服務匹配的資源數量為203；$\omega_i=1$，$i=1,2,\cdots,6$為隨機約束(10.143)中的伴隨決策變量。

表 10.28 決策變量的取值

q_{11}	d_{11}	q_{12}	d_{12}	q_{13}	d_{13}	q_{14}	d_{14}	q_{15}	d_{15}	q_{16}	d_{16}	q_{21}	d_{21}

續表

q_{11}	d_{11}	q_{12}	d_{12}	q_{13}	d_{13}	q_{14}	d_{14}	q_{15}	d_{15}	q_{16}	d_{16}	q_{21}	d_{21}
154	615	108	615	137	615	145	615	149	615	173	615	142	484
q_{22}	d_{22}	q_{23}	d_{23}	q_{24}	d_{24}	q_{25}	d_{25}	q_{26}	d_{26}	q_{31}	d_{31}	q_{32}	d_{32}
208	490	195	571	89	727	113	423	168	466	224	545	190	545
q_{33}	d_{33}	q_{34}	d_{34}	q_{35}	d_{35}	q_{36}	d_{36}	ω_1	ω_2	ω_3	ω_4	ω_5	ω_6
182	545	177	545	118	545	203	545	1	1	1	1	1	1

從表 10.28 中也可以看出，MRO 服務的價格及配置數量隨著時期和服務種類的不同而變化，從而體現了決策的動態性。這是由於在尋求最佳服務策略的過程中，充分考慮並量化了 MRO 服務鏈中的不確定性（如隨機的用戶需要、模糊的配置費用等），使模型與實際更相符，因此得到的服務策略更具科學性及合理性。

在上述多目標模糊隨機規劃模型中，與模糊變量及隨機變量有關的參數是 $(f_{it}^1, f_{it}^2, f_{it}^3, f_{it}^4)$、$\mu_{it}$、$\sigma_{it}$、$\mu_{r_{it}}$、$\sigma_{r_{it}}$ 和 L_t，為更好地分析這些參數對模型最佳解的影響，現進行如下的參數敏感性實驗。

① 令 $(f_{it}^1, f_{it}^2, f_{it}^3, f_{it}^4)$ 取不同值，即改變模糊隨機變量 $\widetilde{f}_{it}$ 的梯形隸屬函數的節點值。

由於 $(f_{it}^1, f_{it}^2, f_{it}^3, f_{it}^4)$ 可以體現 MRO 資源模糊配置成本的大小，為了研究它對 MRO 服務鏈共贏模型的影響，令四維模糊向量 $(f_{it}^1, f_{it}^2, f_{it}^3, f_{it}^4)$ 取多組不同的值，重新運算 $E(\widetilde{f}_{it})$，$P_A^{\max}$ 和相應的模型最佳解 G^*，將其結果列於表 10.29，圖 10.20 更直觀地刻畫了 $P_A^{\max}$ 和 G^* 隨 $\widetilde{f}_{it}$ 的變化趨勢。

表 10.29 $\widetilde{f}_{it}$、$E(\widetilde{f}_{it})$、$P_A^{\max}$ 和 G^* 的值

$\widetilde{f}_{it}$	$E(\widetilde{f}_{it})$	$P_A^{\max}$	G^*
(3,4,6,7)	10	982.148	0.9936
(4,6,7,9)	13	915.481	0.9938
(5,6,7,10)	14	893.259	0.9940
(6,7,8,11)	16	848.815	0.9943
(6,7,9,12)	17	826.593	0.9944
(7,8,10,13)	19	782.148	0.9947
(8,9,11,12)	20	759.926	0.9949
(8,10,11,13)	21	737.704	0.9950
(9,11,12,14)	23	693.259	0.9953
(10,11,13,14)	24	671.037	0.9955
(11,12,14,15)	26	626.593	0.9958
(11,13,14,16)	27	604.370	0.9959

續表

$\widetilde{f}_{it}$	$E(\widetilde{f}_{it})$	P_A^{max}	G^*
(12,14,15,17)	29	559.926	0.9962
(13,14,16,17)	30	537.704	0.9964
(14,15,17,18)	32	493.259	0.9967
(14,16,17,19)	33	471.037	0.9968
(15,16,18,19)	34	448.815	0.9970
(16,17,19,20)	36	404.370	0.9973

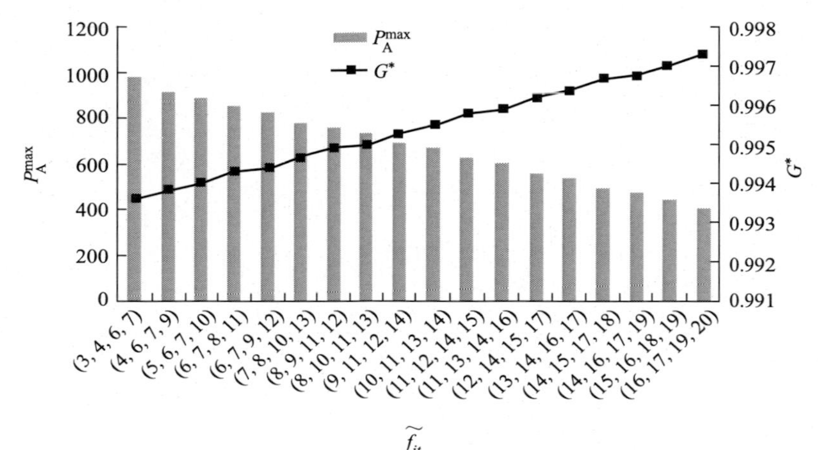

圖 10.20 P_A^{max}和 G^* 隨 $\widetilde{f}_{it}$ 取值的變化

從表 10.29 及圖 10.20 中可以看出，隨著 MRO 資源配置成本的增加，SAS 的最大利潤 P_A^{max}相應減少、模型最佳解 G^* 會增加。這表明在現實生活中，如果人員、環境等不確定因素導致 MRO 資源的配置成本增加，則一方面會削減 SAS 的最大利潤，另一方面也會阻礙該服務鏈的兩個成員 SMP 和 SAS 達成共贏。為避免這種情況的發生，對於 SAS 而言，可以採取適當的措施穩定資源配置成本，促進雙方達成共贏。

② 令 μ_{it}和σ_{it}取不同值，即改變隨機資源價格 m_{it}的均值和均方差。

μ_{it}體現了與相應 MRO 服務匹配的隨機資源價格的大小，而 σ_{it}則體現了其價格波動的幅度。為研究它們對 MRO 服務鏈共贏模型的影響，分別取 μ_{it}和σ_{it}為不同的值，運算相應的 P_M^{max}、P_A^{max}和 G^*，結果列於表 10.30 和表 10.31，圖 10.21 和圖 10.22 刻畫了其變化趨勢。

表 10.30 μ_{it}、P_M^{max}、P_A^{max}和 G^* 的值

μ_{it}	P_M^{max}	P_A^{max}	G^*

續表

μ_{it}	P_M^{max}	P_A^{max}	G^*
49	378.296	659.926	0.9939
50	520.904	676.593	0.9954
51	344.963	301.845	0.9969
52	328.296	709.926	0.9924
53	311.630	726.593	0.9918
54	520.897	404.198	0.9973
55	278.296	759.926	0.9904
56	261.630	776.593	0.9895
57	244.963	498.451	0.9928
58	228.296	809.926	0.9875
59	211.630	826.593	0.9862
60	520.886	843.259	0.9943
61	178.296	859.926	0.9830
62	161.630	876.593	0.9808
63	144.963	446.121	1.4151
64	128.296	409.925	1.4873

表 10.31　σ_{it}、P_M^{max}、P_A^{max}和 G^* 的值

σ_{it}	P_M^{max}	P_A^{max}	G^*
1	683.345	967.050	0.9840
2	655.828	944.465	0.9852
3	635.173	929.576	0.9877
4	604.752	909.004	0.9885
5	589.369	883.708	0.9929
6	556.060	860.142	0.9940
7	520.886	843.259	0.9943
8	504.745	774.231	0.9954
9	494.863	725.281	0.9971
10	465.219	699.467	0.9986

由表 10.30 和圖 10.21 可以看出，隨著 μ_{it} 的增長，P_M^{max}總體呈下降趨勢，只是在個別點處出現局部極大值。這種現象可以解釋為從總體上看，隨機資源價格的增長會降低 SMP 的最大利潤，但是對於某些特殊的隨機資源定價，如 50、54 和 60 等，也許會因為某些特殊的隨機因素（如淡旺季因素、導向因素等）導致其利潤暴漲。另外，隨著 μ_{it} 的增長，P_A^{max}總體呈上升趨勢，類似於 P_M^{max}，它也在某些點處出現局部極小值。當 μ_{it} 的增長超過某個臨界值時，P_A^{max}也開始下降，表明一定範圍內的資源價格增長會使 SAS 的最大利潤增加，但是當價格增

長超過某個上界時，其利潤反而下降。值得一提的是，G^* 在 μ_{it} 增長的初期呈平穩狀態，當 μ_{it} 的增長超過某個上界時，G^* 開始猛增，說明一定範圍內的資源價格增長不會顯著影響 SMP 和 SAS 共贏局面的達成，但當價格增長到一定程度時，必須採取措施加以控制，否則不僅會削減雙方利潤，還會阻礙他們達成共贏。

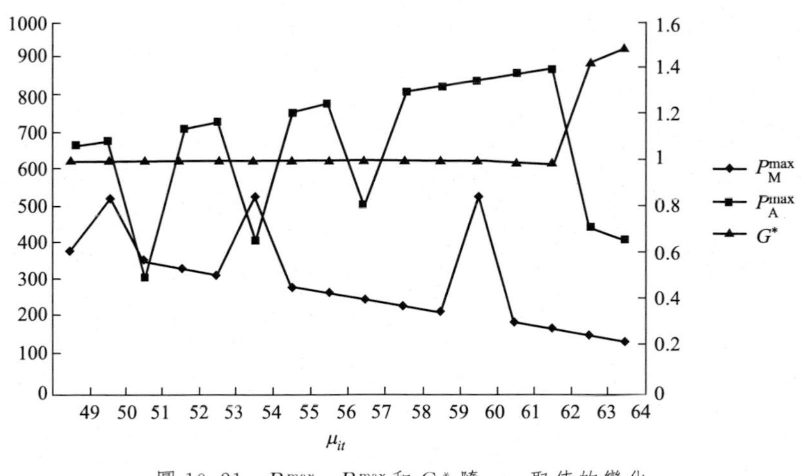

圖 10.21　P_M^{max}、P_A^{max} 和 G^* 隨 μ_{it} 取值的變化

由表 10.31 及圖 10.22 可以看出，隨著 σ_{it} 的增長，P_M^{max} 和 P_A^{max} 都呈下降趨勢，同時 G^* 上升。這表明隨著隨機資源價格波動幅度的增加，一方面 SMP 和 SAS 的最大利潤會減少，另一方面雙方共贏的局面也很難達成。

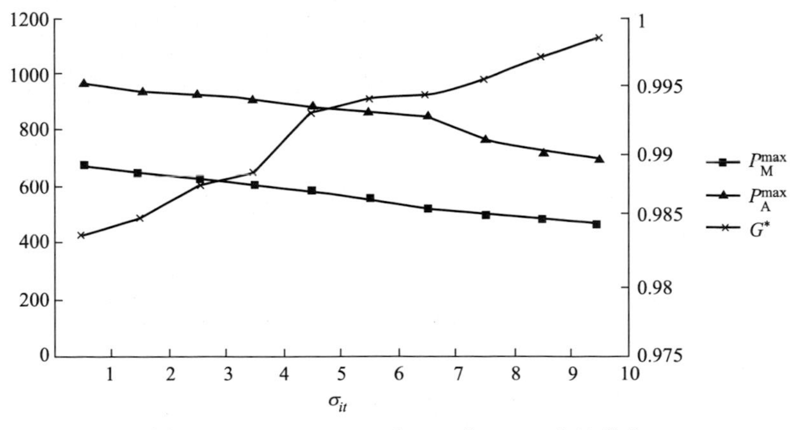

圖 10.22　P_M^{max}、P_A^{max} 和 G^* 隨 σ_{it} 取值的變化

③ 令（$\mu_{r_{it}}$,$\sigma_{r_{it}}$）取不同值，即改變反映 MRO 服務的隨機需要 r_{it} 的參數。

$\mu_{r_{it}}$ 體現了隨機需要的大小，而 $\sigma_{r_{it}}$ 則體現了其需要波動的幅度。為研究它們對 MRO 服務鏈共贏模型的影響，取（$\mu_{r_{it}}$,$\sigma_{r_{it}}$）為多組不同的值，運算相應的 P_{M}^{max}、P_{A}^{max} 和 G^*，結果列於表 10.32，圖 10.23 刻畫了 P_{M}^{max}、P_{A}^{max} 和 G^* 隨（$\mu_{r_{it}}$,$\sigma_{r_{it}}$）取值的變化趨勢。

表 10.32 （$\mu_{r_{it}}$,$\sigma_{r_{it}}$）、P_{M}^{max}、P_{A}^{max} 和 G^* 的值

（$\mu_{r_{it}}$,$\sigma_{r_{it}}$）	P_{M}^{max}	P_{A}^{max}	G^*
(68,2)	312.997	816.667	0.9895
(69,2)	133.333	822.222	0.9750
(70,2)	150.000	827.778	0.9777
(71,2)	574.647	833.333	0.9939
(72,2)	655.716	838.889	0.9949
(68,3)	274.746	816.667	0.9880
(69,3)	404.797	822.222	0.9918
(70,3)	613.639	827.778	0.9946
(71,3)	166.667	833.333	0.9798
(72,3)	183.333	838.889	0.9815
(68,4)	116.667	816.667	0.9716
(69,4)	133.333	822.222	0.9746
(70,4)	316.335	827.778	0.9895
(71,4)	478.421	833.333	0.9930
(72,4)	520.886	843.259	0.9943
(68,5)	116.667	816.667	0.9716
(69,5)	133.333	180.655	0.9946
(70,5)	150.000	827.778	0.9777
(71,5)	331.205	833.333	0.9899
(72,5)	616.580	838.889	0.9945
(68,6)	116.667	816.667	0.9716
(69,6)	133.333	822.222	0.9750
(70,6)	150.000	827.778	0.9777
(71,6)	166.667	278.621	0.9933
(72,6)	518.878	838.889	0.9935

由圖 10.23 可以看出，隨著 $\mu_{r_{it}}$ 的增大，P_{M}^{max} 總體呈上升趨勢；當 $\mu_{r_{it}}$ 的值較小時，隨著 $\sigma_{r_{it}}$ 的增大，P_{M}^{max} 基本保持穩定，而當 $\mu_{r_{it}}$ 的值較大時，P_{M}^{max} 隨著 $\sigma_{r_{it}}$ 的增大波動明顯。這表明一方面隨著用戶需要的增加，SMP 的最大利潤增加；另一方面，當需要值較小時，其波動的幅度大小對 SMP 的最大利潤影響不大，但是當需要值較大時，其波動的幅度大小也會對 SMP 的最大利潤產生較大

影響。同時也可以看出，$\mu_{r_{it}}$ 和 $\sigma_{r_{it}}$ 的變化對 P_{A}^{max} 幾乎沒有影響，只是在個別點處 P_{A}^{max} 突然下降。另外，G^* 也基本保持穩定，僅在個別點處有輕微的波動。這說明用戶需要及波動幅度的大小不會直接影響 SAS 的最大利潤，也不會明顯阻礙 SMP 和 SAS 達成共贏。值得一提的是，在（69,5）和（71,6）兩點處 P_{M}^{max} 和 P_{A}^{max} 都明顯下降，而且 G^* 明顯上升，從而表明這兩種情形不利於雙方獲得最大利潤且有礙其達成共贏。

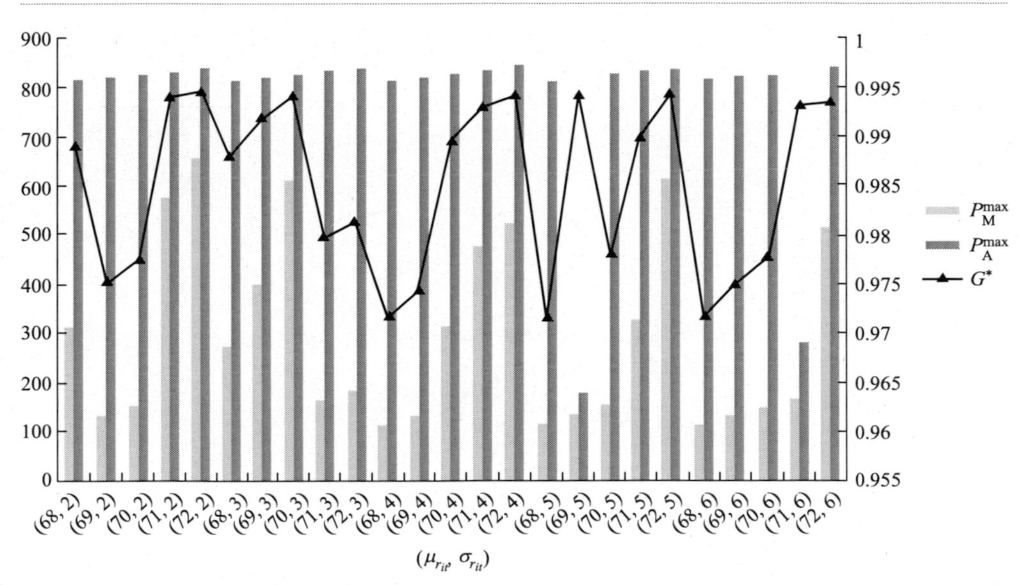

圖 10.23　P_{M}^{max}、P_{A}^{max} 和 G^* 隨（$\mu_{r_{it}}$，$\sigma_{r_{it}}$）取值的變化

④ 令 L_t 取不同值，即改變反映 SMP 風險喜好程度的參數。

參數 L_t 可以反映 SMP 的風險喜好程度，其值越小，表明 SMP 的風險喜好程度越大。表 10.33 列出了當 L_t 取不同值時，相應的 P_{M}^{max}、P_{A}^{max} 和 G^* 取值。

表 10.33　L_t、P_{M}^{max}、P_{A}^{max} 和 G^* 的值

L_t	P_{M}^{max}	P_{A}^{max}	G^*
0.78	398.873	843.259	0.9998
0.80	405.542	843.259	0.9989
0.84	422.430	843.259	0.9975
0.87	461.455	843.259	0.9968
0.91	488.003	843.259	0.9959
0.94	504.237	843.259	0.9950
0.95	520.886	843.259	0.9943
0.97	534.709	843.259	0.9937

續表

L_t	P_M^{max}	P_A^{max}	G^*
0.98	540.916	843.259	0.9935
0.99	589.477	843.259	0.9926
0.994	628.878	843.259	0.9918
0.998	645.182	843.259	0.9887

由表 10.33 可以看出，隨著 L_t 的增大，P_M^{max} 呈上升趨勢，G^* 呈下降趨勢，而 P_A^{max} 保持不變。這表明 SMP 的風險喜好程度越小，即 SMP 越保守時，其獲得的最大利潤也越大；雖然 SMP 的風險喜好程度不會影響 SAS 的最大利潤，但會影響雙方共贏局面的形成，當 SMP 的風險喜好程度越小時，越有利於其共贏局面的形成。

參考文獻

[1] YE Z, XIE M. Stochastic modelling and analysis of degradation for highly reliable products. Applied Stochastic Models in Business and Industry, 2015, 31: 16-32.

[2] ROSS S. Stochastic processes. New York, NY, USA: Wiley, 1996.

[3] TALLURI S, SARKIS J. A model for performance monitoring of suppliers. International Journal of Production Research, 2002, 40 (16): 4257-4269.

[4] HONG G, PARK S, JANG D, et al. An effective supplier selection method for constructing a competitive supply-relationship. Expert Systems with Applications, 2005, 28 (4): 629-639.

[5] HU F, ZONG Q. Optimal production run time for a deteriorating production system under an extended inspection policy. European Journal of Operational Research, 2009, 196 (3): 979-986.

[6] MOHAMMADI B, TALEIZADEH A, NOOROSSANA R, et al. Optimizing integrated manufacturing and products inspection policy for deteriorating manufacturing system with imperfect inspection. Journal of Manufacturing Systems, 2014, 37: 299-315.

[7] LEVITIN G. The universal generating function in reliability analysis and optimization. London: Springer, 2005.

[8] SATTY T. The Analytical Hierarchy Process. New York: McGraw Hill, 1980.

[9] 謝季堅，劉承平．模糊數學方法及其應用．武漢：華中科技大學出版社，2006.

[10] HUISKONEN J. Maintenance spare parts logistics: Special characteristics and strategic choices. International Journal of Production Economics, 2001, 71 (1): 125-133.

[11] SAHA A, KAR S, MAITI M. Multi-

item fuzzy-stochastic supply chain models for long-term contracts with a profit sharing scheme. Applied Mathematical Modelling, 2015, 39 (10-11) : 2815-2828.

[12] LIU B, LIU Y K. Expected value of fuzzy variable and fuzzy expected value models. IEEE Transactions on Fuzzy Systems, 2002, 10 (4) : 445-450.

[13] LIU B, IWAMURA K. A note on chance constrained programming with fuzzy coefficients. Fuzzy Sets & Systems, 1998, 100 (1-3) : 229-233.

[14] 沈燮昌．多項式插值（一）——Lagrange 插值．數學進展, 1983, 12 (3) : 193-214.

[15] BARIK S K, BISWAL M P, CHAKRAVARTY D. Two-stage stochastic programming problems involving multi-choice parameters. Applied Mathematics & Computation, 2014, 240 (4) : 109-114.

第11章

基於網路實體系統的運行過程控制

網路實體系統CPS是指使用感測器擷取物理世界狀態的數據，並將這些數據進行解釋，使之可用於基於網路的服務中，同時，通過使用執行器對物理世界的進程產生直接的影響，並控制裝置、物體和服務的行為。數位孿生是一個包含所有資訊和知識的數位影像，是物理產品的虛擬表現，通過網際網路進行傳輸數據，實現對物理實體的遠端運行過程智慧控制。

11.1 CPS系統

2006年美國國家科學基金會（NSF）組織召開了國際上第一個關於網路實體系統的研討會，CPS（Cyber Physical Systems）的概念被首次提出，引起了學術界及產業界的廣泛關注。此後2007年8月，美國總統科學顧問委員會將CPS作為一個技術概念提升到美國國家策略的高度，在美國迅速掀起了CPS研究熱潮。歐盟在2007年也啓動了ARTEMIS（Advanced Research and Technology for Embedded Intelligence and Systems）等項目，計劃在CPS的相關研究方面投入超過70億美元，並將CPS列為智慧系統的一個重要發展方向。2009年德國在《國家嵌入式系統技術路線圖》中明確提出CPS將是德國持續走在製造業最尖端的技術根本，隨後2013年在《工業4.0實施建議》中確定將CPS作為工業4.0的核心技術。2015年《中國製造2025》將「推進資訊化與工業化深度融合」作為重要任務之一，並提出「基於網路實體系統的智慧裝備、智慧工廠等智慧製造正在引領製造方式變革」。2016年5月中國國務院印發的《關於深化製造業與網際網路融合發展的指導意見》將網路實體系統作為製造業與網際網路融合發展的重要基礎，進一步明確了中國CPS未來的發展。

11.1.1 CPS的定義

自2006年CPS概念首次提出至今，海內外許多機構及學者對CPS進行了深入研究與探討，對網路實體系統的概念、定義不盡相同。美國國家自然科學基金會（NSF）對CPS的定義側重於3C（Control Communication Computer）技術的有機融合與深度合作，即CPS是通過運算核心（嵌入式系統）實現感知、控制、整合的物理、生物和工程系統；美國國家標準與技術研究院（National Institute of Standards and Technology，NIST）對CPS的解釋側重於CPS獨立單位的功能及之間的互動，即CPS將運算、通訊、感知和驅動與物理系統結合，並通過與環境（含人）進行不同程度的互動，以實現有時間要求的功能；德國國家科學與工程院強調了CPS中數據的擷取、處理、回饋的行為，其定義是圍遶數據的擷取、解釋和回饋控制來描述的。還有許多學者對CPS進行了定義，Baheti等人[1]對CPS的定義是：一種高可靠系統，系統中各運算單位和物理單位緊密結合並且能夠相互作用以應對動態不確定事件。Fitzgerald等人[2]認為CPS由物理世界和與物理世界相互作用的眾多合作運算元素組成。在中國，何積豐院士[3]最早給出了CPS的定義：CPS是一個具有運算、通訊和控制能力的可擴展網路化系統，其建立前提是對環境的可靠感知。根據《資訊物理系統白皮書》[4]的定義，CPS通過整合先進的感知、運算、通訊、控制等資訊技術和自動控制技術，構建了物理空間與資訊空間中人、機、物、環境、資訊等要素相互映射、適時互動、高效協同的複雜系統，實現系統內資源配置和運行的按需響應、快速疊代、動態最佳化。

11.1.2 CPS研究現狀

圍遶CPS，學者們開展了大量的研究工作，主要集中在CPS建模、數據傳輸管理技術以及CPS應用等方面。CPS建模不僅僅是獨立的物理與數位環境下的建模，更是物理及數位模型間的整合與互動，Lee[5]等人提出了一種週期性、高容錯的CPS任務模型，通過不同子系統間的協同作用，在保證效率與穩定性的前提下，實現系統任務追蹤與最佳化的實時性，同時使得CPS環境具有高度的容錯性，能夠在部分資訊更新不及時的情況下仍有效運行。劉春[6]等人從用戶對網路實體融合系統的需要出發，提出一種基於目標的方法來分析並建立網路實體融合系統的事件模型。王雲端[7]等人基於混合系統的融合模型以及資訊模型，初步構建了電網網路實體系統建模與仿真驗證平臺，可用於建立電網連續及離散模型，仿真電網運行動態，模擬控制過程及資訊互動，並驗證資訊互動的正確性和一致性。

數據通訊網路也是CPS環境構建研究的重點之一。Ahmadi[8]等人為CPS中的感測器網路設立了新的傳輸協定，可以在資料擷取時根據其重要性動態改變傳輸的可靠度，並從節點到基站聚合數據，有效降低了能耗和頻寬。Li[9]等人提出了分散式聯合阻塞控制和信道管理演算法，採用拉格朗日雙向分解法解決了網路功效最大化問題。Persson[10]提出了一種基於CPS環境下的通訊協定，確保不同個體與物件之間通過藍牙、近場通訊、Wi-Fi 等各種無線通訊技術實現資訊的有效互動，有助於不同信源間的數據融合。

相對於其他領域而言，CPS 在智慧電網、生物與醫療系統、智慧高速公路與無人駕駛領域方面的研究略為成熟，已有典型案例出現。這些領域的應用結果都體現了 CPS 的有效性以及其普遍適用性。

在智慧製造領域中，其產品和智慧化的生產過程面臨著巨大挑戰，而 CPS 和服務是解決這種困擾的重要技術路徑。

在生產組織方面，Yao[11] 將社會網路實體融合系統（Socio Cyber Physical System，SCPS）應用於 3D 列印技術中，以實現大規模的個性化定製生產。孫彥景等人[12] 針對現有礦山工程資訊系統缺乏安全生產相關運行模式的系統性設計，將礦山生產活動過程從單一設備、單一系統運行狀態控制上升到全系統過程協同，提出多源資訊感知、時空資訊融合互動、異構網路統一傳輸、協同控制和工程標準化等技術挑戰。Potente 等[13] 提出了網路實體生產系統（Cyber Physical Production System，CPPS），提高了人與人、人與智慧設備以及智慧設備之間的合作生產力。

在生產計劃方面，Monostori 等人[14] 將 CPS 應用在機械零件的加工過程中，可自動生成加工計劃，實現自適應生產。Richard 等人[15] 將一個完整的 CPS 系統應用於實際的電氣和電子設備的重用、翻新和再利用業務中，旨在增加翻新過程中的可追溯性和支持決策，CPS 通過正確和可追溯的翻新可幫助電氣和電子設備回收市場的增長，不僅使商業公司受益，還有利於環境。Berger[16] 提出了基於 CPPS 的反應式生產計劃和控制，節約了生產成本。

生產控制方面，雷雪鳳[17] 通過對選煤廠建立 CPS 模型分析，提出基於改進粒子群最佳化演算法的選煤廠任務調度演算法，對選煤過程進行動態調度；Pirvu[18] 在分散式生產控制系統中，提出了一種新的 CPS 模型，實現了產品製造與裝配的智慧化。尹存濤[19] 設計了基於 CPS 的汽車鋁合金鑄造輪轂自動化製造系統，以工業機器人為平臺，利用雲端運算、大數據、物聯網等技術手段構建加工系統，實現汽車輪轂生產線遠端、可靠、實時、精細管控和輪轂的自動化、智慧化製造。許剛等人[20] 考慮到現有變壓器電壓調節方法受調壓擋位限制，且根據調度部門確定的電壓曲線難以實現高效的輸出電壓穩定調節，提出一種基於網路實體融合系統模型的穩壓動態調節方法，建立變壓器的網路實體融合系統模型，通過資訊量對物理量的實時回饋作用機制，控制變壓器原副線圈匝數比的自動調節，實現變壓器輸出穩壓。Liu 等人[21] 提出了網路實體機床（Cyber Physical Machine Tool，CPMT）的概念，即整合了物理機床、加工過程與運算能力的一種支持 CPS 的機器工具，並使用擴增實境技術（Augmented Reality，AR）實現人與 CPMT 之間直觀和高效的人機互動，以及輔助智慧視窗為用戶提供與 CPMT

的直觀互動，以提高機床的智慧化和自主水平。

基於 CPS 的製造系統生產管理通過 CPS 對環境感知數據的分析、融合與探勘，實現了資訊與物理進程的相互影響和實時回饋，並且自主地協調生產過程，以實現高效的生產管理。

11.1.3 CPS 架構

(1) CPS 運行方式

CPS 是一個網路連接的分散式系統，從物理組成來看，包括了感測器、資料擷取設備、物理設備、運算設備、儲存設備、執行器和通訊網路等組件。從邏輯組成來說，CPS 可以分為運算、通訊和控制三個部分，運算部分包括了資料擷取、數據儲存和控制運算功能，通訊部分包括了感測器網路和控制網路，統一抽象為通訊功能，控制部分包括感測器和控制設備，既提供感知能力，又提供控制能力。

CPS 運行方式如圖 11.1 所示，CPS 的物理層通過感知設備以擷取環境資訊，將數據處理後發送給資訊層，並執行資訊層傳輸的控制指令。資訊層在擷取感知數據後，通過語義規則運算，確定輸出的執行指令，通過執行器傳輸至物理系統，控制物理系統的操作，實現實際系統與虛擬系統間的融合。

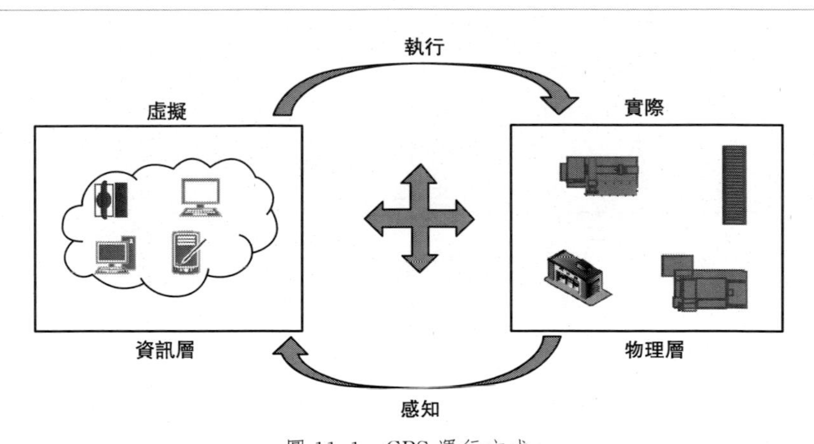

圖 11.1 CPS 運行方式

在製造系統的 CPS 中，由感測器、控制器等構成的物理層和由生產線模型、運算設備等構成的資訊層二者相互融合，由資訊層感知物理設備狀態數據，並通過對數據的處理和運算產生控制指令下達給物理層執行，進而完成回饋循環。

(2) CPS 架構

當前，各國家和組織對網路實體系統參考體系結構的研究還處在探索階段。

由於 CPS 涉及的領域十分廣泛，學術界對於 CPS 體系的研究往往限定於特定需要背景下，以 CPS 組成及運行方式為基礎進行擴充改進，設計所需的體系框架。

陶飛等人[22]提出了一種數位孿生工廠的架構（圖 11.2），主要包括 5 層：①物理層，主要指工廠、人、機物等物理工廠實體，以及物理工廠對應生產活動的集合，負責產品生產加工的物理空間實現，同時具有自感知、自決策、底層資料擷取與傳輸等功能；②模型層，主要指數位孿生工廠中虛擬工廠及其對應承擔的虛擬生產活動，包括虛擬工廠的各類模型、規則知識等，負責生產活動在虛擬空間的仿真、分析、最佳化、決策等；③數據層，指工廠孿生數據服務平臺，負責為數位孿生工廠的物理工廠、虛擬工廠和工廠服務系統運行提供數據支援服務，並具備工廠孿生數據的生成、處理、整合、融合等數據生命週期管理與處理功能；④服務層，負責為工廠生產提供智慧排產、協同工藝規劃、產品品質管理、生產過程管控、設備健康管理、能效最佳化分析等各類工廠生產服務；⑤應用層，主要指開展具體產品加工生產涉及的智慧生產、精準管控、可靠運維等智慧製造任務應用需要。

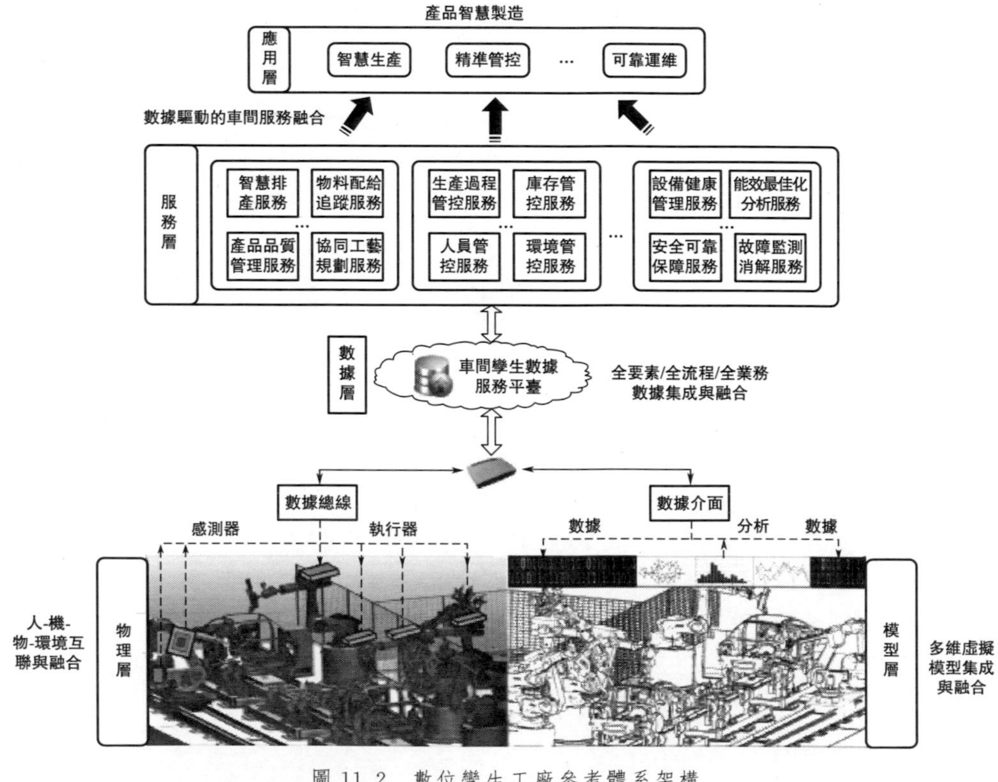

圖 11.2　數位孿生工廠參考體系架構

陳明等人[23]根據新的製造模式對CPS提出的通訊、運算、網路、環境和控制等多個需要，得出了智慧工廠中CPS的新特點如開放性、安全性、互動性等，並基於新特性構建了基於雲端服務的CPS模型，如圖11.3所示。

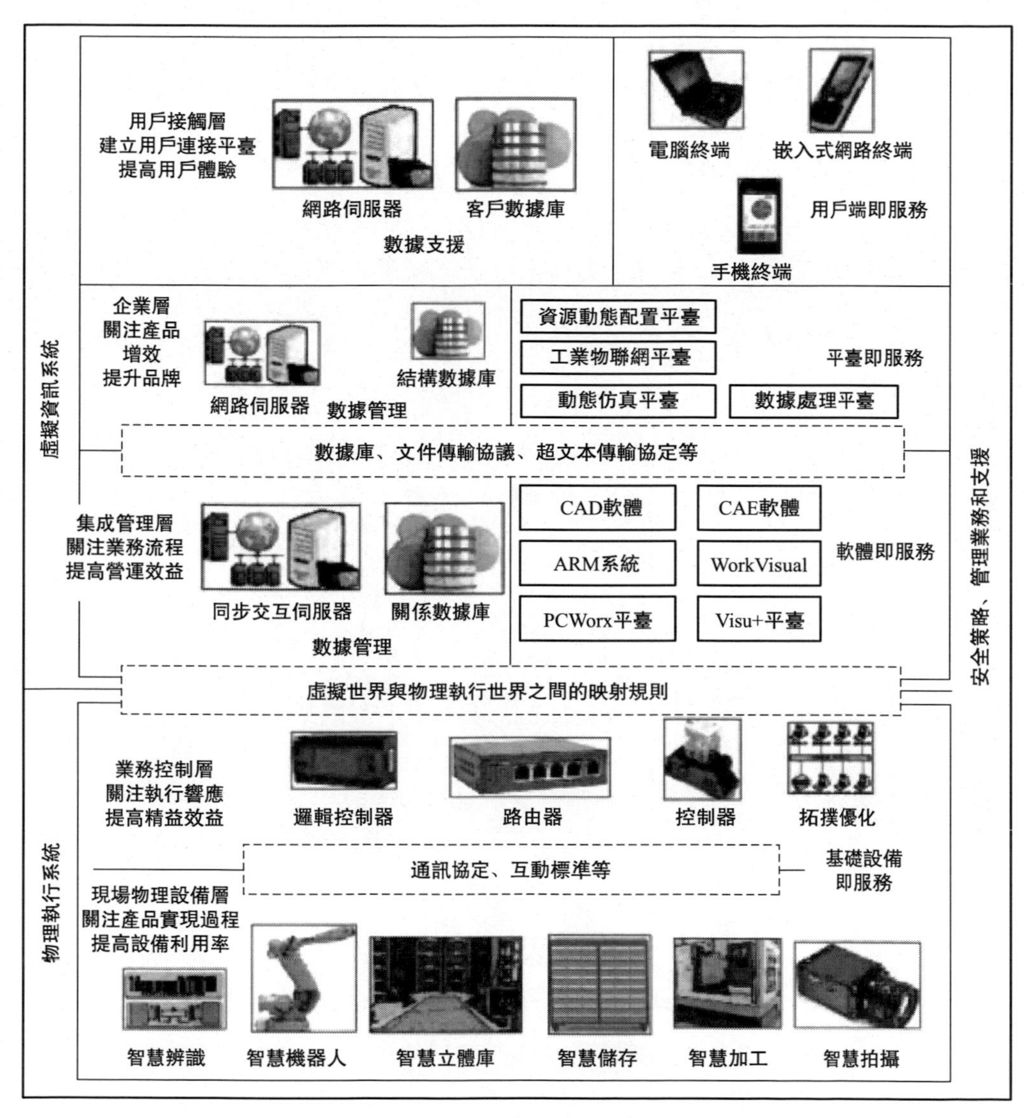

圖11.3 基於CPS新特性構建的基於雲端服務的CPS模型

物理執行系統中，現場物理設備層由智慧辨識單位、智慧拍攝單位、智慧加工單位、智慧立體庫單位等組成，並利用智慧機器人完成生產過程中產品的搬運和拾取工作。PROFINET和IEEE 802.11等工業網路通訊協定，可連接現場物理設備層和業務控制層。在虛擬資訊系統的整合管理層中，生產過程產生的數據由部署在同步互動通訊伺服器上的關係資料庫來執行操作。而對於企業層，仿真和物聯網等過程中產生的大量數據，由中量級的結構資料庫儲存，管理者可通過動態仿真平臺遠端控制和管理產品定製的視覺化動態生產進程；通過工業物聯網平臺可追尋產品零部件基本資訊；同時，網路伺服器和結構資料庫可為用戶提供一些數據分析服務，並能根據需要進行最佳化。在用戶接觸層，用戶可通過操作電腦終端和手機終端等應用程式來追蹤訂單的生產過程，並可實時參與產品生產的全過程。

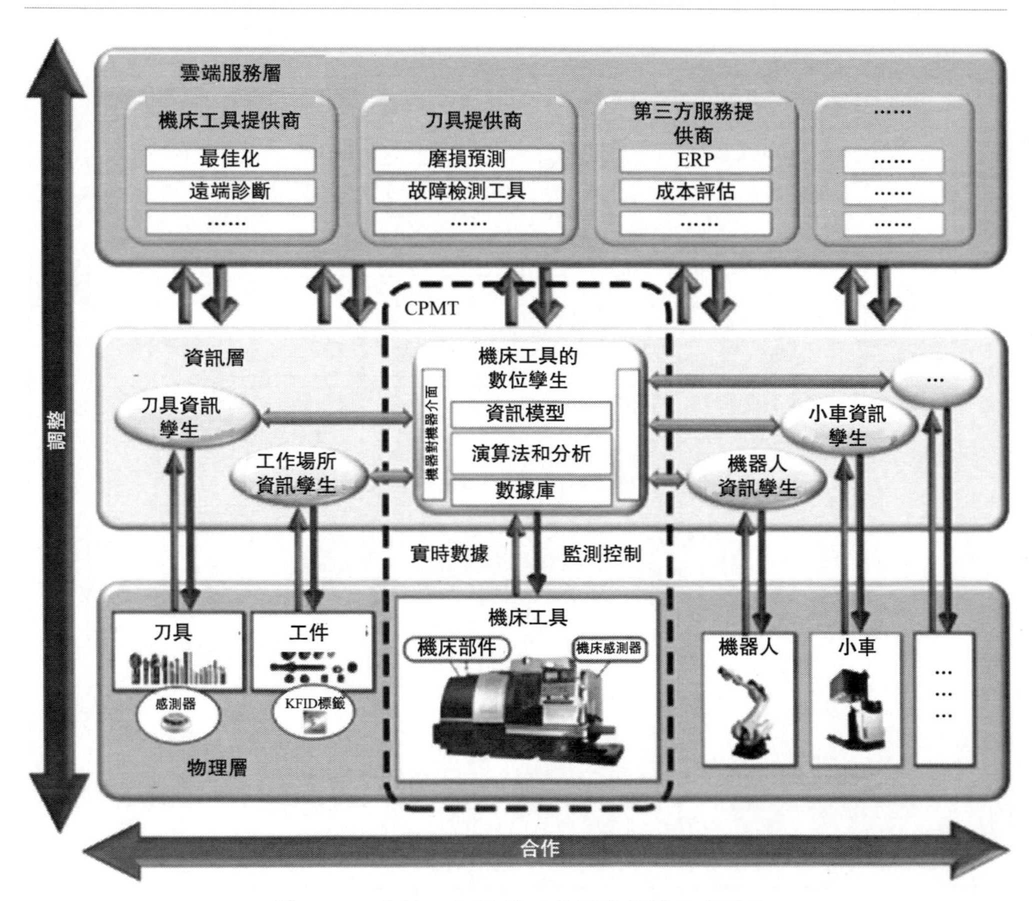

圖 11.4　基於 CPMT 的三層網路實體生產系統

Liu 等人[21]基於 CPS 與物聯網的概念提出了網路實體機床（Cyber Physical Machine Tool，CPMT）的概念，同時給出了基於 CPMT 的三層網路實體生產系統的結構，如圖 11.4 所示的物理層、資訊層和雲端服務層。

物理層包含製造系統中涉及的所有物理元素，包括機床及其部件、切割工具、工件、工業機器人、無人搬運車（Automatic Guided Vehicle，AGV）和各種資料擷取設備。同時，在製造過程中可能產生有價值數據的關鍵物件（如機床主軸、刀具、工件等）都配備了感測器和執行器，這樣就可以收集實時數據，並執行分配的任務。

資訊層是一個網路空間，由與物理層相對應的數位孿生組成，包括 MTCT（Machine Tool Cyber Twin）在內每一個數位孿生都代表了其物理對等物的數位抽象。一方面，利用嵌入式演算法分析從物理層收集的實時數據，使得數位孿生可以監控、控制物理對等物。另一方面，M2M 介面允許數位孿生彼此通訊，從而實現了場級製造設備之間的自主合作。此外，數位孿生記錄了其物理對等物的歷史資訊，並通過各種網路提供給雲端，以便進一步的分析和增值服務可以直接存取現場級的製造數據。

雲端服務層包含不同設備製造商和第三方服務提供商提供的各種軟體應用程式，這些應用程式駐留在服務雲端中，能夠通過網路存取資訊層中的資訊。

侯志霞等人[24]提出的網路實體融合製造系統的典型體系結構如圖 11.5 所示，整個系統可以分為感控層、通訊層、決策層 3 個層次，感控層即可感控的物理層，由若干個感控節點組成，一方面，負責感知受關注的物理設備/設施的某些物理屬性，例如定位夾具的位姿、工件的尺寸、受力、變形、溫度等狀態參數，或者發生的某一特定事件，例如加工過程中需要更換刀具；另一方面，根據接收到的監測命令或控制指令執行相應的操作，例如啓動某一加工任務或開始測量某一物理屬性，採集到的原始資訊數據經融合後傳輸至決策層。

通訊層即網路運算層，包括根據實際需要建立的各種網路，例如有線寬頻、Wi-Fi、ZigBee、3G/4G 等，若干個通訊基站和網路節點，以及分散式存在的相關資料庫、知識庫伺服器和資訊處理伺服器，負責多感測器數據的融合處理和網路儲存，以及相關數據的網路傳輸和交換。

決策層由終端用戶直接與系統打交道，包括仿真控制中心與決策控制單位兩大功能模組。仿真控制中心在虛擬製造環境的支持下建立各製造元素的幾何實體模型、整合資訊模型和感控行為模型，基於完整的數位化仿真模型和物理屬性的理論數據來實現製造元素之間的感控操作過程仿真，生成初始的控制方案，進而通過物理感知得到的實際數據來驗證和完善數位化仿真模型。通過這種離線與在線仿真相結合的方式得到的控制方案，是經過仿真實驗驗證了的可信方案。決策控制單位則為用戶提供對製造元素感控規則定義和製造過程監測的互動式操作功能，這一活動也可在感控操作過程仿真的基礎上完成，從而大幅提高製造系統操作與控制的效率與安全性。

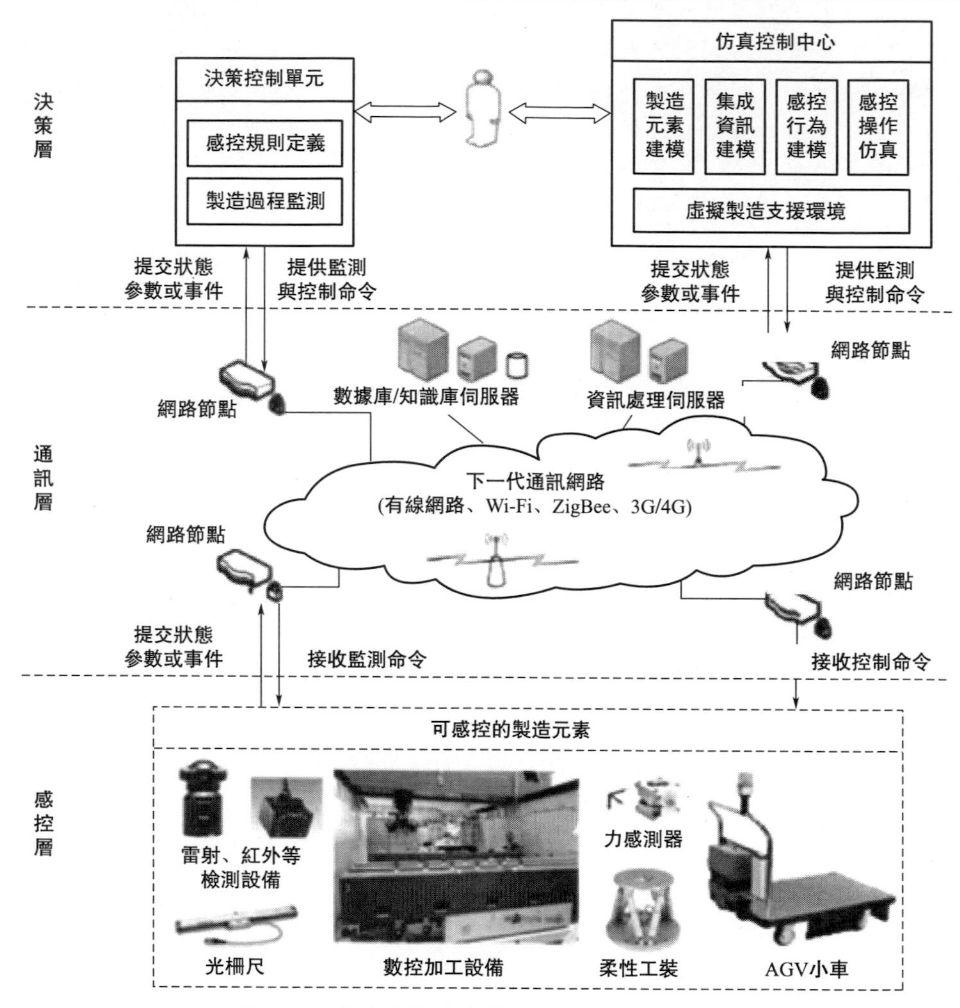

圖 11.5 網路實體融合製造系統的典型體系結構

從上述所列製造系統 CPS 體系架構可以看出，一般來說，CPS 體系框架主要涵蓋了兩方面功能。

① 整合性：將資訊空間與物理空間相整合，確保從物理過程實時採集數據資訊，有著由控制模組將資訊回饋給物理過程的先進連接能力。

② 智慧性：擁有智慧化的資訊處理模組，可以實現資訊與控制空間中的智慧數據管理、分析、運算的能力。

因此，在這裡引入美國國家標準與技術研究院（NIST）在《Framework for Cyber Physical Systems Release 1.0》[25] 報告中提出的網路實體系統的功能架構，包括圖 11.6 所示的網路實體域和網際網路域。

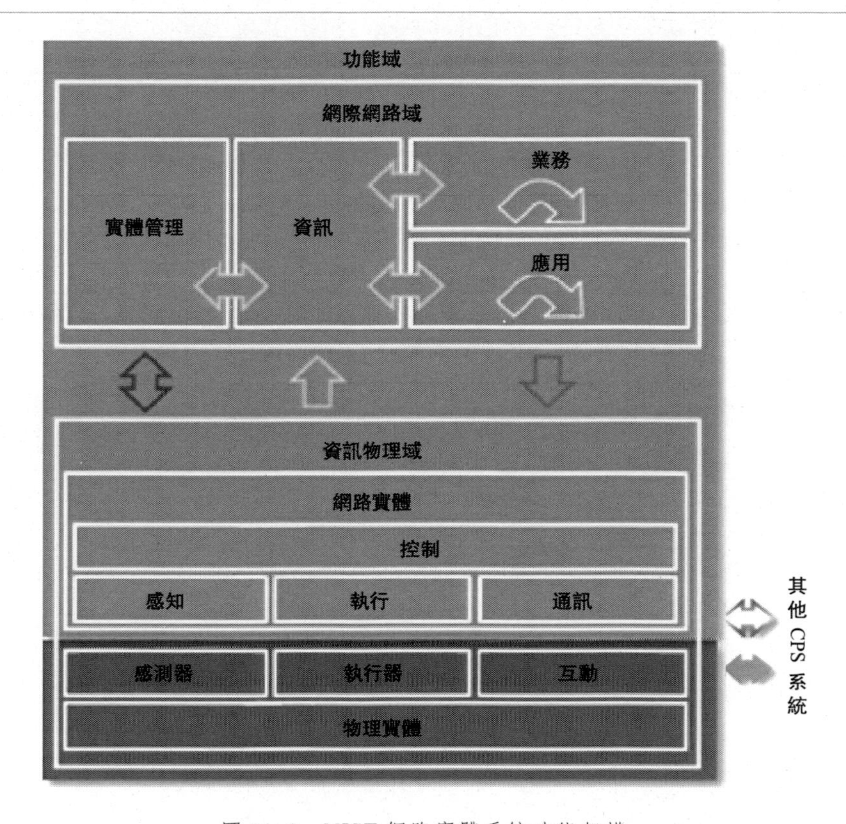

圖 11.6 NIST 網路實體系統功能架構

網路實體域（Cyber Physical Domain）包括執行物理世界中的功能的物理實體、感測器、執行器和在資訊實體和物理實體之間實現互動的媒介，通過感知、執行和通訊對物理實體施加控制的資訊實體。互聯域主要功能是連接 CPS、從這些系統中收集數據、將數據轉換為資訊，並在全局範圍內對資訊進行分析，以獲得操作狀態監控或互動環境狀態的結果。

11.2 基於數位孿生的運行過程智慧控制模型

11.2.1 數位孿生模型

數位孿生（Digital Twin）的概念最早由美國密西根大學的 Grieves 教授在

2003 年在課程中提出，2011 年 Michael Grieves 教授在《幾乎完美：通過 PLM 驅動創新和精益產品》一書中引用了其合作者 John Vickers 描述該概念模型的名詞——數位孿生，並一直沿用至今。其概念模型如圖 11.7 所示，包括 3 個主要部分：①物理空間的實體產品；②虛擬空間的虛擬產品；③物理空間和虛擬空間之間的數據和資訊互動介面[26]。

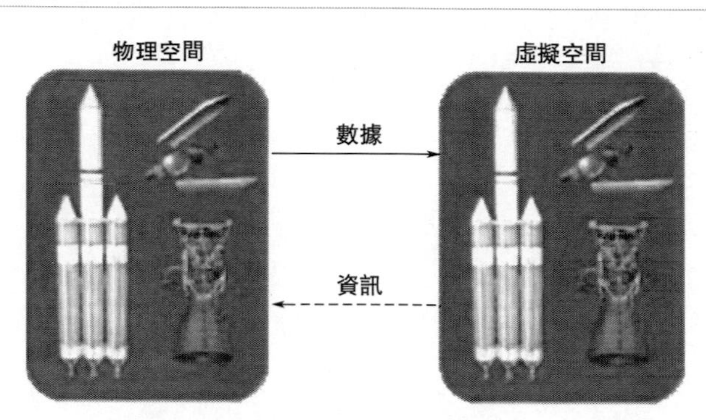

圖 11.7 數位孿生的概念模型[27]

物理空間的要素包括整個物理世界中的所有實際資源和虛擬資源。實際資源主要包括人、設備、物料、環境等可以用資訊感知設備進行資料擷取的物件；虛擬資源包括軟體資源、知識、資訊等不能直接利用智慧設備採集的資源。大部分是已經存在的軟體系統和一些非結構化資訊，比如人的經驗、調度規則等。物理空間囊括了所有的生產要素，是一個巨大的、異構的動態系統。虛擬空間與物理空間相對應。實際資源在虛擬空間中存在唯一對應的鏡像，無論狀態還是行為都和物理空間要素同步對應。具體來說，虛擬空間是對物理空間的數位化描述，是一個動態演化的數位化模型，虛擬空間中模型隨著現實世界數據的變化而不斷調整和變化。虛擬空間和物理空間要素之間，通過數據實現兩者之間的實時同步，物理世界要素的全方位數據能夠實時反映到虛擬空間中的數位化描述模型中去；兩者可以通過各種各樣的服務實現兩者的動態演化和實時互動，虛擬空間可以通過服務來改變實際空間要素的狀態和行為，也可以推動虛擬模型的演化。

在製造領域，數位孿生的使用最早是在美國國家航空暨太空總署（National Aeronautics and Space Administration，NASA）的阿波羅項目中，數位孿生被引入到航天飛行器的健康維護以及輔助決策等問題中，通過仿真實驗，盡可能準確地反映和預測任務執行中的飛行器的狀態，從而幫助飛行員做出正確的決策。2012 年，NASA 針對飛行器及飛行系統等，對數位孿生提出了定義：「一個針對飛行器或者系統的綜合多物理、多尺度、機率仿真模型，使用了最佳的物理模型、更新的感測器數據、艦隊歷史數據來反映與該模型對應的孿生體的狀態。」

同年在 NASA 發布的「建模、仿真、資訊技術和處理」路線圖中，數位孿生正式進入大眾的視野，其定義突出了整合性、多物理性、多尺度性以及機率性等特點。

在工業 4.0 的大規模定製、靈活生產、零件追蹤和產品的自我意識以及機器與其他產品間的溝通等需要背景下，現場設備、機器、工廠和單個產品都將連接到網路中。網路實體系統 CPS 作為工業 4.0 的一個關鍵概念，可以被描述為一組通過通訊網路與虛擬資訊空間互動的物理設備、物件和設施。其中，每個物理設備都將其虛擬資訊部分作為其真實設備的數位表示形式，最終形成「數位孿生」。在網路實體系統中，數位孿生就像是物理產品的虛擬表現，是一個包含所有資訊和知識的數位影像，通過從物理部分到網路部分的數據傳輸與物理部分相連，從而可以監控和控制物理實體，而物理實體可以發送數據來更新其虛擬模型。

11.2.2 數位孿生模型的相關應用

目前，數位孿生已經在醫療、教育、建築、汽車、航空等諸多行業得到了應用。在製造領域，數位孿生則被認為是製造企業邁向工業 4.0 策略目標的關鍵技術。藉助生產過程的全程透明化，決策者可以很容易地發現產品設計與相關製造工藝中需要改進的地方，並進行相應的營運調整。生產管理人員可以通過工廠虛擬形象平臺遠端監控工廠，使管理人員隨時隨地及時擷取生產、品質、訂單等資訊，提高管理響應速度和透明度。通過數位化服務提高設備利用率、提高設備維保品質、最佳化能源效率、提高資訊服務的速度和品質，從數據中發現潛在價值，實現數據到服務並將數位化工廠中的大數據變成有意義的資訊，實現智慧決策。

生產調度是生產工廠決策最佳化、過程管控、性能提升的神經中樞，數位孿生驅動的調度是在數位孿生系統支援下，通過全要素、全數據、全模型、全空間的虛實映射和互動融合，形成虛實響應、虛實互動、以虛控實、疊代最佳化的新型調度機制，實現「工件-機器-約束-目標」調度要素的協同匹配與持續最佳化。在數位孿生驅動的調度下，調度要素在物理工廠和虛擬工廠相互映射形成虛實共生的協同最佳化網路。物理工廠主動感知生產狀態，虛擬工廠通過自組織、自學習、自仿真方式進行調度狀態解析、調度方案調整、調度決策評估，快速確定異常範圍，敏捷響應，智慧決策，具有更好的變化適應能力、擾動響應能力和異常解決能力。

製造能耗管理指在有效保障製造系統性能、企業經濟效益的同時，對製造過程中水、電、氣、熱、原材料等能源消耗進行監測、分析、控制、最佳化等，從而實現對能耗的精細化管理，達到節能減排、降低製造企業成本、保持企業競爭力的目的。基於數位孿生的製造能耗管理指在物理工廠中，通過各類感測技術實現能耗資訊、生產要素資訊和生產行為狀態資訊等的感知，在虛擬工廠對物理工廠生產要素及行為進行真實反映和模擬，通過在實際生產過程中物理工廠與虛擬工廠的不斷互動，實現對物理工廠製造能耗的實時調控及疊代最佳化。

上述應用主要集中於數位孿生的系統層面的應用，在設備管理領域針對「設備數位化孿生體」也有相關應用。為提高機床的加工能力，Cai 等人[28]提出了數位孿生虛擬機床的網路實體製造，將製造數據和感官數據整合到數位孿生虛擬機床上，以提高其網路實體製造的可靠性和能力。同時利用感官數據提取電腦數值控制的加工特點，使機床在各種應用中能夠更好地反映其物理對應的實際狀態。還提出利用感測器來擷取特定於機器的特性的技術以及數據和資訊融合的分析技術，用於建模和開發數位孿生虛擬機床工具。

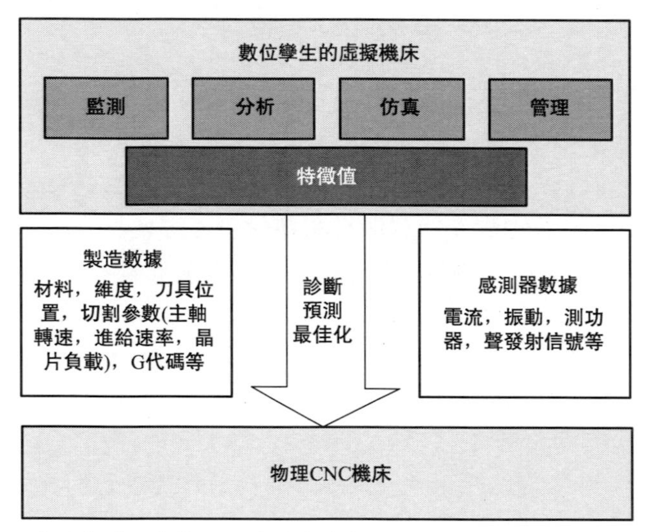

圖 11.8 利用感測器數據和製造數據融合的方法構建數位孿生虛擬機床工具

圖 11.8 顯示了開發的數位孿生虛擬機床與感測器數據和製造數據整合的示意圖。製造數據包括描述製造過程的關鍵加工參數，例如工件材料和尺寸、主軸轉速、進給速率、切削深度、G 代碼、刀具位置等。感測器數據是從各種用於加工監控和分析的感測器中得到的，如用於功率測量的電流感測器、用於振動測量的加速度感測器、用於力測量的測力計以及聲發射感測器等。資料擷取和管理的系統架構如圖 11.9 所示，製造數據是從機器控制器獲得的，而感測器數據則來自感測器資料擷取設備。它們被組織在一個閘道上，並通過網際網路上傳到資料庫中（見圖 11.9）。用戶可以通過網際網路使用電腦和平板電腦等設備存取數據。

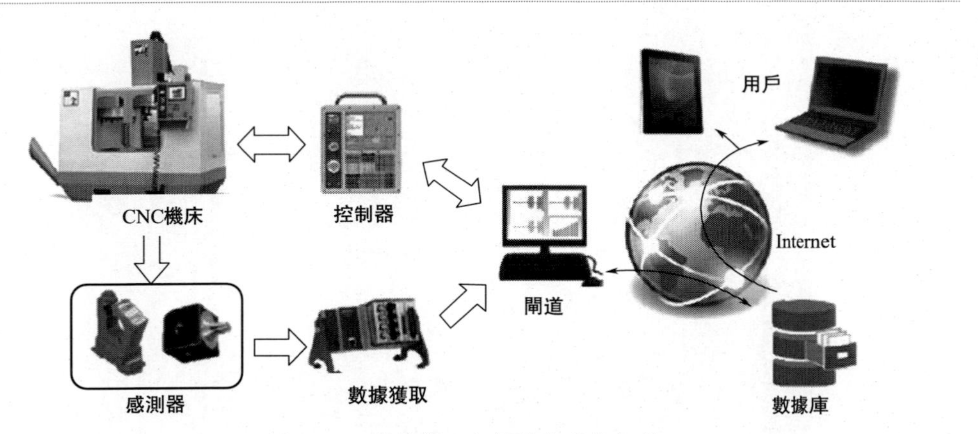

圖 11.9　資料擷取和管理的系統架構

將這兩種類型的數據源合併到一個虛擬機器工具中，以構建其特徵配置文件。例如在一些情況下，機床在相同的切削參數下可能會在特定的切削方向上發生更顯著的振動，或者當使用相同的刀具和 G 代碼切削相同的零件時，該機床會比同類型的另一臺機床消耗的功率更大，這些特性使得虛擬機器工具更加符合其物理物件的真實狀態。在每次加工任務後，機床的特性曲線都會更新，這有助於追蹤和預測機器的性能。因此，當使用虛擬機床模擬新零件的製造時，仿真結果可以反映機床的最新狀態，具有更高的準確性。而構建數位孿生的最終目標是更準確地提供診斷、預測和最佳化等功能，以提高物理電腦數值控制的性能和利用率。

通過採集和融合兩種數據，可以更全面地實時監控加工過程。這些數據還為加工過程後的離線審查和分析提供了豐富的資源。例如，利用基於加速度和主軸驅動電流同時檢測數據的三階迴歸模型和模式辨識系統完成了刀具磨損預測，並基於測力計數據開發動態數據驅動方法，加速度計和聲發射感測器用於監測和預測刀具磨損情況。在工廠管理層面，虛擬機工具提供了每臺機器的優勢和局限性，並幫助管理人員更好地分配任務和多臺機器資源。

Angrish 等人[29]針對物理機床對應的「數位孿生」中來自物理機床的代表實時機器狀態的數據流，描述了如何將流式數據儲存在一個可擴展且靈活的基於文件模式的資料庫中，提出了一個允許第三方軟體應用與「數位孿生」進行互動的架構。並討論了製造網路中對各種虛擬製造機器進行指揮和控制的 VMM（Virtual Manufacturing Machines）操作系統（CyMOS）架構，為製造業中的網路實體系統開創了新的可能性。如圖 11.10 所示，該操作系統還可以實現企業內部資源的快速重新配置、仿真、調度以及其在整個製造生態系統中的擴展。

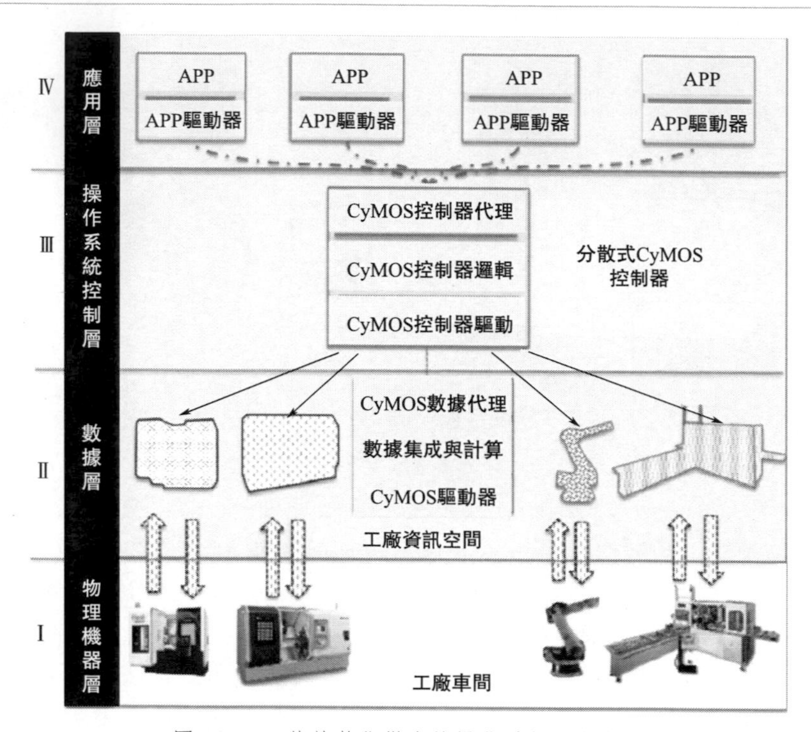

圖 11.10 基於數位學生的操作系統控制架構

物理機器層代表堆疊的底部部分，它代表了大量數據收集和控制的邊界。該層還代表連接到機器上的軟體和硬體適配器，這些適配器在與上層進行通訊時是必須的。

數據層代表了與物理機器層間的數據通訊。工廠內的每臺機器都將擁有單獨的虛擬化狀態，這種虛擬化由資料庫實例支持，該資料庫實例被構造為從機器接收實時流數據，寫在這個數據層上的驅動程式可以與單個機器的專有介面進行通訊，數據分層演算法中內置的數據分析演算法用於分析和彙總資訊，以便於更高級別的系統調用。在該層的上層，機器的每個虛擬化狀態都有一個與操作系統控制層通訊的代理，此代理負責翻譯來自控制層的指令，並生成有關物理機器的請求的結果，這些請求可用於任何請求它的軟體應用程式或設備。

操作系統控制層本質上是一個管理程式，它控制著生產工廠每臺機器的虛擬化狀態。它包含有關其網路中虛擬機床的資訊、機器的當前狀態以及從外部數據源（例如 ERP 或 MES 系統）收集的其他資訊。在這一層的底層，是與單個數位孿生進行通訊的必要驅動程式。在堆疊中間是更高級別的運算演算法，用於彙總來自虛擬狀態的數據，能夠轉換來自位於操作系統架構之上應用程式的輸入請求，然後從相應虛擬化狀態擷取有效的數據請求。操作系統控制器還可以與企業內部或外部的其他外部資料庫進行互動，以處理對下層層級的指令。根據工廠層面的複雜性，跨多個地理位置企業中可能會有多個分散式控制器分布在工廠工廠內。

應用層是由為適應業務級別要求的第三方開發人員編寫的應用程式。應用程式只需與控制層互動，不需要開發人員知道如何將特定輸入請求傳遞到底層製造機器。

Singh 等人[30]針對製造軟體的開發，提出了一種仲介軟體軟體架構，以將工廠的物理機器與客戶製造應用程式連接起來。其將智慧機器連接到一個高度可擴展的資料庫，能夠儲存由機載感測器和機器控制器生成的流式時間序列數據。同時，通過三個用戶端（應用程式驗證了通過第三方應用程式編寫而不需要與工廠機器進行直接物理通訊的機制。第一個應用程式是駐留在數位製造共享（DMC）中的應用程式，該應用程式實現了從工廠中的任何物理機器查詢數據的功能；第二個應用程式是一個用於比較數位產品數據和機器生成數據以進行品質篩查的 Python 應用程式；第三個應用程式為 LabView 應用程式，該應用程式可與仲介軟體服務進行互動。這裡提出的架構使智慧製造應用的生態系統能夠通過開源軟體和硬體設備在工廠建立和部署，從而降低製造軟體開發的成本。

仲介軟體的高級邏輯結構如圖 11.11 所示。如前所述，每個帶有相應控制器的物理機器（例如 SIEMENS、FANUC、MAZAK）都有一個相應的驅動器代理，它不斷地將數據從機器傳送到任何請求它們的服務。然後將來自控制器和與機器相關的任何感測器的基礎流數據儲存在結構化資料庫中。為了使這些數據有用，腳本將這些數據分為三個階層結構。第一層是機器資訊層，其中包含工廠所有機器的原始數據；第二層包含過程相關資訊，特別是機器執行的過程，在允許的情況下，該層可從其他工廠 ERP 或 MES 系統獲得輸入；第三層是摘要資訊層，由第一、第二層進行運算得到以及通過通用存取庫提供。任何第三方應用程式都會通過

圖 11.11 一種高級仲介軟體架構

通用存取庫（Generic Access Library，GAL）檢索數據。GAL下面的層級提供硬體抽象，這意味著任何第三方軟體都不必直接存取工廠的任何硬體設備就可以實現適當的功能。該仲介軟體體系結構與Android操作系統提供的硬體抽象非常相似，它允許任何軟體開發人員構建應用程式，而無須直接存取智慧手機中包含的任何特定硬體。

通過建立機床的數位孿生，可以實現對物理機床的有效控制，同時作為數位孿生的虛擬機床可以對物理機床的生產狀態等數據進行分析運算，實現相應的預測、維護、決策等功能。

此外，西門子公司提出數位化孿生的概念，致力於幫助製造企業在資訊空間構建整合製造流程的生產系統模型，實現物理空間到製造執行的全程數位化。達索公司針對複雜產品用戶互動需要，基於數位孿生的3D體驗平臺，利用用戶回饋不斷改進資訊世界的產品設計模型，從而最佳化物理世界的產品模型。特斯拉公司旨在為每輛車輛開發出一個數位孿生，實現汽車和工廠之間的同步數據傳輸。波音公司在以波音787為代表的新型客機研製過程中，全面採用數位孿生技術，將三維產品製造資訊與三維設計資訊共同定義到產品的三維模型中，實現產品設計、工裝設計、零件加工、部件裝配、零部件檢測檢驗的高度整合與協同，建立三維數位化設計製造一體化整合應用體系，開創了飛機設計製造的嶄新模式，確保了波音客機的研製週期與品質。GE公司開發了Predix數位孿生平臺，用以收集單個資產全生命週期內的各種資訊，得到對過去和現在的性能以及未來資訊的分析與預測，從而進行場景測試和未來最佳化，通過該平臺，噴氣式發動機的軸承異常檢測可以提前15～30天發現潛在故障，此外，對葉片壽命的預測以及維護進度的合理安排也能夠節省巨額費用。數位孿生是實現物理與資訊融合的一種有效手段，為CPS的實現提供了清晰的思路、方法和實施途徑。

11.2.3 運行過程智慧控制模型

資訊系統使製造系統同時增加了人資訊系統（Human-cyber Systems，HCS）和網路實體系統CPS。美國在21世紀初提出了CPS理論，是實現資訊系統和物理系統的完美映射和深度融合，數位孿生是其最為基本且關鍵的技術，製造系統的性能和效率也可大大提高。

新一代智慧製造系統最本質的特徵是其資訊系統增加了認知和學習的功能，資訊系統不僅具有強大的感知、運算分析與控制能力，更具有圖11.12所示的學習提升、產生知識的能力。新一代人工智慧技術將形成新一代人網路實體系統：①人將部分認知與學習型的腦力勞動轉移給資訊系統，資訊系統具有了認知和學習的能力；②通過人機混合增強智慧，人機深度融合將從本質上提高製造系統處理不確定性問題的能力，極大最佳化製造系統性能[29]。

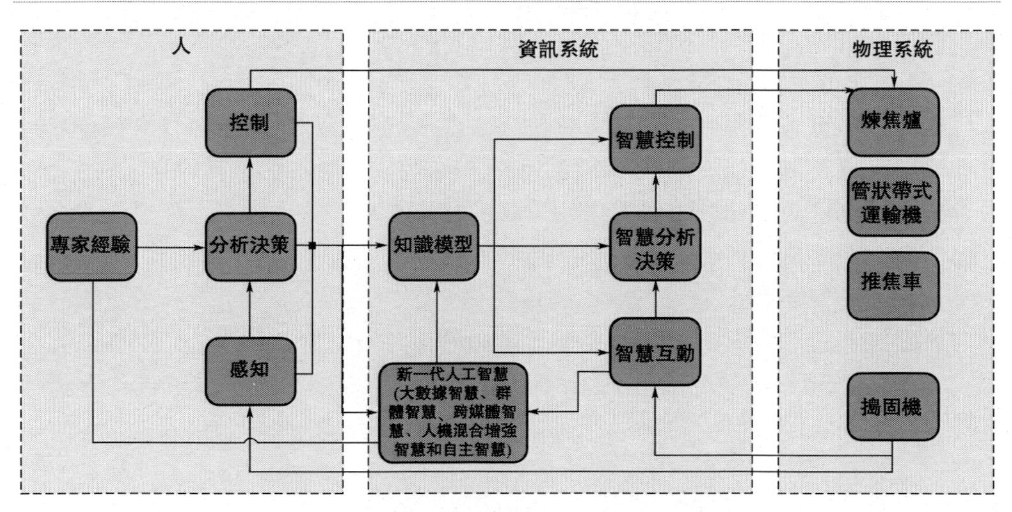

圖 11.12 新一代智慧製造系統的基本機理

新一代智慧製造進一步突出了人的中心地位，是統籌協調「人」「資訊系統」和「物理系統」的綜合整合大系統；將使製造業的品質和效率躍升到新的水平，為人民的美好生活奠定更好的物質基礎；將使人類從更多體力勞動和大量腦力勞動中解放出來，使得人類可以從事更有意義的創造性工作，人類社會開始真正進入「智慧時代」。

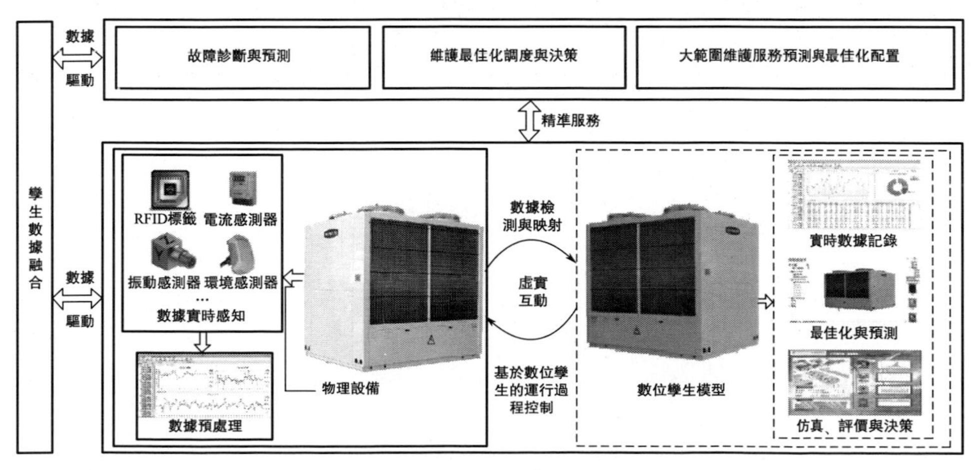

圖 11.13 基於數位孿生的智慧控制模型

新一代智慧製造是一個大系統，由智慧產品、智慧生產和智慧服務三大功能系統以及工業智聯網和智慧製造雲端兩大支援系統集合而成[31]，以智慧服務為核心的產業模式變革是新一代智慧製造的主題。在智慧時代，市場、銷售、供應、營運維護等產品全生命週期服務，均因物聯網、大數據、人工智慧等新技術而賦予其全新的內容。

在設備的智慧營運維護領域，圖 11.13 所示基於數位孿生的運行過程控制可以實現設備運行過程的遠端誤差補償、調節和智慧控制。

感測器測量設備的營運狀態以及工廠的灰塵水平、環境因素，如溫度和溼度等已知影響設備功能的因素，以及產品的報廢率。在數據的檢測階段，工廠數位孿生模型中一個複雜事件處理（Complex Event Processing，CEP）引擎檢測到一個複雜模式，該模式表明設備異常行為和退化過程開始，或者生產過程狀態的變化預警。CEP 發送一個事件到預測階段，觸發在線預測分析或最佳化分析的服務，該服務使用統計學習、機器學習或深度學習等大數據驅動的人工智慧方法來提供設備的 RUL 預測或設備營運狀態參數的最佳化。這個預測事件觸發了仿真、評價與決策功能，通過仿真和評價模型進行仿真和評價，在決策階段採用人機聯合最佳化決策策略（如領域專家決策、機器自主決策、人機增強混合決策等策略），在線制定並給出設備營運的最佳參數、設備維護的最佳時間、訂購相關備件的最佳時間等建議，並制定設備運行控制策略和維護調度策略。在執行階段，通過執行器處理關鍵績效指標的配置和持續監控，完成數據檢測/最佳化與預測/仿真、評價與決策/執行（Act）的流程，實現企業業務性能的持續改善。

11.3 數據驅動生產過程參數最佳化案例分析

通過對圖 11.14 所示某化工廠生產工藝的實地調研及相關生產數據展開分析，確定以粗苯生產過程為分析物件，根據粗苯生產工藝流程初步確定影響粗苯產率的關鍵節點，並對其營運數據展開相關性分析，確定影響粗苯產率的主要影響因素及其控制策略，輔助最佳化化工分廠的生產過程。在智慧決策階段，首先採用主成分分析（Principal Component Analysis，PCA）方法，分析影響粗苯產率的關鍵營運參數，確定影響粗苯產率的主要影響因素；然後採用徑向基人工類神經網路（Radial Basis Neural Network，RBNN）對粗苯產率及品質分別進行建模，確定主要影響因素與粗苯產率、品質之間的預測模型，通過對該預測模型並求解，得到粗苯最佳生產控制參數，進而為生產過程的智慧最佳化控制提供控制策略。

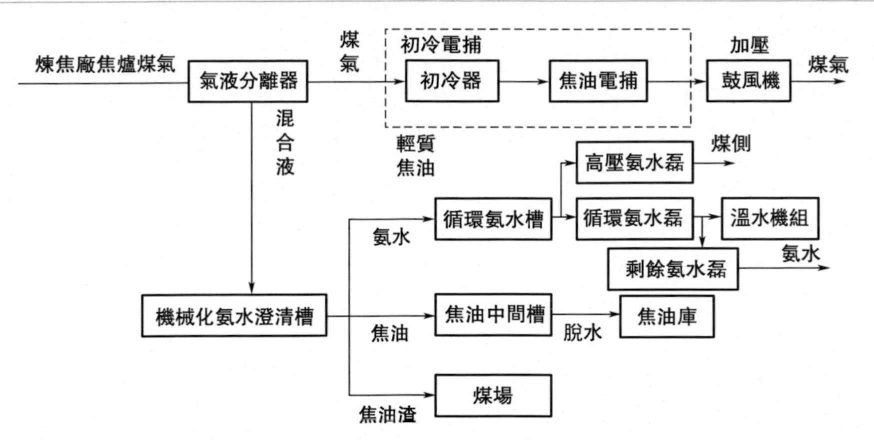

圖 11.14　某化工廠鼓冷工段工藝流程圖

11.3.1　資料擷取與預處理

現從工廠現場採集 2018 年 6 月各個工段相關生產數據，如表 11.1 所示。整理得到有效數據 744 組，包括鼓冷工段配合煤的各項參數指標，煉焦過程參數指標以及對應每天的出爐焦炭品質、煤氣產率和能耗的各項參數指標。

表 11.1　生產報表名目

工段	報表名目
鼓冷工段	橫切管初冷器電捕操作記錄日報表 鼓風機操作日報表
硫銨工段	硫銨現場操作記錄表 硫銨系統中控操作記錄日報表
粗苯工段	粗苯洗滌職位操作記錄日報表 粗苯蒸餾管式爐職位操作記錄日報表

未經處理的現場報表數據可能會存在以下問題：不一致、含噪音、緯度高等問題，引起偏差的因素會有多種，如人為錯誤、數據退化、有意錯誤等，所記錄的生產數據不能真實反映正常生產狀況，加大了數據分析的難度，通過把握數據趨勢和辨識異常來發現噪音、離群點以及考察不尋常的值。需要對原始生產數據進行了數據預處理，從而改進數據品質，提高數據分析探勘過程的效率、精度和性能。對數據進行如下處理。

① 缺失值處理：由於報表人工錄入可能帶來的數據有誤風險，造成數據集一個或多個數據缺失的記錄，採取忽略該記錄的方法處理。

② 清理異常值：由於生產突發狀況或人為因素的影響，所記錄的生產數據不能

真實反映正常生產狀況，需要對這些不一致的數據在分析前進行清理，如數據輸入的錯誤，可通過與前後生產數據進行對比更正，或直接剔除該條記錄。

③ 剔除重複數據：將數據集中的特徵相同、標籤也相同的記錄剔除。

由於數據集不同特徵的量綱可能不一致，數值間的差別可能很大，不進行處理可能會影響到數據分析的結果，因此，需要對數據按照一定比例進行歸一化處理（落在一個特定的區間），便於綜合分析。歸一化處理的方法主要有以下幾種。

① min-max 標準化：對原始數據線性變換，使結果值映射到 [0,1] 之間，轉換函數為：

$$x^* = \frac{x - min}{max - min}$$

式中，max 為樣本數據的最大值；min 為樣本數據的最小值。這種方法對於方差非常小的屬性可以增強其穩定性，也能維持稀疏矩陣中為 0 的條目。

② Z-score 標準化：給予原始數據的均值和標準差進行數據的標準化，經過處理的數據符合標準正態分布，即均值為 0，標準差為 1。轉化函數為：

$$x^* = \frac{x - \mu}{\sigma}$$

式中，μ 為樣本數據的均值；σ 為樣本數據的標準差。

11.3.2 系統建模與運算分析

（1）機理分析

① 洗苯工段影響因素　含粗苯 0.2%～0.4%的貧油（脫苯後的洗油），從貧油槽用泵送往 $2^{\#}$ 洗苯塔塔頂，在底部用半富油泵加壓後再送往 $1^{\#}$ 洗苯塔塔頂，$1^{\#}$ 洗苯塔後流出的富油（洗苯之後的洗油）含苯量約為 2.5%，由此送往脫苯工序，脫苯後的貧油經冷卻後循環使用。

在洗苯生產操作過程中，影響粗苯產率的因素主要有以下幾種。

• 吸收溫度：吸收溫度是指洗苯塔內煤氣和洗油接觸面的平均溫度，它取決於煤氣和洗油的溫度，也受大氣溫度的影響，吸收溫度通過影響吸收傳質係數和傳質推動力的變化而影響粗苯回收率的，提高吸收溫度，可以使分子擴散速率增加，從而使氣膜與液膜傳質係數增加，但不顯著，而洗油液面上粗苯氣壓的增加是明顯的。

• 洗油分子量：當其他條件一定時，洗油分子量越小，將使自由中粗苯濃度增大，吸收越好。

• 循環洗油量：增加循環洗油量，可以降低洗油中的粗苯含量，增加吸收推動力，同時增大液膜傳質係數，從而提高粗苯回收率，減少粗苯的塔後損失，但循環洗油量也不宜過大，否則脫苯設備的負荷和各種損耗均增加。

• 洗油品質：對循環洗油進行全餾成分析，根據分析結果判斷洗油品質惡化程度，調整再生量及再生溫度，及時補充新鮮洗油。

• 貧油含苯量：貧油含苯量是決定塔後煤氣苯族烴含量的主要因素之一。當其他條件一定時，入塔貧油中粗苯含量越高，則塔後損失就越大。

• 吸收表面積：洗苯塔吸收表面積即是塔內的填料表面積，填料表面積越大，則煤氣與洗油的接觸時間越長，回收過程進行得越完全。

• 煤氣的壓力和流速：當增大煤氣壓力時，擴散係數D_g將隨之減少，因此氣膜傳質係數有所降低。但隨著煤氣壓力的增加，煤氣中的苯族烴的分壓將成比例地增加，使得傳質動力顯著增加，因而吸收速率將增大，增加煤氣流速可以提高氣膜傳質係數，從而強化吸收傳質。但煤氣流速不宜過大，以免使霧沫夾帶量增加過多和塔內阻力增加。

② 脫苯工段富油脫苯的原理　對液體混合物進行加熱，在各組分的蒸氣分壓之和達到系統總壓一定的條件下，向脫苯蒸餾系統中通入直接蒸氣，顯然可以降低蒸餾溫度，即在較低的溫度下，將粗苯較完全地從洗油中蒸出來。因此，直接蒸汽用量對於脫苯蒸餾操作有著極其重要的影響。脫苯蒸餾過程中通入的直接蒸汽為過熱蒸汽，以防止水蒸氣在塔內冷凝而進入塔底的貧油中。當進入脫苯塔的直接蒸汽溫度高於洗油溫度時，直接蒸汽用量將隨其過熱程度成比例減少在脫苯工段，工廠採用管式爐加熱的方式進行蒸汽脫苯，在脫苯塔內各組分從富油中的蒸出率取決於以下因素：塔底油溫下各組分蒸氣壓力、塔內操作壓力、直接蒸汽量和循環洗油量。

(2) 數據的相關性分析

粗苯回收過程是一個多參數輸入和輸出的高階物件，其控制通道很多、很長，動態響應緩慢，內在機理複雜，參數間相互關聯，非線性程度高，控制要求有較高的生產物件。因此僅僅採用變量的線性結構來建立粗苯回收產率模型是遠遠不夠的。首先，根據工藝機理和相關分析法找出與目標函數最密切的變量形式，然後，將這些變量形式引入模型，再對粗苯回收產率問題尋找合適的最佳化模型進行建模。

面對眾多可能影響粗苯產率的因素，為了準確有效地確定影響粗苯產率的關鍵因素，需對可能影響粗苯產率的因素進行相關性分析。通過對不同特徵或數據間的關係進行分析，發現其中關鍵影響及驅動因素，最佳化粗苯回收過程，目前主流的相關性分析方法有以下五種。

• 圖標相關分析：通過對數據進行視覺化處理，單純從數據角度很難發現其中的趨勢和連繫，而將數據點繪製成圖表後能清楚反映其趨勢和連繫。

• 協方差及協方差矩陣：協方差用來衡量兩個變量的總體誤差，如果兩個變量的變化趨勢一致，協方差就是正值，說明兩個變量正相關，協方差為負值，說明兩個變量負相關，如果兩個變量相互獨立，則協方差為 0。

• 相關係數：反映變量之間密切程度的統計指標，相關係數的取值區間為 [−1,1]，1 表示兩個變量完全相關，−1 表示兩個變量完全負相關，0 表示兩個變量不相關，數據越趨於 0 表示其相關關係越弱。

• 一元迴歸及多元迴歸：迴歸分析可確立兩組或兩組以下變量之間的統計方法。

• 資訊熵或互資訊：度量特徵之間相關關係的方法稱為互資訊，可以確定哪一類特徵與最終的結果關係密切。

根據 2018 年 5 月 26 日～2018 年 6 月 25 日期間的生產操作數據建立數據文件，並進行 min-max 規範化處理，刪除異常數據後，並對因素之間進行一元迴歸，確定變量之間是否存在相關性，並對存在相關性的變量進行建模合併。

① 控制變量與粗苯產率相關性分析　以單位荒煤氣的粗苯產量為粗苯產率，控制變量和粗苯產率之間的相關性熱力圖如圖 11.15 所示。

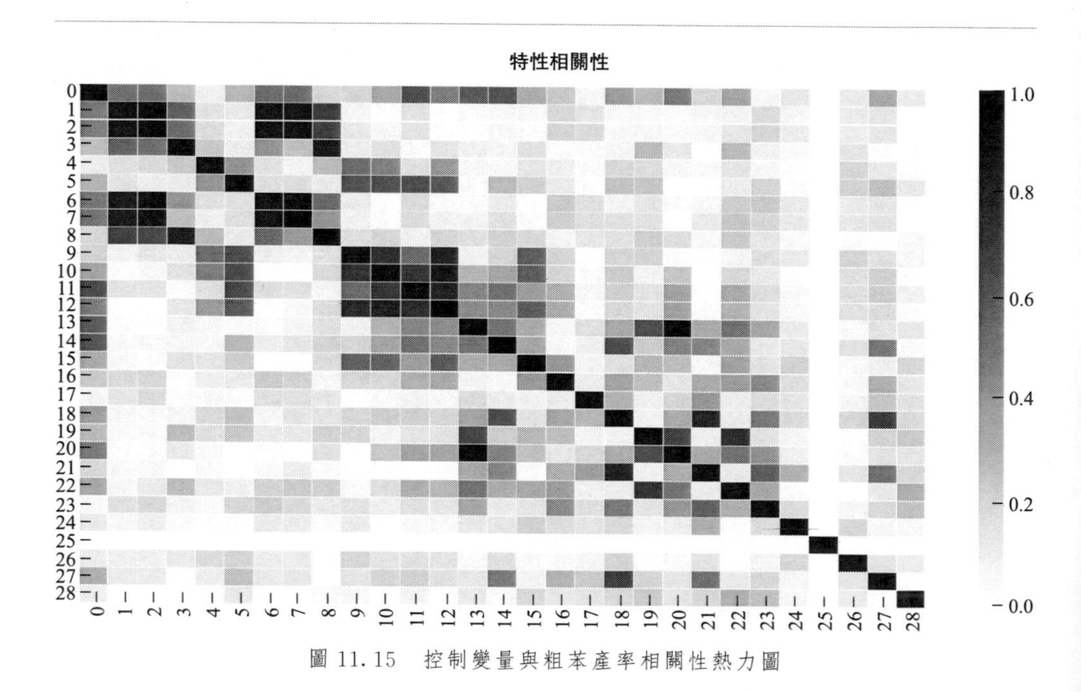

圖 11.15　控制變量與粗苯產率相關性熱力圖

對應的相關性係數如表 11.2 所示。對於熱力圖相關性係數，變量 25（粗苯含水量）與其他相關因素沒有相關性，並觀察數據集發現其基本為固定值（1），因此考慮將該變量刪除。

② 控制變量與粗苯產率相關性分析　各變量包括控制變量和粗苯品質之間的相關性熱力圖如圖 11.16 所示。

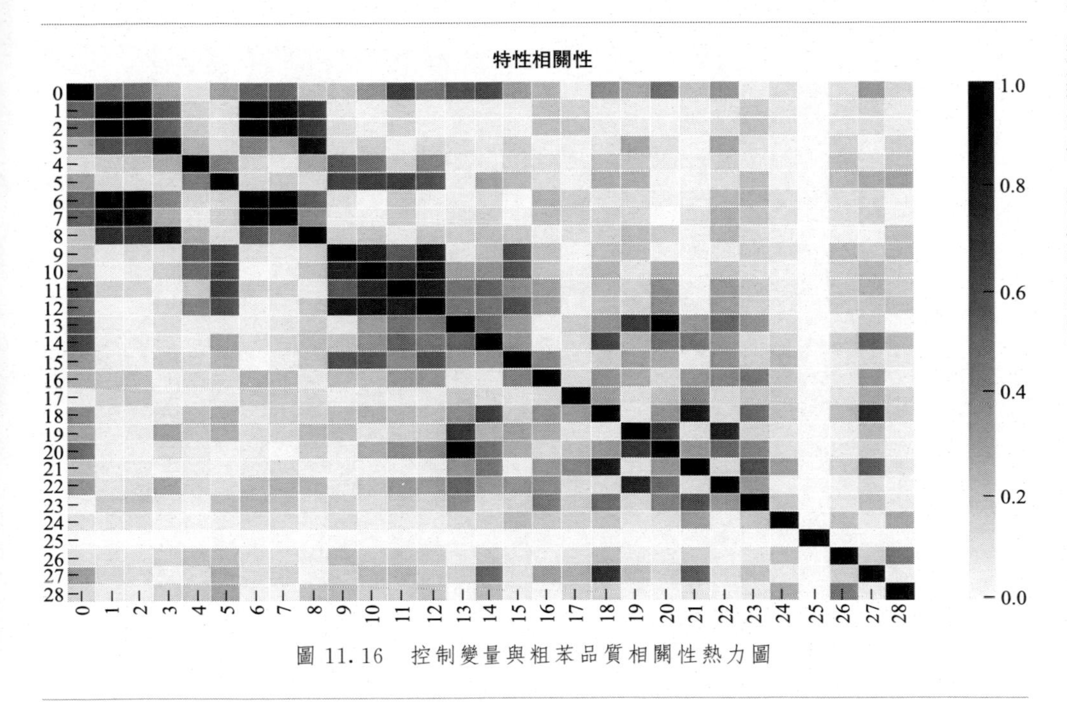

圖 11.16　控制變量與粗苯品質相關性熱力圖

對應的相關性係數如表 11.3 所示。同上，對於熱力圖相關性係數，變量 25（粗苯含水量）與其他相關因素沒有相關性，並觀察數據集發現其基本為固定值（1），該變量與粗苯產量和品質都沒有相關性，故考慮將其刪除。

控制變量 1～15 之間的相關性如圖 11.17～圖 11.19 所示。為找出哪些相關性變量可以進行整合，接下來必須要進行的是變量維度縮減處理，主成分分析法是一種數據維度縮減技巧，能將大量的相關變量轉化為一組很少的不相關變量，這些無關變量為主成分。

主成分分析的運算步驟如下。

步驟 1：取正常工況下的數據矩陣 $\boldsymbol{X} \in \boldsymbol{R}^{m \times n}$，其中 m 為採樣次數，n 為特徵個數。

$$(\boldsymbol{X}_1, \boldsymbol{X}_2, \cdots, \boldsymbol{X}_n) = \begin{bmatrix} x_1(1) & x_2(1) & \cdots & x_n(1) \\ x_1(2) & x_2(2) & \cdots & x_n(2) \\ \cdots & \cdots & \cdots & \cdots \\ x_1(m) & x_2(m) & \cdots & x_n(m) \end{bmatrix}$$

式中，$\boldsymbol{X}_1 = [x_1(1), x_1(2), \cdots, x_1(m)]^{\mathrm{T}}$，$i=1,2,\cdots,n$；$n$ 為特徵個數。

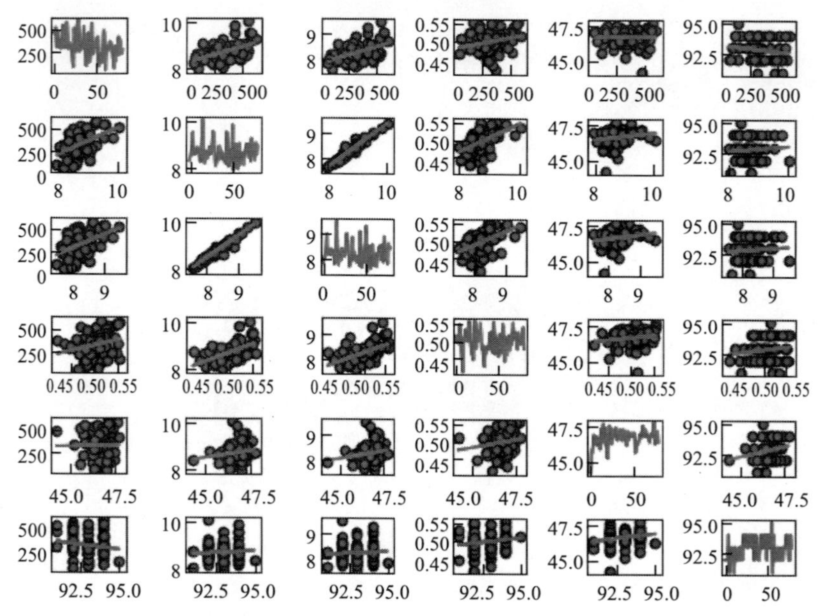

圖 11.17 控制變量 1～ 5 相關性示意圖

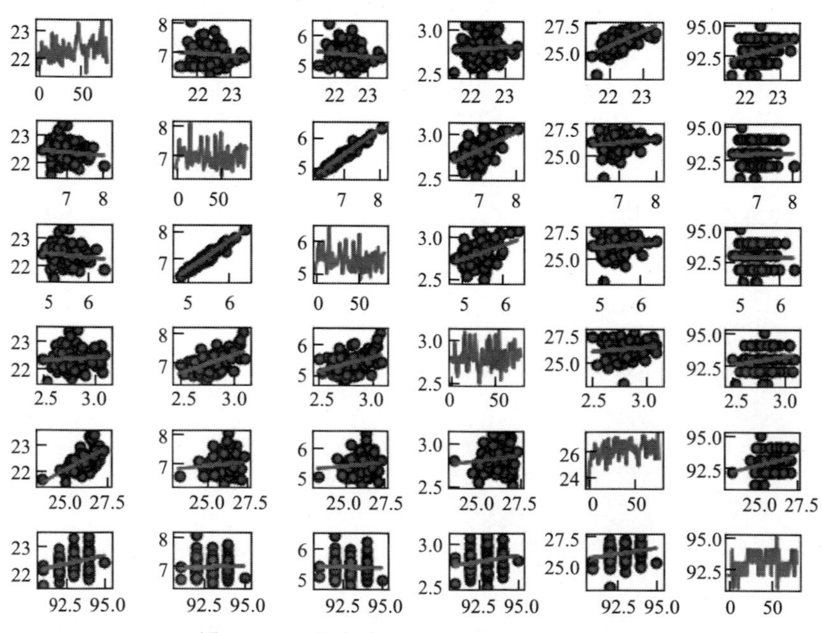

圖 11.18 控制變量 6～ 10 相關性示意圖

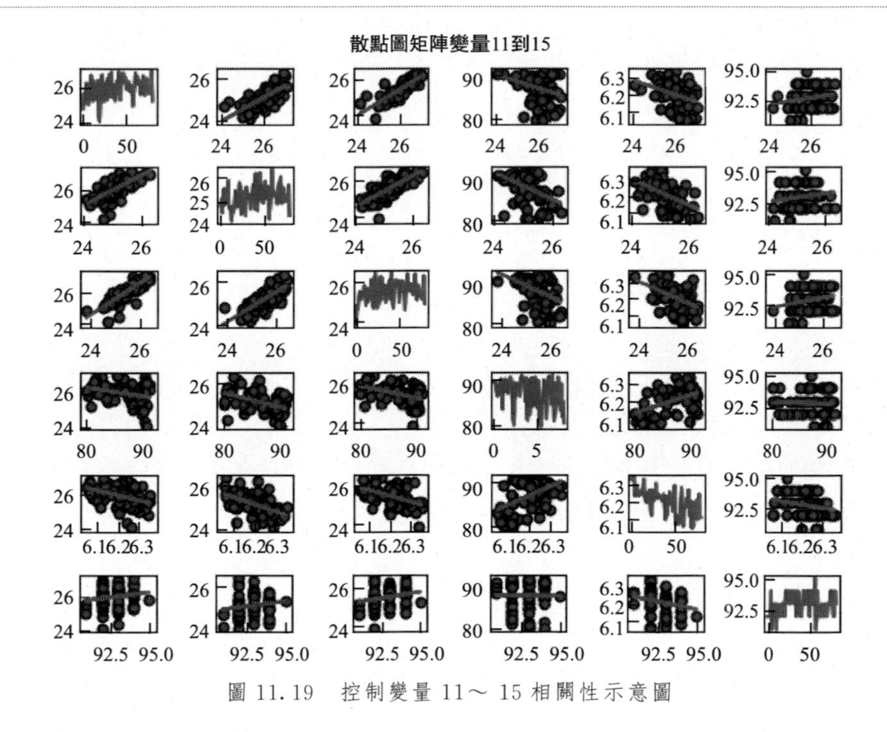

圖 11.19　控制變量 11～ 15 相關性示意圖

步驟 2：消除各特徵變量之間的在量綱和數量級上的差別，對數據進行標準化，得到標準化矩陣。

步驟 3：根據標準化數據矩陣建立協方差矩陣 $\boldsymbol{R}$，是反映標準化後的數據之間的相關關係密切程度的統計指標，值越大，說明有必要對數據進行主成分分析。

$$\boldsymbol{R}=\begin{bmatrix} r_{11} & r_{12} & \cdots & r_{1n} \\ r_{21} & r_{22} & \cdots & r_{2n} \\ \vdots & \vdots & \ddots & \vdots \\ r_{m1} & r_{m2} & \cdots & r_{11} \end{bmatrix}$$

式中，r_{ij} 為特徵 x_i 與特徵 x_j 的相關係數，運算公式為 $r_{ij}=\dfrac{\sum_{k=1}^{n}(x_i(k)-\overline{x}_i)(x_j(k)-\overline{x}_j)}{\sqrt{\sum_{k=1}^{n}(x_i(k)-\overline{x}_i)^2\sum_{k=1}^{n}(x_j(k)-\overline{x}_j)^2}}$。

步驟 4：運算協方差矩陣 $\boldsymbol{R}$ 的特徵值、特徵向量：$|\lambda \boldsymbol{I}-\boldsymbol{R}|=0$。

步驟 5：將特徵值按其大小順序排列。特徵值是各主成分的方差，它的大小反映了運算主成分貢獻率及累計貢獻率：

貢獻率：

$$\frac{\lambda_i}{\sum_{k=1}^{n}\lambda_k}(i=1,2,\cdots,p)$$

累計貢獻率：

$$\frac{\sum_{k=1}^{i}\lambda_k}{\sum_{k=1}^{n}\lambda_k}(i=1,2,\cdots,n)$$

運算貢獻率達到 80%～90%的特徵值，p 為主成分的個數。

建立初始因子載荷矩陣，解釋主成分。因子載荷量是主成分Z_i與原始特徵x_i的相關係數R，揭示了主成分之間的相關程度，利用它可以更好地解釋主成分之間的意義。

$$\mathbf{Z}=\begin{bmatrix} z_{11} & z_{12} & \cdots & z_{1n} \\ z_{21} & z_{22} & \cdots & z_{2n} \\ \vdots & \vdots & \ddots & \vdots \\ z_{m1} & z_{m2} & \cdots & z_{mn} \end{bmatrix}$$

通過對控制變量進行主成分分析，得到的主成分及方差貢獻率如表 11.4 所示。

表 11.4　總方差對應表（提取方法：主成分分析）

成分	初始特徵值			提取平方和載入		
	合計	方差貢獻率/%	累積/%	合計	方差貢獻率/%	累積/%
1	6.261	23.188	23.188	6.261	23.188	23.188
2	5.056	18.724	41.912	5.056	18.724	41.912
3	3.468	12.844	54.756	3.468	12.844	54.756
4	3.286	12.170	66.926	3.286	12.170	66.926
5	1.418	5.251	72.177	1.418	5.251	72.177
6	1.192	4.413	76.591	1.192	4.413	76.591
7	1.056	3.911	80.501	1.056	3.911	80.501
8	0.958	3.548	84.049			
9	0.885	3.278	87.327			
10	0.612	2.268	89.595			
11	0.539	1.998	91.593			
12	0.464	1.719	93.312			
13	0.313	1.160	94.471			

續表

成分	初始特徵值			提取平方和載入		
	合計	方差貢獻率/%	累積/%	合計	方差貢獻率/%	累積/%
14	0.277	1.025	95.496			
15	0.251	0.928	96.424			
16	0.227	0.840	97.264			
17	0.174	0.644	97.908			
18	0.124	0.459	98.367			
19	0.113	0.419	98.786			
20	0.100	0.371	99.157			
21	0.082	0.303	99.459			
22	0.054	0.199	99.659			
23	0.035	0.128	99.786			
24	0.032	0.119	99.905			
25	0.012	0.045	99.950			
26	0.009	0.035	99.985			
27	0.004	0.015	100.000			

累計方差貢獻率為80.501%，成分得分係數如表11.5所示。

表11.5 成分得分係數矩陣（提取方法：主成分分析）

項目	成分						
	1	2	3	4	5	6	7
V1	−0.119	0.079	0.039	−0.031	0.113	0.018	−0.152
V2	−0.031	0.187	−0.013	0.018	0.001	−0.007	−0.049
V3	−0.030	0.190	−0.008	0.010	−0.049	−0.015	−0.040
V4	0.008	0.123	−0.031	0.084	0.395	0.194	0.203
V5	0.059	0.070	0.105	−0.096	0.059	0.106	−0.065
V6	0.095	0.018	0.131	−0.090	−0.012	0.246	0.157
V7	−0.036	0.183	−0.010	−0.008	−0.135	−0.077	−0.082
V8	−0.043	0.168	0.003	−0.007	−0.208	−0.115	−0.133
V9	0.019	0.148	−0.038	0.063	0.301	0.185	0.168
V10	0.102	0.060	0.155	−0.071	−0.050	−0.088	−0.120
V11	0.122	0.048	0.109	−0.010	−0.065	0.056	−0.040
V12	0.127	−0.001	0.066	0.034	−0.114	0.154	0.067
V13	0.133	0.045	0.103	0.016	−0.080	−0.035	−0.082
V14	−0.102	−0.015	0.159	−0.108	0.215	0.001	0.022
V15	−0.116	−0.013	0.084	0.029	−0.075	0.034	−0.127
V16	0.097	0.037	0.063	0.072	0.040	−0.333	−0.092
V17	0.031	−0.042	0.126	0.154	0.160	−0.226	−0.215

續表

項目	成分						
	1	2	3	4	5	6	7
V18	−0.022	0.020	0.019	0.127	−0.345	0.298	0.402
V19	−0.093	−0.022	0.121	0.178	−0.118	0.084	−0.087
V20	0.046	−0.006	−0.129	0.221	0.090	−0.007	−0.198
V21	−0.090	−0.025	0.170	−0.108	0.227	0.002	0.018
V22	−0.052	−0.001	0.186	0.148	−0.114	0.111	0.131
V23	−0.066	0.016	0.043	−0.224	−0.205	−0.021	0.033
V24	0.003	−0.042	0.203	0.086	0.127	0.088	0.079
V25	0.002	−0.032	−0.097	−0.039	0.021	0.516	−0.345
V26	−0.045	0.011	−0.020	0.076	0.001	−0.297	0.515
V27	0.074	−0.002	−0.070	−0.176	0.098	−0.079	0.285

經主成分分析整合後的主成分如表 11.6 所示。

(3) 徑向基人工類神經網路建模

從最佳化操作和控制的角度分析，實現粗苯回收產率控制及過程最佳化的前提是擷取粗苯產率回饋資訊。而粗苯回收工藝的複雜性和產率的滯後性，為實現產品直接產率的閉環控制增加了難度，如此大的事件之後根本無法及時指導操作人員調整，更無法實現粗苯產率的最佳化控制，利用某種技術手段對產品品質踐行猜想對於過程監控及最佳化操作具有重要意義。

產率猜想本質上是一個建模問題，即通過構造某種數學模型，描述可測量的關鍵操作變量、被控變量和擾動變量與產品產率之間的函數關係，以過程操作數據為基礎，獲得產品產率的猜想值。在粗苯回收過程中，由於粗苯的複雜性質以及粗苯工段工藝的本質非線性，使得上述關係呈現出較強的非線性，根據建模方法的不同，實現粗苯產率猜想存在著下面兩種解決途徑。

① 建立嚴格機理模型。通過過程物料平衡運算，改種方法從工藝機理觸發，在合理簡化假設的基礎上綜合考慮了過程多方面對產品產率的影響，產率猜想具有較高的精度。但是由於模型過於龐大，運算複雜度過高，且由於缺乏先驗的工藝機理分析，會出現比較大的偏差，這些都使得機理模型在產率猜想方面受到限制。

② 建立產品產率的統計模型。根據已有的過程操作數據和對應的產品品質數據對該模型進行辨識。這種方法相對簡單，且易於現場實施，尤其以 BP 網路為代表的人工類神經網路技術出現以來，其較強的非線性處理能力和自學習功能為產品猜想提供了新的有力工具。

表 11.6　主成分樣表

FAC1_1	FAC2_1	FAC3_1	FAC4_1	FAC5_1	FAC6_1	FAC7_1
−2.59306	−1.56248	−1.35014	1.84584	−0.28410	2.10342	1.12262
−1.50452	−0.63716	0.28834	0.97137	−0.99224	0.84225	0.64001
−1.86331	−0.65707	−0.58725	0.92147	0.20966	0.55254	0.56658
−0.80748	0.33378	0.13072	1.01128	−1.10511	−0.73712	−0.54291
−0.17596	1.81041	0.37271	1.64619	−0.13220	0.50611	0.14606
−0.99241	−0.01004	0.19814	1.26033	0.12824	−0.04302	0.43181
−1.08086	−0.35585	0.26281	0.23232	−1.15984	−0.57175	−0.25968
−0.74019	−0.47059	1.46523	−0.07795	−1.29645	−1.55189	−0.81259
−0.66827	−0.55841	1.03815	−0.20066	−1.39471	−1.55612	−1.00442
0.23674	0.77527	0.48326	1.23588	−1.22712	−0.60241	−0.18032
−0.25649	−0.08514	−0.46638	1.69045	0.02488	−1.44325	0.13801
−1.34913	−0.10602	−0.45416	1.02976	0.74078	0.71274	−0.36071
−0.38873	0.36330	0.27276	0.67809	−0.49285	0.32997	−0.92578
−1.16129	−1.00773	0.27657	0.31278	0.95804	−0.35212	1.03211
−1.17642	−0.37851	0.35671	0.55170	0.73612	−1.12375	−0.37279
−0.68215	1.54413	0.42339	0.68991	1.20969	−0.38317	0.94682
−0.96269	3.15320	0.07213	0.92604	−0.38532	−1.69681	0.74665
0.45117	−0.17008	1.68998	−0.62895	0.17667	1.33034	−0.04081
−1.21024	−1.48555	0.60094	0.23847	0.10447	−0.60638	0.83177
−1.64307	−0.94049	0.08450	−0.07253	−0.27789	−1.06796	−0.25128
−1.43643	−0.75389	−0.35124	0.09580	−0.48353	−1.23061	−0.31989
0.35504	−0.42699	0.54028	0.75858	−1.03219	0.39351	0.83076

徑向基人工類神經網路可對輸入空間進行自然劃分，可以使輸入向量擴展到高位的隱藏單位空間，從而局部極小點大大減少。RBNN 網路如果中心選擇得當，隱藏層只需要很少的神經元就可以得到很好的逼近效果，且學習速度快，還有逼近全局最佳的特點。

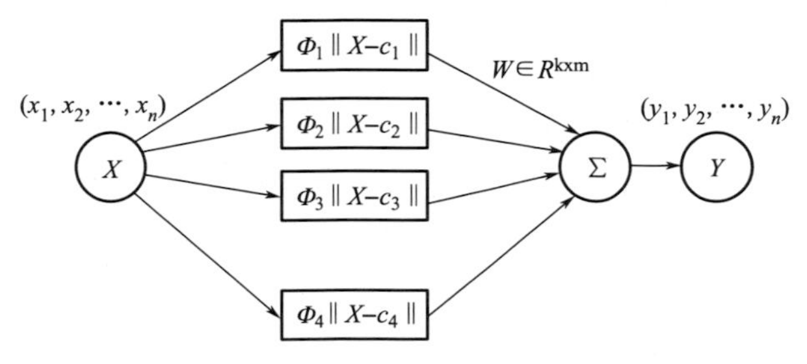

圖 11.20　RBNN 模型示意圖

與傳統的機理建模方法相比，用 RBNN 人工類神經網路建立非線性系統模型不僅逼近全局最佳，而且具有更高的精度和自使用能力。這裡隱藏層函數的非線性函數選取高斯函數。

RBNN 人工類神經網路是一種前饋人工類神經網路，一般分為 3 層結構，如圖 11.20 所示。

徑向基人工類神經網路函數模型：$y=\sum_{i=1}^{h} w_i \exp\left(-\frac{1}{2{\sigma_i}^2}(\|x-\boldsymbol{c}_i\|^2)\right) \quad i=1,2,\cdots,h$。其中，$h$ 為隱含層節點的個數；$\boldsymbol{c}_i$ 為隱含層第 i 個節點的中心向量；σ_i 為對應第 i 個中心向量的形狀參數；w_i 為隱含層第 i 個節點到輸出層的權值。

對控制變量經主成分分析後，將原始數據集中 28 個控制變量整合成 7 個主成分。

採用 RBNN 模型建立粗苯產率人工類神經網路模型。輸入變量 7 個，輸出變量為粗苯產率。用 RBNN 網路學習過程得到的參數建立圖 11.21 所示粗苯產率預測模型。

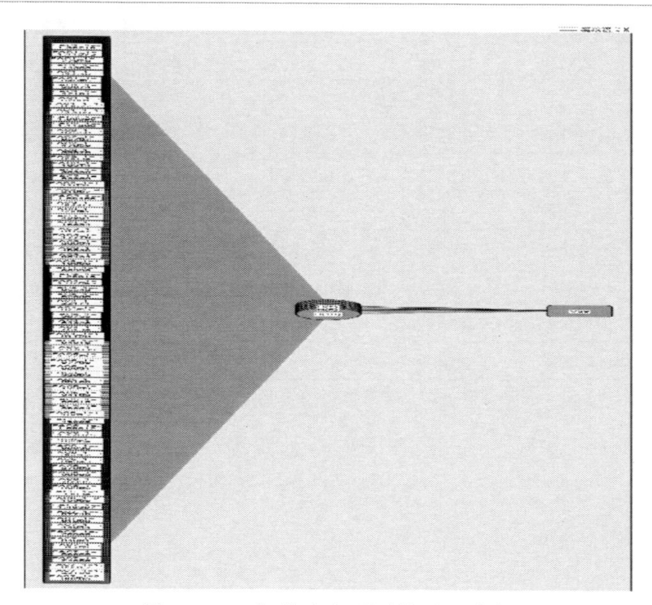

圖 11.21　粗苯產率預測模型示意圖

粗苯產率預測模型：$y_{\text{qual}}(z_1,z_2,z_3,z_4,z_5,z_6,z_7)=\sum_{i=1}^{10} W_{1i}G_{1i}(Z)$。

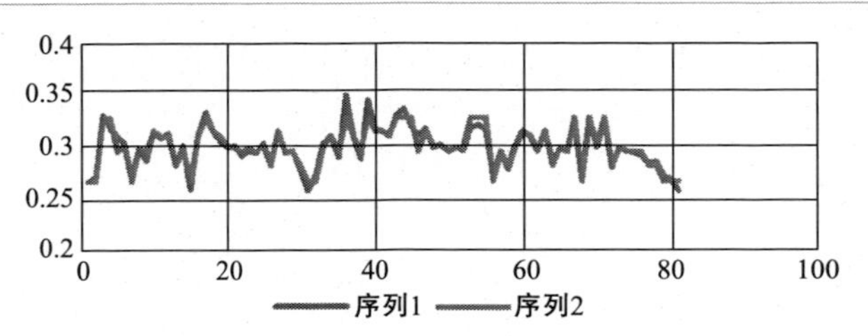

圖 11.22 粗苯產率實際-預測對比圖（正確率 98.7%）

通過已訓練的粗苯產率模型分別對實際粗苯產率進行仿真實驗，得到圖 11.22 所示的結果。

通過已訓練的粗苯品質模型分別對實際粗苯品質進行仿真實驗，可得粗苯回收品質預測模型，如圖 11.23 所示。

粗苯品質預測模型：$y_{\text{quan}}(z_1, z_2, z_3, z_4, z_5, z_6, z_7) = \sum_{i=1}^{10} W_{1i} G_{1i}(Z)$。

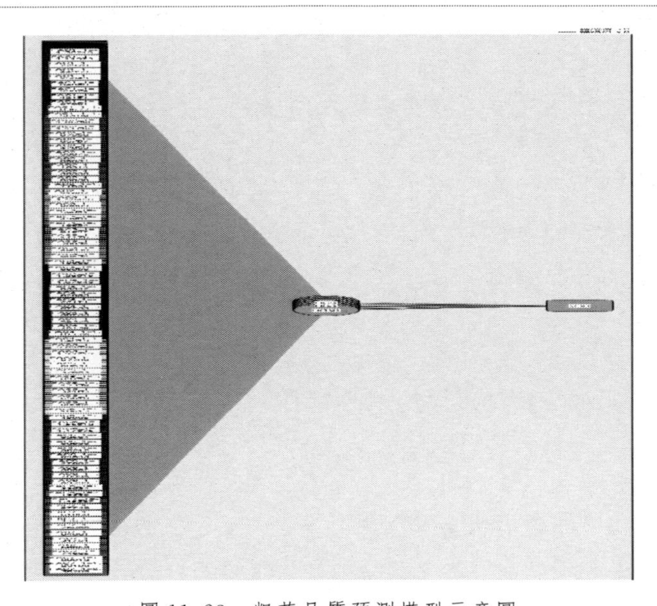

圖 11.23 粗苯品質預測模型示意圖

通過已訓練的粗苯產率模型對實際粗苯產率進行仿真實驗，依次得到圖 11.24所示的結果。

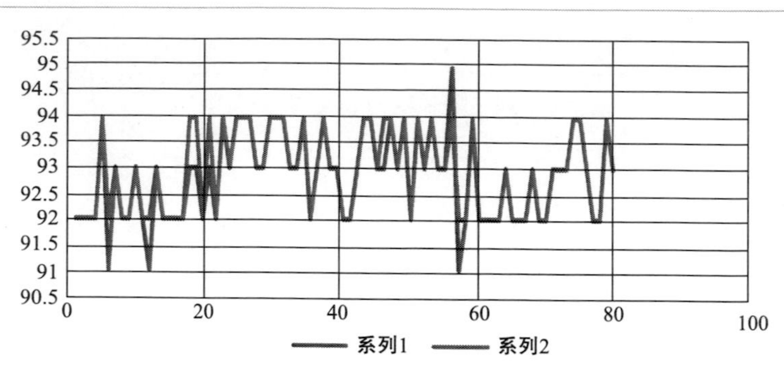

圖 11.24　粗苯品質實際-預測對比圖（準確率 99.99％）

圖 11.24 說明，通過建立 RBNN 的粗苯品質模型，粗苯品質模型的預測精度明顯提高，為實現粗苯回收最佳化控制提供有力的支持。

11.3.3　智慧生產最佳化策略

通過建立粗苯產率及品質的預測模型，能夠根據系統的現狀和未來輸入，預測其未來輸出值。預測模型可以通過實際生產數及實驗得到，不需要深入地了解過程的內部激勵，也不需要通過複雜的系統辨識這類建模過程的運算即可獲得，且有利於提高系統的堅固性。

建立粗苯產率的數學模型為最佳化運算提供了基礎。粗苯工段的控制目標，應當在粗苯的產率和品質兩方面綜合考慮。為了充分提高粗苯工段的控制效果和起粗苯工段的操作潛力，顯然有必要在一定控制參數的前提下，規定一種明確的指標，並使之達到最佳。

生產過程最佳化是針對過程的系統特性（結構、機理、工藝參數）進行研究，並以此為依據，通過調整工藝參數，來實現系統之間的協調連繫，達到起系統最大效用的目的。

粗苯的產率以及粗苯品質是衡量化工分廠粗苯工段經濟效益的兩個重要指標，因此以粗苯的產率和粗苯品質作為智慧最佳化問題的目標函數具有實際的意義。

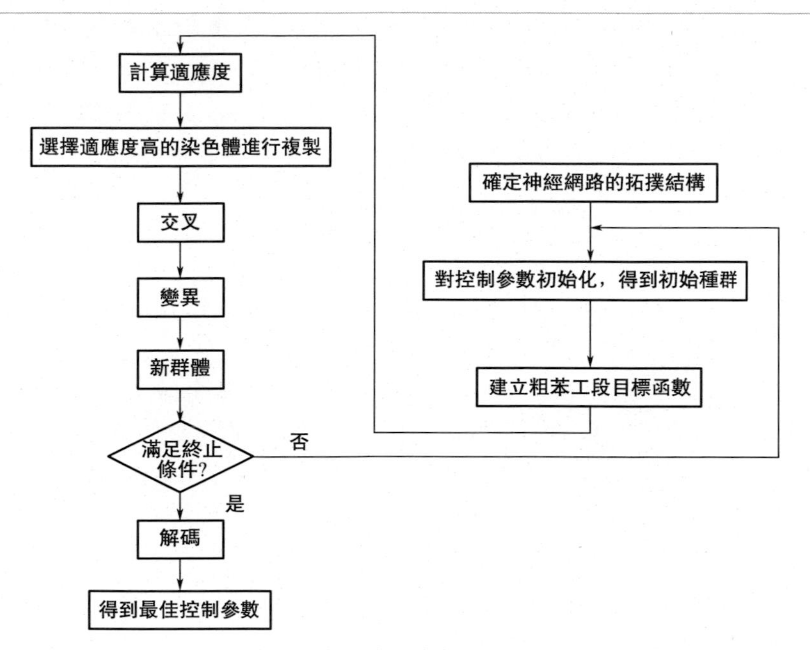

圖 11.25　基因演算法流程圖

採用基因演算法（Genetic Aalgorithm，GA）來對目標函數進行求解。GA 是建立在自然選擇核群體遺傳機理的基礎上的隨機、疊代、淨化，具有廣泛適用性的搜尋演算法。它在函數最佳化、組合最佳化、模式辨識和人工類神經網路等諸方面得到了廣泛的應用，已經成為人們用來解決高度複雜問題的一個新思路和新方法。

基因演算法是基於生物進化原理的普適性最佳化演算法，引進生物學彙總基因遺傳和「自然選擇，適者生存」的進化思想，將最佳化問題的求解看成可行解的最佳化過程，其流程如圖 11.25 所示。每個解用遺傳編碼表示為個體，由最佳化目標函數確定個體的適應度對個體進行評價。通過交叉、變異等遺傳算子的操作對種群進行組合產生下一代個體，逐步向最佳化的種群進化。

基因演算法的基本步驟如下。

步驟 1：在搜尋空間中隨機產生初始種群，並編碼成二進制位串形式。

步驟 2：運算每個個體的目標函數，經調整得到相應的適配值，並運算個體的選擇率。

步驟 3：通過遺傳算子操作產生下一代個體。

a. 複製，即個體串按照他們的適配值進行複製。適配值越大的串，在下一代中將有更多機會提供一個或多個子孫。

b. 交叉：從自然選擇產生的個體中隨機選取一對個體作為親本，隨機確定交叉位置，將兩個親本交叉位置界定的遺傳因子交換，以產生一對新的子代位串。

c. 變異：以最小的機率隨機改變一個位串的值，這個操作相對於複製和交叉操作而言，是處於次要的地位，其目的是防止丟失一些有用的遺傳因子，造成恢復位串多樣性的作用。

粗苯產率預測模型：

$$y_{\text{qual}}(z_1, z_2, z_3, z_4, z_5, z_6, z_7) = \sum_{i=1}^{10} W_{1i} G_{1i}(Z)$$

粗苯品質預測模型：

$$y_{\text{quan}}(z_1, z_2, z_3, z_4, z_5, z_6, z_7) = \sum_{i=1}^{10} W_{1i} G_{1i}(Z)$$

$$G_{ki}(X) = \exp\left(-\frac{1}{2\sigma_{ki}^2} \| x - \boldsymbol{c}_{ki} \|^2\right) \quad k = 1, 2, \cdots, 10$$

目標函數：$f(\cdot) = y_{\text{qual}} + y_{\text{quan}}$

通過對粗苯回收過程的定性的工藝機理分析，綜合運用關聯分析和主成分分析法確定影響粗苯產率和品質的關鍵因素，通過建立粗苯產率和粗苯品質的徑向基人工類神經網路預測模型，為後續智慧預測量與控制制提供了基礎。

將智慧演算法引入到粗苯回收工藝中建立目標函數，並對目標函數進行求解，確定粗苯工段的最佳化控制參數，為企業實現智慧生產提供了可能。

參考文獻

[1] BAHETI R, GILL H. Cyber-physical systems-the Impact of Control Technology. Control Systems Society. Washington D C, USA: IEEE, 2011: 161-166.

[2] FITZGERALD J, LARSEN P G, VERHOEF M. From Embedded to Cyber-Physical Systems: Challenges and Future Directions. Collaborative Design for Embedded Systems. Berlin Heidelberg: Springer, 2014.

[3] 何積豐 . Cyber-Physical Systems. 中國計算機學會通訊, 2010, 6 (1) : 25-29.

[4] 中國網路實體系統發展論壇 . 網路實體系統白皮書 . 北京, 2017.

[5] LEE J, KANG G S. Development and use of a new task model for cyber-physical systems: a real-time scheduling perspective. The Journal of Systems and Software, 2017, 126: 45-56.

[6] 劉春, 黃冉冉, 韓道軍 . 基於目標的網路實體融合系統事件模型的分析 . 計算機科學, 2017, 44 (4) .

[7] 王雲端，劉東，翁嘉明，等．電網網路實體系統建模與仿真驗證平臺研究．中國電機工程學報，2018，38 (1)．

[8] AHMADI H，ABDELZAHER T. An Adaptive-Reliability Cyber-Physical Transport Protocol for Spatio-temporal Data. Real-Time Systems Symposium，2009：238-247.

[9] LI K，LIU Q，WANG F. Joint optimal congestion control and channel assignment for multi-radio multi-channel wireless networks in cyber-physical system. 2009 symposia and Workshops on Ubiquitous，Autonomic and Trusted Computing in Conjunction with the UIC'09 and ATC'09 Conferences，2009：456-460.

[10] PERSSON M，HAKANSSON A. A communication protocol for different communication technologies in cyber-physical systems. Procedia Computer Science，2015，60：1697-1706.

[11] YAO X，LIN Y. Emerging manufacturing paradigm shifts for the incoming industrial revolution. The International Journal of Advanced Manufacturing Technology，2016，85 (5-8)：1665-1676.

[12] 孫彥景，華鋼，竇林名，等．礦山工程網路實體系統研究及挑戰．煤炭科學技術，2018，46 (2)．

[13] POTENTE T，JASINSKI T，WOLFF B. Productivity increase through industrialization of overhead in cyber-physical production systems[J]. Advanced Materials Research，2013，769 (14)：359-366.

[14] MONOSTORI L，KÁDÁR B，BAUERNHANSL T. Cyber-physical systems in manufacturing. CIRP Annals-Manufacturing Technology，2016，65 (2)：621-641.

[15] RICHARD G S，PAUL A G，AARON D N，et al. Cyber-physical systems in the re-use，refurbishment and recycling of used electrical and electronic equipment. Journal of Cleaner Production，2018 (170)：351-361.

[16] BERGER C，BERLAK J，REINHART G. Service-based production planning and control of cyber-physical production systems. Bled eConference，Bled，Slovenia，2016.

[17] 雷雪鳳，劉衛東，張申．選煤廠網路實體系統任務調度研究．工礦自動化，2015，41 (3)：61-65.

[18] PIRVU B，ZAMFIRESCU C，GORECKY D. Engineering insights from an anthropocentric cyber-physical system：a case study for an assembly station. Mechatronics，2016，34：147-159.

[19] 尹存濤．基於 CPS 的汽車輪轂製造系統設計．汽車製造技術，2017，10.

[20] 許剛，趙妙穎．網路實體系統在變壓器穩壓調節控制中的應用研究．計算機應用研究，2019，36 (2)．

[21] LIU C，CAO S，TSE W，et al. Augmented reality-assisted intelligent window for cyber-physical machine tools. Journal of Manufacturing Systems，2017 (44)：280-286.

[22] 陶飛，程穎，等．數字孿生車間資訊網路融合理論與技術．計算機集成製造系統，2017，23 (8)．

[23] 陳明，劉江山，李杰林，等．基於網路實體系統新特性的智慧工廠部署策略研究．中國工程機械學報，2017，15 (5)．

[24] 侯志霞，鄒方，呂瑞強，等．網路實體融合系統及其在航空製造業應用展望．航空製造技術，2014，21.

[25] Cyber Physical Systems Public Working Group. Framework for Cyber-Physical Systems Release 1.0，2016.

[26] 莊存波，劉檢華，熊輝，等．產品數字孿生的內涵、體系結構及其發展趨勢．計算

機集成製造系統，2017，23 (4)．

[27] STAVRO POULOS P, PAPACHARALAMPOPOULOS A, VASILIADIS E. Tool wear predictability estimation in milling based on multi-sensorial data. International Journal of Advanced Manufacturing Technology, 2016, 82 (1-4)：509-521.

[28] CAI Y, STARLY B, COHEN P, et al. Sensor data and information fusion to construct digital-twins virtual machine tools for cyber-physical manufacturing. Procedia Manufacturing, 2017 (10)：1031-1042.

[29] ANGRISH A, STARLY B, LEE Y S, et al. A flexible data schema and system architecture for the virtualization of manufacturing machines (VMM). Journal of Manufacturing Systems, 2017 (45)：236-247.

[30] SINGH S, ANGRISH A, BARKLEY J, et al. Streaming machine generated data to enable a third-party ecosystem of digital manufacturing apps. Procedia Manufacturing, 2017 (10)：1020-1030.

[31] 周濟，李培根，周艷紅，等．Toward new-generation intelligent manufacturing. Engineering, 2018 (4)：11-20.

智慧預測性維護

作　　者：劉敏，李玲，鄢鋒
發 行 人：黃振庭
出 版 者：崧燁文化事業有限公司
發 行 者：崧燁文化事業有限公司

E-mail：sonbookservice@gmail.com
粉 絲 頁：https://www.facebook.com/sonbookss/
網　　址：https://sonbook.net/
地　　址：台北市中正區重慶南路一段六十一號八樓 815 室
Rm. 815, 8F., No.61, Sec. 1, Chongqing S. Rd., Zhongzheng Dist., Taipei City 100, Taiwan
電　　話：(02)2370-3310
傳　　真：(02)2388-1990

印　　刷：京峯數位服務有限公司
律師顧問：廣華律師事務所 張珮琦律師

定　　價：750 元
發行日期：2024 年 04 月第一版
◎本書以 POD 印製

國家圖書館出版品預行編目資料

智慧預測性維護 / 劉敏，李玲，鄢鋒 著 . -- 第一版 . -- 臺北市：崧燁文化事業有限公司 , 2024.04
面；　公分
POD 版
ISBN 978-626-394-159-5(平裝)
1.CST: 自動控制 2.CST: 人工智慧
446.014　113003576

電子書購買

臉書

爽讀 APP